新工科建设之路·计算机类教材

Office 2016 高级应用

微课版

唐永华　编著

電子工業出版社
Publishing House of Electronics Industry
北京·BEIJING

内 容 简 介

本书以 Office 2016 为基础，主要分为四篇：初识 Office 2016、Word 2016 应用、Excel 2016 应用、PowerPoint 2016 应用。本书内容丰富，浅显易懂，理论阐述适当，重点内容和实例配套微课视频讲解，重点讲述操作内容，着重培养学生对常用办公软件的使用能力。本书操作步骤讲解细致，描述准确，图文并茂，实例操作内容既可作为教师授课案例，又可供学生实验、训练。

本书既可作为本科院校、高职高专院校各专业的计算机应用基础和办公自动化课程的教材，又可作为广大在职人员提高业务素质及掌握现代办公技能的辅助用书。

图书在版编目（CIP）数据

Office 2016 高级应用：微课版 / 唐永华编著. —北京：电子工业出版社，2021.6

ISBN 978-7-121-41242-4

Ⅰ. ①O… Ⅱ. ①唐… Ⅲ. ①办公自动化—应用软件—教材 Ⅳ. ①TP317.1

中国版本图书馆 CIP 数据核字（2021）第 097829 号

责任编辑：刘　瑀　　　特约编辑：田学清
印　　刷：北京七彩京通数码快印有限公司
装　　订：北京七彩京通数码快印有限公司
出版发行：电子工业出版社
　　　　　北京市海淀区万寿路 173 信箱　　邮编：100036
开　　本：787×1092　1/16　印张：22　字数：591 千字
版　　次：2021 年 6 月第 1 版
印　　次：2023 年 9 月第 4 次印刷
定　　价：69.80 元

凡所购买电子工业出版社图书有缺损问题，请向购买书店调换。若书店售缺，请与本社发行部联系，联系及邮购电话：（010）88254888，88258888。

质量投诉请发邮件至 zlts@phei.com.cn，盗版侵权举报请发邮件至 dbqq@phei.com.cn。

本书咨询联系方式：liuy01@phei.com.cn。

前　言

随着信息技术的迅速发展，各行各业的信息化进程不断加速，Office 办公软件得到了迅速普及和广泛应用。各行各业几乎都离不开 Office 办公软件的使用，Office 办公软件的学习变得越来越重要。因此为读者提供一本既有理论基础，又注重操作技能的 Office 实用教程显得尤为必要。

本书根据教育部考试中心制定的《全国计算机等级考试二级 MS Office 高级应用与设计考试大纲（2021 年版）》中对 MS Office 高级应用的要求编写。本书注重 Office 基础知识的系统性，更强调实用性和应用性。在掌握 Office 办公软件基本应用的基础上，侧重于对 Word、Excel、PowerPoint 的高级功能进行详细、深入的解析。本书能够使读者精通 Office 软件操作，提高在实际工作中使用办公软件的综合应用能力。

本书以 Office 2016 为基础，主要分为四篇：初识 Office 2016、Word 2016 应用、Excel 2016 应用、PowerPoint 2016 应用。每章包括多个实例，Word、Excel、PowerPoint 的知识点分布在各个实例中，每个实例均以"操作步骤+知识讲解+图形演示+效果图展示"的方式进行讲解。同时，本书还配有上机操作的习题、上机操作最终效果图，方便读者掌握和使用知识点，切实提高读者的上机操作能力。

本书主要有以下 4 个特色。

（1）内容重点突出。注重理论知识和实践操作的紧密结合，重点讲述操作性内容，着重培养学生对常用办公软件的使用能力。

（2）实例新颖独特。本书突出应用、强化技能，既有丰富的理论知识，又有大量难易适中、涉及广泛的实例，分布在 Office 的各知识点中，达到理论和实践融会贯通的目的。

（3）图文并茂。操作部分配有文字讲解和操作实例图，形象生动，清晰明了，读者一学就会，即学即用。

（4）配套微课视频讲解。本书提供同步微课视频，讲解重要知识点，手机扫码即可观看，方便、快捷、高效。

由于编著者水平有限，书中难免存在疏漏与不足之处，恳请读者批评指正。

编著者

微课视频清单

第 1 章 体验全新的 Office 2016	第 7 章 使用公式与函数计算数据
第 2 章 创建与编辑文档	第 8 章 图表在数据分析中的应用
第 3 章 Word 文档排版	第 9 章 Excel 数据处理与分析
第 4 章 长文档的编辑	第 10 章 创建演示文稿
第 5 章 通过邮件合并批量处理文档	第 11 章 演示文稿的打印与输出
第 6 章 Excel 创建电子表格	第 12 章 实例—制作答辩演示文稿

目　录

第一篇　初识 Office 2016

第二篇　Word 2016 应用

第四篇 PowerPoint 2016 应用

第一篇

初识 Office 2016

第 1 章

体验全新的 Office 2016

Office 2016 是 Microsoft 公司在 2015 年 9 月 22 号发布的一款办公软件，是日常工作中重要的办公工具。Office 2016 功能强大，具有全新的现代外观和内置协作工具，在使用上更加人性化，操作起来更加方便、快捷，从而使办公更加高效，深受广大办公人员的青睐。为了让用户尽快掌握 Office 2016 的应用技巧，本章介绍 Office 2016 全接触，认识 Word、Excel、PowerPoint 三大组件、操作环境设置。

1.1 Office 2016 全接触

Office 2016 保留了大家熟悉的全面的 Office 体验，它非常适合配有键盘和鼠标的 PC 平台。Office 2016 提供了大量新功能，包括允许同时一起编辑文件、将文档同步到 OneDrive 云服务中等。同时，包括 Word、Excel、PowerPoint、OneNote 等在内的组件，都可以在触控操作的方式下提供良好的使用体验。相对于 Office 2010，新版的 Office 2016 做出了极大的改进，用户操作起来更加高效。

1.1.1 Office 2016 中文版组件

Office 2016 是一款集成的办公软件，由多个组件构成，包括 Word 2016、Excel 2016、PowerPoint 2016、Access 2016、Outlook 2016 和 Publisher 2016 等，下面对这些组件进行简要介绍。

1．Word 2016

Word 是文字处理软件，主要进行文字的录入、编辑、排版、图文混排、绘制表格等工作，是 Office 办公软件中最重要的组件之一。Word 2016 提供了出色的功能，利用其增强后的功能可以快捷、高效地创建专业水准的文档，能更轻松地与他人协同工作并可以在任何位置访问和共享文档。Word 2016 界面如图 1-1 所示。

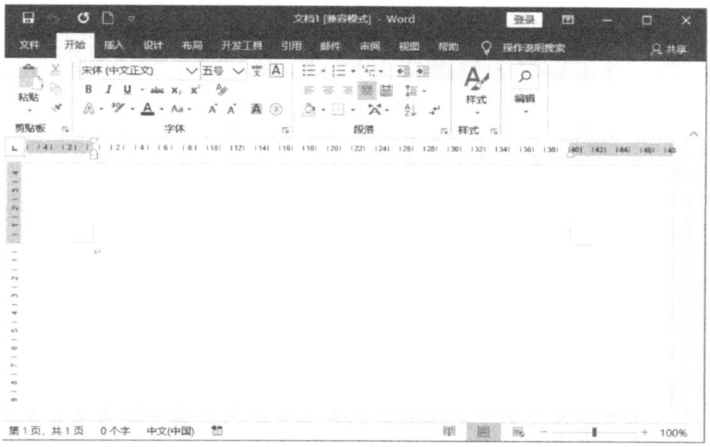

图 1-1　Word 2016 界面

2．Excel 2016

Excel 是 Office 办公软件的一个重要组成部分，它可以对各种数据进行处理及统计分析，广泛应用于管理、金融等众多领域。Excel 2016 提供了更强大的新功能和工具，其全新的分析和可视化工具可帮助用户跟踪和突出显示重要的数据趋势。Excel 2016 中的优化和性能改进使其具有更强大的分析、管理功能，并可以与他人同时在线协作。Excel 2016 界面如图 1-2 所示。

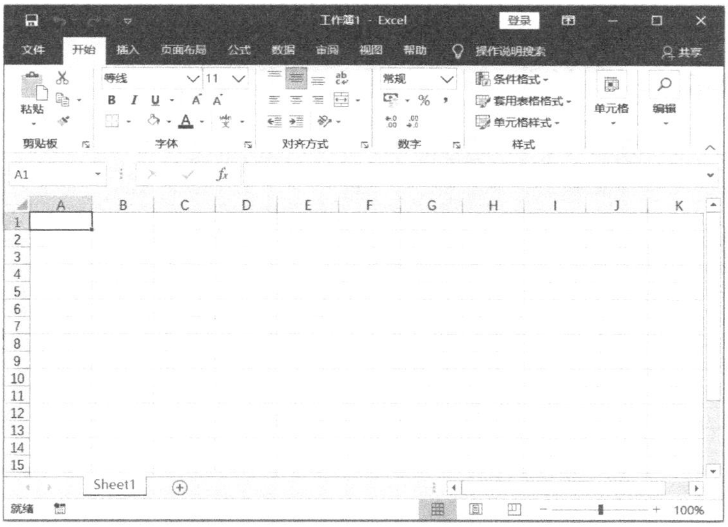

图 1-2　Excel 2016 界面

3．PowerPoint 2016

PowerPoint 是 Microsoft 推出的一款图形演示文稿软件，简称 PPT，其中文名称为幻灯片或演示文稿。利用 PowerPoint 2016 能够制作出生动活泼、图文并茂的集文字、图形、图像、声音、视频、动画于一体的多媒体演示文稿。演示文稿中的每一页称为幻灯片，每张幻灯片都是演示文稿中既相互独立又相互联系的内容。目前，PowerPoint 成为使用十分广泛的演示文稿软件。PowerPoint 2016 界面如图 1-3 所示。

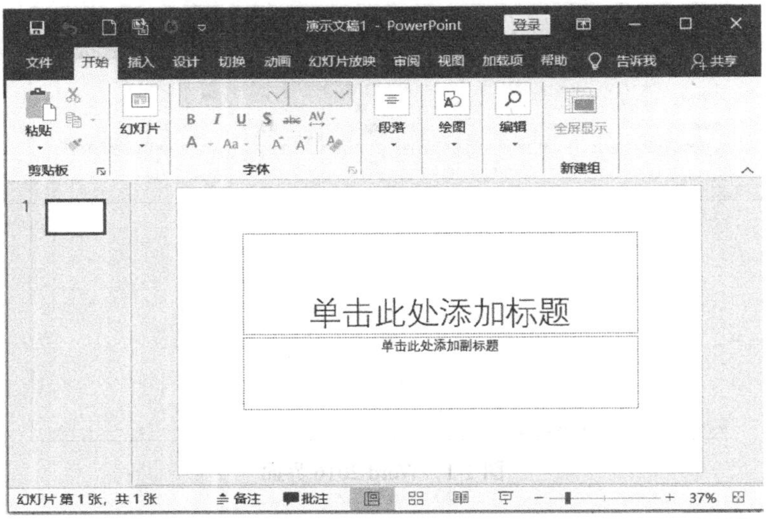

图 1-3 PowerPoint 2016 界面

4. Access 2016

Access 是由 Microsoft 发布的关系数据库管理系统，是 Microsoft 把数据库引擎的图形用户界面和软件开发工具结合在一起的一个数据库管理系统。Access 以它自己的格式将数据存储在基于 Access Jet 的数据库引擎中，它还可以直接导入或链接存储在其他应用程序和数据库中的数据。Access 2016 界面如图 1-4 所示。

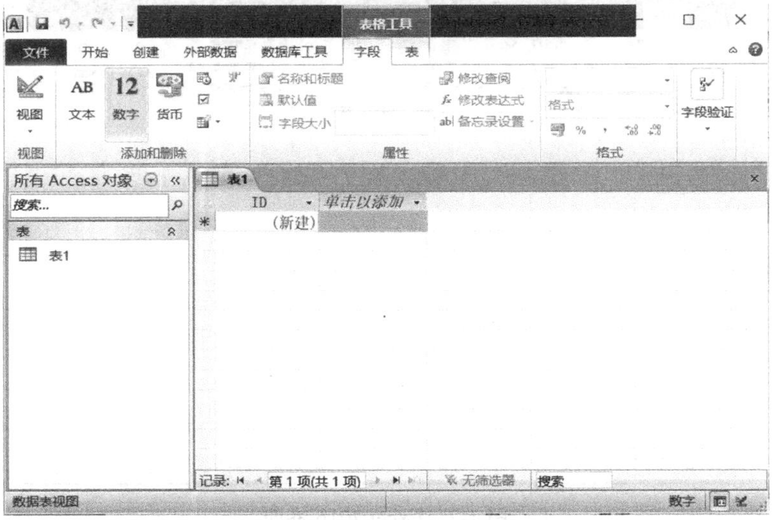

图 1-4 Access 2016 界面

5. Outlook 2016

Outlook 是 Microsoft 主打的邮件传输和协作客户端的产品。它的功能很多，可以用来收发电子邮件、管理联系人信息、记日记、安排日程、分配任务等，多种功能的完全集成使 Outlook 成为许多商业用户眼中完美的客户端。Outlook 2016 界面如图 1-5 所示。

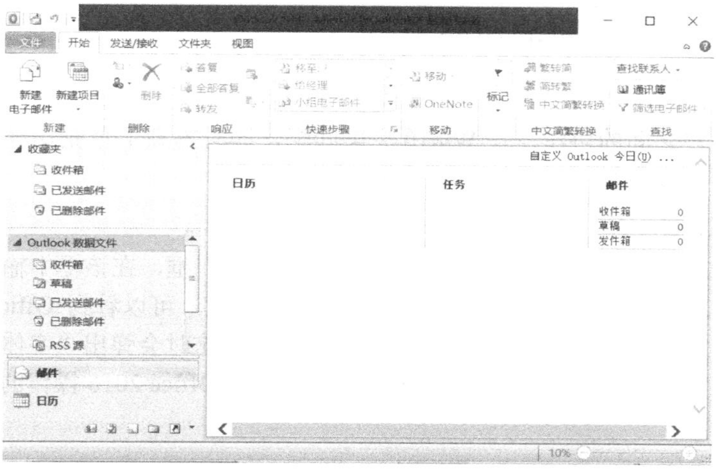

图 1-5　Outlook 2016 界面

在使用 Outlook 之前，用户需要将自己网络邮箱中的 POP3 或 IMAP 开启，这样才可以进行收信。开启 POP3 或 IMAP 的方法：登录邮箱后，单击“设置”|“账户”|“开启服务”|“POP3/SMTP 服务”或 IMAP/SMTP 服务”命令，选择“开启”选项，即在 Outlook 中添加用户的邮箱。Outlook 设置完毕，一般都可以正常收信和发信。

6. Publisher 2016

Publisher 是一种桌面发布应用程序，可帮助用户创建视觉效果丰富、外观专业的发布。使用 Publisher 可以完成以下操作。

- 在各种预先设计的模板中布设用于打印或在线发布的内容。
- 创建简单的项目，如贺卡和标签。
- 创建复杂的项目，如年鉴、目录和专业电子邮件新闻稿。

Publisher 2016 界面如图 1-6 所示。

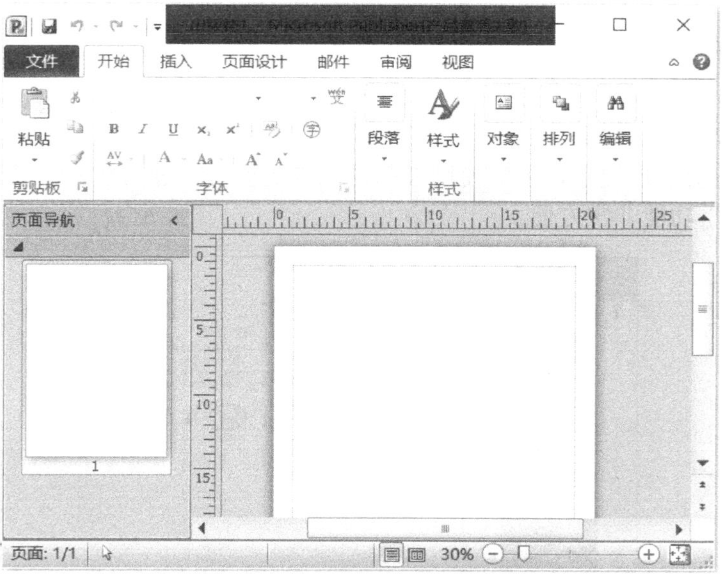

图 1-6　Publisher 2016 界面

1.1.2　Office 2016 新增功能

相比 Office 之前的版本，Office 2016 无论是在用户界面上还是在功能上，均有很大的改进，更注重用户之间的协作，与 Win10 完美匹配，同时提高了企业安全性。Office 2016 新增的功能主要有以下几个。

1. 搜索框功能

打开 Word 2016，在功能区上有一个“操作说明搜索”框，在该框中输入想要搜索的内容，即可轻松利用该功能并获得帮助。例如，输入“字体”，可以看到 Office 中的字体相关命令，如果要进行字体设置，则选择“字体设置”选项，这时会弹出“字体”对话框，在该对话框中可以对字体进行设置，如图 1-7 所示。对不熟悉 Office 2016 操作的用户来说，此功能非常方便快捷。

图 1-7　字体设置

2. 协同工作功能

Office 2016 新加入了协同工作的功能，若要与他人协作编辑文档，则可以通过“共享”功能将文档保存到云，如图 1-8 所示，这样就可以与其他使用者共同编辑文档。每个使用者编辑过的地方会出现提示，所有使用者都可以看到被编辑过的地方。对于需要合作编辑的文档，“共享”功能非常方便。

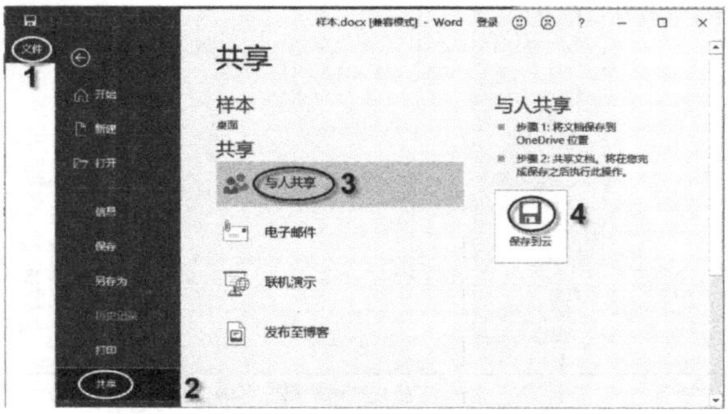

图 1-8　“共享”界面

3．Office 与云模块融为一体

Office 2016 已经很好地与 Office 中的云模块（OneDrive，即个人网络空间）融为一体。单击“文件”|“另存为”|“OneDrive”，如图 1-9 所示，用户既可以指定默认的存储路径，又可以使用本地硬盘存储。将个人文档保存到 OneDrive 云模块后，可以与他人共享和协作，也可从任何位置（计算机、平板电脑或手机）访问文档。将文件存储在 OneDrive 文件夹中，不仅可以联机工作，还可以在重新连接 Internet 时同步所做的更改。因此，Office 2016 实际上是为用户打造了一个开放的文档处理平台，通过手机、平板电脑或其他客户端，用户可随时浏览或编辑存放到云端的文件。

图 1-9　选择“OneDrive”作为存储路径

4．多彩新主题

Office 2016 有三种主题（彩色、深灰色、白色）供用户选择。使用主题的方法：单击“文件”|“账[1]户”|“Office 主题”，如图 1-10 所示，从 Office 主题中选择自己喜爱的主题风格。“彩色”主题能够让各种设备之间保持一致的现代外观效果。

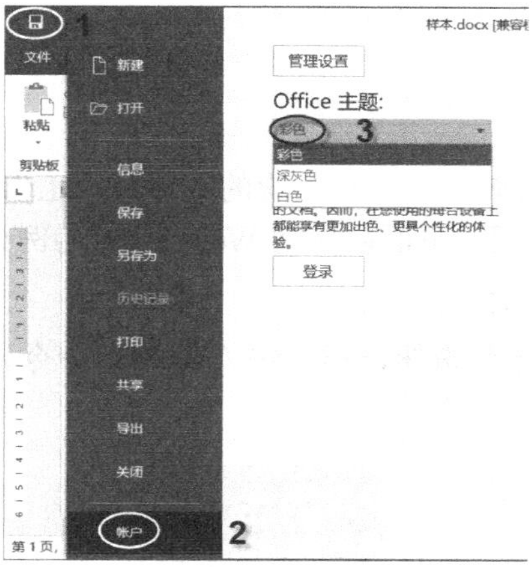

图 1-10　Office 2016 主题

5．Insights for Office 引擎功能

新的 Insights 在必应搜索引擎支持下，为 Office 带来在线资源，用户可直接在 Word 文档中通过“智能查找”搜索在线图片或文字定义。使用 Insights 引擎功能的方法：在

① 本书软件图中“帐户”的正确写法应为“账户”。

Office 2016 文档中先选定某个字或词，然后右击，在弹出的快捷菜单中单击“智能查找”命令，如图 1-11 所示。此时，在 Word 窗口的右侧弹出“智能查找”任务窗格，并显示所选关键词的网络搜索结果，单击任务窗格右下角的“更多”命令，还可以获取更多的网络信息来源；单击窗格上方的“定义”命令，可以得到所选词汇在网络词典中的释义。Insights 增强了阅读体验，在阅读 Office 文件时可显示来自网络的相关信息。

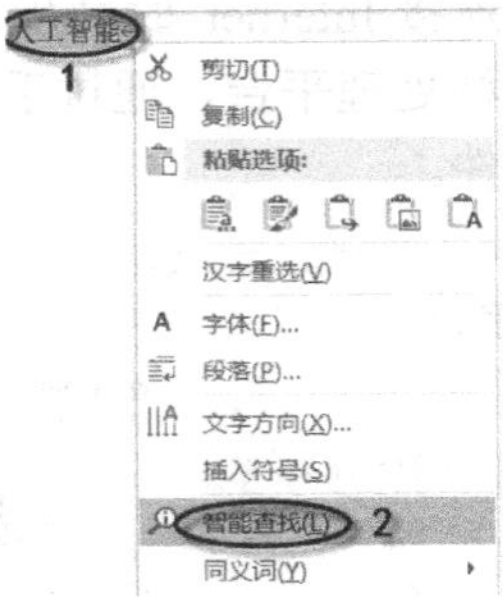

图 1-11　智能查找

另外，Office 2016 新增的图表类型、墨迹公式、屏幕录制、智能参考线、OneNote 及触控功能等为 Office 带来很大的改变，为用户提供了大量的新功能和更好的使用体验，是 Microsoft 办公软件的又一个里程碑版本。

1.2　认识 Word、Excel、PowerPoint 三组件

Word、Excel 和 PowerPoint 是 Office 办公软件中最常用的三个组件，理解这三个组件的界面和功能，有利于理解三个组件在功能上的区别，掌握各自的功能，提高办公效率。

1.2.1　启动组件

安装 Office 2016 软件后，就可以启动相应的组件进行工作。启动 Word 2016、Excel 2016 和 PowerPoint 2016 的方法相同，下面以启动 Word 2016 为例介绍启动组件的方法。

1. 利用“开始”按钮启动

单击桌面左下角的“开始”按钮，再单击“Word”命令，如图 1-12 所示，即可启动 Word 2016。

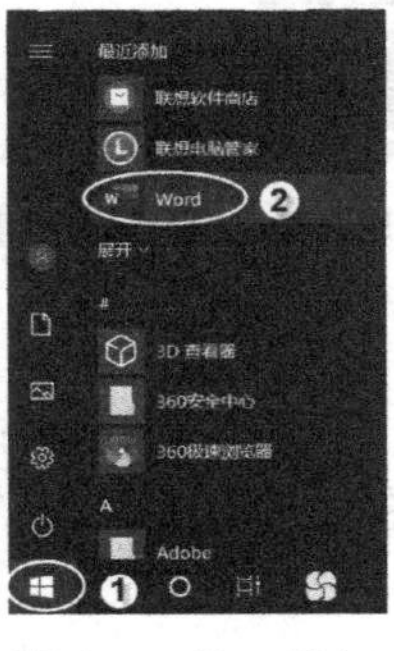

图 1-12　利用“开始”按钮启动 Word

2. 利用桌面上的 Word 快捷图标启动

Office 2016 安装后，并不在桌面上创建相应组件的快捷图标，需要手动创建快捷图标。若在桌面上创建 Word 2016 的快捷图标，单击“开始”按钮，在“Word”上右击，在弹出的快捷菜单中单击“更多”|“打开文件位置”命令，如图 1-13（a）所示，打开文件的存放位置，在 Word 的快捷方式上右击，在弹出的快捷菜单中单击“发送到”|“桌面快捷方式”命令，如图 1-13（b）所示，此时在桌面上创建了 Word 2016 的快捷图标，双击该图标，即可启动 Word 2016。

（a）　　　　　　　　（b）

图 1-13　创建 Word 桌面快捷图标

3. 利用快捷菜单启动

在桌面的空白处右击，在弹出的快捷菜单中单击“新建”|“Microsoft Word 文档”命令，如图 1-14 所示，即在桌面创建了“新建 Microsoft Word 文档”图标。双击这个图标，即可启动 Word 2016。

图 1-14　利用快捷菜单启动 Word

1.2.2　认识组件工作界面

启动 Office 2016 的任意组件后，即可打开该组件的工作界面。若要熟练使用各组件，需要了解各组件工作界面的组成。作为 Office 的核心组件，Word、Excel、PowerPoint 三大组件的工作界面既有相同之处，又存在个性化差异，下面分别介绍 Word、Excel、PowerPoint 三大组件的界面组成。

1. Word 2016 工作界面

启动 Word 2016 后，进入 Word 2016 的工作界面，如图 1-15 所示。它主要由快速访问工具栏、标题栏、选项卡、功能区、编辑区、视图按钮、显示比例等部分组成，各元素的名称及功能如表 1-1 所示。

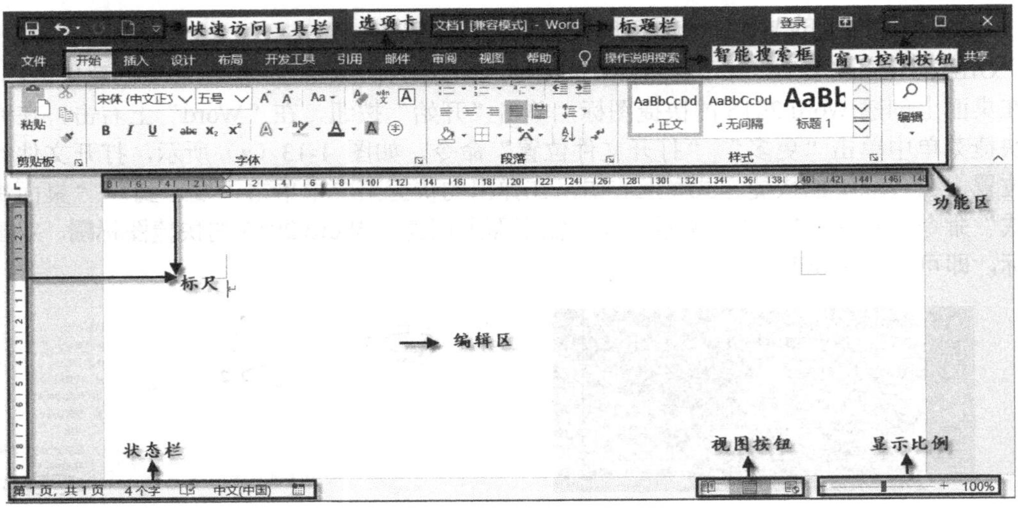

图 1-15　Word 2016 工作界面

表 1-1　Word 工作界面中各元素的名称及功能

名　称	功　能
快速访问工具栏	位于 Word 窗口顶端左侧，该栏包含常用命令的快捷按钮，如保存、撤销等命令按钮，根据需要可在该栏添加或删除命令按钮
标题栏	位于窗口顶端中部，用于显示当前正在运行的文档名称和类型
窗口控制按钮	位于标题栏的右侧，主要用来控制窗口的最小化、最大化 / 还原、关闭应用程序，单击相应的按钮即可执行对应的操作
选项卡	位于标题栏下方，包括“开始”“插入”等多个选项卡，单击某个选项卡即可打开相应的功能区
智能搜索框	只需在搜索框中输入内容，即可利用智能搜索功能搜索想要的信息并获得帮助
功能区	显示不同选项卡下的各种命令，它包含很多组。例如“开始”选项卡的功能区，包含“字体”“段落”“样式”“编辑”4 个选项组。单击选项组右下角的功能扩展按钮，将打开对应的对话框或任务窗格
标尺	包括水平标尺和垂直标尺，用于显示和定位文本所在的位置
编辑区	主要用于输入、编辑和显示文档内容
状态栏	位于窗口底端，用于显示当前文档的相关信息，如页数、字数、使用的语言等
视图按钮	提供了阅读、页面和 Web 版式三种视图，单击某一按钮可切换至该视图浏览当前文档
显示比例	用于设置编辑区的显示比例，通过拖动滑块或单击和按钮缩小或放大编辑区的显示比例

2. Excel 2016 工作界面

启动 Excel 2016 后，即进入 Excel 2016 工作界面，如图 1-16 所示。由于 Excel 2016 和 Word 2016 同是 Office 2016 办公软件中的组件，两者工作界面的组成有很多相似之处，都包括快速访问工具栏、标题栏、选项卡、功能区等。除此之外，Excel 2016 的工作界面还有自己特有的组成元素。Excel 2016 工作界面中特有的组成元素名称及功能如表 1-2 所示。

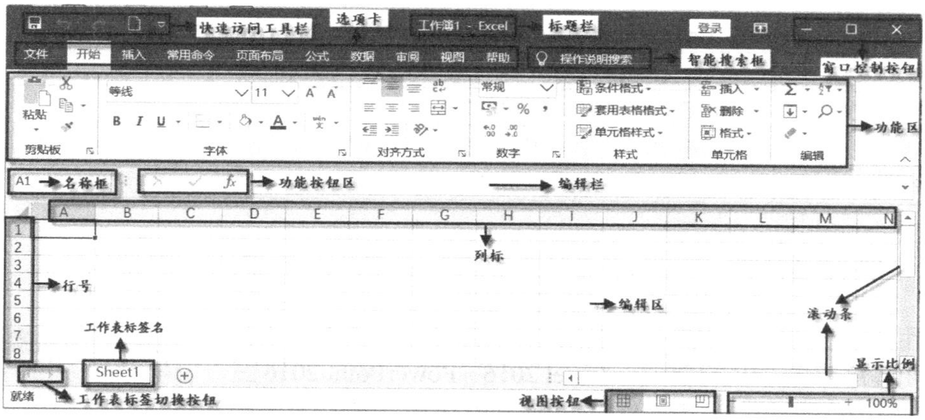

图 1-16　Excel 2016 工作界面

表 1-2　Excel 2016 工作界面中特有的组成元素名称及功能

名　　称	功　　能
名称框	用于显示当前活动单元格的名称
功能按钮区	包括“×”“✓”“f_x”三个按钮，主要对输入的数据进行取消、确认及插入函数
编辑栏	显示当前单元格中的内容，或者在该栏中对当前单元格的内容进行编辑、输入公式等
列标	以 A、B、C、D……编号，单击选定该列
行号	以 1、2、3……编号，单击可选定该行
滚动条	分为横向滚动条和纵向滚动条，拖动滚动条可左右或上下查看文档的内容
编辑区	由若干单元格组成，用于存储和显示输入的数据、文本等内容
工作表标签切换按钮	单击滚动到第一个或最后一个工作表，右击，查看所有工作表
工作表标签名	显示当前工作簿中各工作表的名称，以 Sheet1、Sheet2、Sheet3 等进行表示

3. PowerPoint 2016 工作界面

PowerPoint 2016 与 Word 2016、Excel 2016 工作界面相似，也包含标题栏、快速访问工具栏、功能区及状态栏等，如图 1-17 所示。除此之外，PowerPoint 2016 的工作界面也有自己特有的组成元素。PowerPoint 2016 工作界面中特有的组成元素名称及功能如表 1-3 所示。

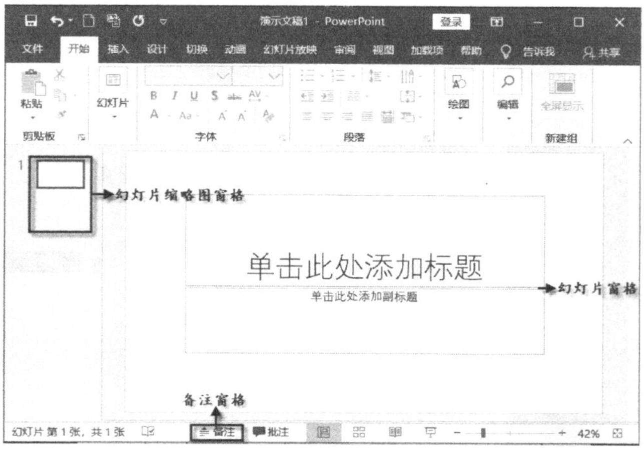

图 1-17　PowerPoint 2016 工作界面

表 1-3　PowerPoint 2016 工作界面中特有的组成元素名称及功能

名　称	功　能
幻灯片缩略图窗格	显示演示文稿中所有幻灯片的缩略图
幻灯片窗格	显示当前幻灯片，在该幻灯片中可以对幻灯片内容进行编写
备注窗格	为当前幻灯片添加相关的说明或注释文本，供演讲者参考

1.2.3　关闭组件

使用 Office 2016 的相应组件完成办公操作后，需要退出程序，关闭程序窗口。Word 2016、Excel 2016、PowerPoint 2016 三大组件的关闭方法相同，下面以 PowerPoint 2016 为例介绍关闭组件常用的两种方法。

方法 1：单击 PowerPoint 2016 窗口右上角的“关闭”按钮。

方法 2：单击 PowerPoint 2016 窗口左上角的空白处，在弹出的列表中单击“关闭”命令，如图 1-18 所示。

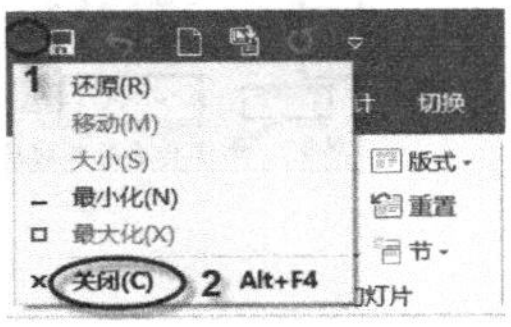

图 1-18　关闭组件

1.3　操作环境设置

利用 Office 2016 提供的设置操作环境功能，可以设置 Word、Excel、PowerPoint 的主题、背景、自定义功能区和快速访问工具栏等。通过设置操作环境功能，使 Word、Excel、PowerPoint 的操作界面更具有人性化，更符合用户的使用习惯。

1.3.1　设置主题和背景

主题是指工作界面的配色，背景是指工作界面右上角的背景图片。Office 2016 提供了多种主题和背景，用户可根据需要选择适合自己的主题和背景。设置主题和背景的方法如下。

（1）打开任意一个 Word 2016 文档、Excel 2016 或 PowerPoint 2016 文档。

（2）单击“文件”|“账户”，在右侧面板中单击“登录”按钮，弹出“登录”对话框，输入该账户的电子邮件或手机号，单击“下一步”按钮，如图 1-19 所示，登录 Office。

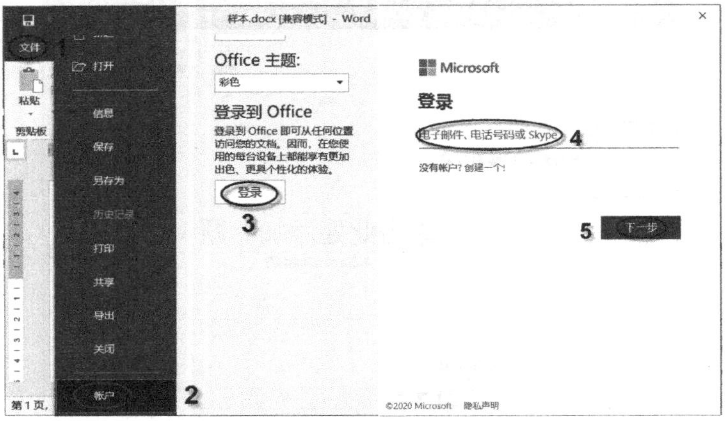

图 1-19　登录 Office

（3）单击“Office 主题:”列表框右侧的下拉按钮，在弹出的下拉列表中选择所需的主题；单击“Office 背景”列表框右侧的下拉按钮，在弹出的下拉列表中选择所需的背景，如图 1-20 所示。

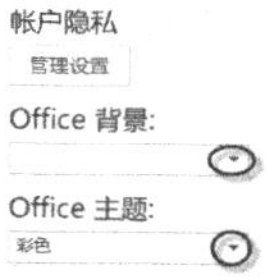

图 1-20　设置主题和背景

（4）设置结束后，单击窗口左上角的返回按钮，可看到设置的 Office 主题和背景效果，以及已登录的账户。

1.3.2　功能区的隐藏和显示

在 Word 2016、Excel 2016、PowerPoint 2016 中，可将窗口中的功能区进行隐藏，使编辑区最大化显示；也可将隐藏的功能区进行显示。下面以 PowerPoint 2016 为例，介绍 Word 2016、Excel 2016、PowerPoint 2016 窗口中的功能区的隐藏和显示。

1．功能区的隐藏

如图 1-21 所示，单击窗口右下角的“折叠功能区”按钮，可将功能区隐藏。此时只显示选项卡名称，增大了编辑区的区域，如图 1-22 所示。

图 1-21　“折叠功能区”按钮

图 1-22　功能区隐藏的效果

2．功能区的显示

单击窗口右上角“功能区显示选项”按钮，在弹出的列表中选择“显示选项卡和命令”选项，如图 1-23 所示，将功能区进行显示。

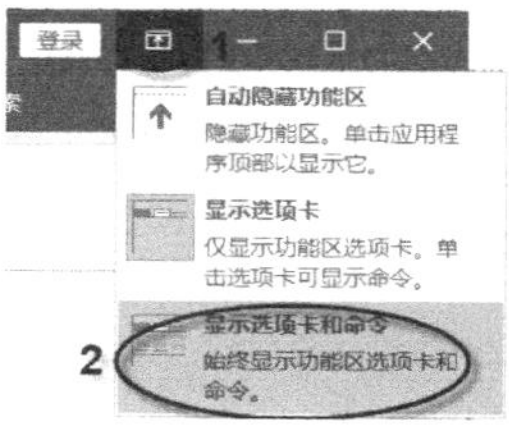

图 1-23　功能区的显示

1.3.3 自定义功能区

Office 2016 提供了自定义功能区的功能，利用自定义功能区，可以在功能区中自定义新的选项卡、组和命令按钮，将常用的命令放在一个选项卡或组中进行集中管理。下面以 Excel 2016 中的自定义功能区为例进行介绍。

1. 自定义功能区、组和命令按钮

例如在“插入”选项卡的后面添加一个新的选项卡，其名称为“常用命令”，在该选项卡中新建一个组，其名称为“朗读”，在该组中添加“按行朗读单元格”“按列朗读单元格”命令，操作步骤如下。

（1）打开任意一个 Excel 2016 文档，单击“文件”|“选项”，在弹出的“Excel 选项”对话框中选择“自定义功能区”选项，如图 1-24 所示。

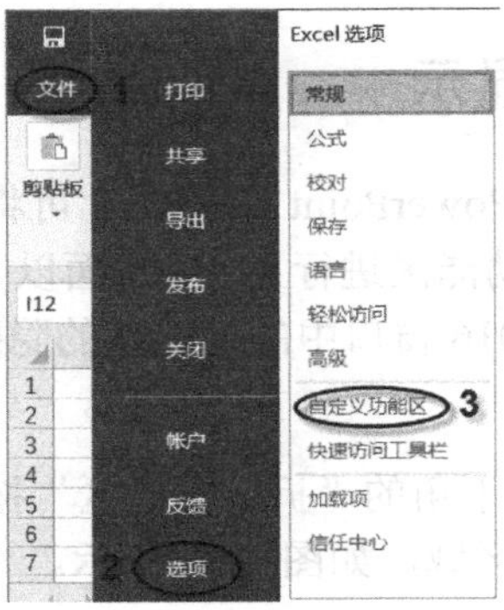

图 1-24 选择“自定义功能区”选项

（2）新建功能区和组。在“自定义功能区”下拉列表中选择功能区的位置，本例选择“主选项卡”，然后选择“主选项卡”列表框中的“插入”选项，将自定义的功能区放置在“插入”选项卡后面。单击“新建选项卡”按钮，即在“插入”选项卡的后面添加了“新建选项卡（自定义）”，选择“新建选项卡（自定义）”，再单击“重命名”按钮，如图 1-25 所示。将新建的选项卡命名为“常用命令”，按照相同的方法，将“新建组（自定义）”更名为“朗读”。

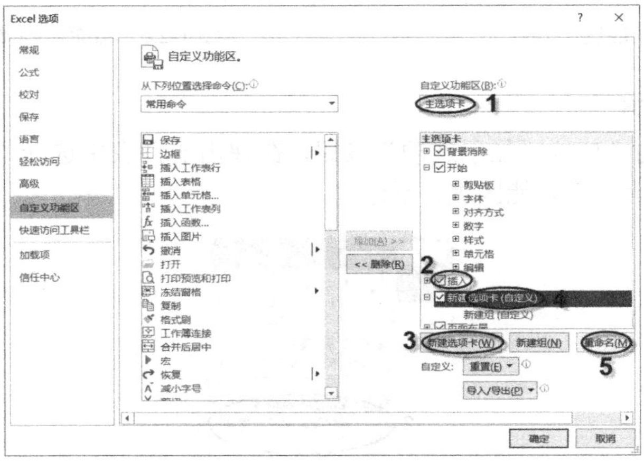

图 1-25 新建功能区和组

（3）添加命令到新建组。如图 1-26 所示，在“从下列位置选择命令”下拉列表中选择“不在功能区中的命令”选项，然后在列表框中选择“按行朗读单元格”选项，再单击“添加”按钮，此时“按行朗读单元格”命令添加到新建组的下方。按照相同的方法，将“按列朗读单元格”命令也添加到新建组的下方。

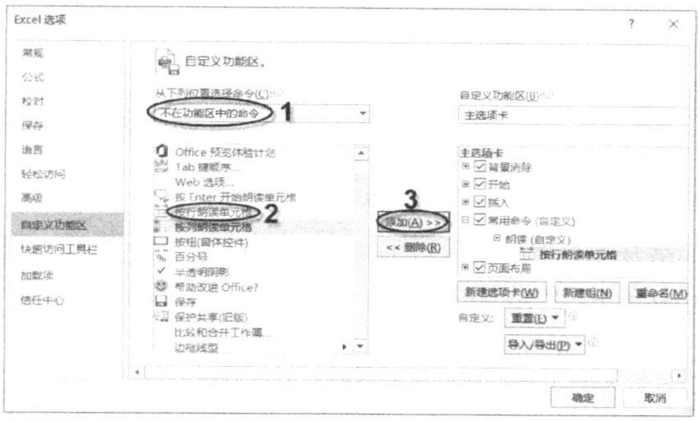

图 1-26　添加命令到新建组

（4）单击“确定”按钮，返回工作簿的窗口，可以看到在功能区中添加了“常用命令”选项卡、“朗读”组和“按行朗读单元格”“按列朗读单元格”命令按钮，效果如图 1-27 所示。

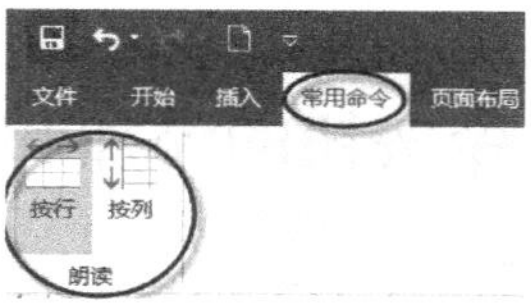

图 1-27　自定义功能区的效果

2．移动现有功能组

利用自定义功能区也可以调整现有功能区中的组或命令的位置。例如，将“插入”选项卡中的“插图”组移动到“常用命令”选项卡中，操作方法如下。

（1）在“常用命令”选项卡上右击，在弹出的快捷菜单中单击“自定义功能区”命令，打开“Excel 选项”对话框。

（2）在“主选项卡”列表框中，选择“插入”|“插图”选项，然后单击“下移”按钮 ▾，如图 1-28 所示，持续单击“下移”按钮，直至将“插图”选项移动到“常用命令”选项卡中。

图 1-28　将“插图”组移动到“常用命令”选项卡中

（3）单击“确定”按钮，返回文档，可以看到在“常用命令”选项卡中添加了“插图”组，如图 1-29 所示。

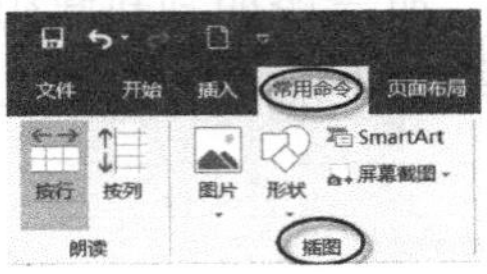

图 1-29　移动现有功能组的效果

3. 删除自定义的功能区、组和命令按钮

在新建的选项卡“常用命令”上右击，在弹出的快捷菜单中单击“自定义功能区”命令，在弹出的对话框中单击“常用命令（自定义）”，再单击“删除”和“确定”按钮，如图 1-30 所示。

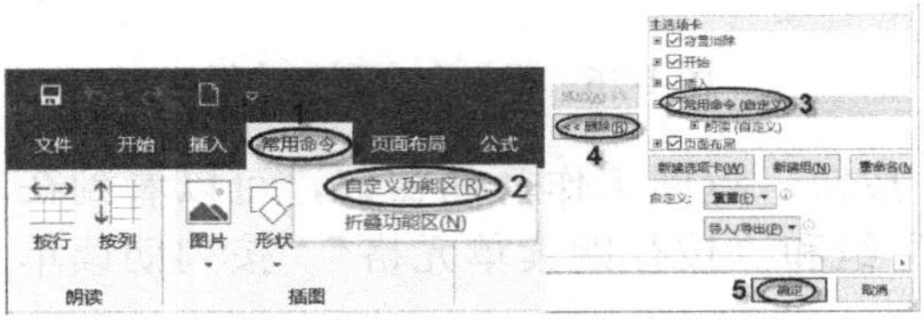

图 1-30　删除自定义的功能区、组和命令按钮

1.3.4　快速访问工具栏命令按钮的添加和删除

快速访问工具栏位于 Word、Excel、PowerPoint 窗口的左上角，该栏包含常用命令的快捷按钮，如保存、撤销等命令按钮，方便用户使用。根据需要可增加或删除该工具栏中的命令按钮。下面以 Word 2016 为例，介绍快速访问工具栏中命令按钮的添加和删除。

打开任意一个 Word 2016 文档，单击快速访问工具栏右侧的“自定义快速访问工具栏”按钮▼，弹出一个下拉列表，如图 1-31 所示，该列表中的命令前有“√”的表示此命令显示在该工具栏中，例如“新建”“保存”“撤销①”“恢复”。单击列表中的某个命令可将该命令添加到快速访问工具栏，或者单击带有“√”的命令，例如单击“保存”命令，取消其在快速访问工具栏中的显示。

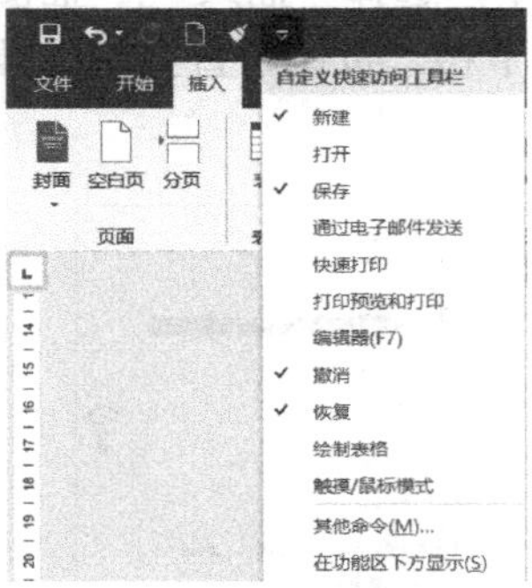

图 1-31　自定义快速访问工具栏

① 本书软件图中“撤消”的正确写法应为“撤销”。

如果要添加的命令不在图 1-31 所示的列表中，那么单击列表中的“其他命令”，如图 1-32 所示，弹出“Word 选项”对话框，在该对话框左侧列表框中选择“快速访问工具栏”选项，在“从下列位置选择命令”下拉列表中单击要添加到快速访问工具栏中的命令，例如单击“格式刷”命令，再单击“添加”按钮，此时“格式刷”命令添加到“自定义快速访问工具栏”列表框中，单击“确定”按钮，返回 Word 窗口，可以看到快速访问工具栏增加了一个“格式刷”按钮，如图 1-33 所示。

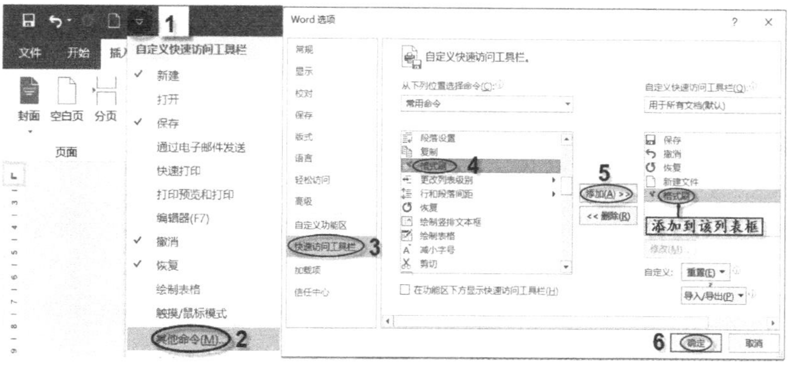

图 1-32　快速访问工具栏命令按钮的添加

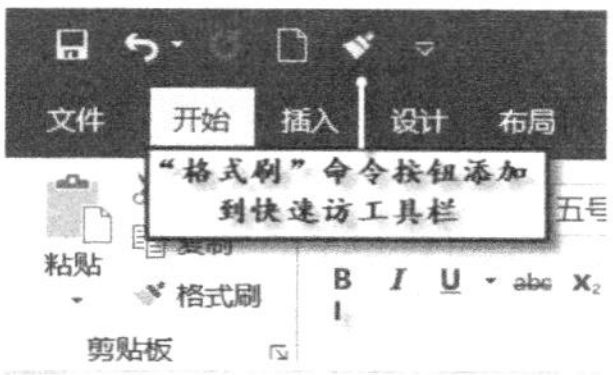

图 1-33　将“格式刷”命令按钮添加到快速访问工具栏

若要将添加的“格式刷”命令按钮从快速访问工具栏删除，如图 1-34 所示，在“Word 选项”对话框的“自定义快速访问工具栏”列表框中单击“格式刷”命令，再单击“删除”和“确定”按钮即可。

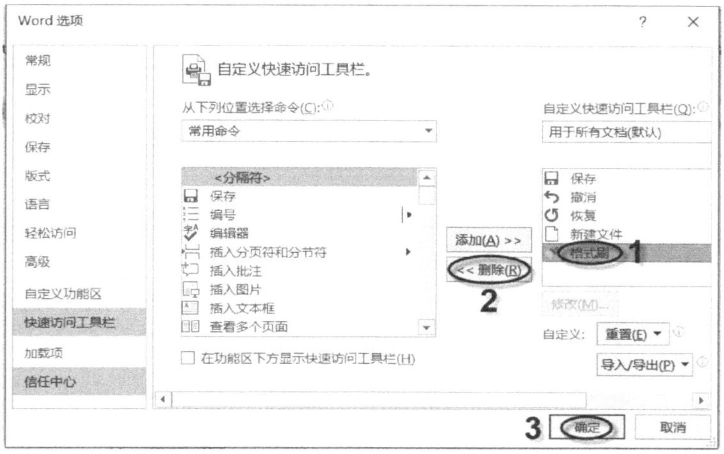

图 1-34　快速访问工具栏命令按钮的删除

第二篇

Word 2016 应用

第 2 章

创建与编辑文档

2.1　文档的基本操作

2.1.1　创建文档

文档是文本、表格、图片等各种对象的载体。用户在编辑或处理文字之前，首先要创建文档。创建文档包括创建空白文档和利用模板创建文档。

1．创建空白文档

（1）利用启动程序。

启动 Word 2016 后，系统自动创建一个名为“文档 1”的空白文档，默认扩展名为.docx。

（2）利用选项卡。

单击“文件”|“新建”命令，在“新建”区域单击“空白文档”，即创建一个空白文档，如图 2-1 所示。

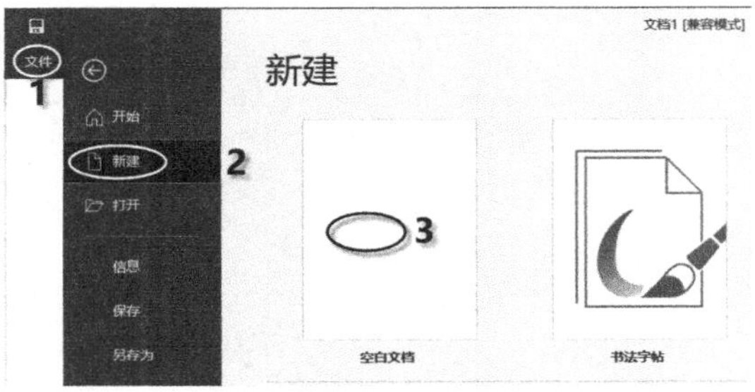

图 2-1　创建空白文档

（3）利用组合键。

按组合键 Ctrl+N 也可创建一个空白文档。

（4）利用“快速访问工具栏”。

单击“快速访问工具栏”中的“新建空白文档”按钮，即创建一个空白文档。

2．利用模板创建文档

模板是 Word 中预先定义好内容格式的文档，它决定了文档的基本结构和设置，包括字体格式、段落格式、页面格式、样式等。Word 2016 提供了多种模板，用户可根据需要选择模板创建文档。

（1）利用现有的模板创建文档。

如图 2-2 所示，单击“文件”|“新建”命令，在“搜索联机模板”区域有很多模板类型，单击需要的模板类型，如“蓝灰色简历”，在弹出的窗口中单击“创建”按钮，即可创建所选模板的文档。

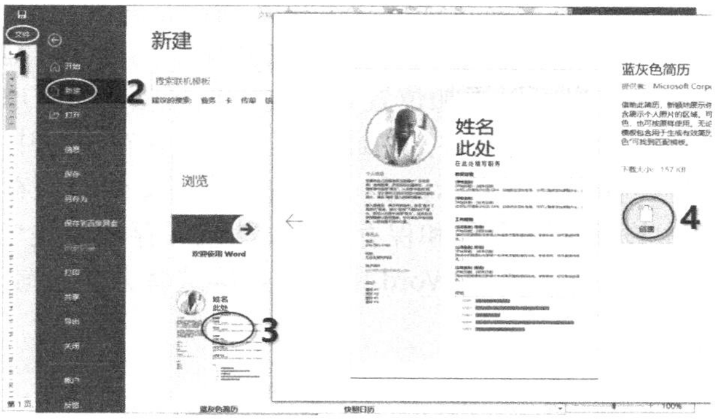

图 2-2　利用现有的模板创建文档

（2）利用网络模板创建文档。

【例 2-1】 利用网络模板创建一个“时尚简历”文档。

（1）单击“文件”|“新建”命令，在“搜索联机模板”框中输入要搜索的模板类型名称，如输入“简历”，单击“开始搜索”按钮，如图 2-3 所示，系统自动在联机模板中搜索该模板。

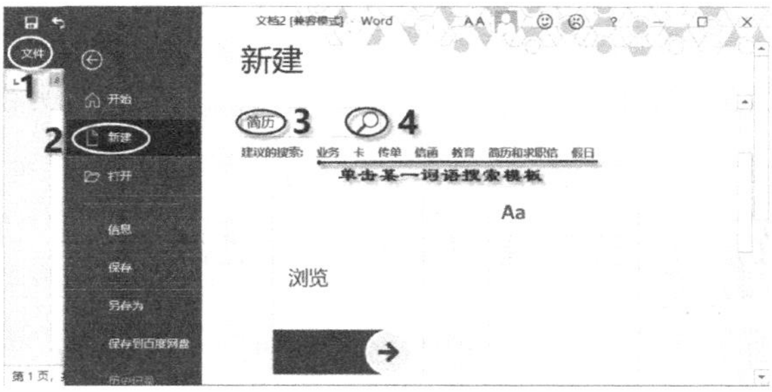

图 2-3　搜索“简历”模板

（2）在搜索后的模板区域单击“时尚简历”按钮，在弹出的窗口中单击“创建”按钮，如图 2-4 所示，即创建了一个“时尚简历”文档。

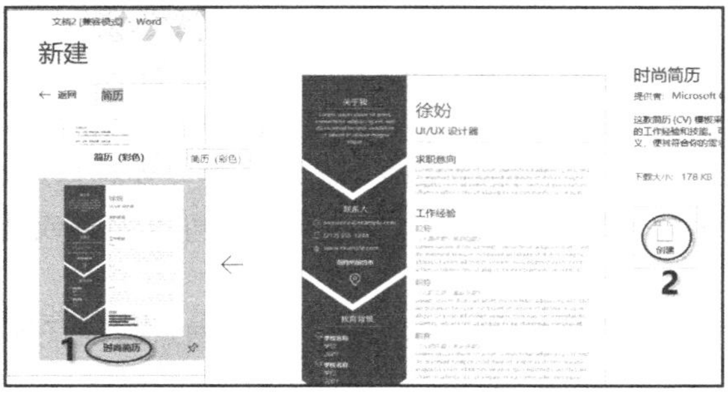

图 2-4　创建“时尚简历”文档

2.1.2　保存文档

1．保存新建文档

单击“文件”|“保存”命令，弹出“另存为”窗格，然后选择文档的保存位置，如图 2-5 所示。选择“OneDrive-个人”选项，可将文档保存到云网盘，可以随时随地从任何设备进行访问；选择“这台电脑”选项，可将文档保存到电脑，这是基本的保存方式；选择“添加位置”选项，用户可以添加位置，以便更加轻松地将 Office 文档保存到云；选择“浏览”选项显示最近浏览的文件夹。通常将文件保存在电脑中，双击“这台电脑”，弹出“另存为”对话框，如图 2-6 所示，在左窗格中选择文件的保存位置，在“文件名”和“保存类型”列表框中设置文件名称和保存类型。默认保存类型是“Word 文档(*.docx)”。若要将 Word 2016 文档在较低版本的 Word 中使用，则选择兼容性较高的“Word 97-2003 文档(*.doc)”类型。

图 2-5 “保存”设置

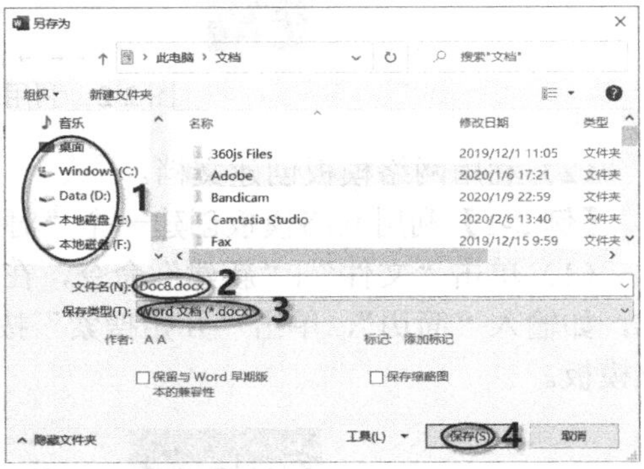

图 2-6 “另存为”对话框

2．保存已有文档

将已有文档保存在原始位置，可按以下 3 种方法进行保存。

- 单击“文件”|“保存”命令。
- 单击“快速访问工具栏”中的“保存”按钮。
- 按组合键 Ctrl+S。

将已有文档保存到其他位置，或者改变文档的保存类型，单击“文件”|“另存为”命令，在弹出的“另存为”对话框中按照需要重新设置保存位置、文件名和文件类型。

3．自动保存文档

为尽可能地减少突发事件，如死机、断电等造成的文件丢失，可设定 Word 自动保存功能，让 Word 按照指定的时间自动保存文档，操作步骤如下。

（1）单击“文件”|“选项”命令，打开“Word 选项”对话框，如图 2-7 所示。

（2）单击“保存”命令，在“保存文档”区域选中“保存自动恢复信息时间间隔”复选框，并设定一个时间间隔（默认 10 分钟，时间间隔也可以缩短或延长），一般设置为 5~15 分钟较为适合。

（3）单击“确定”按钮，Word 按照设定的时间间隔自动保存文档。

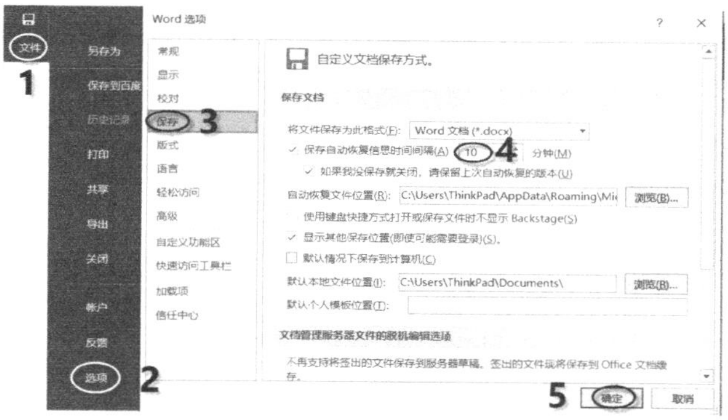

图 2-7　设置自动保存文档

2.1.3　保护文档

在文档的编辑过程中，如果不希望文档被其他用户查看或随意修改，则需要对文档进行保护。单击“文件”|“信息”命令，然后单击左窗格中的“保护文档”按钮，弹出如图 2-8 所示的下拉列表，可按“始终以只读方式打开”、“用密码进行加密”和“限制编辑”等 5 种方式对文档进行保护。

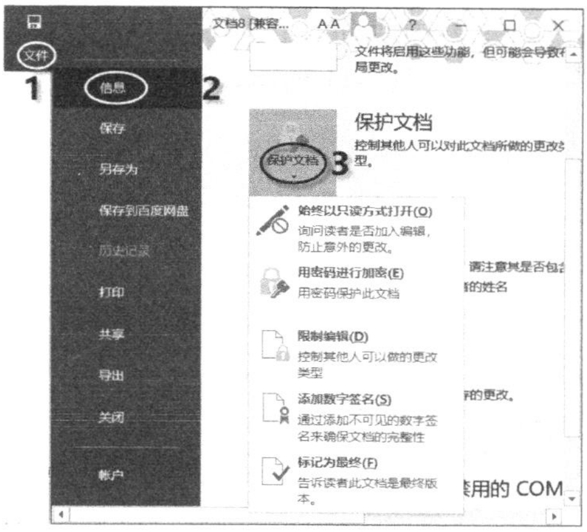

图 2-8　“保护文档”下拉列表

1.“始终以只读方式打开”命令

单击此命令，该文档被设置为以只读方式打开，以防止意外更改。再次单击该命令，取消只读设置。

2.“用密码进行加密”命令

为文档加密后，需要使用密码才能打开文档，要记住密码，否则无法打开文档。“用密码进行加密”的操作步骤如下。

（1）打开需要“用密码进行加密”的文档，单击“文件”|“信息”命令。

（2）单击“保护文档”按钮，在弹出的下拉列表中选择“用密码进行加密”选项，弹出“加密文档”对话框，在“密码”文本框中输入密码，单击“确定”按钮，如图 2-9 所示。

（3）弹出“确认密码”对话框，再次输入密码并单击“确定”按钮。

（4）返回文档中，单击“快速访问工具栏”中的“保存”按钮，则为该文档用密码进行了加密。

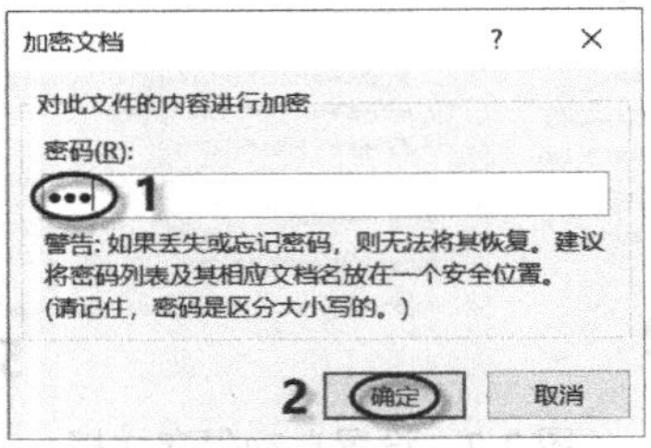

图 2-9 “加密文档”

3.“限制编辑”命令

限制其他用户对文档进行编辑，操作步骤如下。

（1）在“保护文档”的下拉列表中单击“限制编辑”命令，打开“限制格式和编辑”任务窗格。

（2）在窗格中选择要限制的选项，例如，选中“编辑限制”中的“仅允许在文档中进行此类型的编辑”复选框，在其下拉列表中选择“不允许任何更改（只读）”选项，然后单击“是，启动强制保护”按钮，如图 2-10 所示，在弹出的“启动强制保护”对话框中输入保护文档的密码，单击“确定”按钮，如图 2-11 所示，该文档只能读，不能进行任何更改。

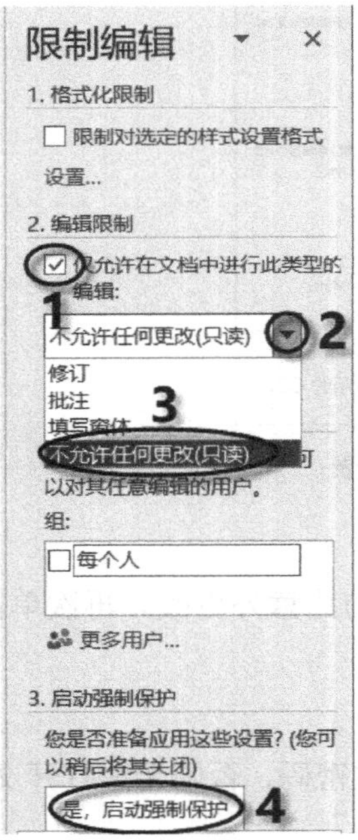

图 2-10 “限制编辑”任务窗格

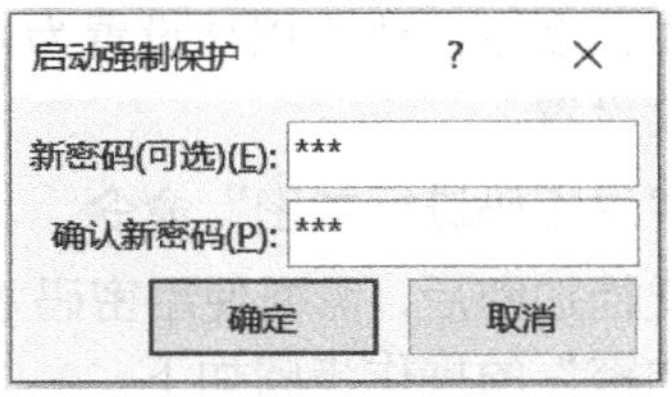

图 2-11 “启动强制保护”对话框

（3）若取消限制编辑，在“限制编辑”任务窗格中，单击“停止保护”按钮，在弹出的“取消保护文档”对话框中输入密码，单击“确定”按钮，如图 2-12 所示。

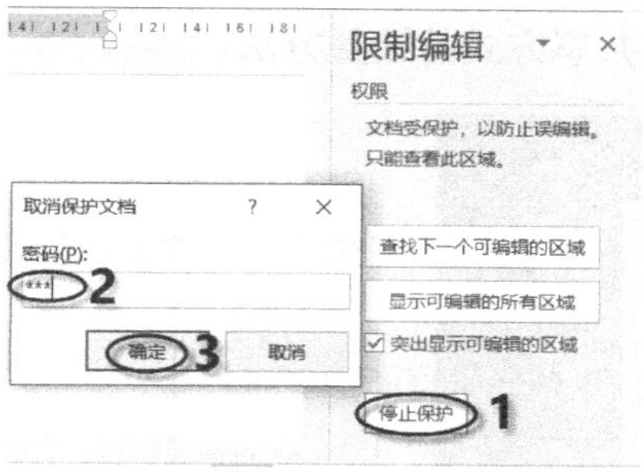

图 2-12　取消“限制编辑”

4.“添加数字签名”命令

首先以支持数字签名的格式保存此文档，才能添加签名。数字签名有助于验证用户的身份，用于以电子方式签名重要文档。还可用于通过向邮件添加名为数字签名的唯一代码来帮助保护邮件。带数字签名的邮件可向收件人证明是用户签署了邮件内容，且内容在传输途中未遭到更改。

5.“标记为最终”命令

选择此命令，该文档被标记为最终版本，文档被设置为只读文件防止编辑。用户可以随时解除“标记为最终”，并继续编辑，这种保护安全性不高。

2.1.4　打开文档

双击需要打开的文档图标，即可打开一个文档。如果要打开最近使用的文档，单击“文件”|“打开”命令，打开如图 2-13 所示的窗口，右侧列出了最近使用的文档，单击需要打开的文档即可。

如果要打开的文档不在最近使用的文档列表中，双击“这台电脑”或单击“浏览”命令，在弹出的对话框中找到文档所在的位置，单击“打开”按钮，即可打开该文档。

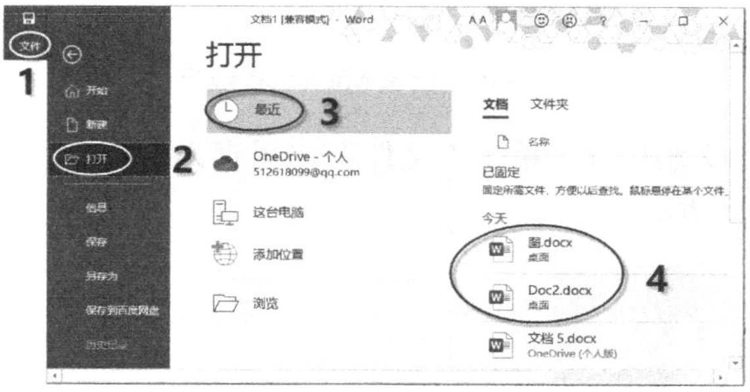

图 2-13　“打开”窗口

2.1.5　共享文档

在 Word 2016 中，通过“共享”功能可以与他人协作共同编辑文档，对于需要合作编辑的文档，“共享”功能非常方便。单击“文件”|“共享”命令，如图 2-14 所示，可以用四种方式与人共享文档，这四种方式分别是：“与人共享”“电子邮件”“联机演示”“发布

至博客”。下面介绍其中两种共享方式的设置方法。

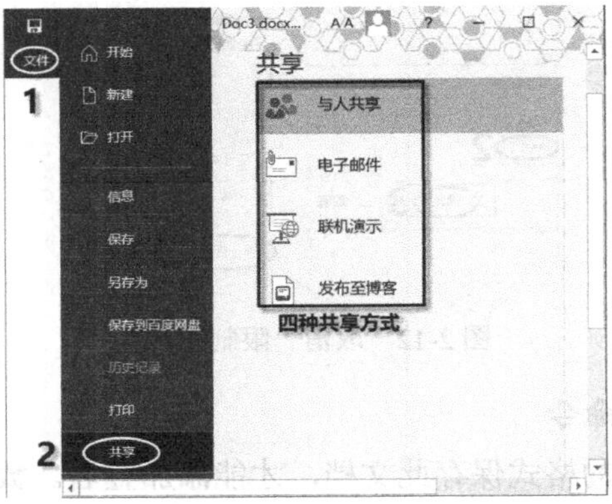

图 2-14 “共享”界面

1. 与人共享

（1）启动 Word 2016，单击“文件”|“账户”命令，用自己的 Microsoft 账户登录，如图 2-15 所示。

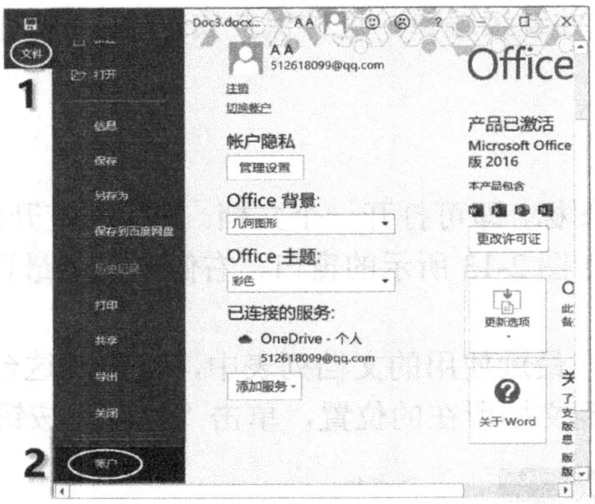

图 2-15 登录 Microsoft 账户

（2）将需要共享的文档保存。单击“文件”|“另存为”命令，将文件保存到 OneDrive 云储存网盘，如图 2-16 所示。

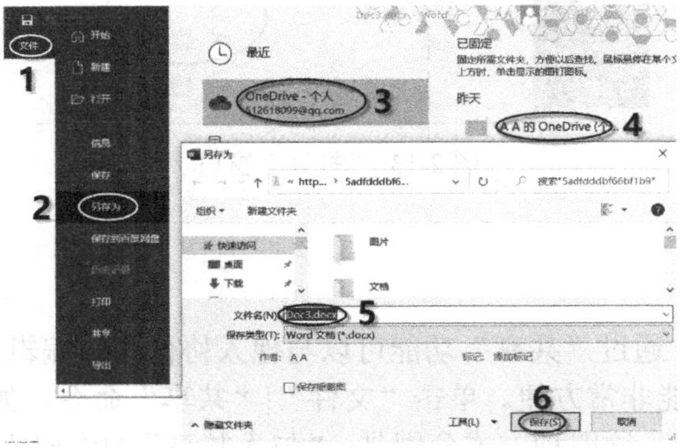

图 2-16 将需要共享的文档保存到 OneDrive 云储存网盘

（3）将文件共享给他人。单击文档窗口右上角的“共享”按钮，弹出“共享”任务窗格，在“邀请人员”文本框中输入邀请人的电子邮件（可以登录 Microsoft 网盘的账号），或者单击其右侧的📖按钮，在通讯簿中搜索联系人，并设置好编辑的权限，然后单击“共享”按钮，如图 2-17 所示，弹出“正在发送电子邮件并与您邀请的人共享”提示，稍后邀请人员显示在“共享”任务窗格当前账户的下方。

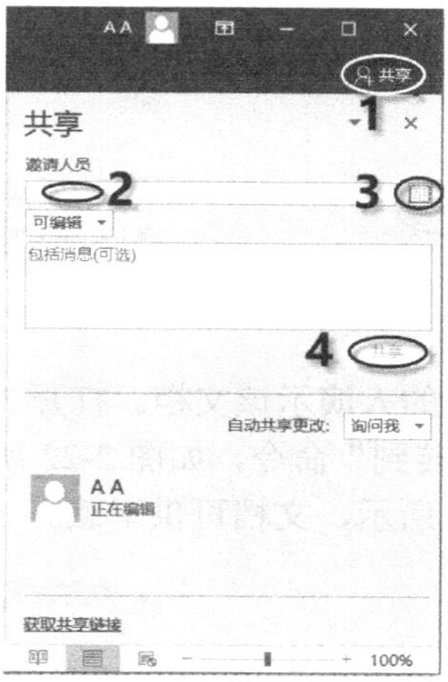

图 2-17　“共享”任务窗格

2. 联机演示

（1）登录 Microsoft 账户。启动 Word 2016，单击“文件”|“账户”命令，用自己的 Microsoft 账户登录。

（2）启动“联机演示”。单击“文件”|“共享”|“联机演示”命令，如图 2-18 所示，弹出“连接到 Office Presentation Service”提示，如图 2-19 所示。

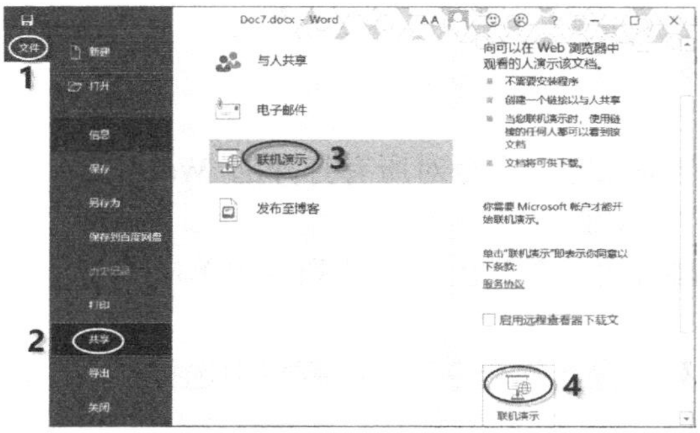

图 2-18　“联机演示”窗口

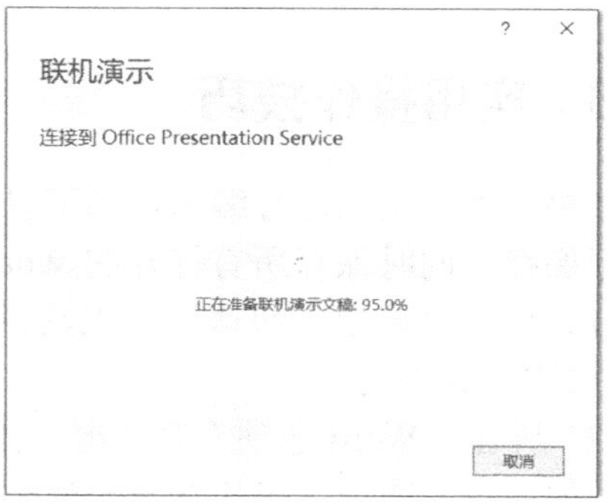

图 2-19　弹出“连接到 Office Presentation Service”提示

（3）创建一个链接以与人共享。在弹出的对话框中单击“复制链接”或“通过电子邮件发送”命令，与远程查看者共享此链接，对方通过这个链接看到共享文档，如图 2-20 所示。本例单击“复制链接”命令，再单击“开始演示”按钮，返回联机演示文档，如图 2-21 所示。

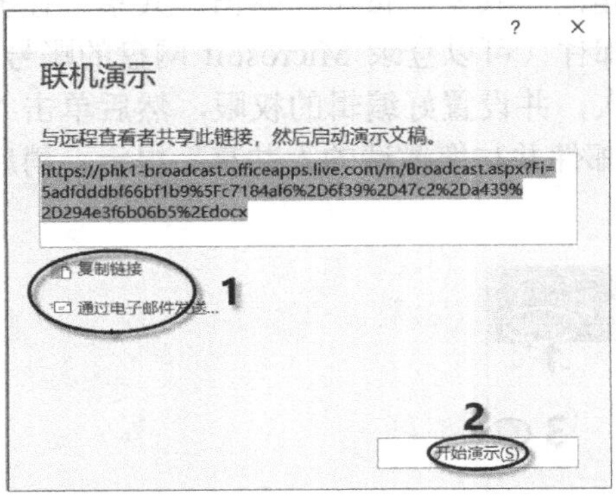

图 2-20　共享链接

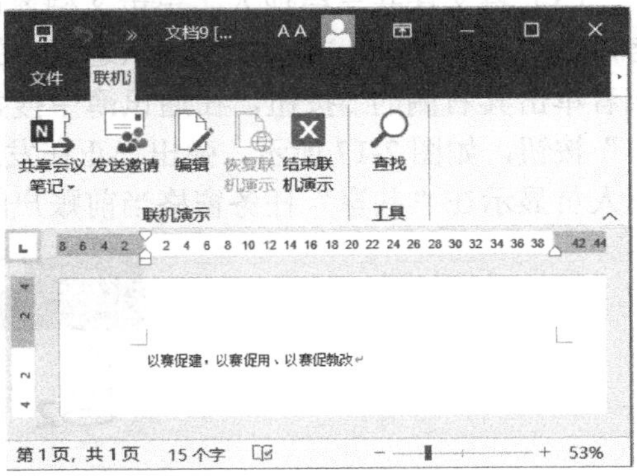

图 2-21　“联机演示”文档

（4）在 Web 浏览器中向观看的人演示该文档。打开 360 浏览器，在地址栏中右击，在弹出的快捷菜单中单击“粘贴并转到”命令，如图 2-22 所示，使用链接的任何人在网页端都可以看到联机文档，如图 2-23 所示，文档可供下载。

图 2-22　在 360 浏览器中复制链接的地址

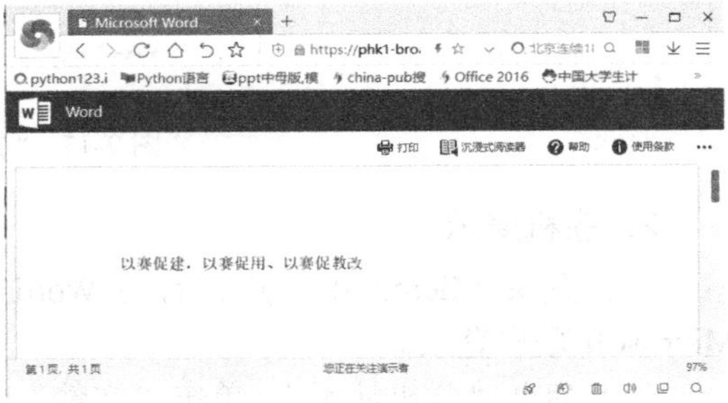

图 2-23　在 360 浏览器端看到的联机文档

2.1.6　实用操作技巧

如果对多个文档进行编辑，则可以使用“全部保存”命令对所有打开的 Word 文档同时进行保存。同时保存所有打开的 Word 文档方法如下。

（1）单击“自定义快速访问工具栏”中的▾按钮，在弹出的下拉列表中单击“其他命令”，如图 2-24 所示。

（2）弹出“Word 选项”对话框，在“从下列位置选择命令”下拉列表中选择“不在功能区中的命令”选项，在其下方的列表框中单击“全部保存”命令，再单击“添加”按钮，如图 2-25 所示。

（3）单击“确定”按钮，“全部保存”命令显示在“快速访问工具栏”中。单击“全部保存”命令，即可同时保存所有打开的文档。

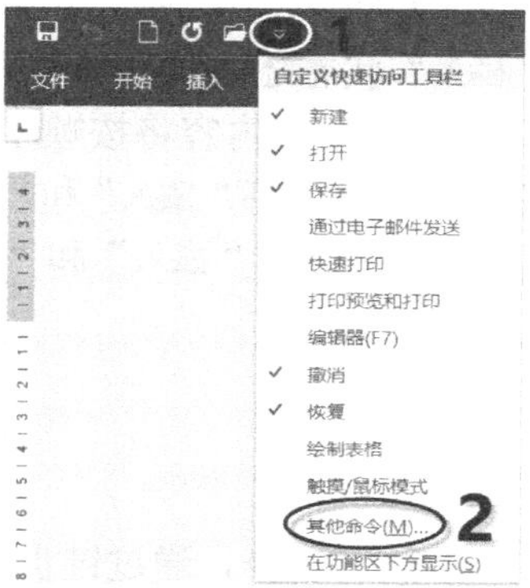

图 2-24 “自定义快速访问工具栏”下拉列表

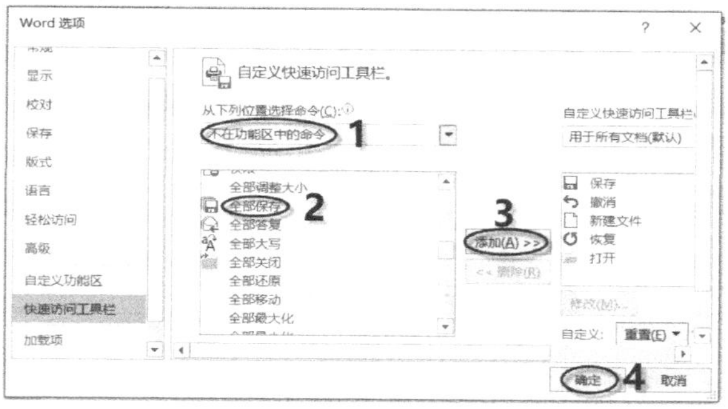

图 2-25 将“全部保存”命令添加到“自定义快速访问工具栏”

2.2　文本的基本操作

2.2.1　输入文本

通常使用“即点即输”的功能输入文本。“即点即输”是 Microsoft Office 中 Word 的一项功能，是指光标指向需编辑的文字位置，单击即可进行文字输入（如果在空白处，则双击才有效）。

启动“即点即输”的方法：打开 Word 2016 文档窗口，单击“文件”|“选项”命令。在弹出的“Word 选项”对话框中单击“高级”选项卡，选中“编辑选项”区域中的“启用‘即点即输’”复选框，并单击“确定”按钮，如图 2-26 所示，返回 Word 2016 文档窗口，在页面内任意位置双击，即可将插入点光标移动到当前位置。

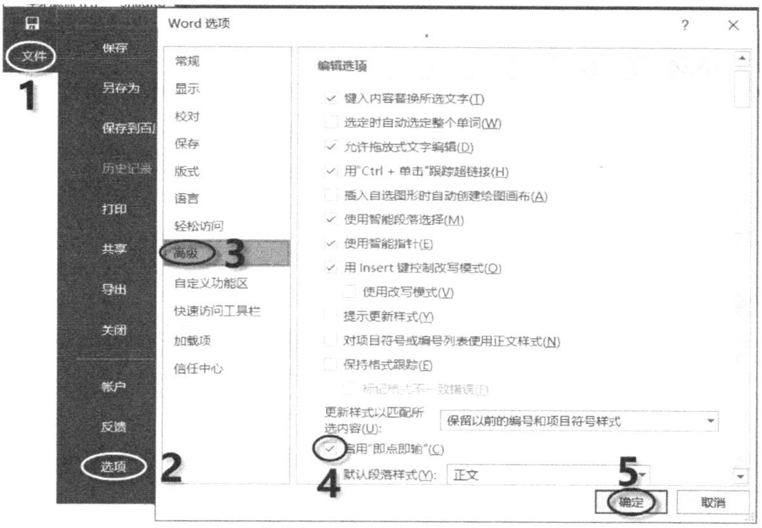

图 2-26 启动“即点即输”功能

在 Word 2016 中输入文本，首先在编辑区中确定插入点的位置。插入点是编辑区中闪

烁的垂直线“|”，表示在当前位置插入文本；其次选择一种合适的输入法，输入文本即可。在输入文本的过程中要注意判断状态栏中的 Word 处于“插入”状态还是“改写”状态，在默认情况下，Word 2016 处于“插入”状态，在此状态下输入的文本内容将按顺序后延；在“改写”状态下输入文本，其后的文本将被顺序替代。按 Insert 键可将“插入”和“改写”状态进行相互切换，或者单击状态栏中的“插入”或“改写”按钮，在“插入”和“改写”状态中相互切换。

2.2.2 输入特殊符号

常用的基本符号可通过键盘直接输入，而有一些符号，如☾、◊、✦，通过键盘无法输入，可利用功能区或软键盘输入。

1. 利用功能区输入

（1）将光标定位在插入符号的位置。

（2）选择“插入”选项卡，单击“符号”组中的“符号”下拉按钮，如图 2-27 所示，从下拉列表中选择需要的符号。

（3）如果不能满足需要，则单击下拉列表中的“其他符号”命令或在插入点右击，在弹出的快捷菜单中单击“插入符号”命令，弹出“符号”对话框，如图 2-28 所示。

（4）单击“符号”选项卡，选择不同的“字体”，在中间的列表框中选中需要插入的符号，单击“插入”按钮，如图 2-28 所示，即在文档插入点的位置插入所选符号。单击“特殊字符”选项卡，可输入版权所有、注册、商标等符号。

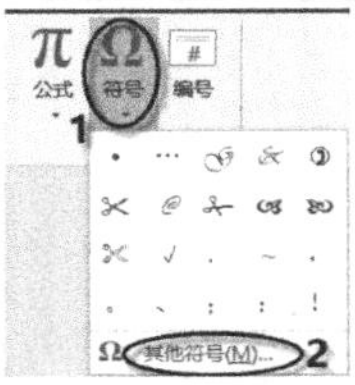

图 2-27 “符号”下拉列表

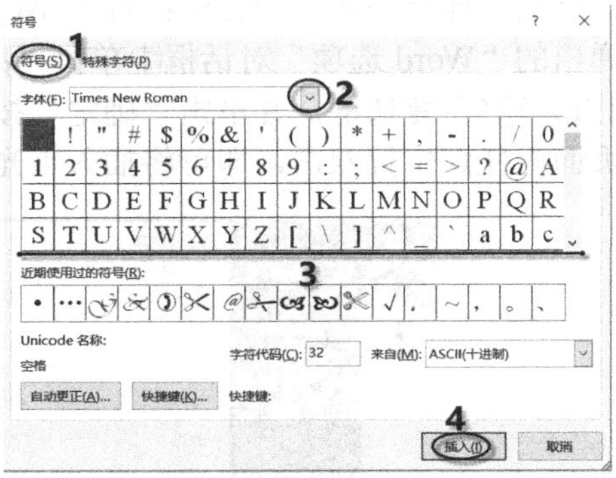

图 2-28 “符号”对话框

2. 利用软键盘输入

利用软键盘也可以输入特殊符号，如希腊字母、俄文字母等。首先切换到“搜狗拼音输入法”，在语言工具栏的“软键盘”按钮⌨上右击，打开“输入方式”列表，如图 2-29 所示。单击其中的某项，如“数学符号”，键盘上的按键就转换成相应的数学符号，如图 2-30 所示。单击软键盘的“关闭”按钮 ×，即可关闭软键盘。

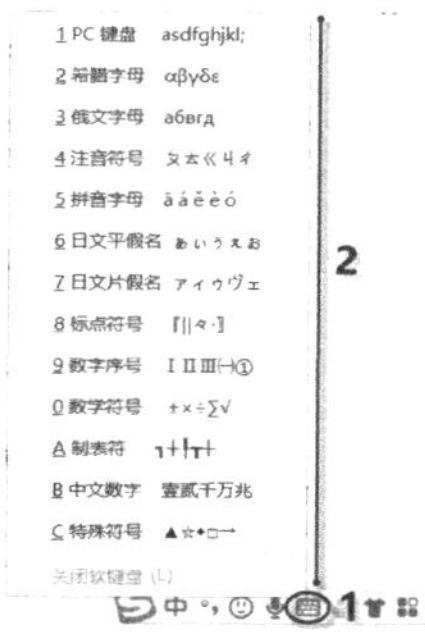

图 2-29 软键盘及特殊符号列表

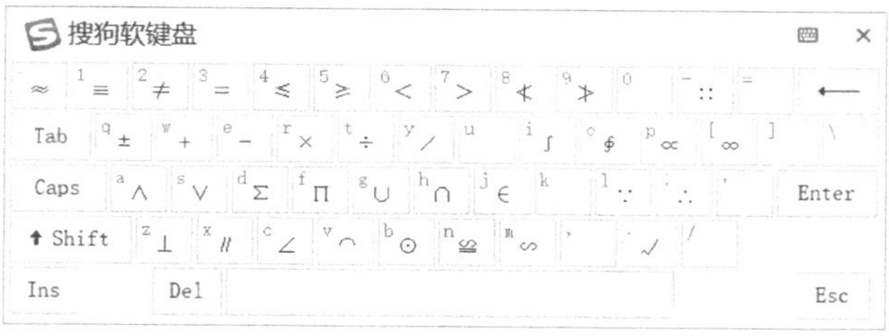

图 2-30 “数学符号”软键盘

2.2.3 输入公式

利用 Word 2016 提供的公式编辑器，可输入各种具有专业水准的数学公式，这些数学公式可以按照用户需求进行编辑操作。

1. 输入内置公式

Word 2016 提供了多种内置公式，用户可根据需要选择所需的公式并直接输入文档中。例如，在文档中输入公式（勾股定理）“$a^2+b^2=c^2$”。方法：打开“插入”选项卡，单击“符号”组中的“公式”下拉按钮“ ▾ ”，在弹出的下拉列表中选择“勾股定理”即可，如图 2-31 所示。

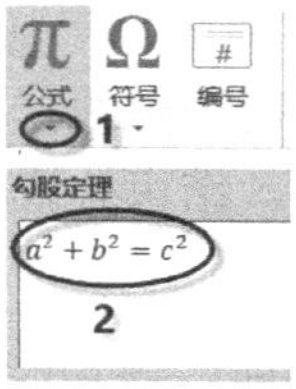

图 2-31 输入内置公式

2. 输入新公式

如果用户在内置公式中找不到需要的公式，则可通过“插入新公式”命令灵活创建公式。

【例 2-2】 输入下列公式：

$$\sin\frac{A}{2}=\sqrt{1-x^2}$$

操作步骤如下。

（1）打开“插入”选项卡，单击“符号”组中的“公式”下拉按钮，在下拉列表中单击“插入新公式”命令，弹出“公式输入框”和“公式工具”选项卡，如图 2-32 所示。

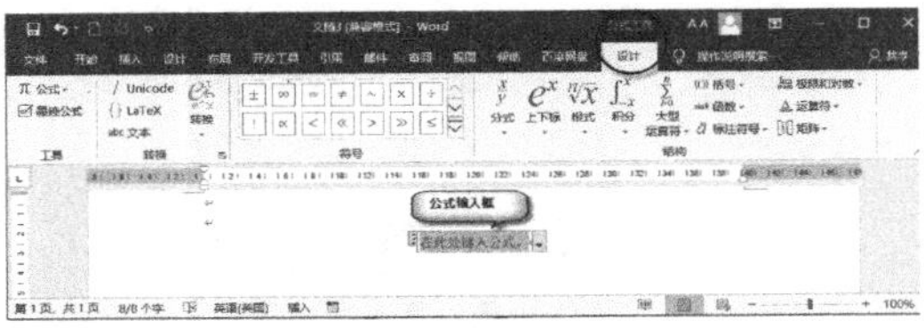

图 2-32 “公式输入框”和“公式工具”选项卡

（2）选定公式输入框，选择“公式工具”中的“设计”选项卡，单击“结构”组中的“函数”下拉按钮，在弹出的“三角函数”区选择 sin□，单击 sin 后的虚线框，如图 2-33 所示，再单击“结构”组中的“分式”下拉按钮，在“分式”区选择“分式（竖式）”，如图 2-34 所示。然后单击每个虚线框，分别输入对应的内容“A”“2”，此时注意光标位置，应位于分数线旁。

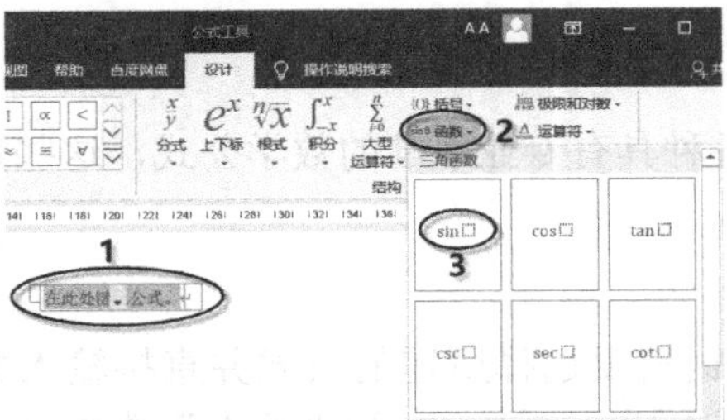

图 2-33 插入“函数”

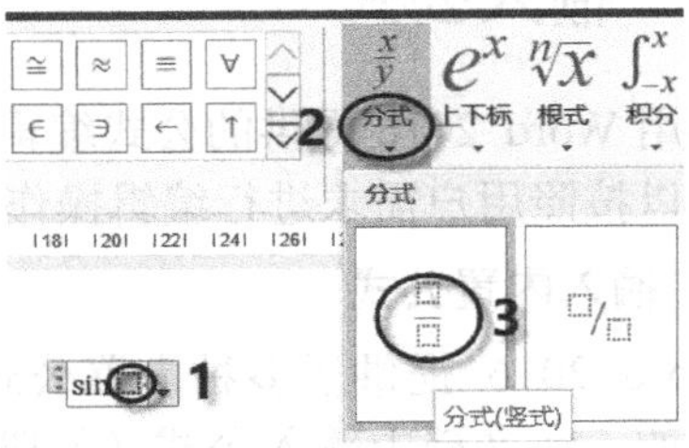

图 2-34 插入“分式（竖式）”

（3）单击“结构”组中的“根式”下拉按钮，在“根式”区选择“平方根” √□，单击根号中的虚线框，输入“1”和“-”，再单击“结构”组中的“上下标”下拉按钮，选择“上标和下标”区的“上标”，然后单击两个虚线框，分别输入 x 和 2。

（4）单击公式输入框外的任意位置，结束公式输入。

3. 墨迹公式

墨迹公式是 Word 2016 中新增的功能，该功能是通过手写数学公式，然后将墨迹转换为数学公式，用这种方式输入公式更加方便快捷。将墨迹转换为数学公式的操作步骤如下。

（1）启动 Word 2016，将光标定位到需要插入公式的位置。

（2）打开“插入”选项卡，单击“符号”组中的“公式”下拉按钮，在弹出的下拉列表中单击“墨迹公式”命令，弹出“数学输入控件”对话框，如图 2-35 所示。

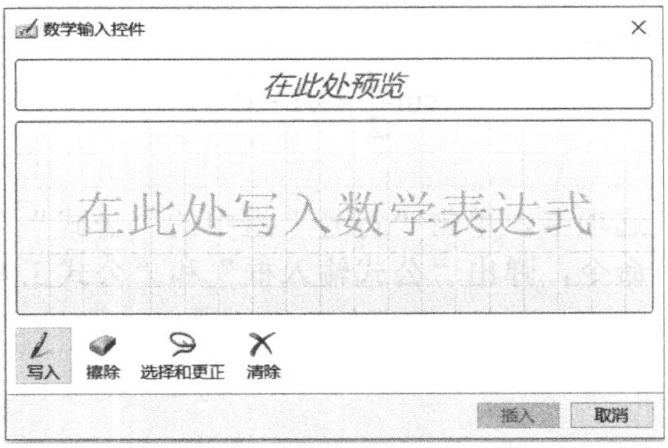

图 2-35 “数学输入控件”对话框

（3）单击“写入”按钮，利用光标在黄色区域内书写公式，如果电脑支持触屏，则可以用手或笔触书写。公式书写完后，系统自动进行识别，并显示在上方的一行中，如图 2-36 所示。检查是否识别正确，如果正确，则单击“插入”按钮，完成公式输入。

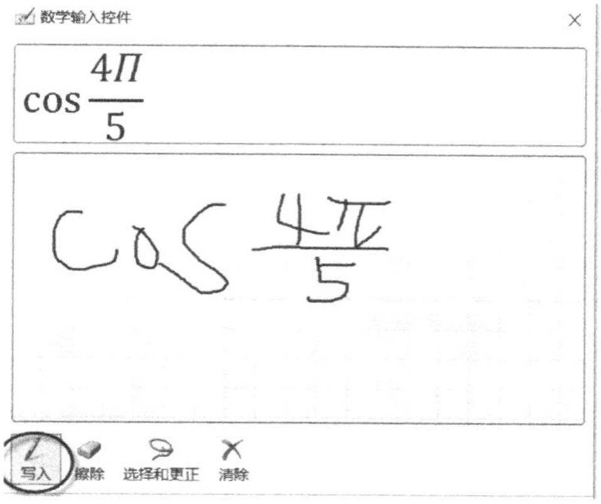

图 2-36　写入公式

（4）如果发生了识别错误，如图 2-37 所示，单击“选择和更正”按钮，然后在弹出的列表中单击识别错误的部分，系统会自动识别相近的元素，在列表中选择正确的内容，如图 2-38 所示，即可更正识别错误的部分。

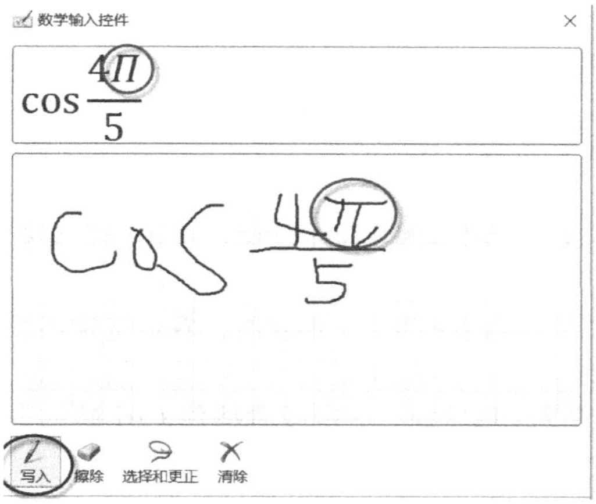

图 2-37　识别错误

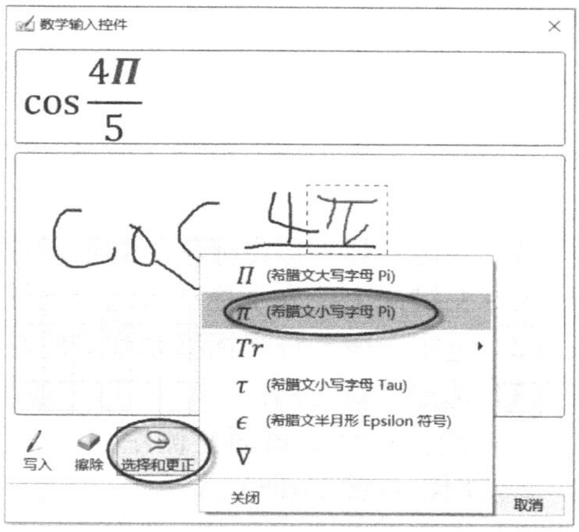

图 2-38　选择和更正识别错误的部分

2.2.4　输入日期和时间

输入日期和时间除了可用键盘直接输入，也可使用插入功能来完成，操作步骤如下。

（1）打开“插入”选项卡，单击“文本”组中的“日期和时间”按钮日期和时间，弹出“日期和时间”对话框，如图 2-39 所示。

（2）选择一种日期和时间格式，单击“确定”按钮即可。

（3）若选中对话框中的“自动更新”复选框，则插入的日期和时间会随着系统的日期和时间的变化而变化。

按 Shift+Alt+D 组合键可快速输入系统的当前日期；按 Shift+Alt+T 组合键可快速输入系统的当前时间。

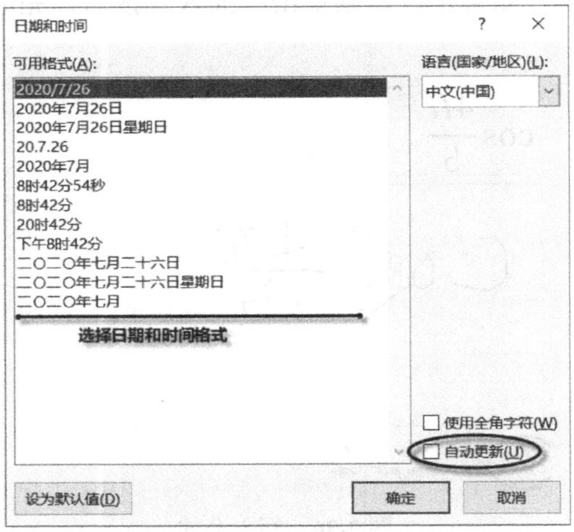

图 2-39 “日期和时间”对话框

2.2.5 文本的简单编辑

1. 选定文本

对文本进行编辑前，需要先选定文本。选定文本一般通过拖动鼠标来实现，即将光标定位在文本的开始处，按住鼠标左键进行拖动，在文本的结尾处释放鼠标左键，被选定的文本以反相（黑底白字）显示。此外，还可使用一些操作技巧对某些特定的文本实现快速选定。

（1）选定一行：将光标移动到该行左侧空白处，当指针变为↗形状时，单击选定该行，按住鼠标左键向上或向下拖动可选定连续的多行。

（2）选定一段：将光标移动到该段左侧空白处，当指针变为↗形状时，双击选定该段。

（3）选定整篇文档：

①将光标移动到页面左侧空白处，当指针变为↗形状时，三击或者按住 Ctrl 键单击。

②使用组合键 Ctrl+A。

（4）选定不连续的文本：选定第一个文本后，按住 Ctrl 键，再分别选定其他需选定的文本，最后释放 Ctrl 键。

2. 移动文本

移动文本是指将文本从文档的一处移动到另一处，分为鼠标移动文本和命令移动文本。

（1）鼠标移动文本。

①选定要移动的文本，将光标移动到被选定的文本上，按住鼠标左键拖动。

②在目标位置释放鼠标左键，选定的文本就会从原来的位置移动到目标位置。

（2）命令移动文本。

主要通过“剪切”和“粘贴”命令来实现，操作过程如下。

①选定要移动的文本，打开“开始”选项卡，单击“剪贴板”组中的“剪切”按钮“✂ 剪切”，或者右击，选择快捷菜单中的“剪切”命令，将所选定的文本从当前位置剪切掉。

②将光标定位在目标位置，打开“开始”选项卡，单击“剪贴板”组中的“粘贴”按钮，所选文本被移动到指定的位置。

另外“剪切”“粘贴”命令也可以分别通过 Ctrl+X、Ctrl+V 组合键来实现。

3．复制文本

在文档中若要重复使用某些相同的内容，可使用复制操作，以简化数据的重复输入。和移动文本相同，复制文本也分为鼠标复制文本和命令复制文本。

（1）鼠标复制文本。

①选定要复制的文本。

②将光标移动到被选定文本上，按住 Ctrl 键，同时按住鼠标左键进行拖动，在目标位置释放鼠标左键，选定的文本即可被复制到目标位置。

（2）命令复制文本。

主要通过“复制”和“粘贴”命令来实现，操作过程如下。

①选定要复制的文本，打开“开始”选项卡，单击“剪贴板”组中的“复制”按钮 复制，或者按 Ctrl+C 组合键。

②将光标定位在目标位置，打开“开始”选项卡，单击“剪贴板”组中的“粘贴”按钮，或者按 Ctrl+V 组合键，所选定的内容即可被复制到目标位置。

（3）粘贴选项。

粘贴选项主要是对粘贴文本的格式进行设置。执行“粘贴”操作时，在粘贴文本的右下角出现“粘贴选项”按钮，单击该按钮，弹出“粘贴选项”列表，如图 2-40（a）所示，或者单击“开始”选项卡“剪贴板”组中的“粘贴”下拉按钮“▾”，弹出如图 2-40（b）所示的列表，该列表可以对粘贴文本进行“保留源格式”“合并格式”“图片”“只保留文本”等格式设置。

①“保留源格式”，粘贴文本的格式不变，将保留原有格式。

②“合并格式”，粘贴文本的格式将与目标格式一致。

③“图片”，将粘贴的内容转化为图片格式。

④“只保留文本”，若原始文本中有图片或表格，则粘贴文本时图片被忽略，表格转化为一系列段落，只保留文本。

⑤“选择性粘贴”，若执行此命令，弹出如图 2-41 所示的对话框，在“形式”列表框中选择需要粘贴对象的格式，此列表框中的内容随复制、剪切对象的变化而变化。例如，复制网页上的内容时，在通常情况下要取消网页中的格式，此时需要用到选择性粘贴。

⑥“设置默认粘贴”，将经常使用的粘贴选项设置为默认粘贴，避免每次粘贴时都使用粘贴选项。选择此命令，弹出“Word 选项”对话框，在此对话框中可以修改默认设置。

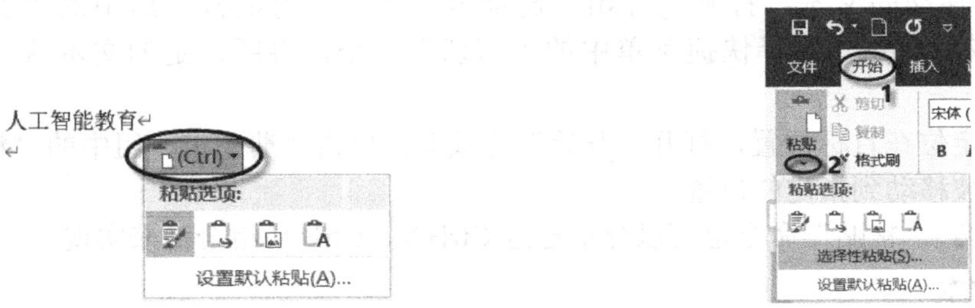

（a）　　　　　　　　（b）

图 2-40　“粘贴选项”列表

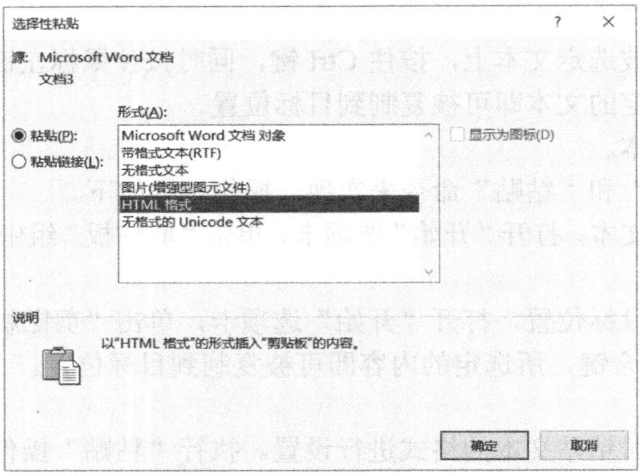

图 2-41　“选择性粘贴”对话框

（4）复制格式。

复制格式就是将某一文本的字体、段落等格式复制到其他文本中，使不同的文本具有相同的格式，使用“格式刷”按钮 格式刷 可以快速复制格式，操作步骤如下。

①选定已设置好格式的内容。

②打开“开始”选项卡，单击“剪贴板”组中的“格式刷”按钮 格式刷 。

③选定要应用该格式的文本，即完成格式的复制。

单击“格式刷”按钮可以进行一次复制，双击“格式刷”按钮可以进行多次复制。

4．修改与删除文本

（1）修改文本。

对已有的内容进行修改可使用下列方法之一。

①选定欲修改的文本，直接输入新文本。

②按 Insert 键，将“插入”状态切换到“改写”状态，将光标定位在需要修改的文本前，输入修改后的文本，即覆盖其后同样字数的文本。

（2）删除文本。

通常使用 Delete 键和 Backspace 键删除文本。

如果删除一个字，则二者的区别是：按 Delete 键删除光标后的内容，按 Backspace 键删除光标前的内容。

如果要删除大段文本，则二者没有区别。先选定要删除的文本，按 Delete 键或 Backspace 键即可。

5. 撤销和恢复

在文档的编辑过程中，若操作失误需要进行撤销时，单击“快速访问工具栏”上的右侧下拉按钮，弹出最近执行的可撤销操作，单击或拖动鼠标选定要撤销的操作即可。也可以通过 Ctrl+Z 组合键，对误操作进行撤销。二者的区别是：按钮可以同时撤销多步操作，而 Ctrl+Z 组合键，每按一次只能撤销最近的一次操作，如果撤销的不是一步，而是多步，则需重复使用 Ctrl+Z 组合键。

若对被“撤销”的操作进行恢复，可单击“快速访问工具栏”中的“恢复”按钮，或者使用 Ctrl+Y 组合键进行恢复操作。

2.2.6 查找和替换

查找和替换在文字处理中是经常使用的、高效率的编辑命令。查找是指系统根据输入的关键字，在文档规定的范围或全文内找到相匹配的字符串，以便进行查看或修改。替换是指用新字符串代替文档中查找到的旧字符串或其他操作。

1. 查找

（1）打开“开始”选项卡，单击“编辑”组中的“查找”按钮，打开“查找”导航窗格，如图 2-42 所示。

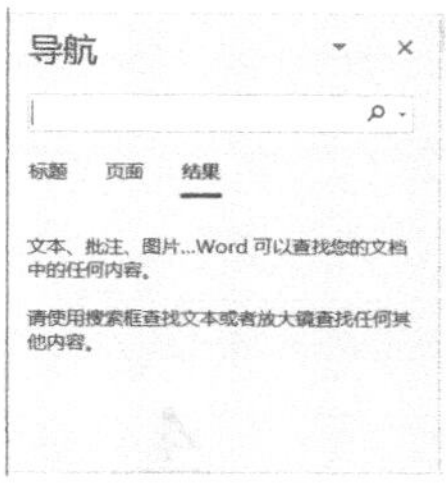

图 2-42　“查找”导航窗格

（2）在搜索框中输入要查找的文本，如“撤销”，系统自动在全文档中查找“撤销”词语，找到的“撤销”词语以黄色底纹突出显示，如图 2-43 所示。

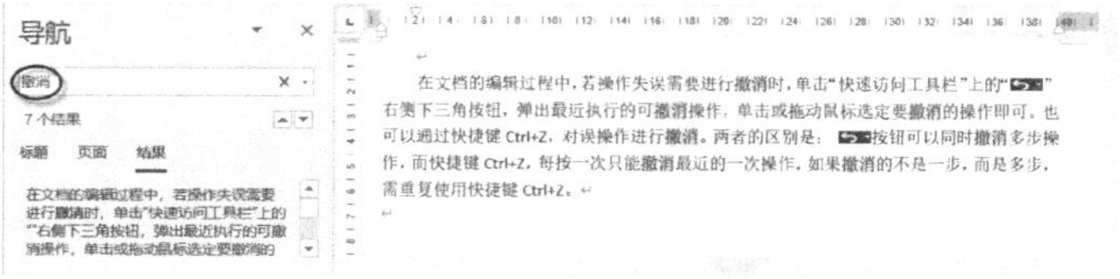

图 2-43　查找“撤销”词语

2. 替换

利用替换功能，可将文档中查找到的内容进行替换或删除。

【例 2-3】打开“人工智能应用与发展趋势”文档，如图 2-44 所示，将词语“AI”替换为“人工智能”，操作步骤如下。

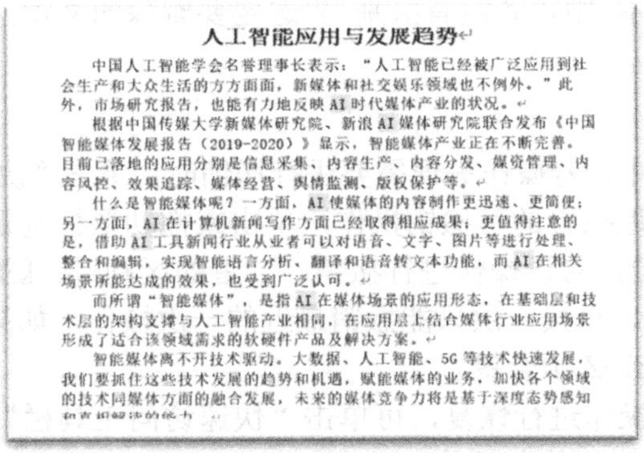

人工智能应用与发展趋势

中国人工智能学会名誉理事长表示："人工智能已经被广泛应用到社会生产和大众生活的方方面面，新媒体和社交娱乐领域也不例外。"此外，市场研究报告，也能有力地反映AI时代媒体产业的状况。

根据中国传媒大学新媒体研究院、新浪AI媒体研究院联合发布《中国智能媒体发展报告（2019-2020）》显示，智能媒体产业正在不断完善。目前已落地的应用分别是信息采集、内容生产、内容分发、媒资管理、内容风控、效果追踪、媒体经营、舆情监测、版权保护等。

什么是智能媒体呢？一方面，AI使媒体的内容制作更迅速、更简便；另一方面，AI在计算机新闻写作方面已经取得相应成果；更值得注意的是，借助AI工具新闻行业从业者可以对语音、文字、图片等进行处理、整合和编辑，实现智能语言分析、翻译和语音转文本功能，而AI在相关场景所能达成的效果，也受到广泛认可。

而所谓"智能媒体"，是指AI在媒体场景的应用形态，在基础层和技术层的架构支撑与人工智能产业相同，在应用层上结合媒体行业应用场景形成了适合该领域需求的软硬件产品及解决方案。

智能媒体离不开技术驱动。大数据、人工智能、5G等技术快速发展，我们要抓住这些技术发展的趋势和机遇，赋能媒体的业务，加快各个领域的技术同媒体方面的融合发展，未来的媒体竞争力将是基于深度态势感知和真相解读的能力。

图 2-44 "人工智能应用与发展趋势"文档

（1）打开"人工智能应用与发展趋势"文档，单击"开始"选项卡的"编辑"组中的"替换"按钮，弹出"查找和替换"对话框。

（2）单击"替换"选项卡，在"查找内容"文本框中输入"AI"，在"替换为"文本框中输入"人工智能"，如图 2-45 所示。

（3）单击"全部替换"按钮，所有符合条件的内容全部被替换。若要有选择性地替换，则单击"查找下一处"按钮，找到后需要替换的，单击"替换"按钮，不需要替换的，继续单击"查找下一处"按钮，重复执行，直至查找和替换结束。

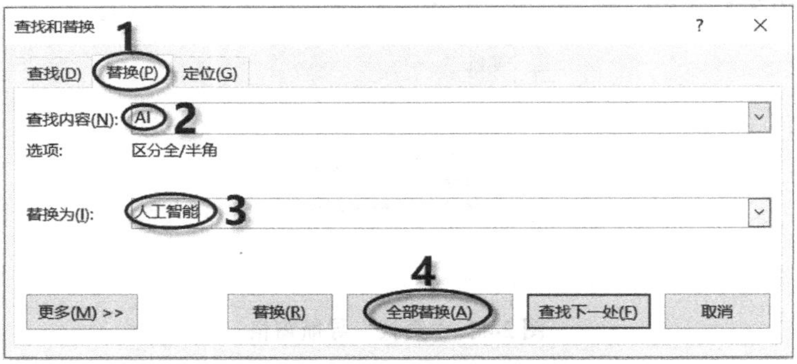

图 2-45 将"AI"替换为"人工智能"

（4）当替换到文档的末尾时，Word 会弹出如图 2-46 所示的提示框，单击"确定"按钮，结束查找和替换操作。

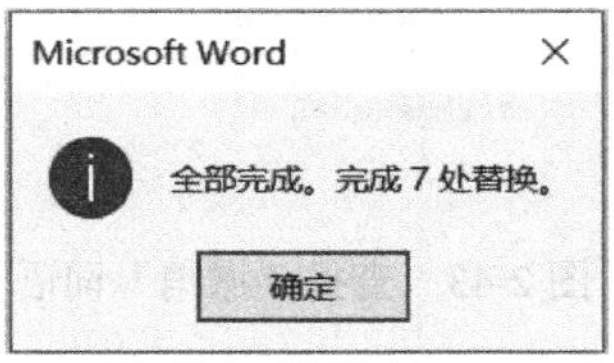

图 2-46 "替换"结束提示框

（5）关闭"查找和替换"对话框，返回文档窗口，完成文档的查找和替换。替换后的效果如图 2-47 所示。

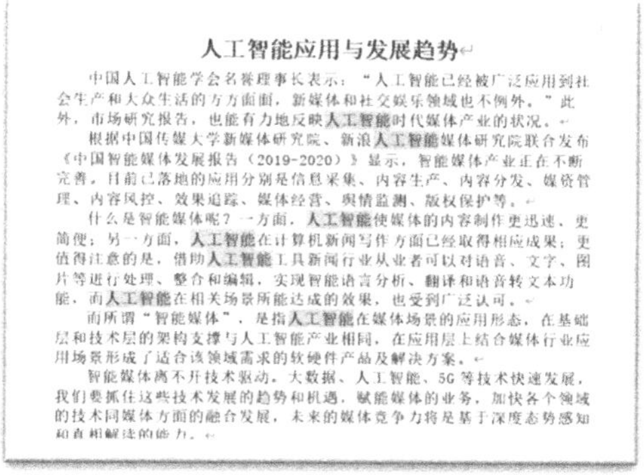

人工智能应用与发展趋势

中国人工智能学会名誉理事长表示：“人工智能已经被广泛应用到社会生产和大众生活的方方面面，新媒体和社交娱乐领域也不例外。”此外，市场研究报告，也能有力地反映人工智能时代媒体产业的状况。

根据中国传媒大学新媒体研究院、新浪人工智能媒体研究院联合发布《中国智能媒体发展报告（2019-2020）》显示，智能媒体产业正在不断完善，目前已落地的应用分别是信息采集、内容生产、内容分发、媒资管理、内容风控、效果追踪、媒体经营、舆情监测、版权保护等。

什么是智能媒体呢？一方面，人工智能使媒体的内容制作更迅速、更简便；另一方面，人工智能在计算机新闻写作方面已经取得相应成果；更值得注意的是，借助人工智能工具新闻行业从业者可以对语音、文字、图片等进行处理、整合和编辑，实现智能语言分析、翻译和语音转文本功能，而人工智能在相关场景所能达成的效果，也受到广泛认可。

而所谓“智能媒体”，是指人工智能在媒体场景的应用形态，在基础层和技术层的架构支撑与人工智能产业相同，在应用层上结合媒体行业应用场景形成了适合该领域需求的软硬件产品及解决方案。

智能媒体离不开技术驱动。大数据、人工智能、5G 等技术快速发展，我们要抓住这些技术发展的趋势和机遇，赋能媒体的业务，加快各个领域的技术同媒体方面的融合发展，未来的媒体竞争力将是基于深度态势感知和真相解读的能力。

图 2-47　替换后的效果

除了将查找到的内容替换为新内容，也可将其删除。操作步骤为：在图 2-45 中的“查找内容”文本框中输入要查找的内容，“替换为”文本框中不输入内容，单击“全部替换”按钮，查找到的内容全部被删除。

3. 查找和替换格式

对查找到的内容，除了替换为新字符和删除，还可以替换其格式。

【例 2-4】 在图 2-44 的文档中查找“AI”一词，并将其格式替换为加粗、倾斜、字体为红色。

（1）在图 2-45 的“查找和替换”对话框中，单击“替换”选项卡，在“查找内容”和“替换为”文本框中分别输入“AI”，单击“更多”按钮，在展开的下拉列表中单击“格式”按钮，单击“字体”命令，如图 2-48（a）所示。

（2）在“替换字体”对话框中设定替换的格式为加粗、倾斜，字体颜色为红色，如图 2-48（b）所示，再单击“确定”按钮，返回“查找和替换”对话框。

（a）　　（b）

图 2-48　查找和替换格式设置

（3）单击“全部替换”按钮，所有“AI”一词被替换为设定的格式，其效果如图 2-49 所示。

（4）若要取消设定的格式，在图 2-48（a）中单击“不限定格式”按钮即可。

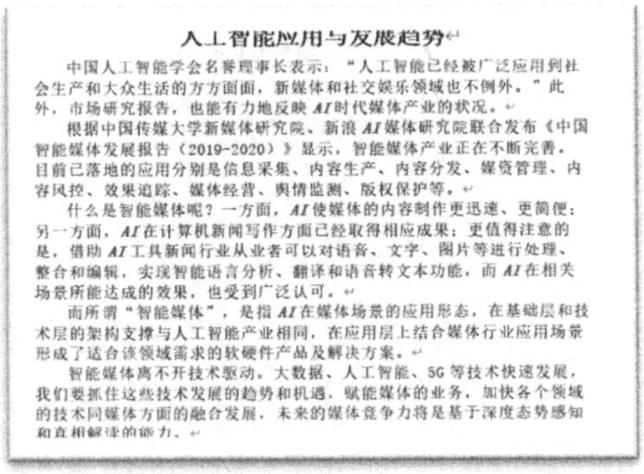

人工智能应用与发展趋势

中国人工智能学会名誉理事长表示："人工智能已经被广泛应用到社会生产和大众生活的方方面面，新媒体和社交娱乐领域也不例外。"此外，市场研究报告，也能有力地反映 *AI* 时代媒体产业的状况。

根据中国传媒大学新媒体研究院、新浪 *AI* 媒体研究院联合发布《中国智能媒体发展报告（2019-2020）》显示，智能媒体产业正在不断完善。目前已落地的应用分别是信息采集、内容生产、内容分发、媒资管理、内容风控、效果追踪、媒体经营、舆情监测、版权保护等。

什么是智能媒体呢？一方面，*AI* 使媒体的内容制作更迅速、更简便；另一方面，*AI* 在计算机新闻写作方面已经取得相应成果；更值得注意的是，借助 *AI* 工具新闻行业从业者可以对语音、文字、图片等进行处理、整合和编辑，实现智能语言分析、翻译和语音转文本功能，而 *AI* 在相关场景所能达成的效果，也受到广泛认可。

而所谓"智能媒体"，是指 *AI* 在媒体场景的应用形态，在基础层和技术层的架构支撑与人工智能产业相同，在应用层上结合媒体行业应用场景形成了适合该领域需求的软硬件产品及解决方案。

智能媒体离不开技术驱动。大数据、人工智能、5G 等技术快速发展，我们要抓住这些技术发展的趋势和机遇，赋能媒体的业务，加快各个领域的技术同媒体方面的融合发展，未来的媒体竞争力将是基于深度态势感知和直相解读的能力。

图 2-49　替换格式后的效果

2.2.7　实用操作技巧

1．更改换行符

在网上下载文字资料时，经常会看到换行符变成向下的小箭头（软回车符），如图 2-50 所示，给用户的使用造成了一定的困难。利用"查找和替换"功能，可以快速将 Word 中的向下箭头（软回车符）更改为回车符，操作步骤如下。

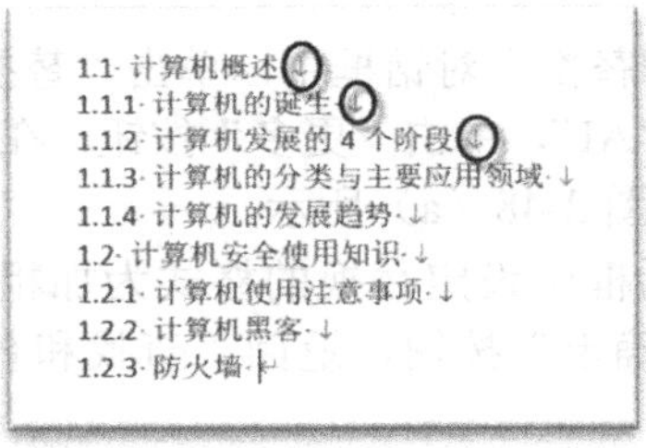

1.1 计算机概述↓
1.1.1 计算机的诞生↓
1.1.2 计算机发展的 4 个阶段↓
1.1.3 计算机的分类与主要应用领域↓
1.1.4 计算机的发展趋势↓
1.2 计算机安全使用知识↓
1.2.1 计算机使用注意事项↓
1.2.2 计算机黑客↓
1.2.3 防火墙

图 2-50　下载文档的换行符为小箭头

（1）打开"开始"选项卡，单击"编辑"组中的"替换"按钮，弹出"查找和替换"对话框。

（2）单击"替换"选项卡，在"查找内容"文本框中输入"^l"（"^l"是软回车符的符号），在"替换为"文本框中输入"^p"（"^p"是回车符的符号），如图 2-51 所示。单击"全部替换"按钮，即可将软回车符全部替换为回车符，如图 2-52 所示。

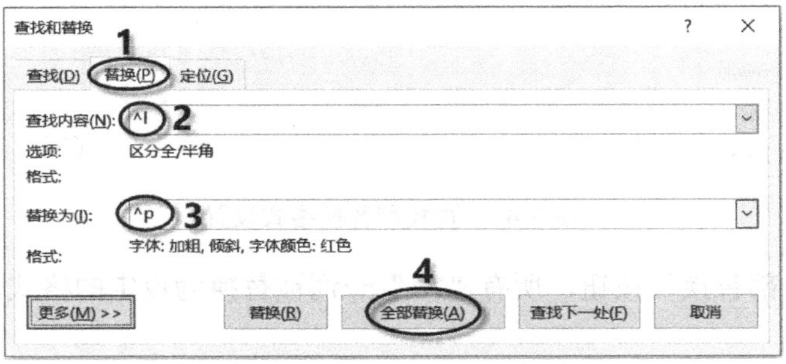

图 2-51　将软回车符替换为回车符

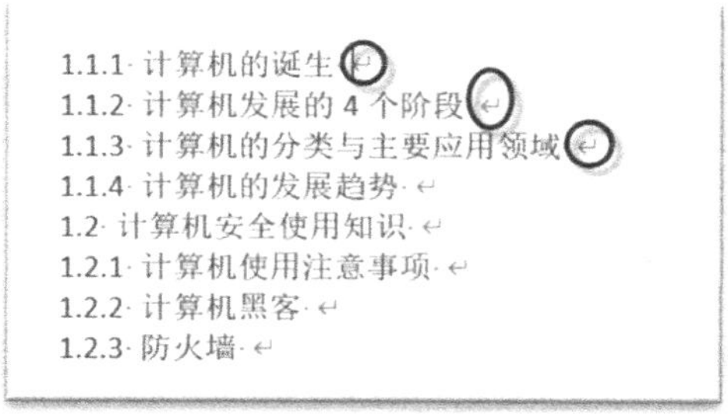

图 2-52　替换后的效果

2．将小写数字转换为大写数字

在 Word 2016 中可以将小写数字转换为大写数字，减少输入大写数字的麻烦，操作步骤如下。

（1）先在“编号”文本框中输入小写数字，例如“567”。

（2）选定这组数字，打开“插入”选项卡，单击“符号”组中的“编号”按钮，弹出“编号”对话框，在“编号类型”列表框中选择“壹，贰，叁...”，如图 2-53 所示，单击“确定”按钮，数字“567”转换成“伍佰陆拾柒”。

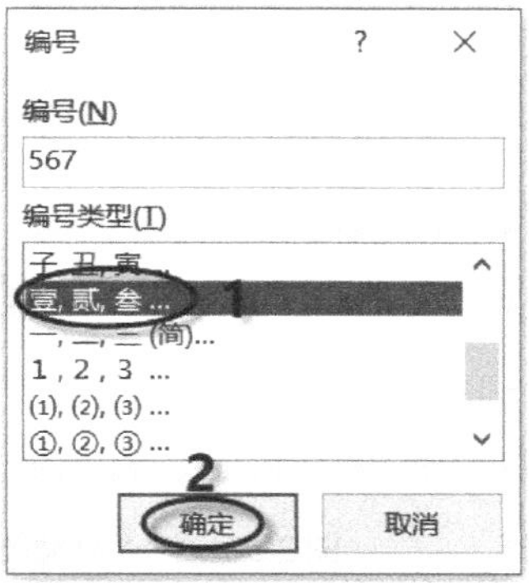

图 2-53　小写数字转换为大写数字

3．高频词的输入

高频词是指出现次数多、使用较频繁的词。比如在一篇文档中多次使用“区块链人才培养”这一高频词，为了简化高频词的重复输入，可以使用“替换”或“自动图文集”的功能快速输入高频词。

（1）利用“替换”功能输入高频词。

首先使用一个简单的字符代替高频词，例如，以“q”代替“区块链人才培养”高频词。输入结束后，打开“开始”选项卡，单击“编辑”组中的“替换”按钮，弹出“查找和替换”对话框，在“查找内容”文本框中输入“q”，在“替换内容”文本框中输入“区块链人才培养”，如图 2-54 所示，单击“全部替换”按钮，完成高频词的输入。

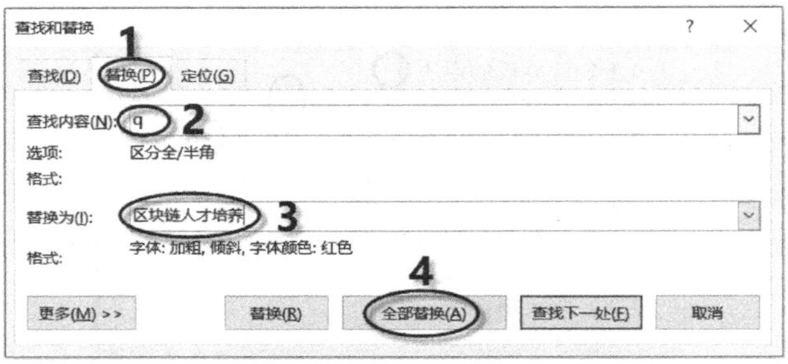

图 2-54　利用“替换”功能输入高频词

（2）利用“自动图文集”功能输入高频词。

①将“自动图文集”添加到“快速访问工具栏”。

如图 2-55 所示，单击“快速访问工具栏”右侧的下拉按钮，在弹出的下拉列表中选择“其他命令”选项，弹出如图 2-56 所示的“Word 选项”对话框，在“从下列位置选择命令”下拉列表中选择“不在功能区中的命令”选项，在下方的列表框中选择“自动图文集”选项，再依次单击“添加”和“确定”按钮，返回文档窗口，可以看到在“快速访问工具栏”中添加了“自动图文集”命令按钮。

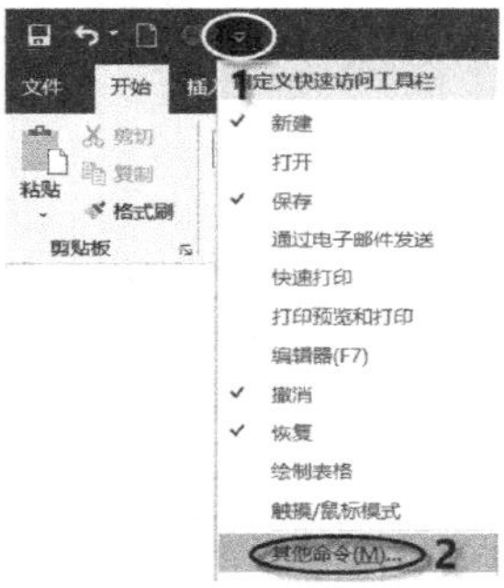

图 2-55 自定义快速访问工具栏

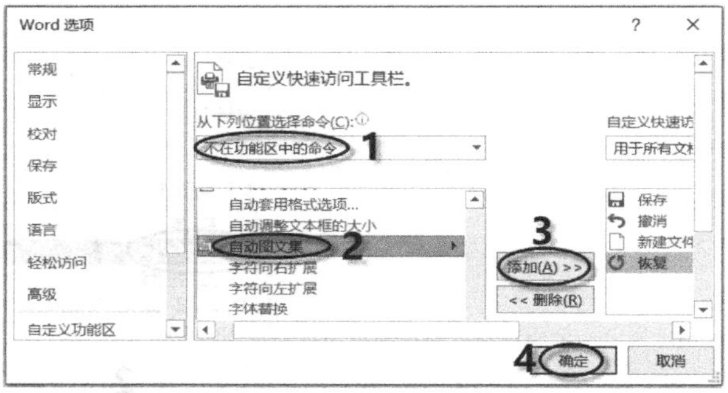

图 2-56　将“自动图文集”添加到“快速访问工具栏”

②将高频词保存到“自动图文集库”。

选定高频词，单击“快速访问工具栏”中的“自动图文集”按钮，在弹出的下拉列表中选择“将所选内容保存到自动图文集库”选项，如图 2-57 所示，弹出如图 2-58 所示的对话框，在“名称”文本框中输入替换高频词的字符“q”，单击“确定”按钮。

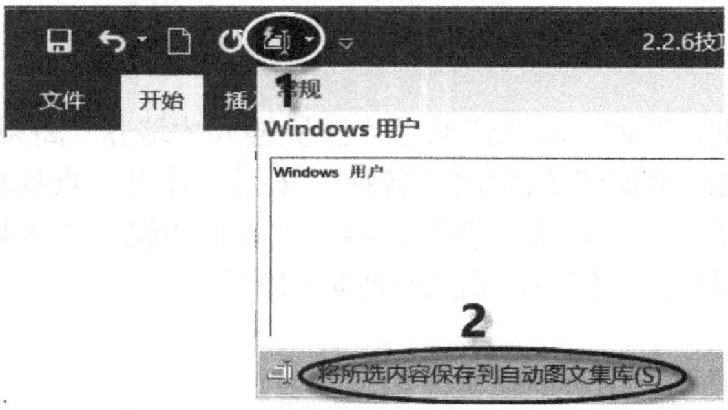

图 2-57　将所选内容保存到自动图文集库

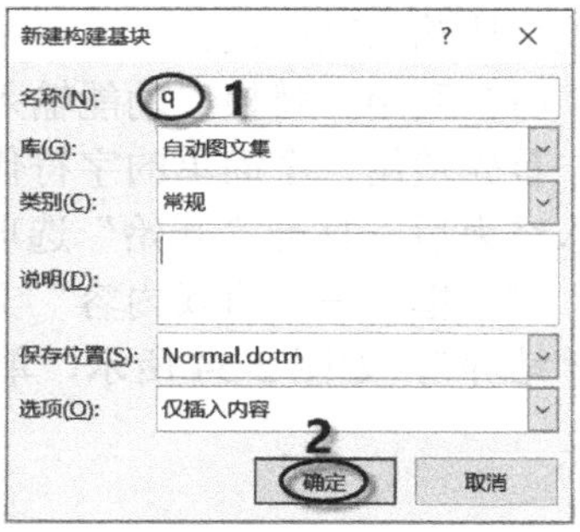

图 2-58　输入替换高频词的字符“q”

③在文档中使用替换符 q 输入高频词。

在每次输入高频词时，只要单击“快速访问工具栏”中的“自动图文集”下拉按钮，在弹出的下拉列表中单击“q”下方的高频词，如图 2-59 所示，即可在文档中输入高频词“区块链人才培养”。

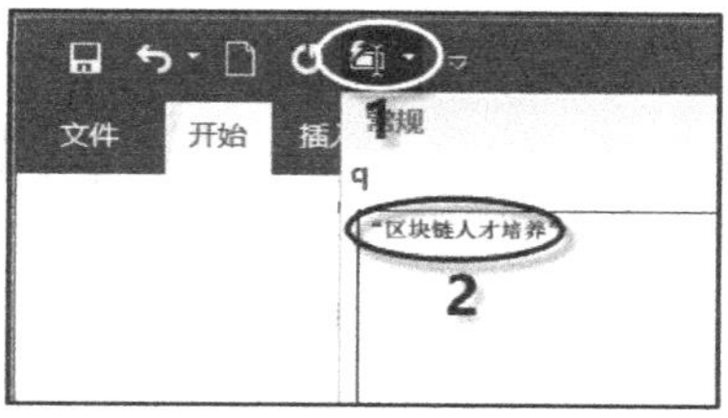

图 2-59　利用替换符输入高频词

第 3 章

Word 文档排版

3.1　设置文档的格式

3.1.1　设置字符格式和段落格式

字符格式也称字符格式化，主要设置字符的字体、字号、颜色、间距、文字效果等，以达到美观的效果。

字符格式的设置可在创建文档时采用先设置后输入的方式，也可以引用系统的默认格式（宋体，五号），采用先输入后设置的方式。通常采用后一种方式对字符格式进行设置。在 Word 2016 中字符格式的设置主要有 3 种途径：浮动工具栏、功能区和“字体”对话框。

1．利用浮动工具栏设置

选定文本时，在选定文本的右侧将会出现一个浮动工具栏，如图 3-1 所示。该工具栏包含设置文字格式常用的命令，如字体、字号、颜色等，单击所需的命令可以快速设置文本格式。

如果不希望在文档窗口中显示浮动工具栏，可将其关闭。操作步骤如下。

（1）打开 Word 2016 文档窗口，依次单击“文件”|“选项”命令。

（2）在弹出的“Word 选项”对话框中，取消选中“常规”选项卡中的“选择时显示浮动工具栏”复选框，单击“确定”按钮，如图 3-2 所示。

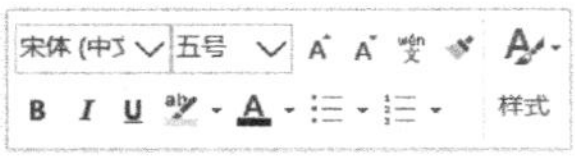

图 3-1　浮动工具栏

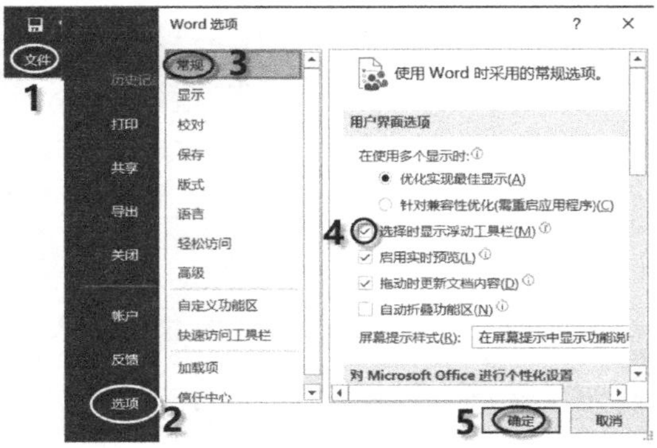

图 3-2　关闭浮动工具栏

2. 利用功能区设置

打开“开始”选项卡，利用“字体”组中的各个命令按钮可以设置字符格式，如图 3-3 所示。下面介绍几个命令按钮。

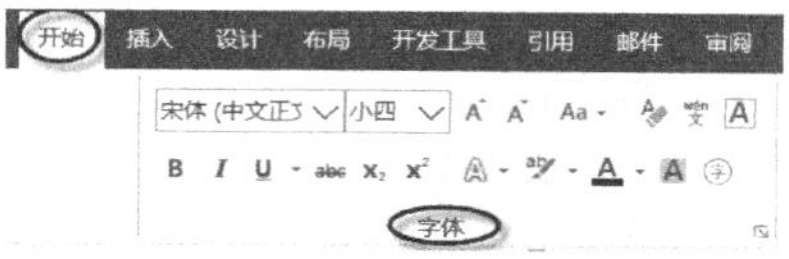

图 3-3 “字体”组

（1）“清除所有格式”按钮。

单击此按钮将清除所选内容的所有格式，只留下普通、无格式的文本。

（2）“文本效果和版式”按钮。

通过应用文本效果（如阴影或发光）可为文本添加一些效果，还可以更改版式设置以启用连字或选择样式集。单击此按钮打开图 3-4 所示的下拉列表，将光标指向列表中的某一效果可即时预览选定文本的外观效果，也可以选择“轮廓”“阴影”“映像”“发光”等选项中的效果，或者打开相应选项的任务窗格（如“阴影”中的“阴影选项”），设置具体参数，单击选择所需的效果即可。

图 3-4 “文本效果”下拉列表

（3）“带圈字符”按钮。

为所选文字添加圈号，或者取消所选字符的圈号。选定要添加圈号的文字，如“学”，单击“带圈字符”按钮，弹出图 3-5 所示的“带圈字符”对话框。在“样式”区域中选择一种样式，如“增大圈号”；在“圈号”列表框中选择一种圈号，如“○”，单击“确定”按钮，效果为。

若要删除圈号，则选定带圈文字，单击图 3-5 所示的“样式”区域中的“无”，再单击“确定”按钮。

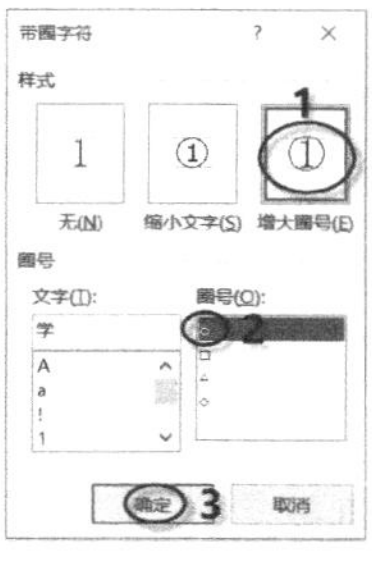

图 3-5 “带圈字符”对话框

（4）“拼音指南”按钮。

在所选文字上方添加拼写文字以标明其确切的发音。选定要添加拼音的文字，如“墨迹书写”，单击“拼音指南”按钮，弹出“拼音指南”对话框，如图 3-6 所示。设置对齐方式、偏移量、字体、字号相关参数，再单击“确定”按钮即可。

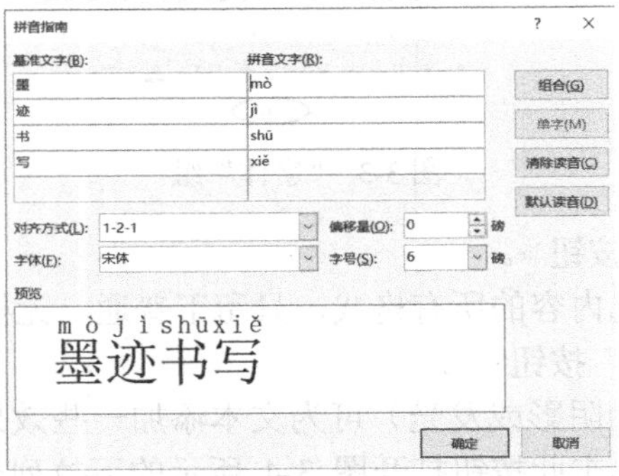

图 3-6 “拼音指南”对话框

3．利用“字体”对话框设置

单击“开始”选项卡“字体”组右下角的对话框启动按钮，或者在选定的文本上右击，单击“字体”命令，弹出“字体”对话框，如图 3-7 所示。

（1）“字体”选项卡。

在“中文字体”和“西文字体”下拉列表中设置文本的字体。

在“字形”下拉列表中设置文本的字形。

在“字号”下拉列表中设置文本的字号，或者在“字号”文本框中直接输入所需的字号，如输入 30，选定文本的字号就变为 30。

在“所有文字”区域设置字体颜色、下画线线型、下画线颜色及着重号。

在“效果”区域设置文本效果，如为文本添加“删除线”、“上标”和“下标”等。

“设为默认值”按钮，在“字体”选项卡中完成字体格式的设置后，单击此按钮，所进行的设置作为 Word 默认字符格式。

单击“文字效果”按钮，弹出图 3-8 所示的“设置文本效果格式”对话框，在此对话框中设置文本填充与文本轮廓。

图 3-7 “字体”对话框中的“字体”选项卡

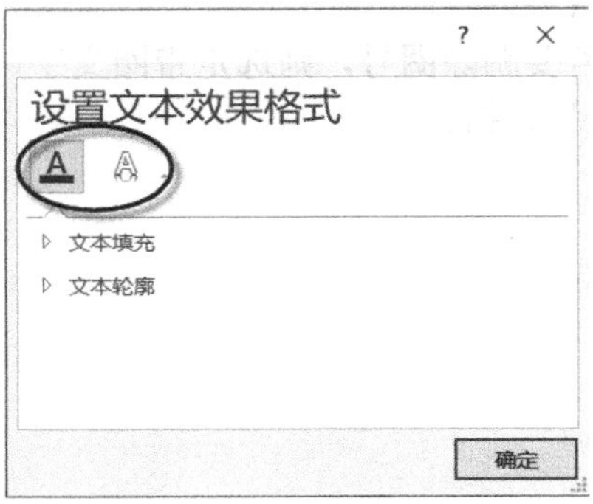

图 3-8 “设置文本效果格式”对话框

（2）“高级”选项卡。

该选项卡主要设置字符的间距和 OpenType 功能，如将“缩放”设置为 90%，“间距”加宽 3 磅，“位置”上升 2 磅，如图 3-9 所示。

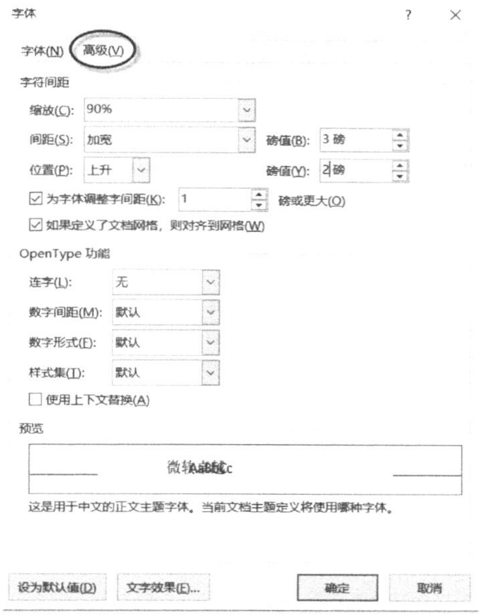

图 3-9　“字体”对话框中的“高级”选项卡

段落格式也称段落格式化，主要设置段落的对齐、缩进、段落间距和行间距等。设置方法主要有以下两种。

1. 利用功能区设置

打开“开始”选项卡，单击“段落”组中的各个命令可以实现对段落格式的设置，如图 3-10 所示。

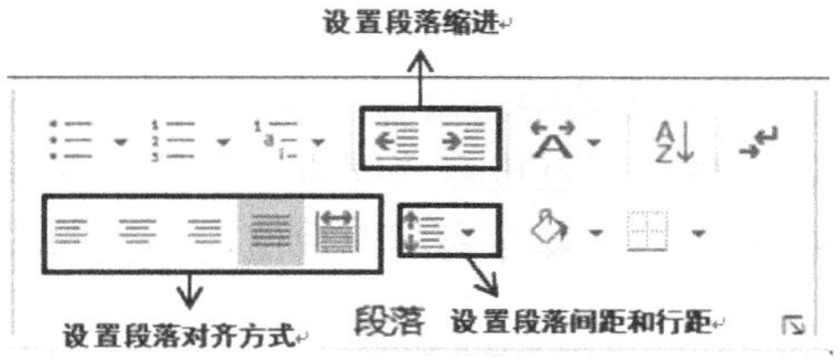

图 3-10　“段落”组

2. 利用“段落”对话框设置

单击“开始”选项卡的“段落”组右下角的对话框启动按钮，或者在选定的段落上右击，在弹出的快捷菜单上单击“段落”命令，弹出“段落”对话框，如图 3-11 所示。在“缩进和间距”选项卡下可设置段落对齐方式、缩进和间距等格式。

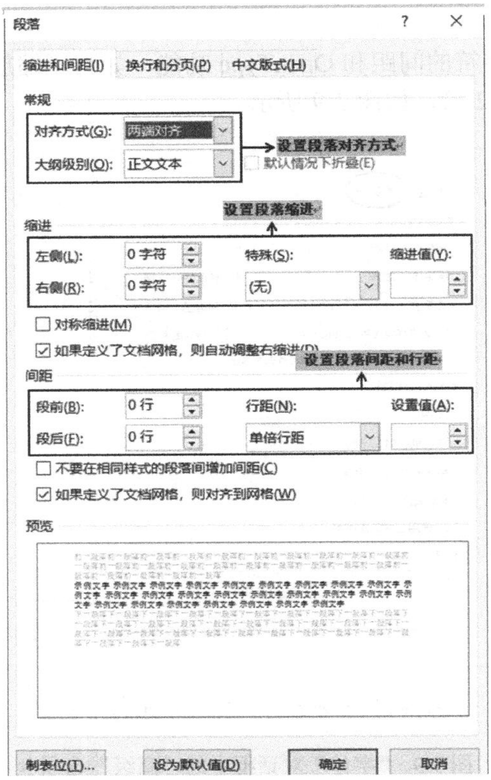

图 3-11 “段落”对话框

（1）“常规”区域用于设置段落的对齐方式。单击“对齐方式”右侧的下拉按钮，选择所需的对齐方式。

（2）“缩进”区域用于设置整段向左缩进或向右缩进、首行缩进或悬挂缩进。

整段缩进，选定欲缩进的段落，在“左侧”“右侧”文本框中输入数值，默认单位为字符。例如，分别输入“5”，选定段落将向左和向右各缩进 5 字符的位置。

首行缩进是指段落的第一行缩进。选定需首行缩进的段落，在“特殊”下拉列表中选择“首行缩进”，在“缩进值”控制项中自动显示默认值“2 字符”，单击“确定”按钮，所选段落的首行缩进 2 字符。也可以直接在“缩进值”控制项中输入所需数值，或者单击“缩进值”控制项右侧的微调按钮，设定为其他数值，选定的段落首行将按设定的度量值进行缩进。

悬挂缩进是指首行不缩进，其他行缩进。选定需悬挂缩进的段落，在“特殊”下拉列表中选择“悬挂缩进”，然后在“缩进值”控制项中输入缩进的数值，默认值是“2 字符”，选定段落除首行外，其他行将按度量值进行缩进。段落各种缩进及间距的设置效果如图 3-12 所示。

（3）“间距”区域用于设置段落间距（段和段之间的距离）和行间距（行和行之间的距离）。

段落间距：“段前”和“段后”文本框用于设置段落的前、后间距，可在其中输入所需的段落间距值，单位是行。

行间距：“行距”下拉列表用于设置段落中行和行之间的距离。如果在“行距”下拉列表内选择“最小值”或“固定值”，则需在“设置值”文本框中输入或选择间距值，单位是磅。例如“行距”选择“最小值”，在“设置值”微调框中输入 20 磅，如图 3-13 所示。

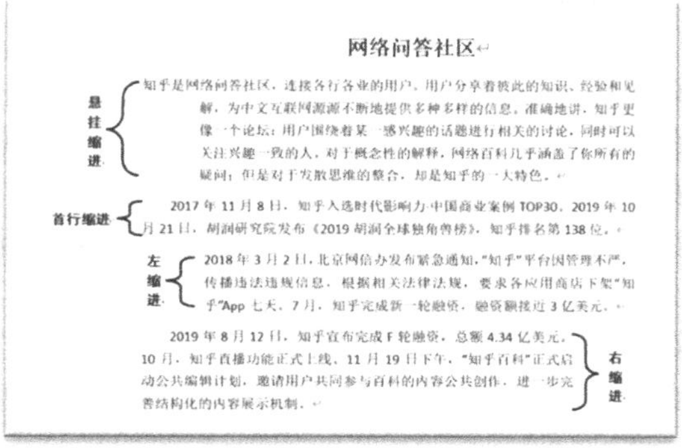

图 3-12　段落各种缩进及间距的设置效果

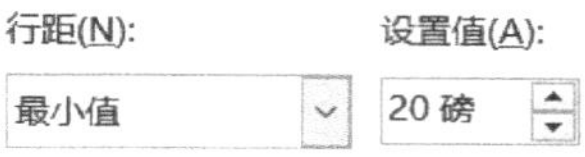

图 3-13　行间距设置

3．换行和分页设置

单击“段落”对话框中的“换行和分页”选项卡，如图 3-14 所示，可对段落进行特殊格式的设置。

孤行控制，孤行是指在页面顶端只显示段落的最后一行，或者在页面的底部只显示段落的第一行。选中该选项，可避免在文档中出现孤行。在文档排版中，这一功能非常有用。

与下段同页，即上下两段保持在同一页中。如果希望表注和表格、图片和图注在同一页，选定该项可实现这一效果。

段中不分页，即一个段落的内容保持在同一页，不会被分开显示在两页。

段前分页，即从当前段落开始自动显示在下一页，相当于在当前段落的前面插入了一个分页符。

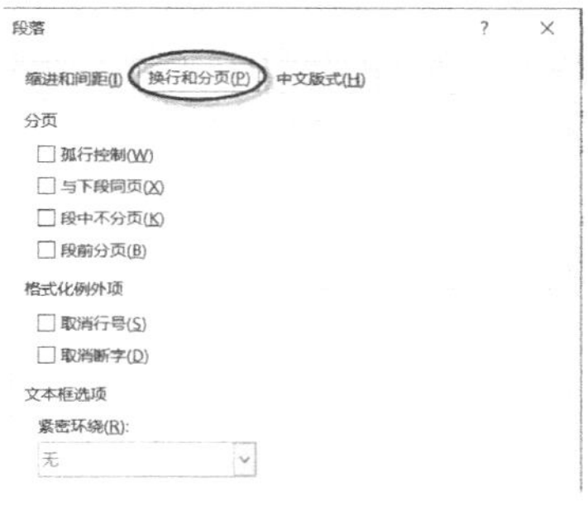

图 3-14　“换行和分页”选项卡

3.1.2　设置边框和底纹

为了增加文档的生动性和美观性，在进行文档编辑时，可为文本添加边框和底纹。

1．设置字符边框和底纹

选定需设置的字符，打开“开始”选项卡，单击“字体”组中的“字符边框”按钮A和“字符底纹”按钮A，为选定的字符添加边框和底纹。

2. 设置段落边框和底纹

选定需设置的段落，打开“开始”选项卡，单击“段落”组中的“边框”右侧的下拉按钮田 ▾（此名称随选取的框线的变化而变化），在弹出的下拉列表中选择需要添加的边框即可。

单击“边框”下拉列表中的“边框和底纹”命令，弹出“边框和底纹”对话框。利用此对话框中的“边框”、“底纹”和“页面边框”3 个选项卡，可为选定的内容添加边框、底纹，或者为整个页面添加边框，添加的效果在“预览”框中显示以供浏览。

【例 3-1】 将图 3-15 所示的文本添加页面边框、段落边框和底纹，设置成图 3-16 所示的格式。

（1）打开“云计算”文档，选定第二段文本，打开“开始”选项卡“段落”组中的“边框”右侧的下拉按钮田 ▾，在弹出的下拉列表中单击“边框和底纹”命令，弹出“边框和底纹”对话框。

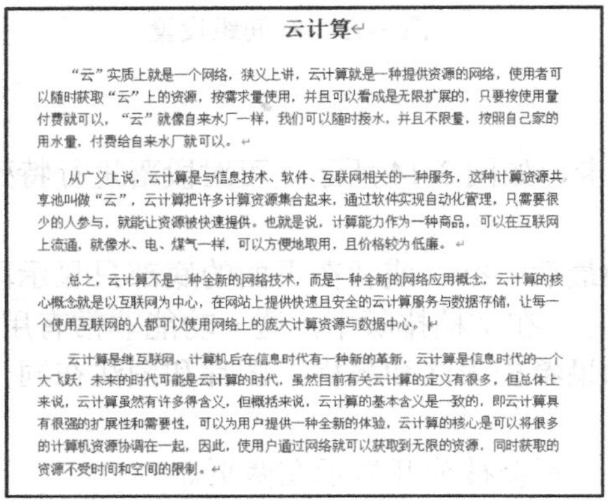
云计算

“云”实质上就是一个网络，狭义上讲，云计算就是一种提供资源的网络，使用者可以随时获取“云”上的资源，按需求量使用，并且可以看成是无限扩展的，只要按使用量付费就可以，“云”就像自来水厂一样，我们可以随时接水，并且不限量，按照自己家的用水量，付费给自来水厂就可以。

从广义上说，云计算是与信息技术、软件、互联网相关的一种服务，这种计算资源共享池叫做“云”，云计算把许多计算资源集合起来，通过软件实现自动化管理，只需要很少的人参与，就能让资源被快速提供。也就是说，计算能力作为一种商品，可以在互联网上流通，就像水、电、煤气一样，可以方便地取用，且价格较为低廉。

总之，云计算不是一种全新的网络技术，而是一种全新的网络应用概念，云计算的核心概念就是以互联网为中心，在网站上提供快速且安全的云计算服务与数据存储，让每一个使用互联网的人都可以使用网络上的庞大计算资源与数据中心。

云计算是继互联网、计算机后在信息时代有一种新的革新，云计算是信息时代的一个大飞跃，未来的时代可能是云计算的时代，虽然目前有关云计算的定义有很多，但总体上来说，云计算虽然有许多得含义，但概括来说，云计算的基本含义是一致的，即云计算具有很强的扩展性和需要性，可以为用户提供一种全新的体验，云计算的核心是可以将很多的计算机资源协调在一起，因此，使用户通过网络就可以获取到无限的资源，同时获取的资源不受时间和空间的限制。

图 3-15　设置前的文本

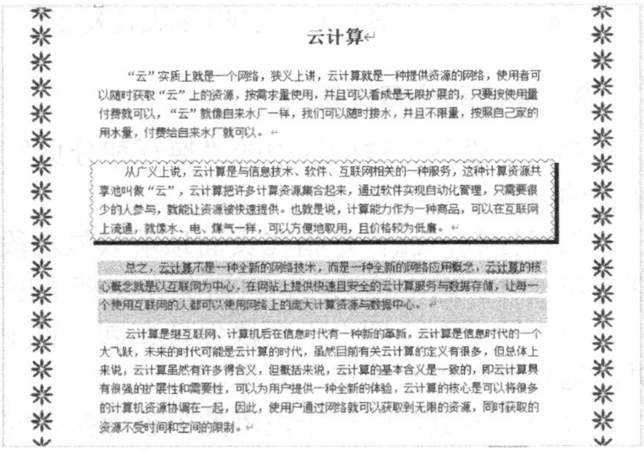
云计算

“云”实质上就是一个网络，狭义上讲，云计算就是一种提供资源的网络，使用者可以随时获取“云”上的资源，按需求量使用，并且可以看成是无限扩展的，只要按使用量付费就可以，“云”就像自来水厂一样，我们可以随时接水，并且不限量，按照自己家的用水量，付费给自来水厂就可以。

从广义上说，云计算是与信息技术、软件、互联网相关的一种服务，这种计算资源共享池叫做“云”，云计算把许多计算资源集合起来，通过软件实现自动化管理，只需要很少的人参与，就能让资源被快速提供。也就是说，计算能力作为一种商品，可以在互联网上流通，就像水、电、煤气一样，可以方便地取用，且价格较为低廉。

总之，云计算不是一种全新的网络技术，而是一种全新的网络应用概念，云计算的核心概念就是以互联网为中心，在网站上提供快速且安全的云计算服务与数据存储，让每一个使用互联网的人都可以使用网络上的庞大计算资源与数据中心。

云计算是继互联网、计算机后在信息时代有一种新的革新，云计算是信息时代的一个大飞跃，未来的时代可能是云计算的时代，虽然目前有关云计算的定义有很多，但总体上来说，云计算虽然有许多得含义，但概括来说，云计算的基本含义是一致的，即云计算具有很强的扩展性和需要性，可以为用户提供一种全新的体验，云计算的核心是可以将很多的计算机资源协调在一起，因此，使用户通过网络就可以获取到无限的资源，同时获取的资源不受时间和空间的限制。

图 3-16　设置后的文本

（2）在“边框”选项卡“设置”列中单击“阴影”，在“样式”列表框中选择单波浪线 〰；在“颜色”下拉列表中选择“蓝色”；在“宽度”下拉列表中选择“1.5 磅”；在“应用于”下拉列表中选择“段落”，单击“确定”按钮，如图 3-17 所示。

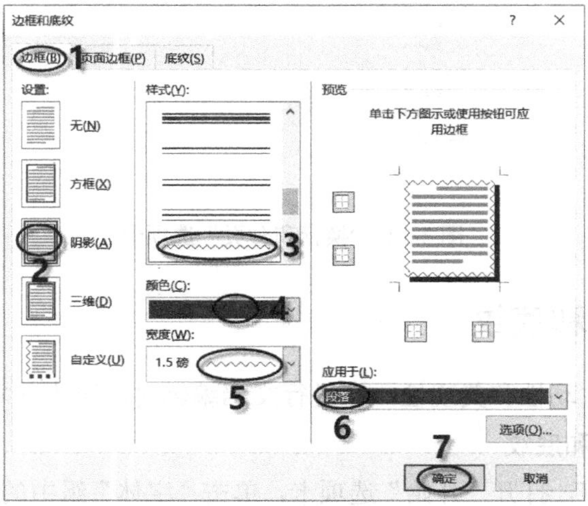

图 3-17　设置段落边框

（3）选定第三段文本，打开“边框和底纹”对话框中的“底纹”选项卡，在“填充”区域选择“黄色”，在“图案”区域的“样式”下拉列表中选择“浅色上斜线”；在“颜色”下拉列表中选择“白色，背景 1，深色 25%”；在“应用于”下拉列表中选择“段落”，单击“确定”按钮，如图 3-18 所示。

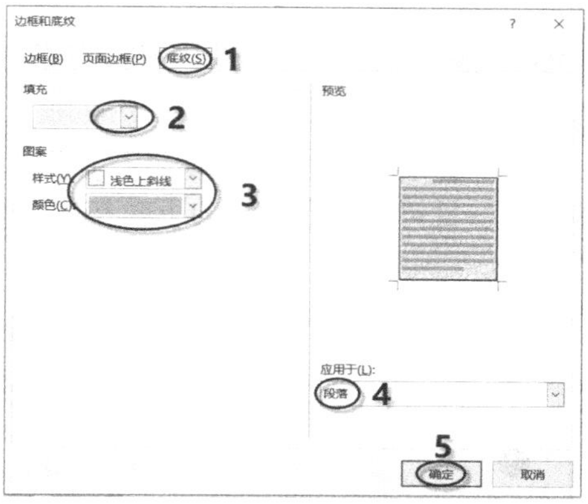

图 3-18　设置段落底纹

（4）打开“边框和底纹”对话框中的“页面边框”选项卡，在“艺术型”下拉列表中选择一种艺术样式；在“宽度”列表框中输入 24 磅，在“颜色”下拉列表中选择“红色”；分别单击“预览”区域的上、下框线按钮、，取消上、下框线，如图 3-19 所示，再单击“确定”按钮，最终效果如图 3-16 所示。

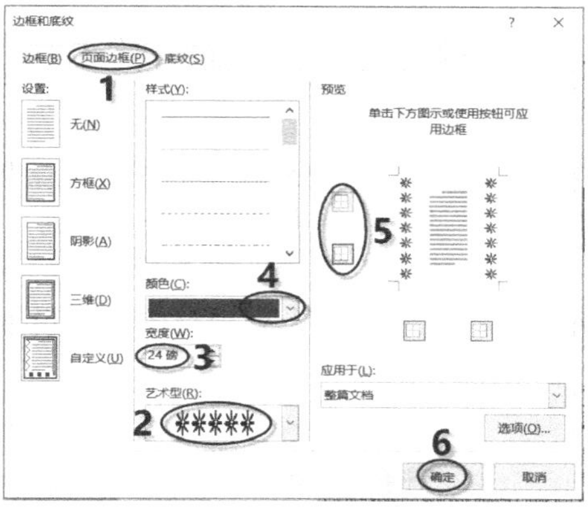

图 3-19　设置页面边框

添加段落边框时，默认是对所选定对象的 4 个边缘添加了边框。若只对某些边缘添加边框，而其他边缘不添加边框，可通过单击图 3-19“预览”区域的边框，取消已添加的边框，或者单击其中的“上”“下”“左”“右”4 个按钮对指定边缘应用边框。

删除所添加的段落边框，只需选定已添加边框的段落，在图 3-17 所示的“边框和底纹”对话框的“设置”列中选择“无”，单击“确定”按钮即可。

若要取消段落底纹，则需选定已添加底纹的段落，在图 3-18 中的“填充”区域选择“无颜色”，在“样式”列表中选择“清除”即可。

3.1.3 设置项目符号和编号

使用项目符号和编号的主要目的是使相关的内容醒目且有序。项目符号和编号可以在已有的文本上添加，也可以先添加项目符号和编号，再编辑内容，按 Enter 键，项目符号和编号自动出现在下一行。

1．设置项目符号

（1）自动添加项目符号。

打开“开始”选项卡，单击“段落”组中的“项目符号库”按钮☰▾，自动在每段文本前面添加项目符号，或者单击“项目符号库”右侧的下拉按钮，弹出如图 3-20 所示的列表，从列表中选择所需的项目符号。

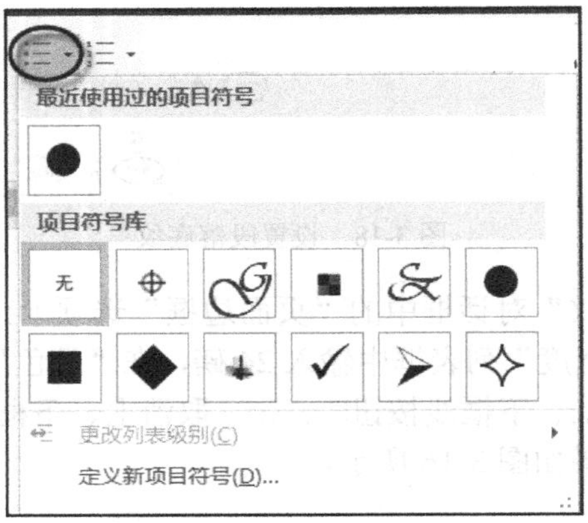

图 3-20 “项目符号库”下拉列表

（2）自定义项目符号。

单击图 3-20 所示的“项目符号库”下拉列表中的“定义新项目符号”命令，弹出如图 3-21 所示的“定义新项目符号”对话框，单击“项目符号字符”栏中的“符号”或“图片”按钮改变项目符号的样式；单击“字体”按钮设置项目符号的字体；在“对齐方式”下拉列表中设置项目符号的对齐方式；在“预览”列表框中查看设置的效果。

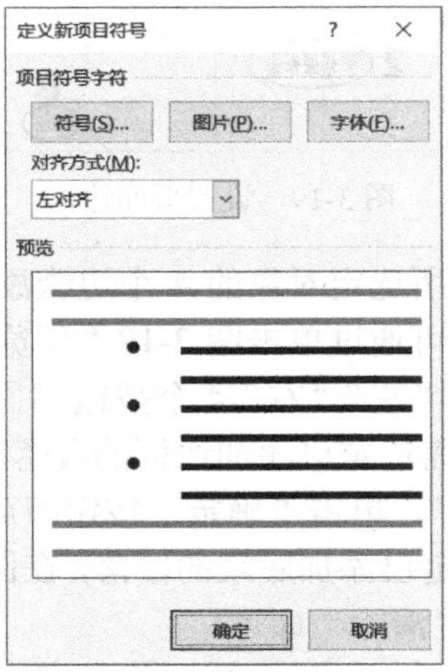

图 3-21 “定义新项目符号”对话框

2. 设置编号

（1）自动添加编号。

打开“开始”选项卡，单击“段落”组中的“编号库”按钮☰·，自动在每段文本前面添加编号，或者单击“编号库”右侧下拉按钮，弹出如图 3-22 所示的列表，从列表中选择所需的编号。

图 3-22 “编号库”下拉列表

（2）自定义编号。

单击图 3-22 所示的“编号库”下拉列表中的“定义新编号格式”命令，弹出如图 3-23 所示的“定义新编号格式”对话框，在“编号样式”“对齐方式”下拉列表中设置编号的格式、对齐方式，单击“字体”按钮用于设置编号的字体。

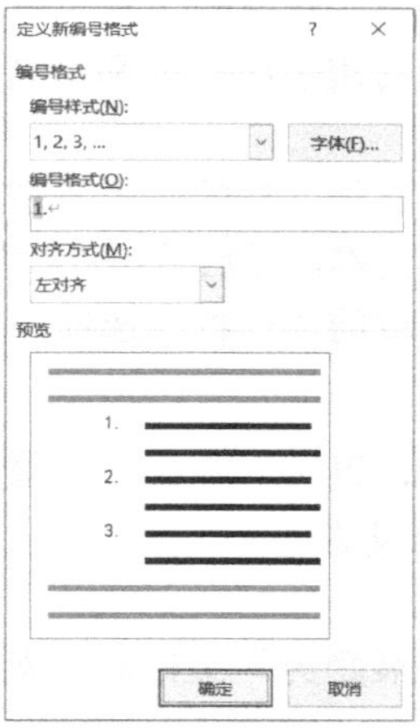

图 3-23 “定义新编号格式”对话框

3.1.4 设置分栏和首字下沉

1. 分栏

Word 空白文档默认的栏是一栏，为了增加文档版面生动性，通常将文档的一栏分成多栏，设置分栏的操作步骤如下。

（1）选定要设置分栏的文本（若该文本是文档最后一段，则不能选定段落标记，否则选定段落标记）。

（2）打开“布局”选项卡，单击“页面设置”组中的“栏”按钮，弹出如图 3-24 所示的下拉列表，在所需的栏数上单击即可。

（3）单击“栏”下拉列表中的“更多栏”命令，弹出如图 3-25 所示的“栏”对话框，在此对话框中可以对分栏进行更多设定。

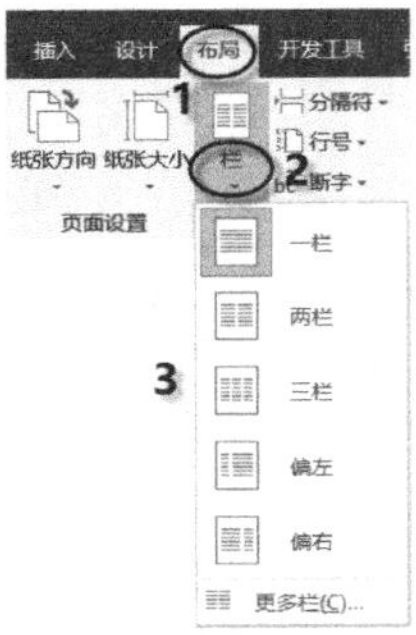

图 3-24 “栏”下拉列表

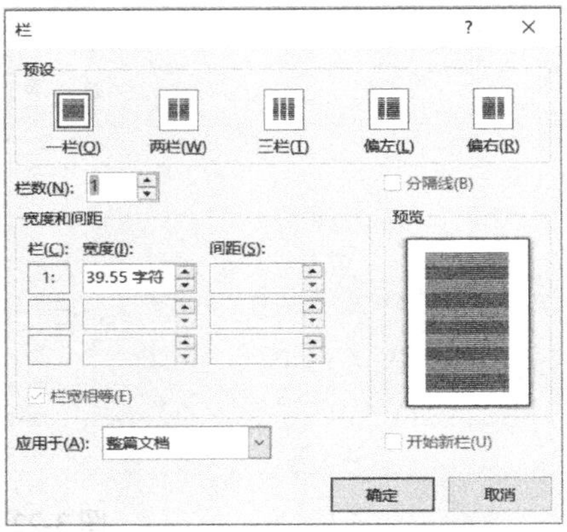

图 3-25 “栏”对话框

（4）在“预设”区域中选择需要的栏数，或者在“栏数”文本框中直接输入所需的栏数，但不能超过 11 栏，因为 Word 中最多可分 11 栏。

（5）选定栏数后，在“宽度和间距”区域中自动显示每栏的宽度和间距，也可重新修改栏宽和间距值，若选中“栏宽相等”复选框，则所有栏宽都相同。

（6）选中“分隔线”复选框，可用竖线将栏和栏之间分隔开，竖线与页面或节中最长的栏等长。

（7）在“应用于”下拉列表中选择分栏的应用范围，然后单击“确定”按钮。

若取消分栏，先选定已分栏的文本，然后单击“栏”下拉列表中的“一栏”命令即可，或者选择“栏”对话框“预设”区域的“一栏”选项，再单击“确定”按钮。

2. 首字下沉

在段落开头创建一个大号字符，以进行强调，并引起注意。

【例 3-2】在“人工智能应用与发展趋势”文档中，将第二段设置为首字下沉，字体为宋体，下沉 3 行，距正文 0.3 厘米。

（1）打开“人工智能应用与发展趋势”文档，将光标定位在第二段中，或者选定该段的首字。

（2）打开“插入”选项卡，单击“文本”组中的“首字下沉”按钮，在弹出的下拉列表中单击“首字下沉选项”命令，弹出如图 3-26 所示的对话框。

（3）在“位置”栏中选择“下沉”选项；在“选项”栏中设置首字下沉的字体、下沉行数、距正文的距离，如图 3-26 所示，再单击“确定”按钮，效果如图 3-27 所示。

若要取消首字下沉，则单击“首字下沉”下拉列表中的“无”命令，或者选择“首字下沉”对话框“位置”栏中的“无”选项，再单击“确定”按钮。

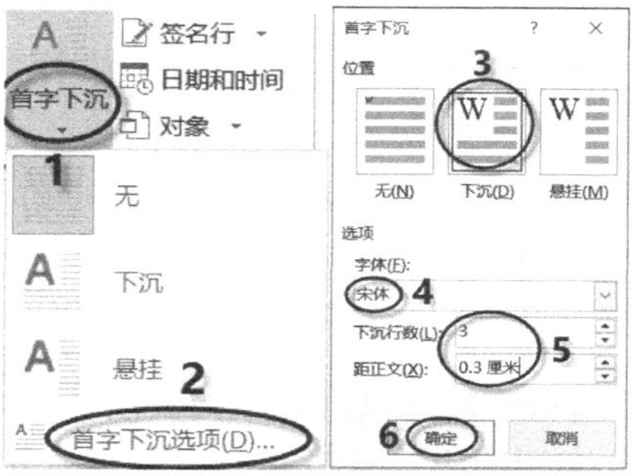

图 3-26 设置首字下沉的示例图

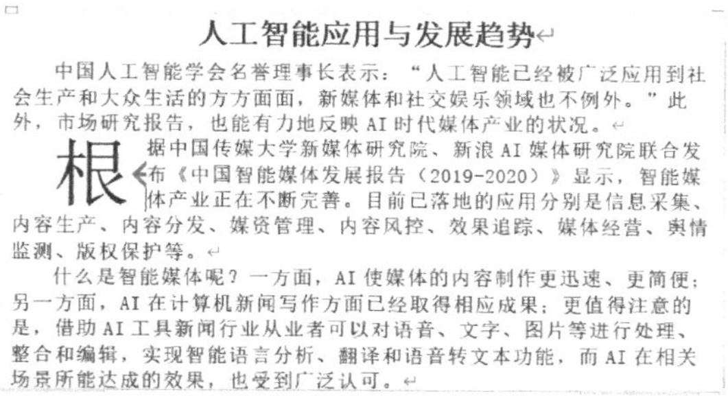

人工智能应用与发展趋势

中国人工智能学会名誉理事长表示："人工智能已经被广泛应用到社会生产和大众生活的方方面面，新媒体和社交娱乐领域也不例外。"此外，市场研究报告，也能有力地反映 AI 时代媒体产业的状况。

根据中国传媒大学新媒体研究院、新浪 AI 媒体研究院联合发布《中国智能媒体发展报告（2019-2020）》显示，智能媒体产业正在不断完善。目前已落地的应用分别是信息采集、内容生产、内容分发、媒资管理、内容风控、效果追踪、媒体经营、舆情监测、版权保护等。

什么是智能媒体呢？一方面，AI 使媒体的内容制作更迅速、更简便；另一方面，AI 在计算机新闻写作方面已经取得相应成果；更值得注意的是，借助 AI 工具新闻行业从业者可以对语音、文字、图片等进行处理、整合和编辑，实现智能语言分析、翻译和语音转文本功能，而 AI 在相关场景所能达成的效果，也受到广泛认可。

图 3-27 首字下沉效果

3.1.5 设置页眉和页脚

1. 分页与分节

（1）分页符。

当在 Word 文档中输入的内容到达文档的底部时，Word 就会自动分页。如果在一页未完成时希望从新的一页开始，则需要手工插入分页符强制分页。

插入分页符的操作步骤如下。

①将光标定位在文档中需要分页的位置。

②打开“布局”选项卡，单击“页面设置”组中的“分隔符”下拉按钮，弹出“分隔符”下拉列表。

③在下拉列表中选择“分页符”选项栏中的“分页符”选项，如图 3-28 所示，即可将光标后的内容分布到新的页面。

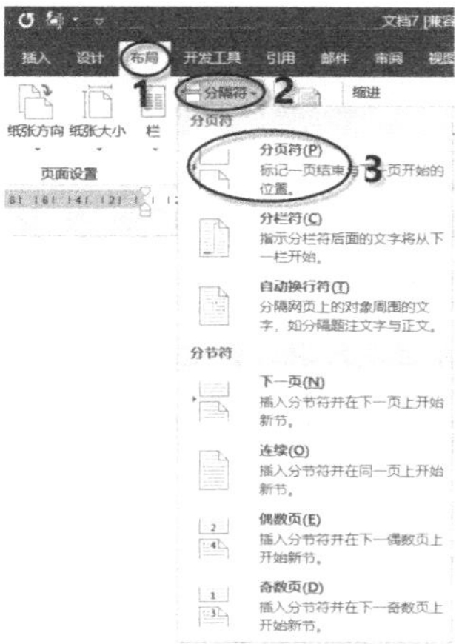

图 3-28 “分隔符”下拉列表

使用 Ctrl+Enter 组合键也可以插入分页符。方法如下：将光标定位在需要分页的位置，按 Ctrl+Enter 组合键，此时，插入点之后的内容被放在新的一页。

文档插入分页符后，在编辑区可以看到分页符是一条带有“分页符”3 个字的水平虚线，如图 3-29 所示。如果要删除分页符，则需选定分页符水平虚线，然后按 Delete 键即可。

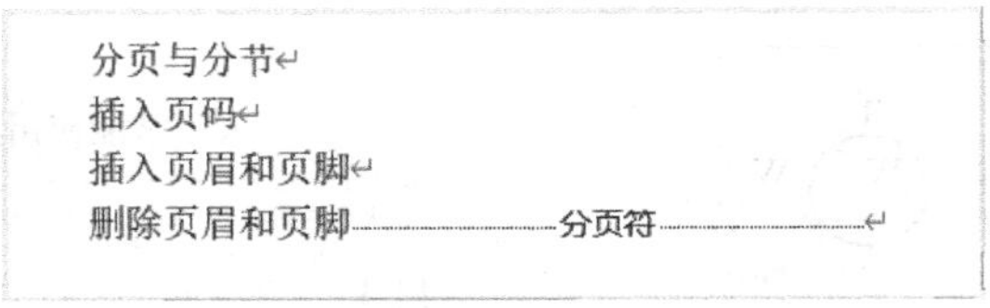

图 3-29 编辑区中的“分页符”符号

（2）分节符。

一篇文档默认是一节，有时需要分成很多节，分开的每节都可以进行不同页眉、页脚、页码等设置，所以如果需要在一页之内或两页之间改变文档的版式或格式，需要使用分节符。

插入分节符的操作步骤如下。

①将光标定位于文档中需要插入分节的位置。

②打开“布局”选项卡，单击“页面设置”组中的“分隔符”下拉按钮，在下拉列表中选择“分节符”选项栏中的选项即可。

- 下一页：插入一个分节符，新节从下一页开始，分节的同时又分页，如图 3-30（a）所示。
- 连续：插入一个分节符，新节从同一页开始，分节不分页，如图 3-30（b）所示。
- 奇数页或偶数页：插入一个分节符，新节从下一个奇数页或偶数页开始，如图 3-30（c）所示。

（a）　（b）　（c）

图 3-30 “分节符”各选项含义

插入分节符后，在草稿视图中可以看到分节符是一条带有“分节符（下一页）”的水平双虚线，如图 3-31 所示。若要删除分节符，在草稿视图中单击分节符的水平虚线，然后按 Delete 键即可。

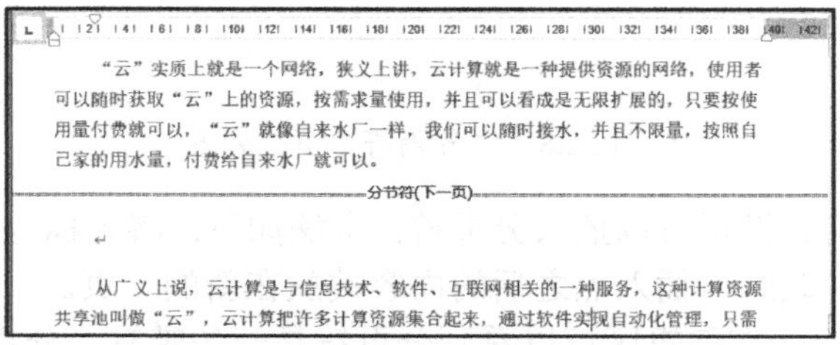

图 3-31 草稿视图中的“分节符”符号

2．插入页码

页码是文档每一页标明次序的号码或其他数字，用于统计文档的页数，便于读者阅读和检索，页码一般位于页脚或页眉中。插入页码的操作步骤如下。

（1）打开“插入”选项卡，单击“页眉和页脚”组中的“页码”按钮，从弹出的下拉列表中选择页码的位置和样式，如图 3-32 所示。

（2）插入页码后，会自动打开“页眉和页脚工具”的“设计”选项卡，单击“页眉和页脚”组中的“页码”下拉按钮，从弹出的下拉列表中单击“设置页码格式”命令，弹出图 3-33 所示的“页码格式”对话框。

（3）在“编号格式”下拉列表中选择页码的格式；在“页码编号”区域设置页码的起始值；若选中“包含章节号”复选框，页码中将出现章节号。

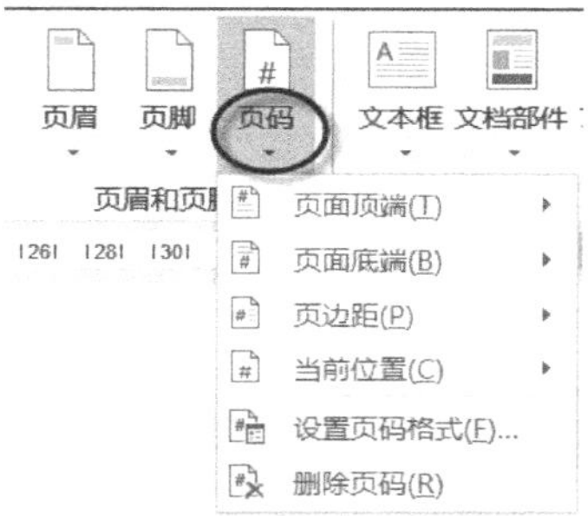

图 3-32　“页码”下拉列表

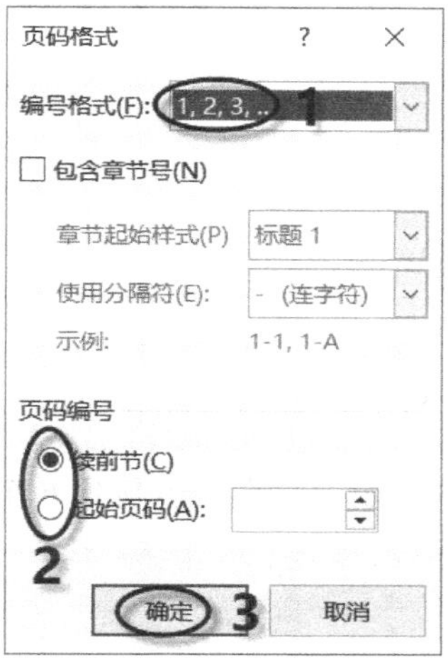

图 3-33　“页码格式”对话框

3．页眉和页脚

页眉和页脚位于文档中每个页面页边距的顶部和底部区域。在这些区域可以添加文件的一些标志性信息，如文件名、单位名、单位徽标、日期、页码和标题等，以对文件进行说明。

（1）插入页眉和页脚。

打开“插入”选项卡，单击“页眉和页脚”组中的“页眉”下拉按钮或“页脚”下拉按钮，如图 3-34 和图 3-35 所示。在弹出的下拉列表中选择 Word 内置的一种页眉或页脚样式，进入页眉或页脚的编辑状态，输入页眉或页脚的内容即可。若要退出页眉或页脚的编辑状态，双击正文的空白处，返回文档的编辑状态。此时，正文文档被激活，而页眉页脚内容显示灰色（禁用）。

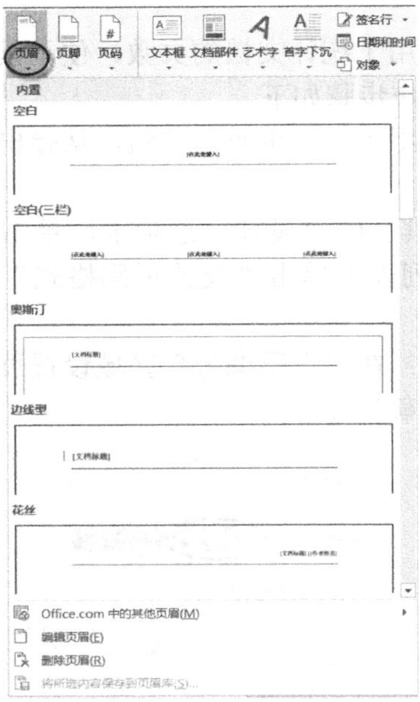

图 3-34 “页眉”下拉列表

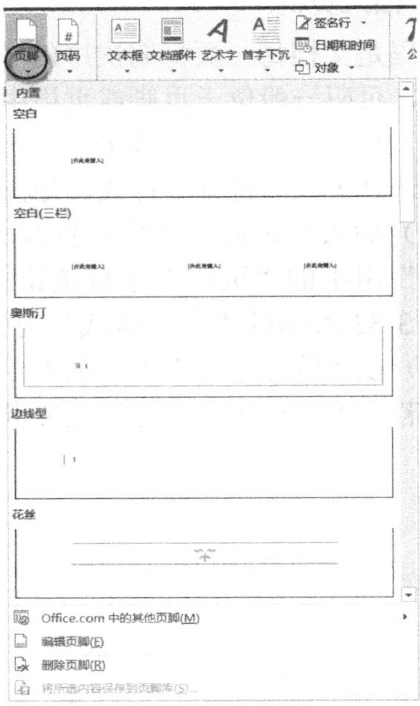

图 3-35 “页脚”下拉列表

进入页眉和页脚的编辑状态后，系统自动打开“页眉和页脚工具”的“设计”选项卡，如图 3-36 所示，该选项卡包含 6 个组。

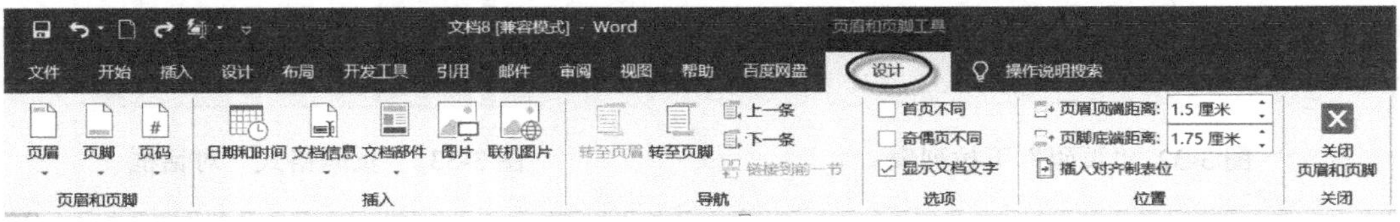

图 3-36 “页眉和页脚工具”的“设计”选项卡

- “页眉和页脚”：选择页眉、页脚、页码的样式或编辑格式。
- “插入”：可在页面和页脚中插入日期和时间、文本、图片、剪贴画。
- “导航”：单击“转至页眉”或“转至页脚”按钮，可将编辑界面在页眉和页脚间进行切换。
- “选项”：设置不同方式的页眉页脚，如“首页不同”“奇偶页不同”等。
- “位置”：设置“页眉顶端位置”或“页脚底端位置”及其对齐方式。
- “关闭”：单击“关闭页眉和页脚”按钮，退出页眉或页脚的编辑状态，返回正文。

（2）创建首页页眉页脚不同。

创建首页页眉页脚不同是指文档首页的页眉页脚不同于其他页的页眉页脚，创建方法如下。

①双击页眉或页脚区域，进入页眉页脚的编辑状态，系统自动打开出现“页眉和页脚工具”的“设计”选项卡。

②在“设计”选项卡的“选项”组中，选中“首页不同”复选框，输入首页页眉的内容。单击“导航”组中的“转至页脚”按钮，输入首页页脚内容。

③单击“关闭”组中的“关闭页眉和页脚”按钮，完成设置。

（3）创建奇偶页页眉页脚不同。

在长文档中，为了使文档富有个性，常创建奇偶页页眉页脚不同。双击页眉或页脚区域，打开“页眉和页脚工具”的“设计”选项卡，选中“选项”组“奇偶页不同”复选框，分别设置奇数页、偶数页的页眉和页脚即可。单击“导航”组中的“上一条”或“下一条”按钮，可在奇数页和偶数页间进行切换。

4．删除页眉和页脚

方法 1：

（1）将光标定位在文档中的任意位置，打开“插入”选项卡。

（2）单击“页眉和页脚”组中的“页眉”或“页脚”下拉按钮，在弹出的下拉列表中单击“删除页眉”或“删除页脚”命令，即可删除当前页眉或页脚。

方法 2：

（1）双击页眉区域，此时页眉区域处于可编辑状态。

（2）打开“页眉和页脚工具”的“设计”选项卡，单击“页眉和页脚”组中的“页眉”下拉按钮，在弹出的下拉列表中单击“删除页眉”命令，即可删除当前页眉。

（3）双击正文的任何位置，退出页眉编辑状态。

插入页眉后，在页眉的位置有一条直线，称为页眉线。

删除页眉线：选定页眉区域的段落标记符↵，打开“开始”选项卡，单击“段落”组中的“边框”下拉按钮，在弹出的下拉列表中单击“无框线”命令即可。

添加页眉线：选定页眉区域的段落标记符↵，打开“开始”选项卡，单击“段落”组中的“边框”下拉按钮，在弹出的下拉列表中单击“下框线”命令，添加页眉线。

3.1.6　调整页面布局

调整页面布局主要是调整页边距、纸张方向、纸张大小、文字排列等。调整页面布局有 2 种方法。

1．利用功能区

打开“布局”选项卡，在“页面设置”组中利用“页边距”、“纸张方向”和“纸张大小”等按钮进行设置，如图 3-37 所示。

2．利用对话框

在图 3-37 中，单击“页面设置”组右侧的对话框启动按钮，打开“页面设置”对话框，如图 3-38 所示，可以利用“页边距”“纸张”“布局”“文档网格”4 个选项卡进行设置。

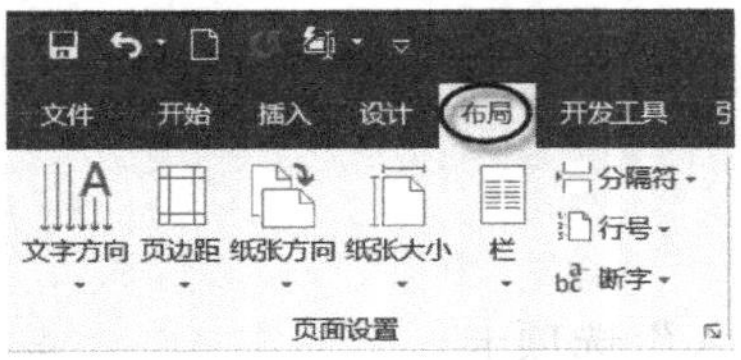

图 3-37 “页面设置”组

图 3-38 “页面设置”对话框

“页边距”选项卡：页边距是指页面四周的空白区域。在“页边距”选项卡中可以设置上、下、左、右页边距，装订线的位置，打印的方向。图 3-38 中给出的是系统默认值，可通过微调按钮改变默认值，或者在相应的文本框内直接输入数值，在“预览”区域浏览设置的效果。

“纸张”选项卡：在“纸张大小”下拉列表中，选择纸张的型号，如 A4、B5、16 开等。也可以自定义纸张的大小，在“宽度”和“高度”文本框中输入自定义的纸张宽度值和高度值。

“布局”选项卡：主要设置页眉和页脚的显示方式、距边界的位置、页面垂直对齐方式、行号、边框等。

“文档网格”选项卡：设置文档中文字排列方向、有无网格、网格的方式、每行的字符数、每页的行数等。

3.1.7 设置文档背景

Word 文档默认的背景是白色，用户可通过 Word 2016 提供的强大的背景功能，重新设置背景颜色。

1．设置纯色背景

（1）使用已有颜色。

Word 2016 提供多种颜色作为背景色。在“设计”选项卡的“页面背景”组中，单击“页面颜色”按钮，弹出如图 3-39 所示的下拉列表，单击“主题颜色”中的任意一个色块，即可作为文档背景。

（2）自定义颜色。

若图 3-39 列表中的色块不能满足用户的需求，可单击列表中的“其他颜色”命令，打开“自定义”选项卡，通过拖动滑块自定义背景颜色，如图 3-40 所示。

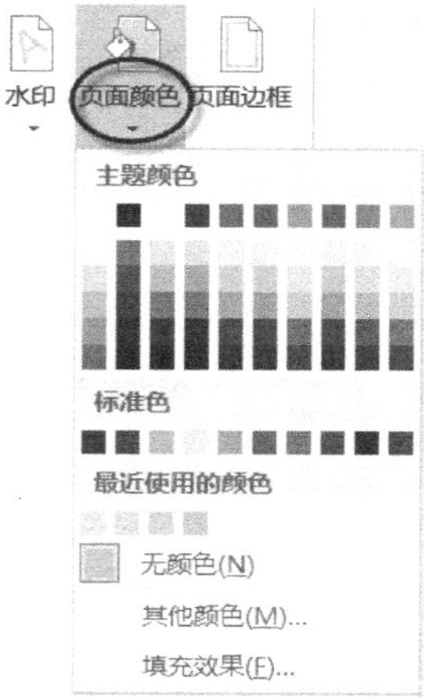

图 3-39　“页面颜色”下拉列表

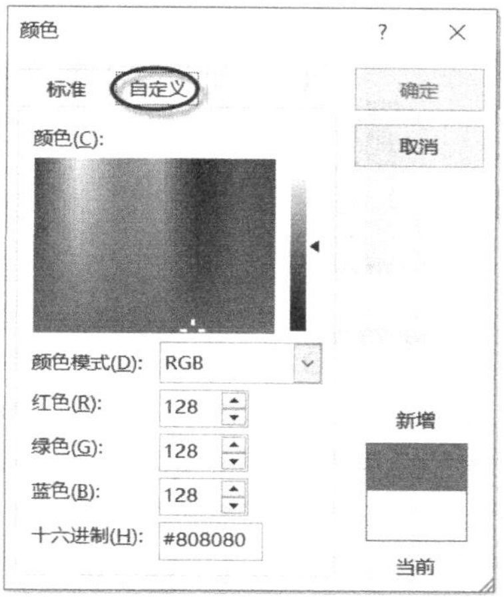

图 3-40　“自定义”选项卡

2. 设置填充背景

Word 2016 提供了多种填充方式作为背景效果，如渐变填充、纹理填充、图案填充及图片填充，使文档背景丰富多变，更具有吸引力。单击图 3-39“页面颜色”下拉列表中的“填充效果”命令，弹出“填充效果”对话框。

“渐变”选项卡：通过选中“颜色”区域中的“单色”“双色”“预设”单选按钮创建不同的渐变效果，在“透明度”区域设置渐变的透明效果，在“底纹样式”区域选择渐变的方式，单击“确定”按钮即可，如图 3-41 所示。

“纹理”选项卡：在“纹理”区域选择一种纹理作为文档的填充背景，也可以单击“其他纹理”按钮，选择其他纹理作为文档背景，如图 3-42 所示。

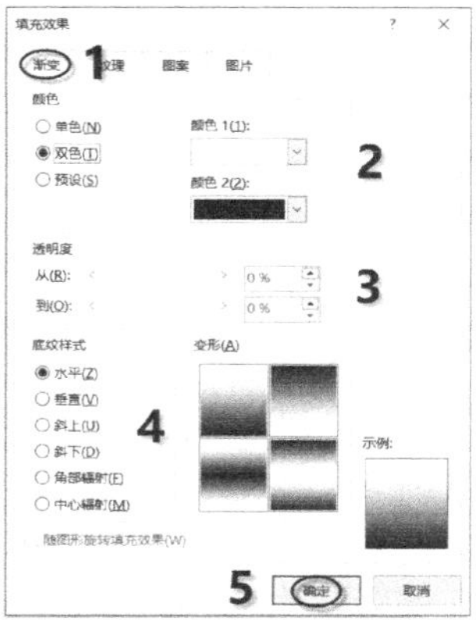

图 3-41　“渐变”选项卡

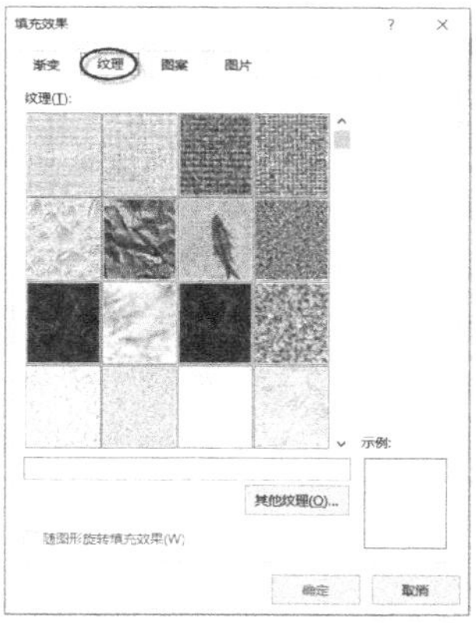

图 3-42　“纹理”选项卡

“图案”选项卡：在“图案”区域选择一种背景图案，在“前景”和“背景”下拉列表中设置所选图案的前景色和背景色，单击“确定”按钮即可，如图 3-43 所示。

“图片”选项卡：如图 3-44 所示，单击“选择图片”按钮，在弹出的对话框中选择作为背景的图片，再单击“插入”和“确定”按钮即可。

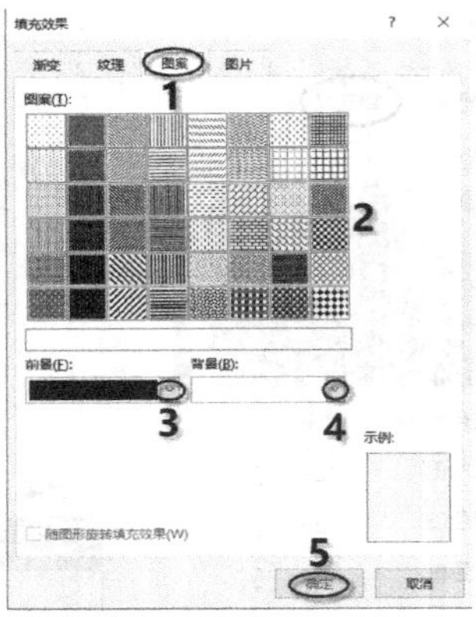

图 3-43 “图案”选项卡

图 3-44 “图片”选项卡

若要删除文档的填充背景，在“设计”选项卡的“页面背景”组中，单击“页面颜色”下拉列表中的“无颜色”命令即可。

3．设置水印背景

水印是指位于文档背景中一种透明的花纹，这种花纹可以是文字，也可以是图片，主要用来标识文档的状态或美化文档。水印作为文档的背景，在页面中是以灰色显示的，用户可以在页面视图、阅读视图或在打印的文档中看到水印效果。

（1）系统内置水印。

Word 2016 系统预设多种水印样式，用户可根据文档的特点设置不同的水印效果。打开“设计”选项卡，单击“页面背景”组中的“水印”按钮，弹出如图 3-45 所示的下拉列表，在此列表中系统提供了“机密”“紧急”“免责声明”3 种类型，共 12 种水印样式，从中选择所需的水印样式即可。

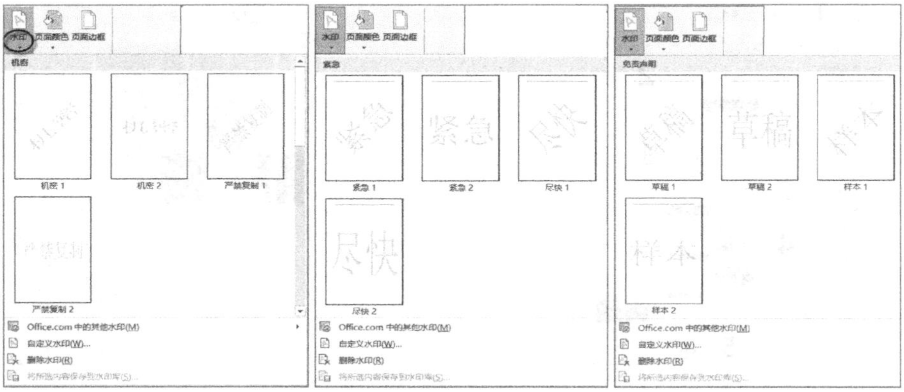

图 3-45 “水印”下拉列表

（2）自定义水印。

除了使用系统预设的水印样式，还可以自定义水印样式。单击图 3-45“水印”下拉列表中的“自定义水印”命令，弹出如图 3-46 所示的“水印”对话框。在此对话框中可以设置“图片水印”和“文字水印”两种水印效果。

“图片水印”：选中“图片水印”单选按钮，单击“选择图片”按钮，在弹出的对话框中选择作为水印的图片，单击“插入”按钮，返回“水印”对话框，在“缩放”下拉列表中设置图片的缩放比例，选中“冲蚀”复选框，保持图片水印的不透明度，单击“确定”按钮。

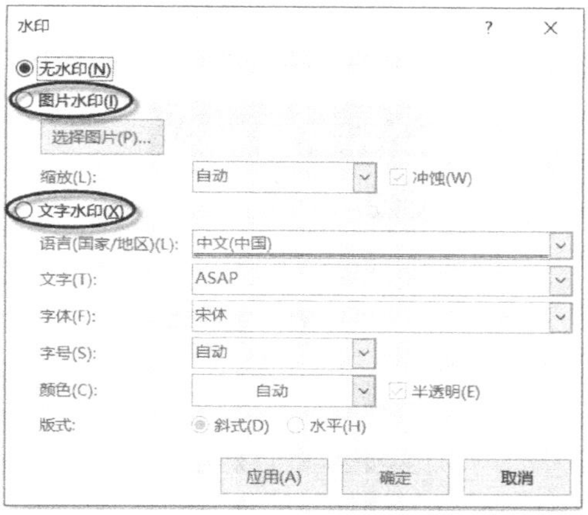

图 3-46 “水印”对话框

“文字水印”：选中“文字水印”单选按钮，然后设置水印的文字、字体、字号、颜色及版式。例如将“文字”设置为“大学计算机”，“字体”设置为“隶书”，“颜色”设置为“红色”，“版式”设置为“斜式”，单击“确定”按钮，如图 3-47 所示。

“无水印”：选中“无水印”单选按钮，即可删除文档中的水印效果。

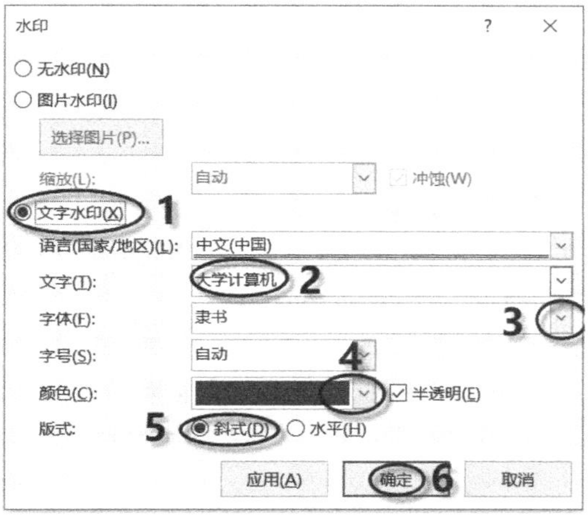

(a)

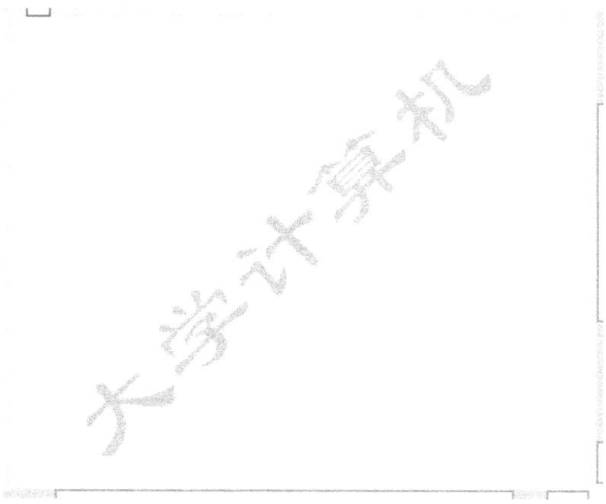

(b)

图 3-47 “文字水印”设置示例图和效果图

3.1.8 使用主题设置文档外观

主题就是字体、样式、颜色等格式设置的组合，在 Word 2016 中使用主题可以快速格式化文档。每个主题使用一组独特的颜色、字体和效果来打造一致的外观，挑选新的主题，让文档具有样式与合适的风格。使用主题格式化文档的操作步骤如下。

（1）输入文字。打开 Word 文档输入文字，在默认模板下，格式以“正文”显示。对于文档中不同的内容可以应用系统内置的样式集进行格式设置，样式是字体、段落间距、缩进等设置的组合。本例利用主题进行格式设置。

（2）选择一种主题。打开“设计”选项卡，单击“文档格式”组中的“主题”下拉按钮，在弹出的下拉列表中选择一种合适的主题，如图 3-48 所示。

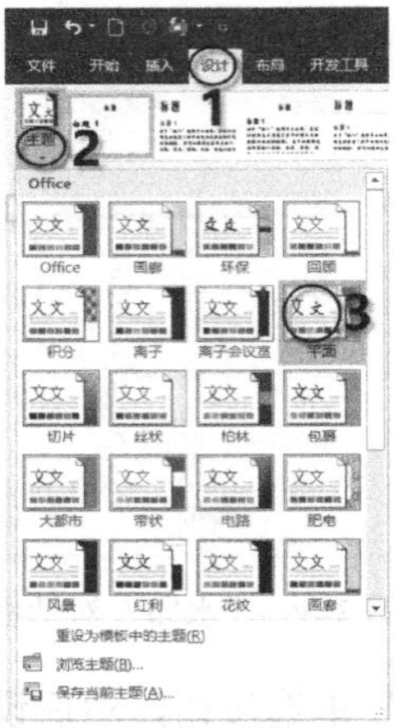

图 3-48 “主题”下拉列表

（3）在“文档格式”组中选择一种与文档相适应的样式集。选定主题，“文档格式”组中的样式集就会更新，如图 3-49 所示。

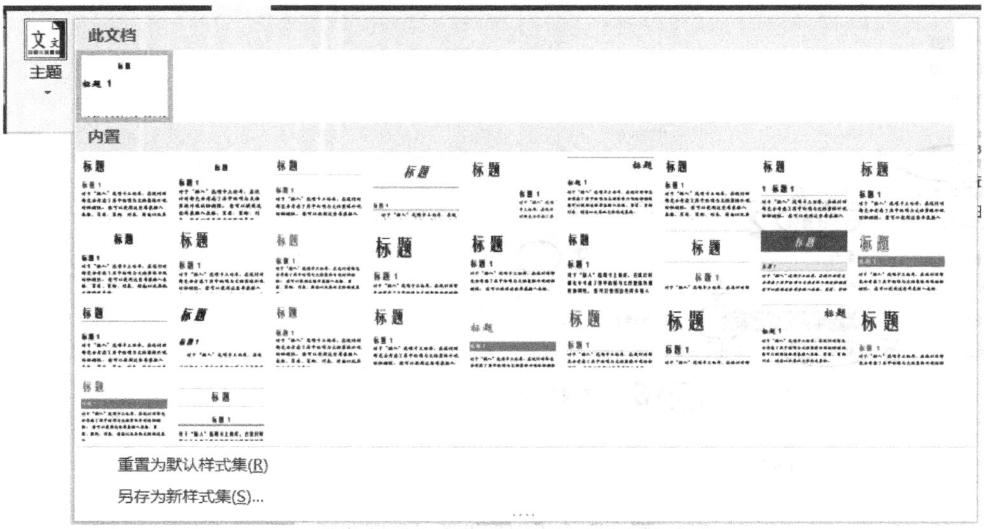

图 3-49 “文档格式”组中更新的样式集

（4）更改主题和样式集颜色。单击“文档格式”组中的“颜色”下拉按钮，在弹出的下拉列表中选择不同的调色板，对已经设定的主题和样式集进行颜色样式集的更改，如图 3-50 所示。

（5）更改主题和样式集字体。单击“文档格式”组中的“字体”下拉按钮，通过选择新字体来快速更改已经设定的主题和样式集的字体格式，如图 3-51 所示。

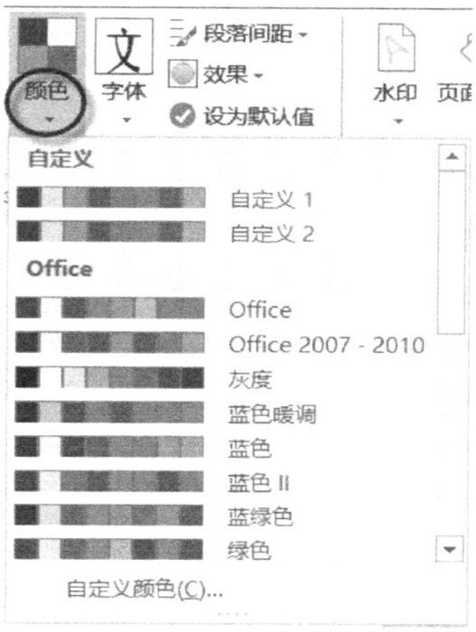

图 3-50 “颜色”下拉列表

图 3-51 “字体”下拉列表

3.1.9 实例练习

打开“大数据创新世界”文档，按照下列要求进行排版。

（1）调整纸张大小为 A4，页边距的左右上下边距均为 3cm，装订线 1cm，对称页边距。

（2）设置文字水印页面背景，文字为“大数据技术”，水印版式为斜式。

（3）文档第一行“大数据技术创新世界”设置格式，如表 3-1 所示。

表 3-1　文档第一行的设置格式

设 置 要 求	设 置 格 式
字体	微软雅黑，加粗
字号	小初
对齐方式	居中
文本效果	渐变填充，水绿色，主题色 5；映像
字符间距	加宽，3 磅
段落间距	段前 1 行，段后 1.5 行

（4）文档中黑体字的段落设置为 2 级标题。

（5）将正文部分内容（除 1 级标题外）设置为四号字，每个段落设置为 1.2 倍行距且首行缩进 2 字符。

（6）将正文最后段落分成 2 栏，添加分隔线。

（7）参照示例文件，对大数据的 4 个特点“数据体量巨大”至 “处理速度快”4 处添加项目符号“菱形”，颜色为标准色红色。

（8）为文档添加页眉和页码，奇数页的页眉没有内容，偶数页的页眉输入“大数据技术”，奇数页的页码显示在文档的底部靠右，偶数页的页码显示在文档的底部靠左。

操作步骤如下。

（1）步骤 1：打开“布局”选项卡，单击“页面设置”组中的“纸张大小”下拉按钮，在弹出的下拉列表中选择“A4”，如图 3-52 所示。

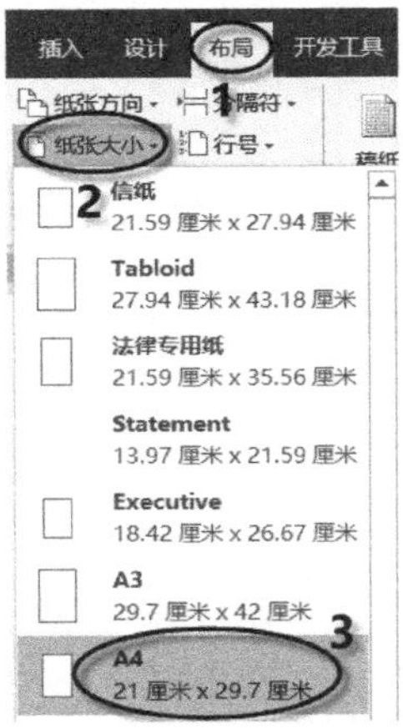

图 3-52　设置纸张大小为 A4

步骤 2：单击“页面设置”组中右侧的对话框启动按钮，在弹出“页面设置”对话框中设置页边距、装订线及对称页边距，如图 3-53 所示。

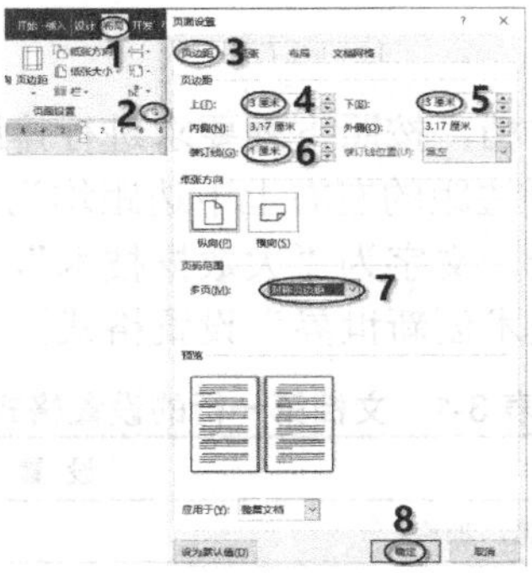

图 3-53　设置页边距、装订线及对称页边距

（2）步骤 1：打开“设计”选项卡，单击“页面背景”组中的“水印”下拉按钮，在弹出的下拉列表中单击“自定义水印”命令，如图 3-54 所示。

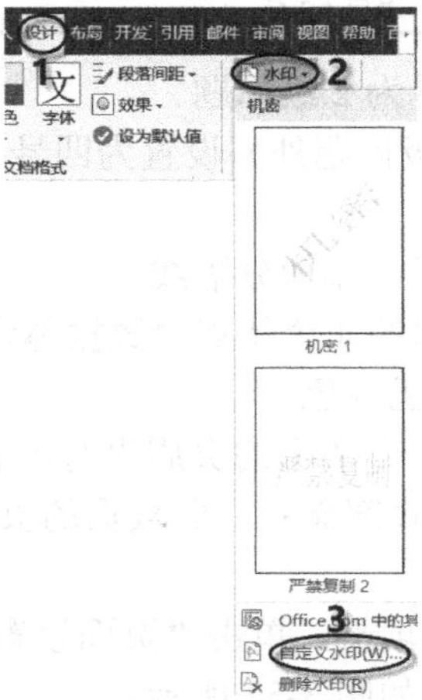

图 3-54　“水印”下拉列表

步骤 2：打开“水印”对话框，选中“文字水印”单选按钮，在“文字”列表框中输入“大数据技术”，“版式”选中“斜式”单选按钮，如图 3-54 所示，再单击“确定”按钮。

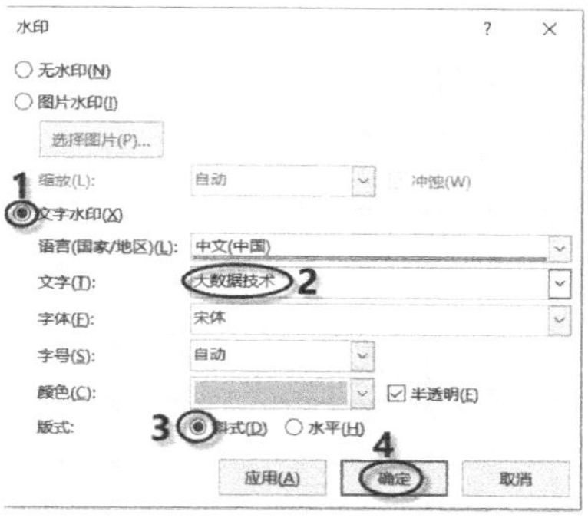

图 3-55　设置水印背景

（3）步骤 1：选定文档第一行“大数据技术创新世界”，打开“开始”选项卡，在“字体”组中分别设置字体为微软雅黑、加粗，字号为小初。在“段落”组中单击“居中”按钮。

步骤 2：打开“开始”选项卡，单击“字体”组中的“文本效果和版式”下拉按钮，在弹出的下拉列表中单击“渐变填充，水绿色，主题色 5；映像”，如图 3-56 所示。

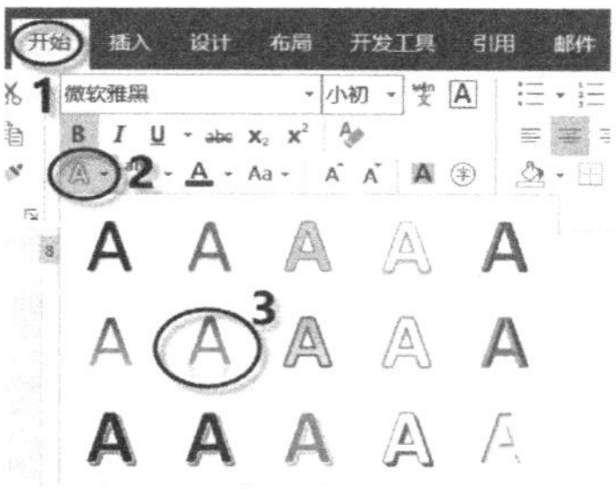

图 3-56　“文本效果和版式”下拉列表

步骤 3：单击“字体”组右侧的对话框启动按钮，在弹出的对话框中打开“高级”选项卡，在“间距”列表框中选择“加宽”，在“磅值”微调框中输入“3 磅”，单击“确定”按钮，如图 3-57 所示。

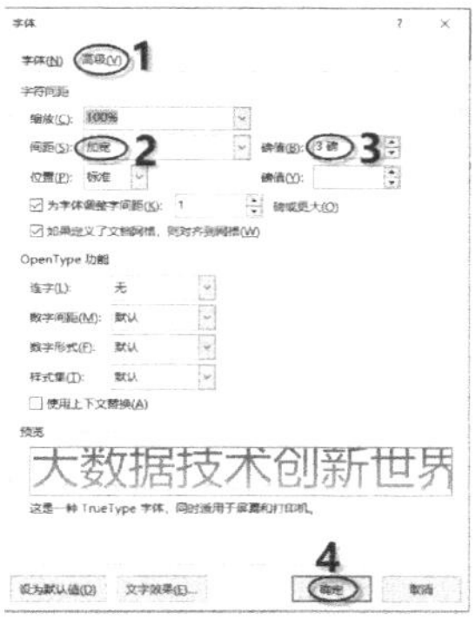

图 3-57　设置字符间距

步骤 4：在选定的文本上右击，在弹出的快捷菜单中单击“段落”命令，弹出“段落”对话框，在“间距”栏中设置段前 1 行，段后 1.5 行，单击“确定”按钮，如图 3-58 所示。

图 3-58　设置段前和段后间距

（4）按住 Ctrl 键，间隔选定文档中黑体字“一、大数据技术概念”到“四、大数据深刻改变着世界”，打开“开始”选项卡，单击“样式”组列表框中的“标题 1”，如图 3-59 所示。

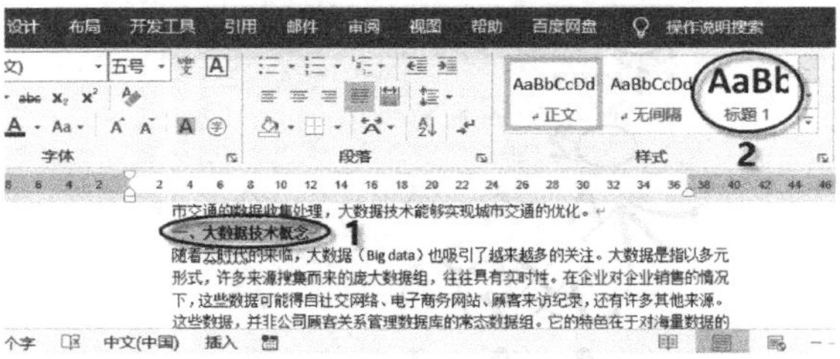

图 3-59　将文档中黑体字的段落设置为“标题 1”

（5）选定正文部分内容（除 1 级标题外），打开“开始”选项卡，在“字体”组中将字号设置为四号。单击“段落”组右侧的对话框启动按钮，弹出“段落”对话框，打开“缩进和间距”选项卡，在“特殊”列表框中选择“首行”，缩进值设置为“2 字符”，在“行距”列表框中选择“多倍行距”，在“设置值”列表框中输入 1.2，如图 3-60 所示，单击“确定”按钮。

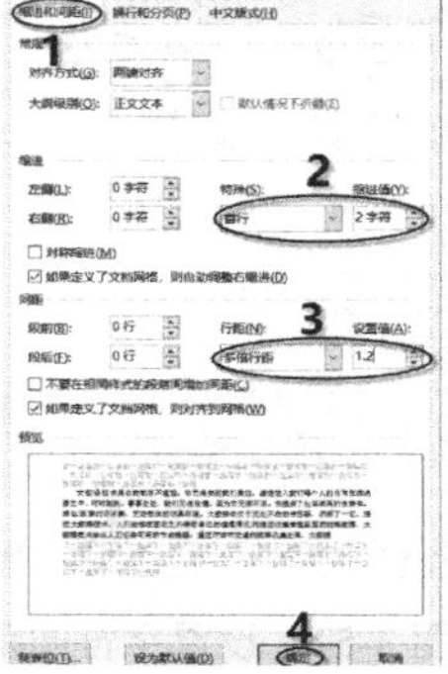

图 3-60　设置首行缩进和行距

（6）选定最后一段，打开“布局”选项卡，单击“页面设置”组中的“栏”下拉按钮，在弹出的下拉列表中单击“更多栏”命令，弹出“栏”对话框，在“预设”区域选择“两栏”选项，然后选中“分隔线”复选框，如图 3-61 所示，单击“确定”按钮。

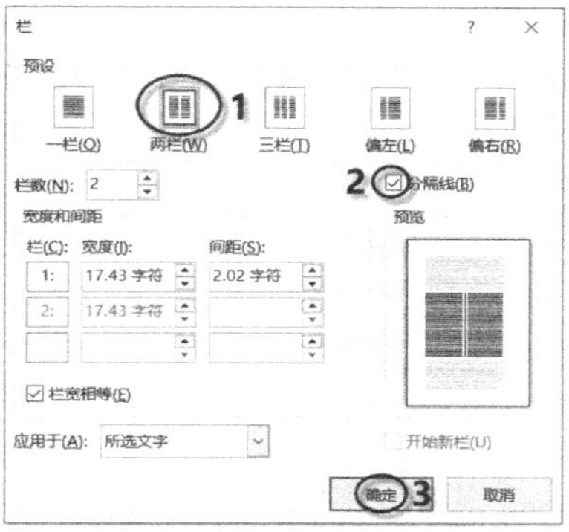

图 3-61　设置分栏

（7）步骤 1：选定“数据体量巨大”至“处理速度快”4 段文本，打开“开始”选项卡，单击“段落”组中的“项目符号库”下拉按钮，在弹出的下拉列表中单击“定义新项目符号”命令，如图 3-62 所示。

图 3-62　“项目符号库”下拉列表

步骤 2：在“定义新项目符号”对话框中单击“符号”按钮，在弹出的对话框中单击“❖”符号，如图 3-63 所示，单击“确定”按钮。

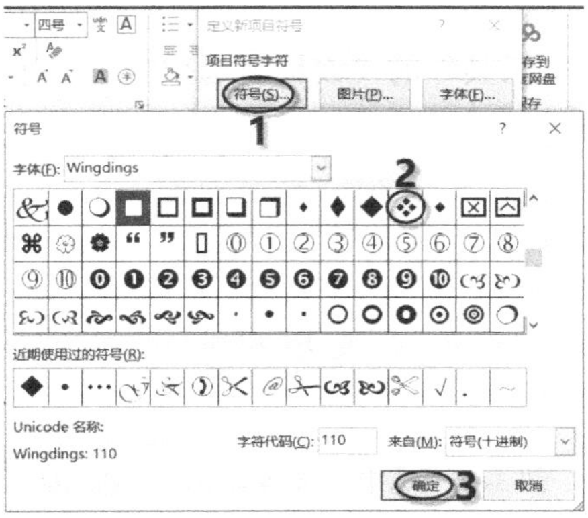

图 3-63　定义新项目符号

步骤 3：在“定义新项目符号”对话框中单击“字体”按钮，弹出“字体”对话框，单击“字体颜色”列表框，在弹出的下拉列表中选择标准色红色，如图 3-64 所示，单击“确定”按钮。

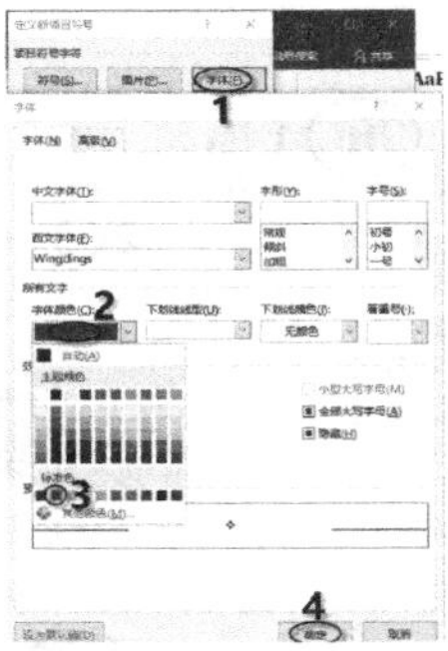

图 3-64 设置新项目符号格式

步骤 4：单击“定义新项目符号”对话框中的“确定”按钮，返回文档中。单击“段落”组中的“项目符号库”下拉按钮，在弹出的下拉列表中单击新定义的项目符号，应用到选定的段落中，如图 3-65 所示。

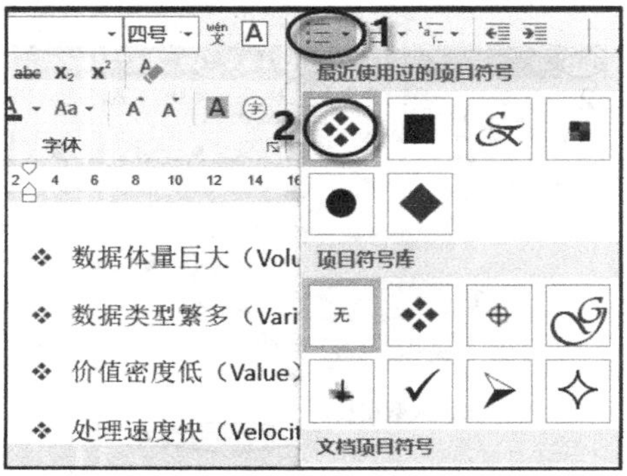

图 3-65 使用定义的新项目符号

（8）步骤 1：打开“插入”选项卡，单击“页眉和页脚”组中的“页眉”下拉按钮，在弹出的下拉列表中单击“编辑页眉”命令，进入页眉和页脚的编辑状态，此时会出现“页眉和页脚工具”的“设计”选项卡。

步骤 2：在“页眉和页脚工具”的“设计”选项卡中，选中“选项”组中的“奇偶页不同”复选框，如图 3-66 所示。

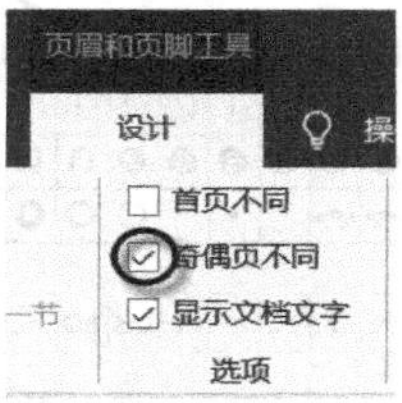

图 3-66 选中“奇偶页不同”复选框

步骤 3：奇数页的页眉中不输入内容，如图 3-67 所示。单击“导航”组中的“下一条”

按钮，切换到偶数页，在偶数页的页眉中输入“大数据技术”，如图 3-68 所示。

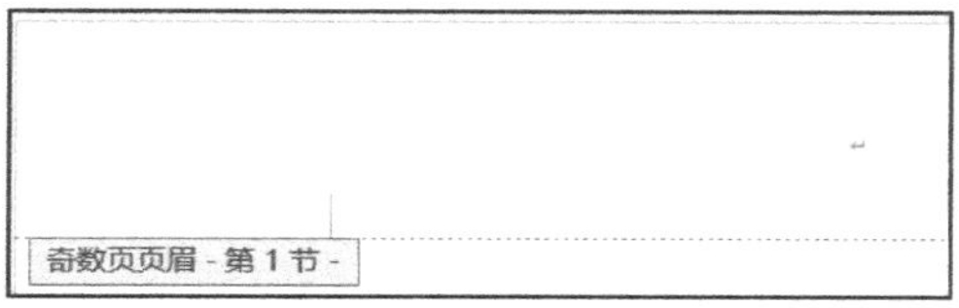

图 3-67　设置奇数页页眉

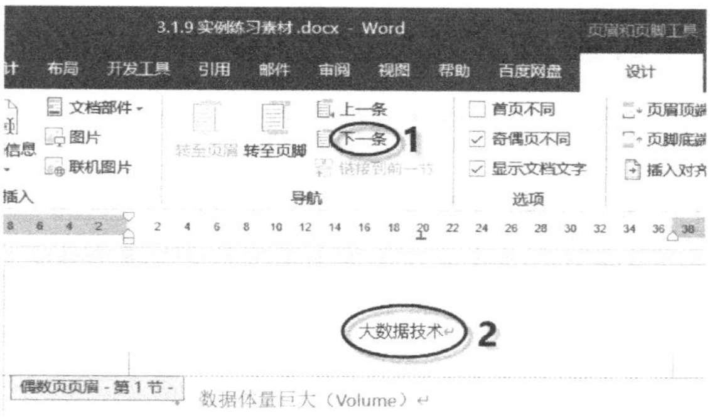

图 3-68　设置偶数页页眉

步骤 4：将光标定位在奇数页的页脚区域，单击“页眉和页脚”组中的“页码”下拉按钮，在弹出的下拉列表中选择“页面底端”|“普通数字 3”，如图 3-69 所示，奇数页的页码在文档底部靠右显示。按照同样的方法，设置偶数页的页码在文档底部靠左显示，如图 3-70 所示。

单击功能区的“关闭页眉和页脚”按钮，或者双击正文的任意处，退出页眉和页脚的编辑状态，单击“保存”按钮，即可保存文档。

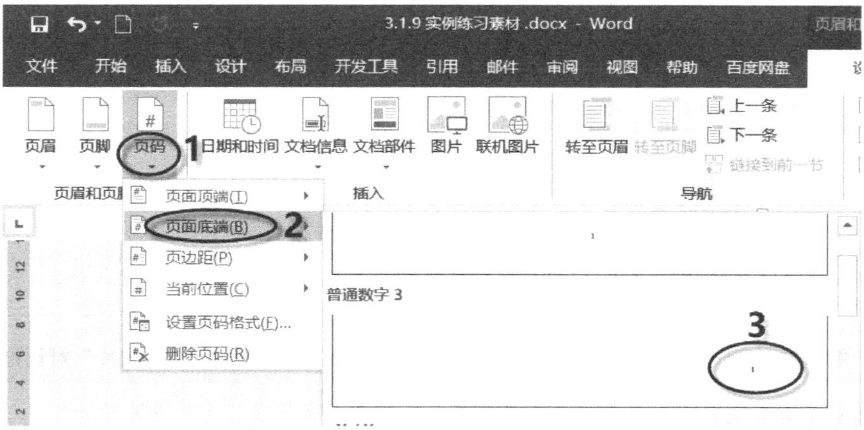

图 3-69　奇数页的页码在文档底部靠右显示

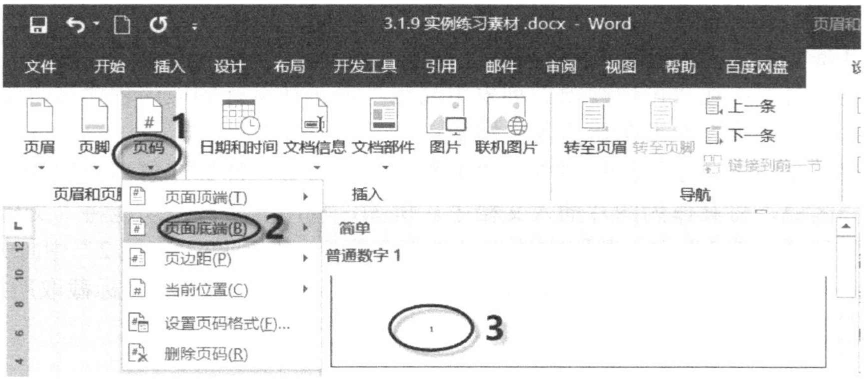

图 3-70　偶数页的页码在文档底部靠左显示

3.2 Word 文档的图片混排

图文混排是指文字与图片的一种分布方式，是 Word 所具有的一种重要的排版功能，它可以实现一种特殊的排版效果。

3.2.1 插入图片

插入的图片是来自文件中的图片，或者使用屏幕截图截取图片。

1. 插入图片

（1）打开“插入”选项卡，单击“插图”组中的“图片”按钮，弹出“图片”下拉列表，如图 3-71 所示，可以插入“此设备”或“联机图片”。

（2）单击“此设备”命令，在弹出的对话框中找到图片的保存位置，选择所需的图片，单击“插入”按钮，将图片插入文档中。

（3）单击“联机图片”命令，弹出“插入图片”对话框，在“必应图像搜索”文本框中输入要搜索的图片类型，例如输入“动画”，单击“搜索”按钮或按 Enter 键，如图 3-72 所示，会搜索出很多动画类的图片，选择需要的图片，单击“插入”按钮，将图片插入文档中。

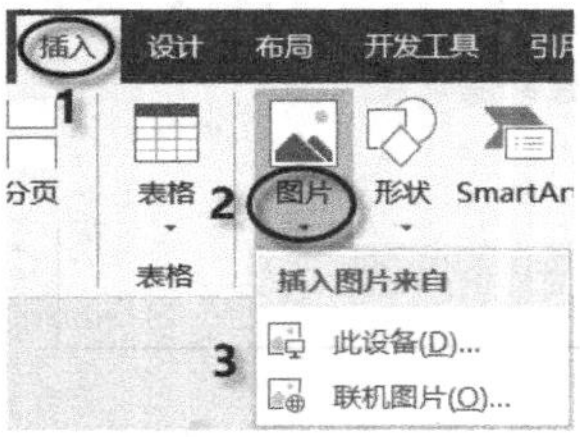

图 3-71 “图片”下拉列表

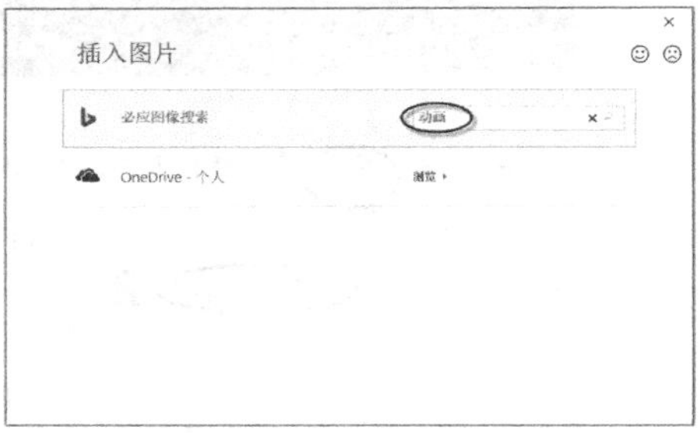

图 3-72 “插入图片”对话框

2. 插入屏幕截图

利用 Word 2016 屏幕截图功能，可将需要的内容截取为图片插入文档中。将光标定位在插入图片的位置，打开“插入”选项卡，单击“插图”组的“图片”按钮，打开图 3-73 所示的“屏幕截图”下拉列表。

截取整个窗口：在“可用视窗”列表中显示当前正在运行的应用程序屏幕缩略图，单击某一缩略图即可将其作为图片插入文档中。

截取部分窗口：单击下拉列表中的“屏幕剪辑”命令，然后在屏幕上拖动光标可截取屏幕的部分区域，将其作为图片插入文档中。例如，利用屏幕截图功能将“文档 1”的部分内容截取到“文档 2”中。截取方法为：先打开两个文档，在“文档 2”中打开“插入”选项卡，单击“屏幕截图”|“屏幕剪辑”命令，在“文档 1”中拖动光标截取所需的区域，松开鼠标，截取的内容以图片的形式插入“文档 2”中。

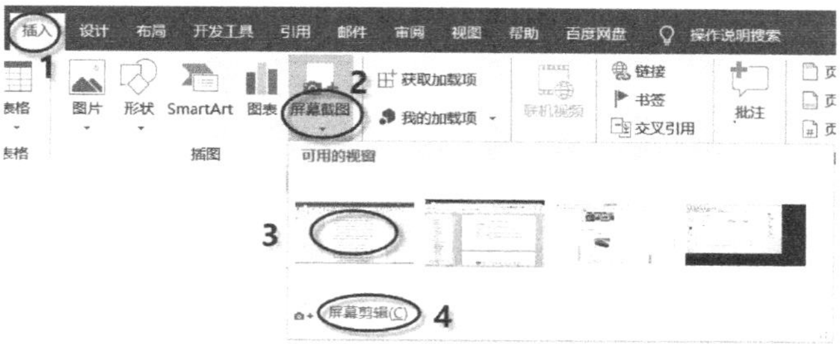

图 3-73　“屏幕截图”下拉列表

3. 编辑图片

插入图片后，功能区自动出现“图片工具”的“格式”选项卡，可对图片进行大小调整、移动、裁剪、调整对比度、亮度等，如图 3-74 所示。

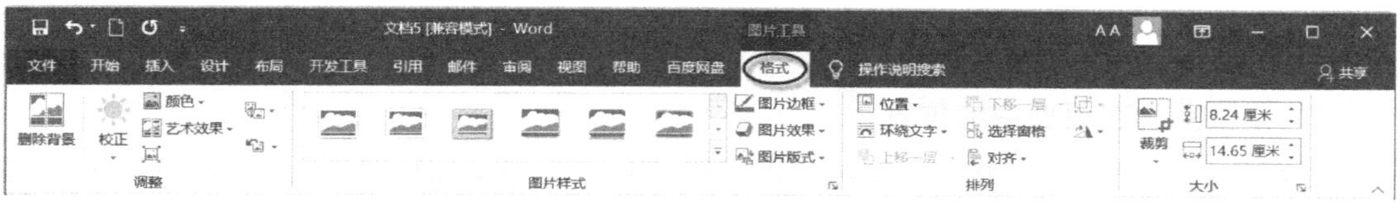

图 3-74　“图片工具”的“格式”选项卡

（1）大小调整。

①粗略调整：选定图片，图片的四周出现 8 个控制点，将光标指向任意一个控制点，当光标变为双向箭头时，按住鼠标左键进行拖动，粗略地调整图片的大小。

②精确调整：选定图片，打开“图片工具”的“格式”选项卡，在“大小”组中输入高度值和宽度值，对图片大小进行高度、宽度定量调整。

（2）移动图片：选定图片，将光标移动到图片上，当光标变成✥形状时，按住鼠标左键进行拖动，在目标位置释放即可。

（3）裁剪图片：利用裁剪功能，可以在不改变图片形状的前提下，裁剪掉图片的部分内容。选定图片，打开“图片工具”的“格式”选项卡，单击“大小”组中的“裁剪”按钮，然后将光标移动到图片的任意一个控制点上，按住鼠标左键向图片内拖动，在适当的位置释放即可。

（4）设置图片的颜色、亮度和对比度：打开 “图片工具”的“格式”选项卡，单击“调整”组的“颜色”和“校正”两个按钮分别设置图片的颜色、亮度和对比度，或者在图片上右击，在弹出的快捷菜单中单击“设置图片格式”命令，在弹出的对话框中进行设置。

4.图文混排

图文混排的设置方法主要有以下 2 种。

方法 1：打开“图片工具”的“格式”选项卡，单击“排列”组中的“环绕文字”下拉按钮，弹出如图 3-75 所示的下拉列表，在其中选择一种环绕方式，或者单击列表中的“其他布局选项”命令，弹出“布局”对话框，如图 3-76 所示，在“文字环绕”选项卡中设置文字环绕方式。

方法 2：在图片上右击，在弹出的快捷菜单中单击“环绕文字”或“大小和位置”命令，都可以实现图文混排。

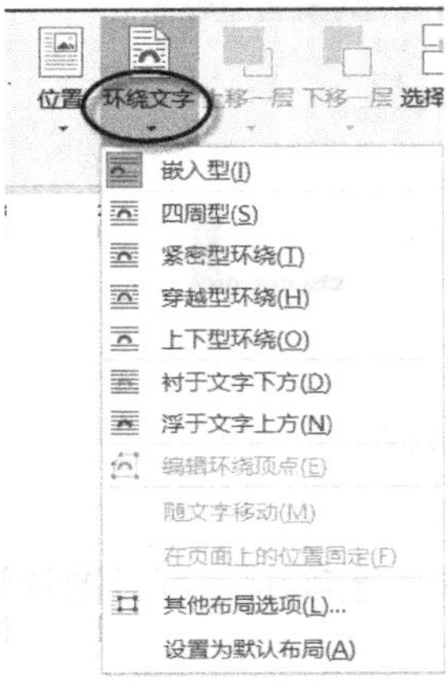

图 3-75　“环绕文字”下拉列表

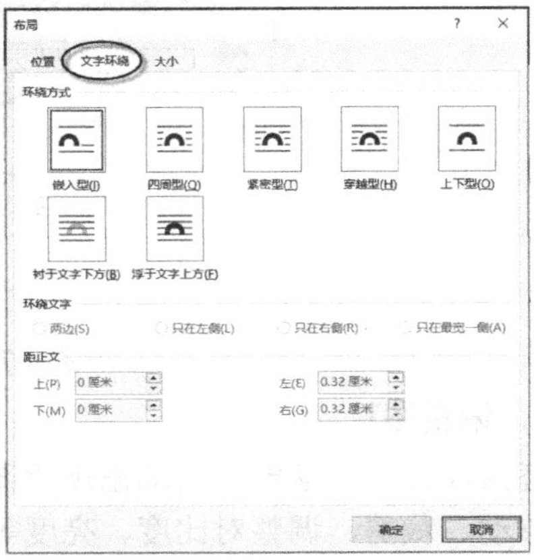

图 3-76　“文字环绕”选项卡

5. 设置图片在页面中的位置

当图片的环绕方式为非嵌入型时，可设置图片在文档中的相对位置，实现图文的合理布局，操作步骤如下。

（1）在文档中插入图片时，在图片的右上方会出现“布局选项”按钮，单击该按钮，在弹出的列表中选择一种非嵌入型的环绕方式，如“紧密型环绕”，再设置图片在页面中的位置为“随文字移动”，如图 3-77 所示。

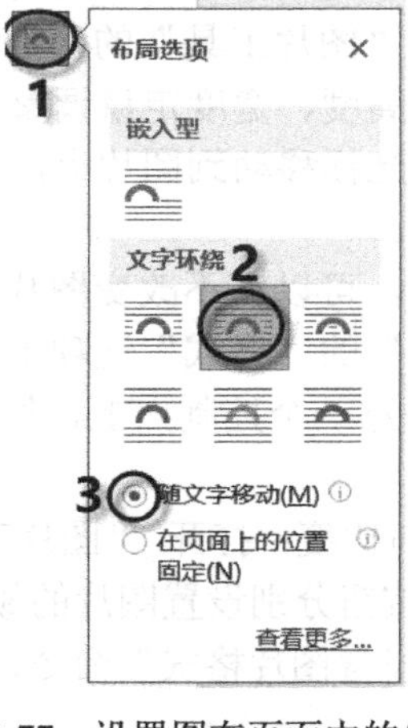

图 3-77　设置图在页面中的位置

（2）单击图 3-77 中的“查看更多”命令，弹出“布局”对话框，打开“位置”选项卡，在“选项”栏中设置图片在页面中的位置，如图 3-78 所示，其中“选项”栏中的各项含义如下。

对象随文字移动：若选择该项，图片会随段落的移动而移动，图片与段落始终保持在一个页面上。

允许重叠：若选择该项，允许图形对象相互覆盖。

锁定标记：若选择该项，将图片锁定在文档的当前位置。

表格单元格中的版式：若选择该项，可以使用表格在文档中安排图片的位置。

图 3-78　“布局”对话框中的“位置”选项卡

3.2.2　插入形状

Word 2016 提供了一套现成的形状，如矩形、圆形、箭头等，用户可以在文档中绘制这些形状，使文档的内容更加丰富生动。

1．插入形状

打开“插入”选项卡，单击“插图”组中的“形状”按钮，在弹出的下拉列表中选择要绘制的图形，将光标移动到文档的编辑区，当光标变为十 形状时，拖动光标绘制所选的图形，释放鼠标停止绘制，如图 3-79 所示。

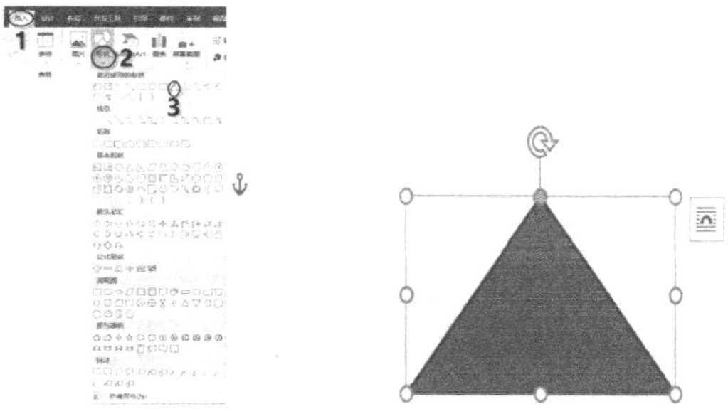

图 3-79　绘制形状

2．编辑形状

形状绘制结束后，系统自动打开“绘图工具”的“格式”选项卡，如图 3-80 所示，可改变形状的大小、对齐和形状样式等。

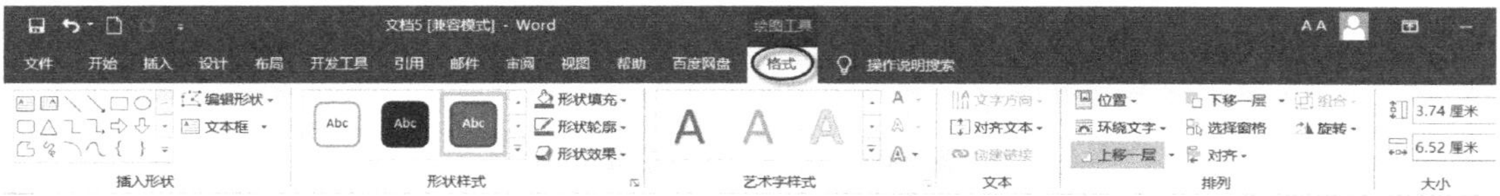

图 3-80　“绘图工具”的“格式”选项卡

【例 3-3】打开 Word 文档，绘制并编辑如图 3-81 所示的形状。

图 3-81　绘制编辑的形状效果

（1）选择形状。启动 Word 2016 程序，打开“插入”选项卡，单击“插图”组中的“形状”下拉按钮，选择“箭头总汇”中的“燕尾形”⇨，如图 3-82 所示。

（2）绘制并改变形状。将光标移动到文档的编辑区，当光标变为十 形状时，按住鼠标左键拖动绘制所选形状，光标指向图形右上角的黄色圆形控点，按住鼠标左键进行拖动，改变“燕尾形”的形状，如图 3-83 所示。

（3）设置形状颜色和大小。选定“燕尾形”，打开“绘图工具”的“格式”选项卡，单击“形状样式”组中的“形状填充”下拉按钮，选择颜色面板中的标准色“红色”，在“大小”组中的“高度”和“宽度”微调框中分别输入 1.4 厘米和 4 厘米，如图 3-84 所示。

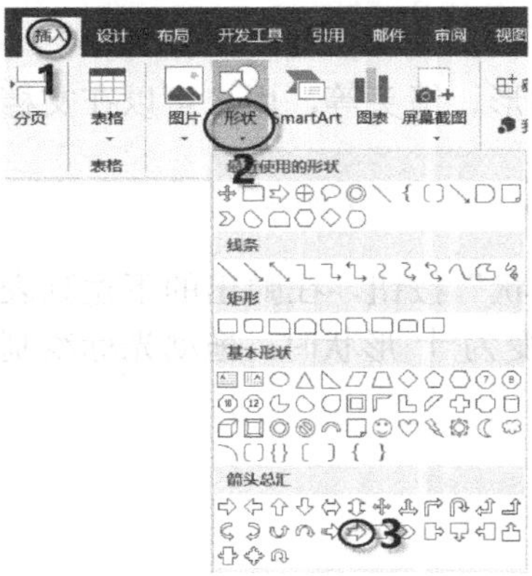

图 3-82　选择“箭头总汇”中的“燕尾形”

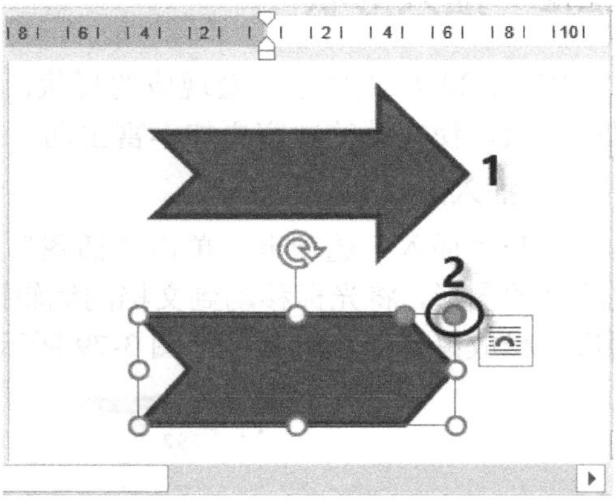

图 3-83　改变“燕尾形”形状

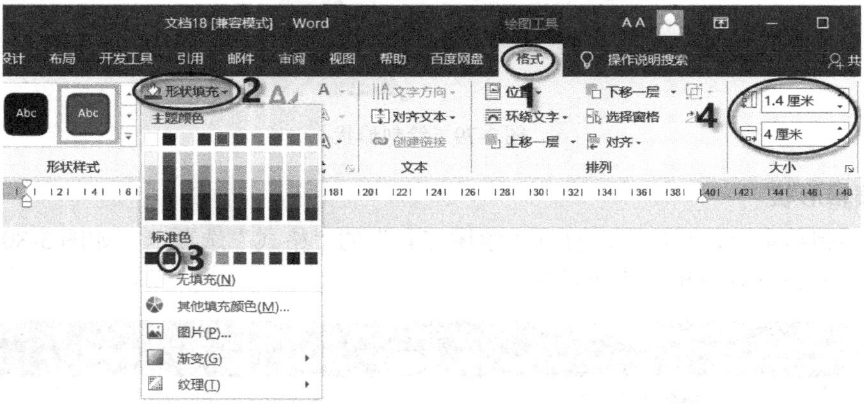

图 3-84　设置形状颜色和大小

（4）设置形状轮廓和效果。单击“形状样式”组中的“形状轮廓”下拉按钮，在弹出的下拉列表中选择“无轮廓”，如图 3-85 所示。单击“形状效果”下拉按钮，在弹出的下拉列表中选择“映像”中的“紧密映像，接触”，如图 3-86 所示。

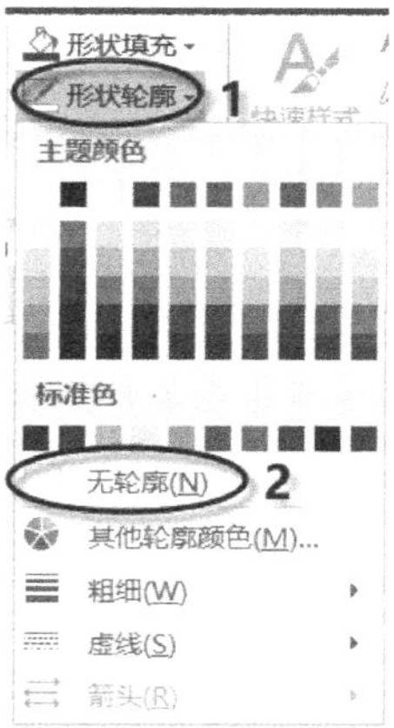

图 3-85　设置形状轮廓

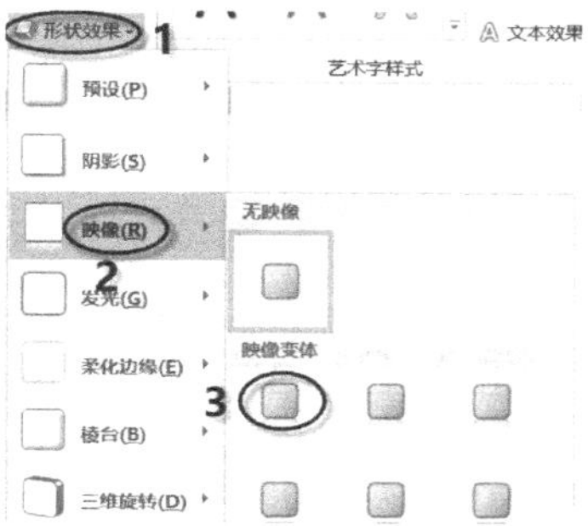

图 3-85　设置形状效果

（5）向形状中添加文字并设置格式。在图形上右击，在弹出的快捷菜单中单击“添加文字”命令，输入文字“Step 1”，并设置字体为“微软雅黑”，字号为“四号”。

（6）设置框线和文字的距离。在图形上右击，在弹出的快捷菜单中单击“设置形状格式”命令，打开“设置形状格式”任务窗格，在“形状选项”中单击“布局属性”，设置“左边距”“右边距”“上边距”“下边距”均为 0 厘米，如图 3-87 所示。

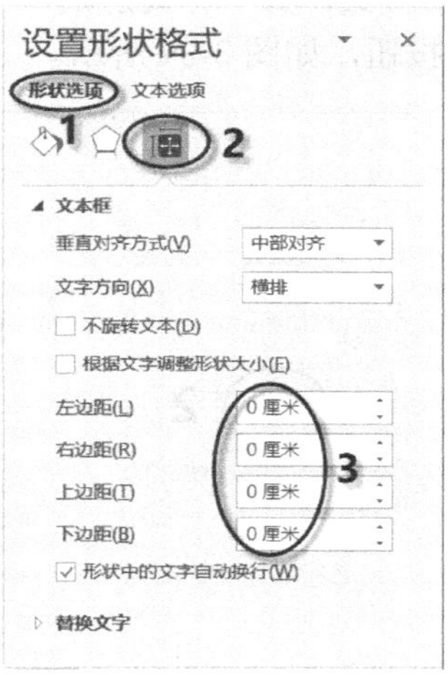

图 3-87　“设置形状格式”任务窗格

（7）创建其他“燕尾形”形状。选定图形，按 Ctrl+C 组合键，再按三次 Ctrl+V 组合键，复制 3 个“燕尾形”形状，将复制的形状拖动到如图 3-81 所示的位置，并分别设置形状颜色为标准色“绿色”“橙色”“紫色”，分别输入“Step 2”“Step 3”“Step 4”。

（8）设置形状的对齐和组合。按住 Ctrl 键单击 4 个“燕尾形”形状，打开“绘图工具”的“格式”选项卡，单击“排列”组中的“对齐”下拉按钮，在弹出的下拉列表中选择“顶端对齐”，如图 3-88 所示。单击“组合”按钮，选择“组合”选项，将 4 个图形组合为一个图形。

（9）单击文档的任意位置，结束形状的编辑，效果如图 3-81 所示。

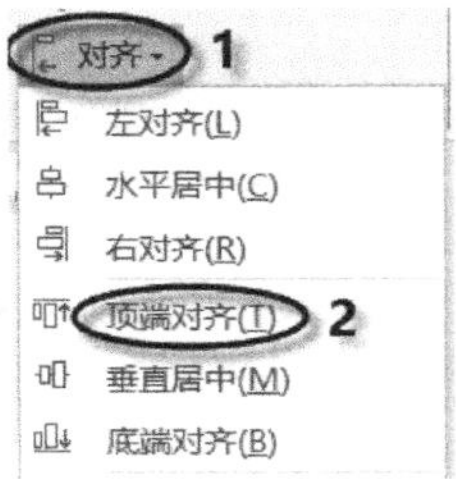

图 3-88　设置形状的对齐

3.2.3　插入 SmartArt 图形

SmartArt 图形是信息和观点的视觉表示形式，可以通过选择适合消息的版式进行创建。使用 SmartArt 图形能更直观、更专业地表达自己的观点和信息。插入 SmartArt 图形操作步骤如下。

（1）打开“插入”选项卡，单击“插图”组的 SmartArt 按钮，弹出“选择 SmartArt 图形”对话框。该对话框的左侧列表框列出了 SmartArt 图形的类型，如“列表”“流程”等 8 类；中间列表框显示每类 SmartArt 图形所包含的样式；右侧列表框显示所选样式及说明信息。

（2）在对话框的左侧列表框选择 SmartArt 图形的类型，如“循环”类，然后在中间列表框中单击需要的 SmartArt 图形样式，如“分离射线”，右侧列表框将显示该样式预览效果及说明信息，再单击“确定”按钮，如图 3-89 所示。

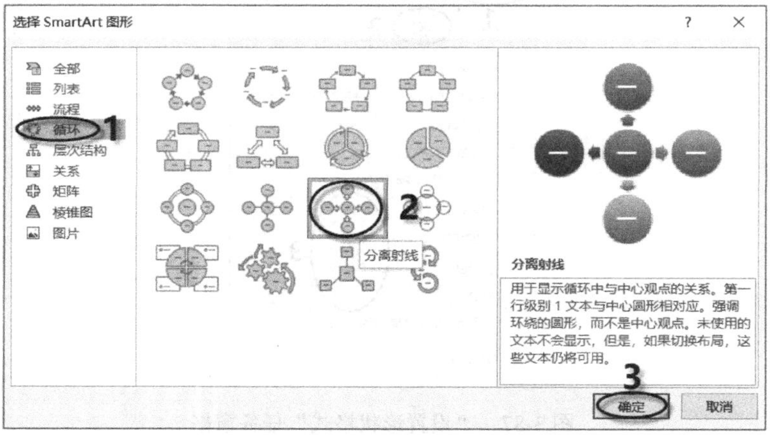

图 3-89　“选择 SmartArt 图形”对话框

（3）在文档中出现 SmartArt 图形占位符文本（[文本]）的框架，如图 3-90 所示，在图形的[文本]编辑区输入所需信息，或者单击“文本”窗格控制按钮›，打开“文本”窗格，在“文本”窗格中输入所需的信息。在“文本”窗格中输入信息时，SmartArt 图形会根据输入的信息自动添加或删除形状。

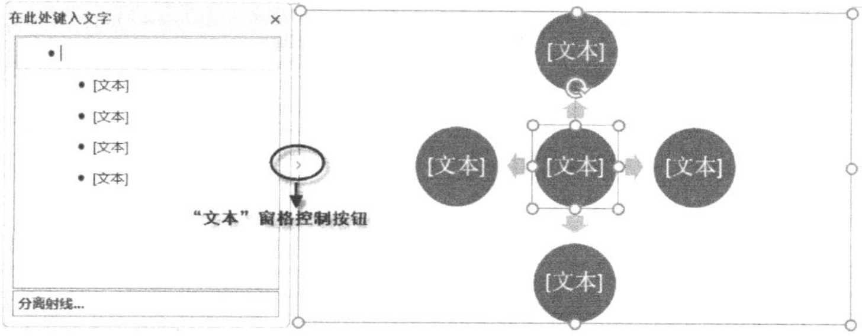

图 3-90　插入文档中的 SmartArt 图形框架

（4）插入 SmartArt 图形后，系统自动打开"SmartArt 工具"的"设计"和"格式"选项卡，如图 3-91 所示。

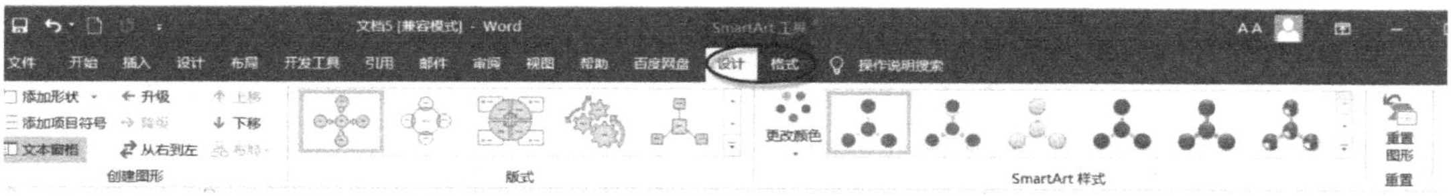

图 3-91　"SmartArt 工具"的"设计"和"格式"选项卡

（5）"设计"选项卡主要设置 SmartArt 图形的样式、形状等。

（6）"格式"选项卡主要设置 SmartArt 图形的格式。

3.2.4　插入艺术字

在文档的编辑中，常常将一些文字以艺术字的形式来表示，以增强文字的视觉效果。

1．插入艺术字

打开"插入"选项卡，单击"文本"组中的"艺术字"下拉按钮，从弹出的下拉列表中选择所需的艺术字样式，在文档的编辑区出现图 3-92 所示的艺术字文本框，输入文字即可。

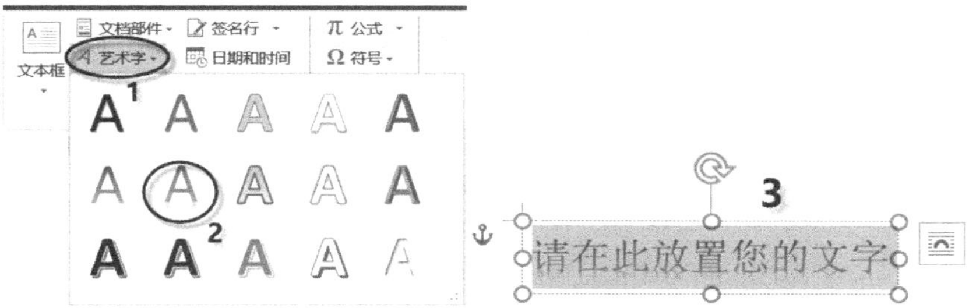

图 3-92　"艺术字"下拉列表和文本框

2．设置艺术字的格式

插入艺术字后，系统自动打开"绘图工具"的"格式"选项卡，如图 3-93 所示。利用"格式"选项卡中的各个命令按钮，可对选定的艺术字进行颜色、形状样式、大小等格式设置。

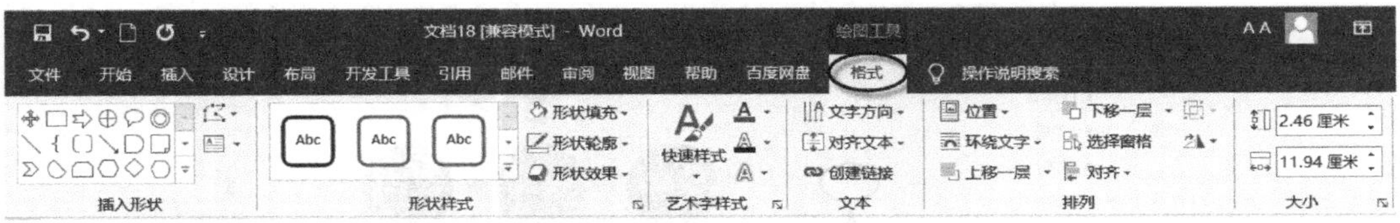

图 3-93 “绘图工具”的“格式”选项卡

选定艺术字，单击图 3-93“艺术字样式”组中的“文本效果”按钮A，在弹出的下拉列表中单击“转换”命令，在菜单中选择所需的转换形状，艺术字的四周出现 3 种类型的控制点。艺术字各控制点的含义如图 3-94 所示。

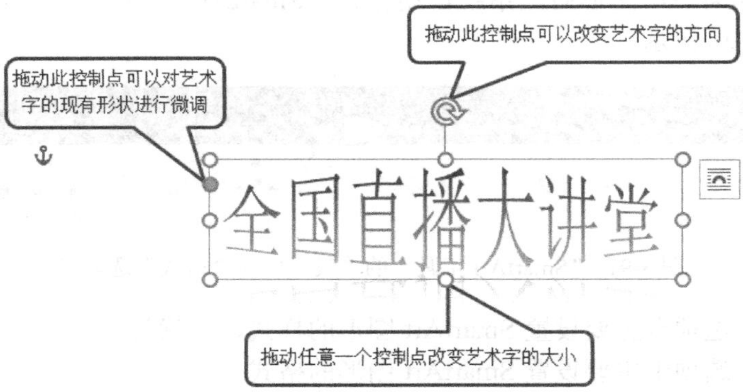

图 3-94 艺术字各控制点的含义

3.2.5 插入文本框

文本框是一种包含文字、表格等的图形对象，利用文本框可以将文字、表格等放置在文档中的任意位置，从而实现灵活的版面设置。

1. 插入内置文本框

打开“插入”选项卡，单击“文本”组的“文本框”按钮，弹出内置文本框列表，如图 3-95 所示，从中选择所需的一种样式，输入文本即可。

图 3-95 “文本框”下拉列表

2. 绘制文本框

在打开的“文本框”内置列表中，单击“绘制横排文本框”或“绘制竖排文本框”命令，光标将变为十 形状，按住鼠标左键进行拖动即可绘制“横排”或“竖排”文本框。

3. 设置文本框

插入或绘制文本框后，利用“绘制工具”的“格式”选项卡中的相关命令设置文本框的形状样式、文本、大小等。

用文本框制作的流程图如图 3-96 所示。

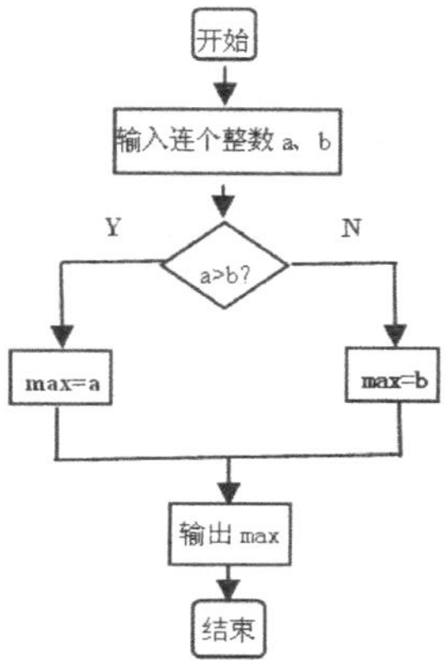

图 3-96　用文本框制作的流程图

在此流程图中，除了“开始”“a>b？”“结束”使用形状，其他均使用文本框。其中判断文字“Y”和“N”使用了无边框文本框，即选定文本框，打开“绘图工具”的“格式”选项卡，单击“形状样式”组中的“形状轮廓”下拉按钮，在弹出的下拉列表中选择“无轮廓”。

3.2.6　实例练习

打开“3.2.6 实例练习”文档，按照下列要求进行操作。

（1）在页面顶端插入“边线型提要栏”文本框，将文本框大小设置为高度 2.6 厘米和宽度 14 厘米，将第一段文字：“超级计算机……重要标志。”移入文本框，将文字设置为宋体，五号，蓝色；文本框内部上下左右边距均为 0.1 厘米，在该文本的最前面插入类别为“文档信息”、名称为“基本介绍”域。

（2）将第二段文字“超级计算机”设置黑体、小二，居中，段前段后距离为 0.5 行，孤行控制。

（3）在第三段“随着……保证”中插入图片“超级计算机.jpg”，为其应用恰当的图片样式、艺术效果，并改变其颜色。

（4）将文档中蓝色文本参照其上方的样例转换成布局为“分段流程”的 SmartArt 图形，适当改变其颜色和样式，加大图形的高度和宽度，将第二级文本的字号统一设置为 9，将图形中所有文本的字体设置为“微软雅黑”。

（5）为文中红色标出的文字“超级计算机”添加超链接，链接地址为 https://baike.so.com/doc/2972614-3135706.html。

（6）将完成排版的文档先以原 Word 格式及文件名“高性能计算机.docx”进行保存，再另行生成一份同名的 PDF 文档进行保存。

操作步骤如下。

（1）步骤 1：将光标定位在文档开头，打开“插入”选项卡，单击“文本”组中的“文本框”按钮，在弹出的下拉列表中选择“边线型提要栏”。在“绘图工具”的“格式”选项卡“大小”组中，将高度设置为 2.6 厘米，宽度设置为 14 厘米，如图 3-97 所示。调整后的文本框如图 3-98 所示。

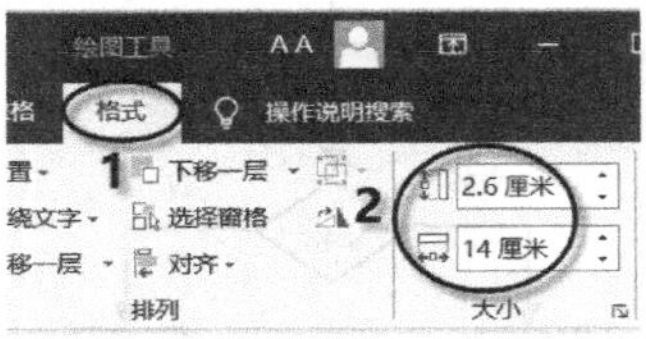

图 3-97　设置文本框大小

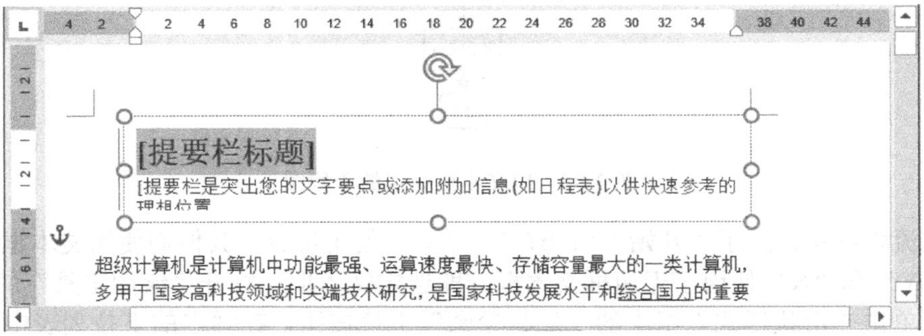

图 3-98　调整后的文本框

步骤 2：选定文本框中的“[提要栏标题]”文本，打开“插入”选项卡，单击“文本”组中的“文档部件”按钮，在弹出的下拉列表中选择“域”，如图 3-99 所示，打开“域”对话框，单击“类别”下拉按钮，选择“文档信息”，在“新名称”文本框中输入“基本介绍”，如图 3-100 所示，单击“确定”按钮，并按空格键在输入的文字后空出一格。

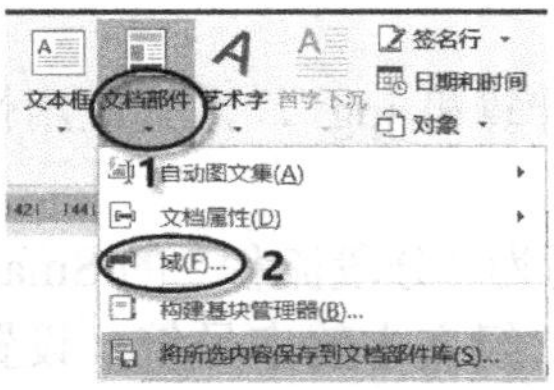

图 3-99 “文档部件”下拉列表

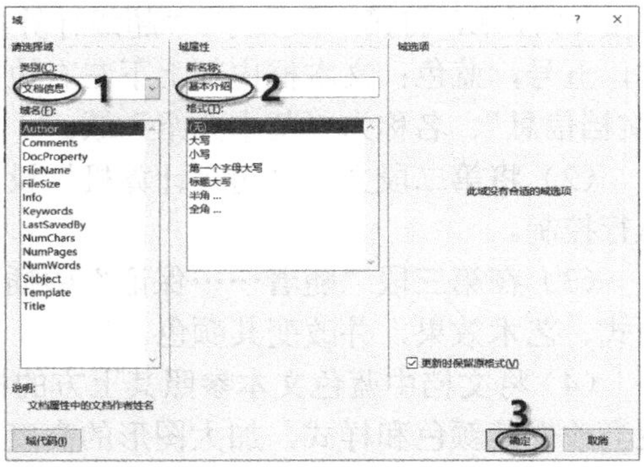

图 3-100　设置“域”的类别、名称

步骤 3：将第一段文字“超级计算机……重要标志。”剪切并粘贴到文本框中，选定文本框中粘贴的文本，将文字设置为宋体、五号、蓝色。

步骤 4：在文本框中右击，在弹出的快捷菜单中单击“设置形状格式”命令，打开“设置形状格式”任务窗格，将文本框的左右上下边距均设置为 0.1 厘米，如图 3-101 所示。

步骤 5：将光标定位到第二行文本“超级”前，按 Backspace 键，将第二行文本上移到第一行，效果如图 3-102 所示。

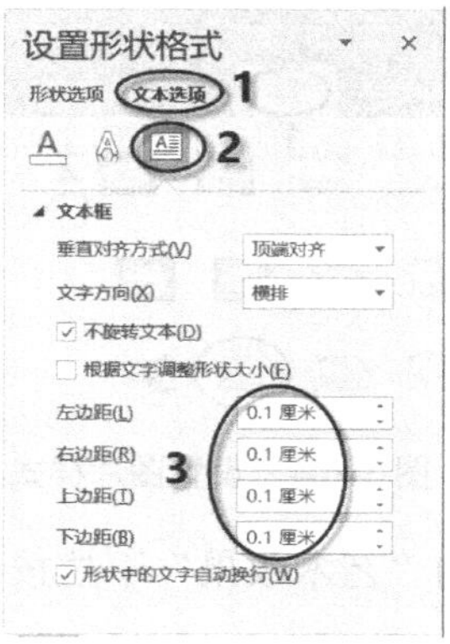

图 3-101　设置文本框内部边距

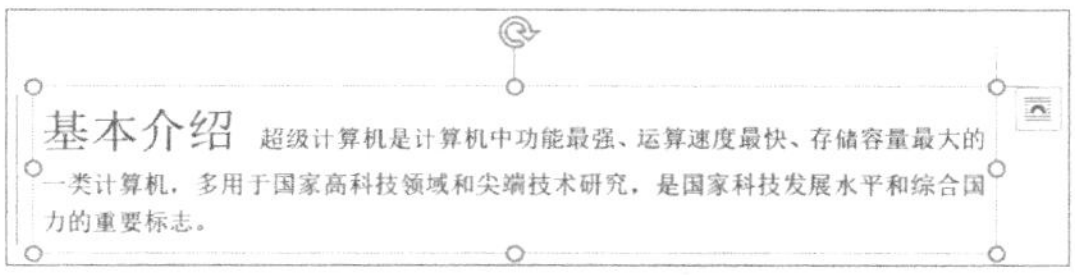

图 3-102　插入文本框效果

（2）选定该文本，设置为黑体、小二，居中。在文本上右击，在弹出的快捷菜单中单击“段落”命令，弹出“段落”对话框，打开“缩进和间距”选项卡，段前段后距离设置为 0.5 行，打开“换行和分页”选项卡，选中“孤行控制”复选框，如图 3-103 所示。

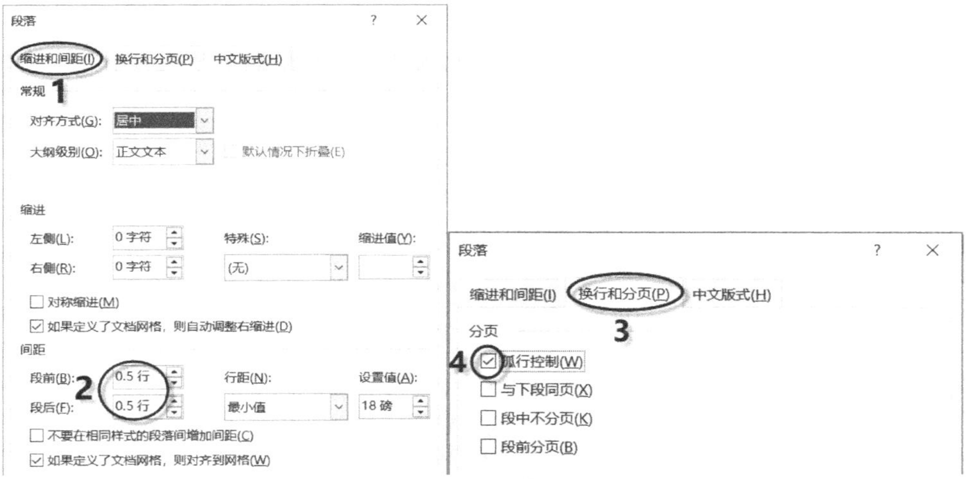

图 3-103　设置段落间距和分页

（3）步骤 1：光标定位在第三段中，打开“插入”选项卡，单击“插图”中的“图片”按钮，在弹出的对话框中找到要插入的图片，单击“插入”按钮。

步骤 2：选中图片，在“图片工具”的“格式”选项卡的“大小”组中，将“高度”、“宽度”分别设置为 4 厘米、5 厘米。

步骤 3：在“图片样式”组中单击列表框的“其他”按钮，在弹出的列表框中单击“剪去对角，白色”样式，如图 3-104 所示。

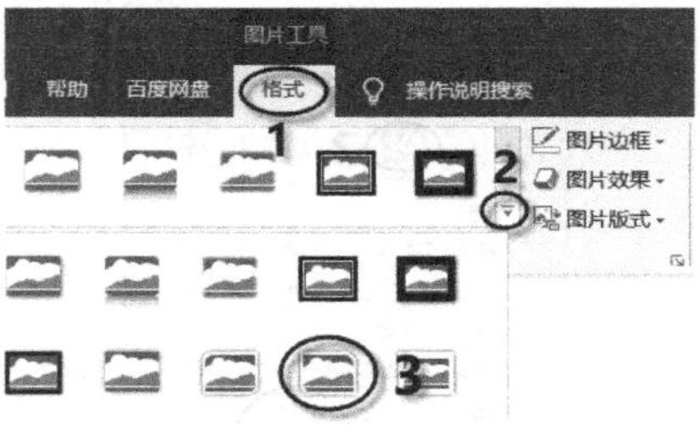

图 3-104 设置图片样式

步骤 4：单击“调整”组中的“艺术效果”下拉按钮，在弹出的下拉列表中选择“十字图案蚀刻”，如图 3-105 所示。

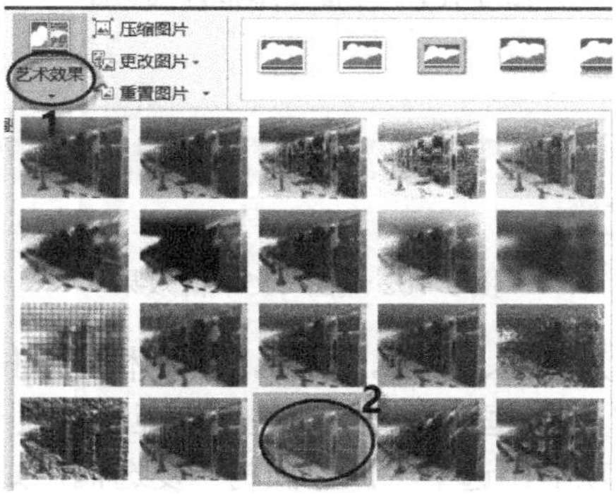

图 3-105 设置图片的艺术效果

步骤 5：单击“调整”组中的“颜色”下拉按钮，在弹出的下拉列表中选择“色调”中的“色温：4700K”，如图 3-106 所示。

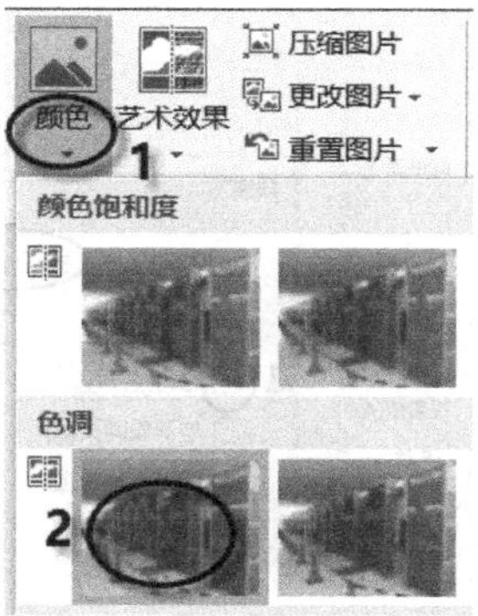

图 3-106 设置图片颜色

步骤 6：单击“排列”组中的“环绕文字”下拉按钮，在弹出的下拉列表中选择“四周型”，如图 3-107 所示，并将图片移动到该段的左侧位置。

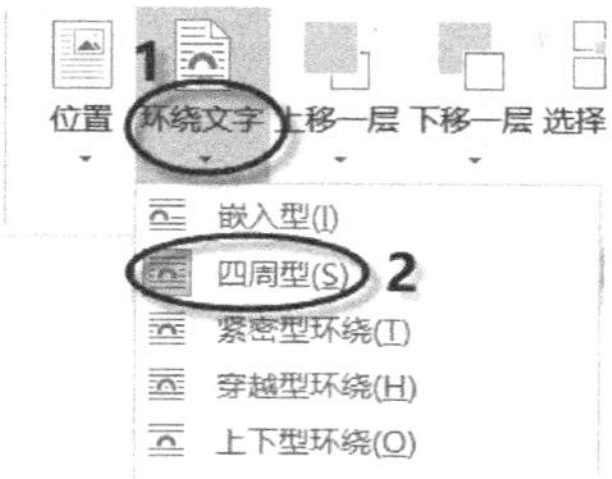

图 3-107　设置图片的环绕方式

（4）步骤 1：光标定位到蓝色文字首行左侧，按 Enter 键，打开“插入”选项卡，单击“插图”组中的“SmartArt”按钮，在弹出的对话框中选择“流程”选项中的“分段流程”，单击“确定”按钮，如图 3-108 所示。

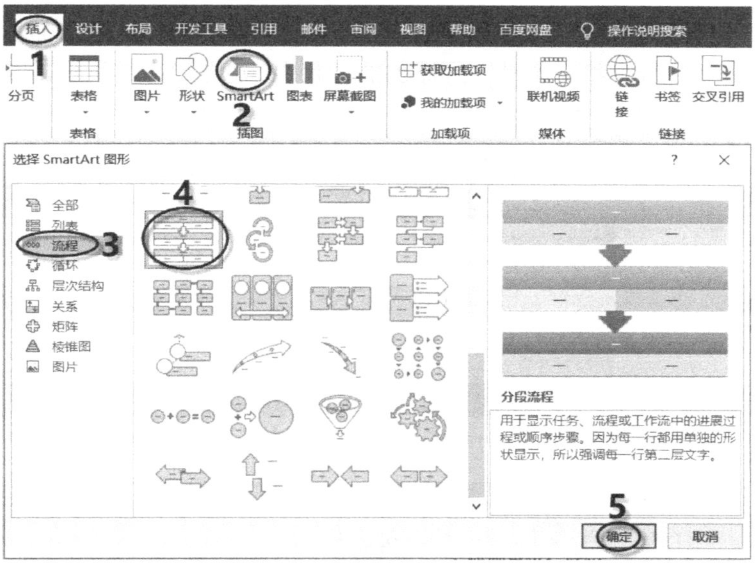

图 3-108　插入 SmartArt 图形

步骤 2：选定第一行蓝色文本“研制单位…中心”，按 Ctrl+X 组合键进行剪切，单击 SmartArt 图形的第一行，按 Ctrl+V 组合键将文本粘贴到 SmartArt 图形的第一行。

步骤 3：选定蓝色文本“型号…超算中心”，按 Ctrl+X 组合键进行剪切，单击 SmartArt 图形的第二行，按 Ctrl+V 组合键将文本粘贴到 SmartArt 图形的第二行，删除第二行中多余的[文本]形状。按照此方法，将蓝色文本依次添加到 SmartArt 图形对应的位置，并调高 SmartArt 图形。

步骤 4：选定 SmartArt 图形，打开“SmartArt 工具”的“设计”选项卡，单击“创建图形”组中的“添加形状”下拉按钮，在弹出的下拉列表中单击“在后面添加形状”命令，如图 3-109 所示，添加一个同级别的 SmartArt 形状，如图 3-110 所示。

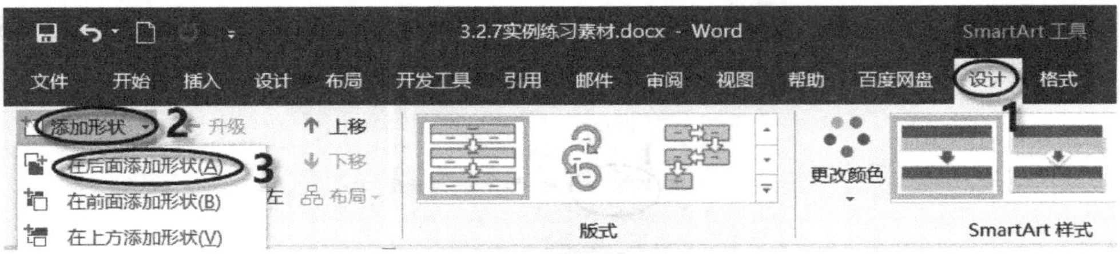

图 3-109　添加 SmartArt 形状

图 3-110　添加形状

步骤 5：选定剩余的蓝色文本，按 Ctrl+X 组合键进行剪切，单击 SmartArt 图形中添加的形状，按 Ctrl+V 组合键将文本粘贴到添加的形状中，如图 3-111 所示，删除 SmartArt 图形中多余的形状。

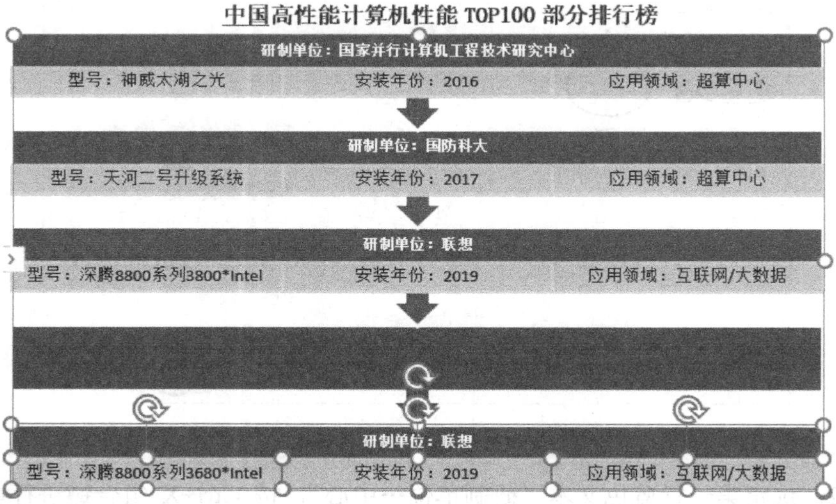

图 3-111　添加形状、粘贴文本

步骤 6：选定整个 SmartArt 图形，打开“SmartArt 工具”的“设计”选项卡，单击“SmartArt 样式”组中的“更改颜色”下拉按钮，选择“彩色-个性色”，如图 3-112 所示。单击“SmartArt 样式”组中“其他”按钮，选择“三维”选项下的“粉末”，如图 3-113 所示。

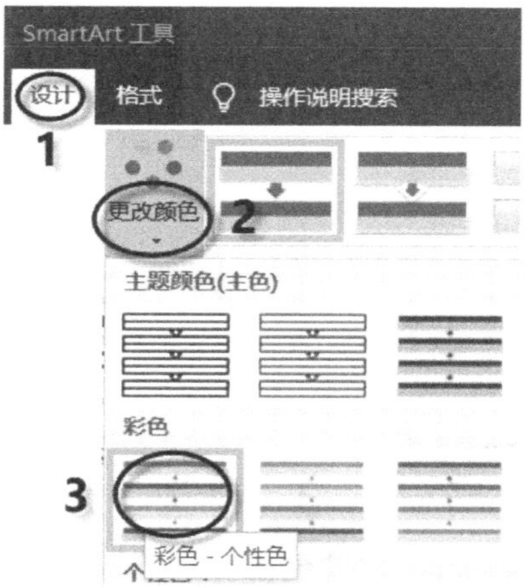

图 3-112　设置 SmartArt 图形颜色

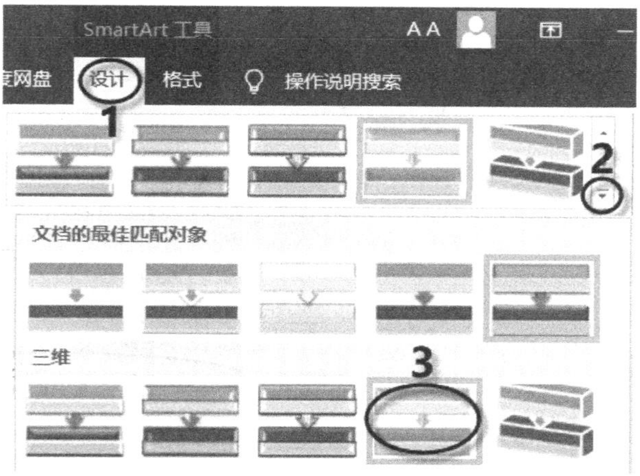

图 3-113　设置 SmartArt 图形样式

步骤 7：选定整个 SmartArt 图形，打开“SmartArt 工具”的“格式”选项卡，在“大小”组中，将高度、宽度设置为 11 厘米、13 厘米。

步骤 8：打开文本窗格，按住 Ctrl 键，选中所有二级文本右击，如图 3-114 所示，在弹出的快捷菜单中单击“字体”命令，弹出“字体”对话框，在“大小”文本框中输入 9，如图 3-115 所示，单击“确定”按钮。选中文本窗格内的所有文字内容，在“开始”选项卡的“字体”组中，将字体设置为“微软雅黑”。

步骤 9：单击关闭按钮，关闭文本窗格。

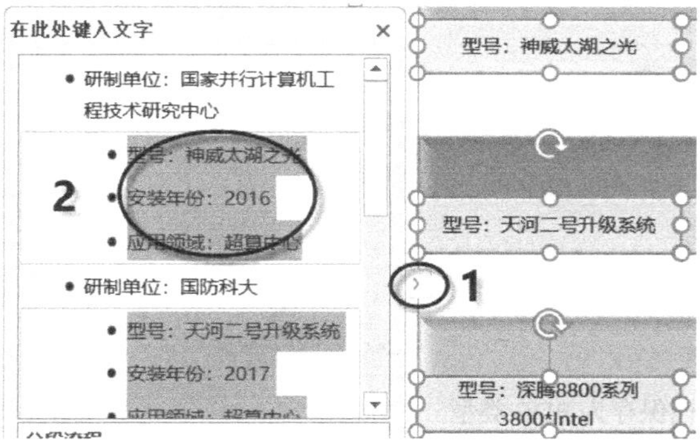

图 3-114　打开文本窗格选定二级文本部分示例图

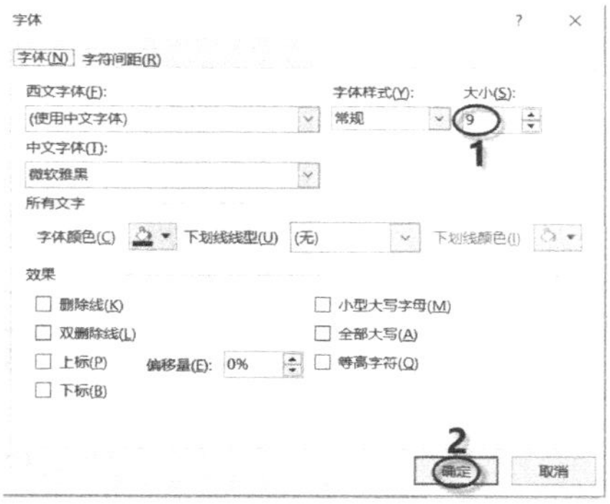

图 3-115　设置 2 级文本字号

（5）步骤 1：选定文本中用红色标出的文字“超级计算机”，打开“插入”选项卡，单击“链接”组中的“链接”按钮，弹出“插入超链接”对话框，输入“地址”“https://baike.so.com/doc/2972614-3135706.html”，如图 3-116 所示，单击“确定”按钮。

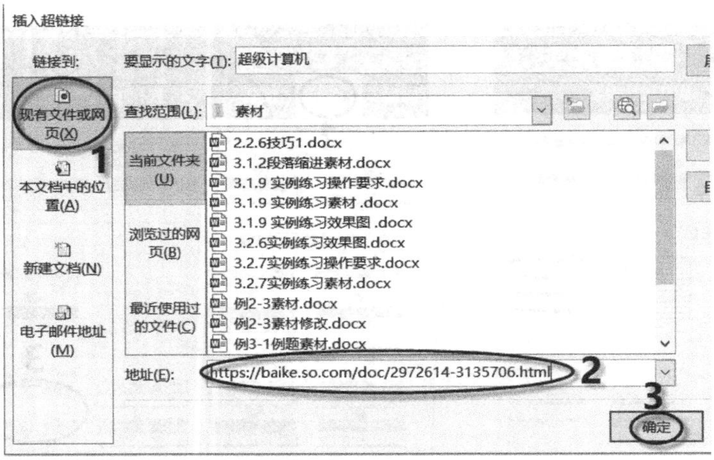

图 3-116　设置链接

(6) 步骤 1：单击“快速访问工具栏”中的“保存”按钮，以文件名“高性能计算机.docx”进行保存。

步骤 2：打开“文件”选项卡，选择“另存为”选项，单击“浏览”，弹出“另存为”对话框，文件名保持不变，设置“保存类型”为“PDF”，如图 3-117 所示，单击“保存”按钮。

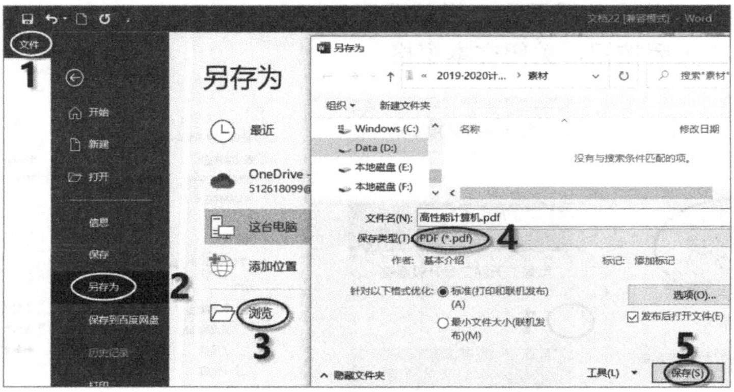

图 3-117　将文档保存为 PDF 类型

3.3　在文档中编辑表格

3.3.1　创建表格

表格分为规则表格和不规则表格，其创建方法有所不同。

1.创建规则表格

(1) 利用功能区的命令按钮创建表格。

①将光标定位在要插入表格的位置。

②打开“插入”选项卡，单击“表格”组中的“表格”按钮，打开下拉列表。

③将光标指向空白表的第一个单元格并进行拖动，选定的行数和列数显示在空白表格的顶部，同时在文档中可即时预览表格大小的变化，如图 3-118 所示。观察空白表格顶部显示的行数和列数，达到满意的行数和列数后单击，在插入点处自动创建一个选定行数和列数的表格。

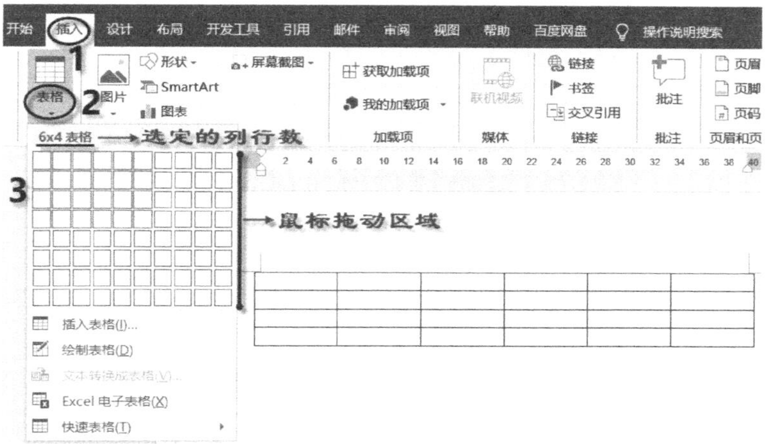

图 3-118　拖动光标设置行数和列数

（2）利用对话框创建表格。

①将光标定位在要插入表格的位置。

②单击图 3-118 下拉列表中的“插入表格”命令，弹出“插入表格”对话框，如图 3-119 所示。

③在“表格尺寸”栏中设置插入表格的行数和列数；在“‘自动调整’操作”栏中选择一个调整表格大小的选项。例如，选择“固定列宽”单选按钮，在其后的微调框中输入具体的数值，创建指定列宽的表格。

④单击“确定”按钮，则在当前的插入点按上述设置自动创建了一个表格。

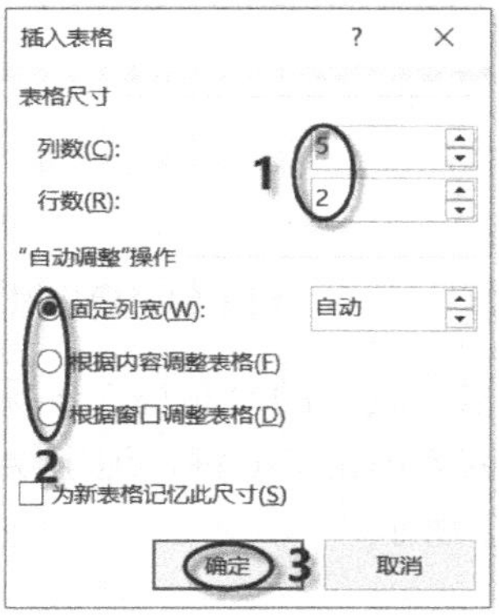

图 3-119　“插入表格”对话框

（3）利用“快速表格”命令创建表格。

若要创建带有一定格式的表格，可利用 Word 2016 提供的内置表格样式快速创建表格。打开“插入”选项卡，单击“表格”组中的“表格”下拉按钮，在弹出的下拉列表中单击

“快速表格”命令，在“内置”列表框中选择合适的表格样式，如图 3-120 所示，即可快速创建带有一定格式的表格。

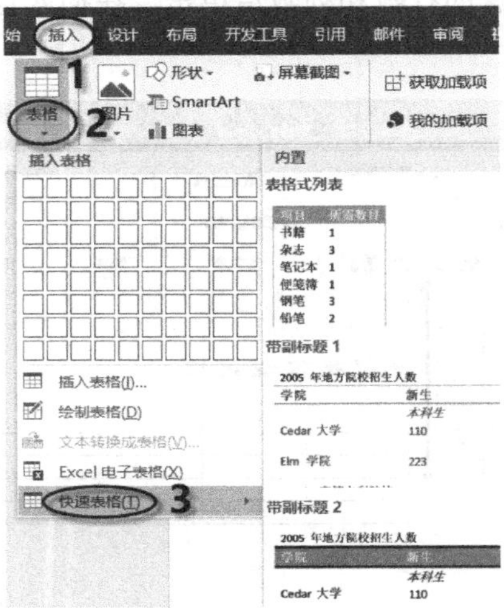

图 3-120　利用“快速表格”插入内置表格

2. 创建不规则表格

创建不规则表格，使用“绘制表格”按钮进行绘制，操作步骤如下。

（1）打开“插入”选项卡，单击“表格”组中的“表格”下拉按钮，在弹出的下拉列表中单击“绘制表格”命令。

（2）当光标变成铅笔形状时，按住鼠标左键进行拖动，绘制表格的边框和表格内的垂直、水平、斜线等线条。

（3）如果要删除线条，打开“表格工具”的“布局”选项卡，单击“绘图”组中的“橡皮擦”按钮，如图 3-121 所示，单击所要删除的线条，或者在要删除的表格线上拖动擦除。

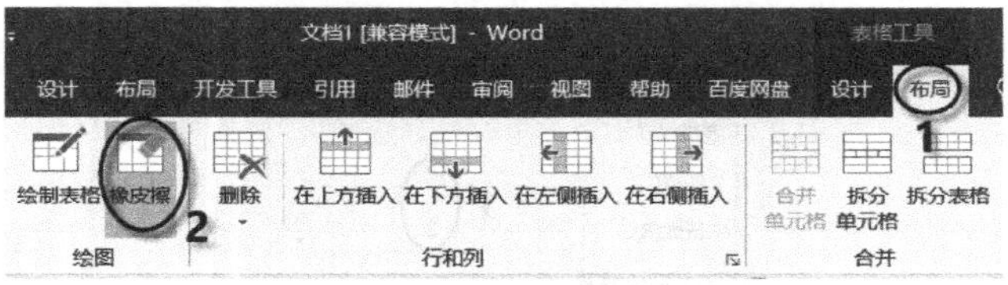

图 3-121　“绘图”组中的“橡皮擦”按钮

（4）绘制结束后，打开“表格工具”的“布局”选项卡，单击“绘图”中的“绘制表格”按钮，如图 3-121 所示，或者单击 Esc 键，退出绘制状态。

绘制的不规则表格如图 3-122 所示。

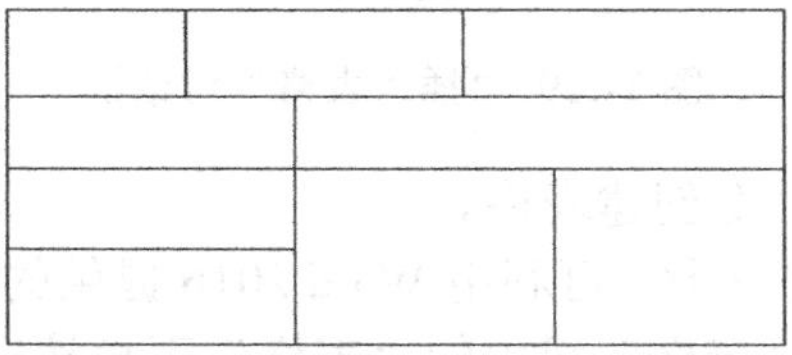
图 3-122　绘制的不规则表格

3.3.2　编辑表格

1．移动表格

创建表格后，在表格的左上角和右下角各出现一个符号“⊞”和“□”，如图 3-123 所示。“⊞”为移动控制点，“□”为缩放控制点。拖动移动控制点⊞可移动整个表格。

2．缩放表格

（1）整体缩放。

将光标放在缩放控制点□上，当光标变为↘形状时，按住鼠标左键进行拖动，对表格按比例整体缩放。

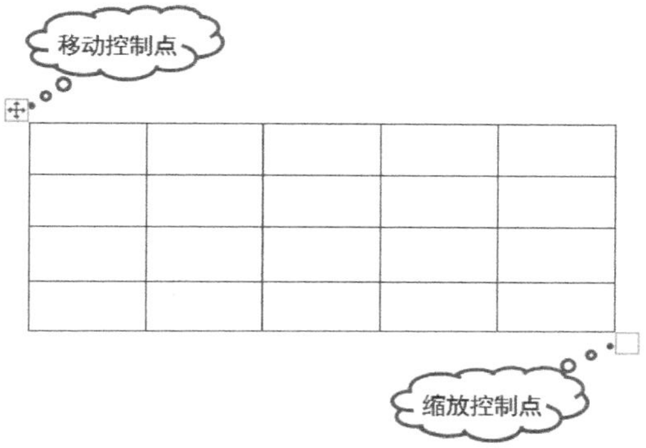

图 3-123　表格控制点

（2）局部缩放。

表格的局部缩放主要是更改表格的行高和列宽。

①利用鼠标缩放。

将光标指向需缩放的行或列边框线上，当指针变为÷或+||+形状时，按住鼠标左键进行拖动，上下拖动改变当前行的行高，左右拖动改变当前列的列宽。

②利用命令缩放。

选定需缩放的行或列，打开“表格工具”的“布局”选项卡，在“单元格大小”组的“高度”和“宽度”微调框中输入具体的数值，或者单击“自动调整”按钮，从弹出的菜单中选择自动调整的方式。

③利用对话框缩放。

选定需缩放的行或列，打开“表格工具”的“布局”选项卡，单击“单元格大小”组右侧的对话框启动按钮⊡，在弹出的对话框中打开“行”或“列”选项卡，输入具体的数值，可对选定的行或列进行定量缩放。

3．表格、行、列及单元格的选定

（1）利用功能区命令按钮选定。

打开“表格工具”的“布局”选项卡，单击“表”组中的“选择”按钮，可选定表格、行、列及单元格。

（2）利用光标选定。

将光标置于各对应元素的选定区中，单击即可选定对应元素。行、列及单元格的选定区如图 3-124 所示。

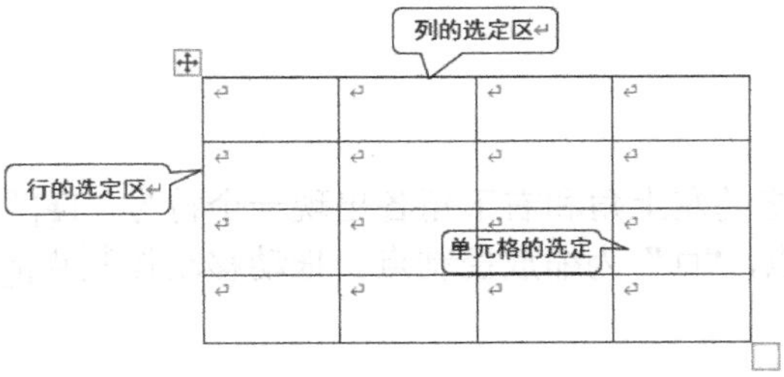

图 3-124　行、列及单元格的选定区

①选定表格。

单击表格左上角的移动控制点⊞，可选定整个表格；或者选定首行/首列，按住鼠标左键向下/向右拖动，也可以选定整个表格。

②选定行。

将光标移至该行的选定区（行的左侧），当指针变为↗形状时，单击选定该行。按住鼠标左键向下/上拖动，选定多行。

③选定列。

将光标指向该列的选定区（列顶端边框线），当指针变为↓形状时，单击选定该列。按住鼠标左键向左/右拖动，选定多列。

④选定单元格。

将光标指向该单元格的选定区（单元格的左侧），当指针变为↗形状时，单击选定该单元格。按住鼠标左键拖动，选定连续的多个单元格。

⑤选定不相邻行、列及单元格。

选定第一个需选定的行、列及单元格，然后按住 Ctrl 键，分别单击要选定的行、列及单元格。

4．删除行或列

（1）利用功能区的命令按钮。

选定需删除的行或列，打开“表格工具”的“布局”选项卡，单击“行和列”组中的“删除”下拉按钮，在弹出的下拉列表中选择删除的方式，即按所选定的方式进行删除。

（2）利用快捷菜单。

选定需删除的行或列，在选定的行或列上右击，在弹出的快捷菜单中单击对应的删除命令进行删除。

5．删除表格或表格数据

（1）删除表格。

方法 1：选定整个表格，按 Backspace 键。

方法 2：选定表格，打开“表格工具”的“布局”选项卡，单击“行和列”组中的“删除”下拉按钮，在弹出的下拉列表中单击“删除表格”命令。

（2）删除表格数据。

选定表格，按 Delete 键，删除选定表格中的数据。

6．行或列的插入

（1）利用功能区的命令按钮。

将光标置于行或列中，打开“表格工具”的“布局”选项卡，单击“行和列”组中相应的按钮，插入行或列。

（2）利用快捷菜单。

①选定表格中的一行（或一列），要插入几行就选定几行（或几列）。

②在选定的行或列上右击，在弹出的快捷菜单中单击“插入”命令，在其子菜单中选择相应的命令插入行（或列）。

（3）利用符号。

将光标指向表格左侧边框线时，出现带有⊕符号的直线，如图 3-125 所示。单击⊕，在当前行的上方插入一行。

将光标指向行列相交点的最上端，出现带有⊕符号的直线，如图 3-126 所示。单击⊕，在当前列的右侧插入一列。

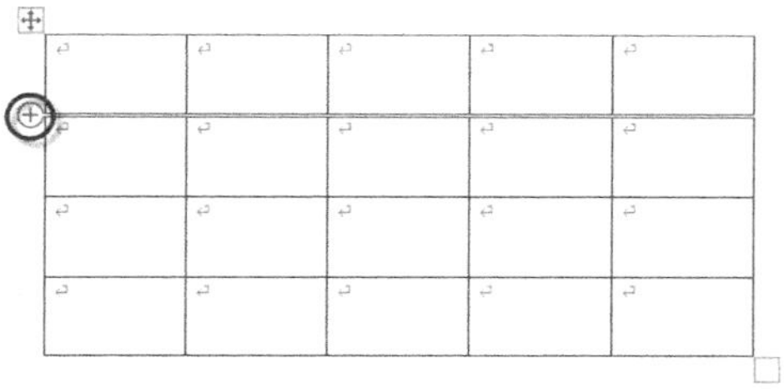

图 3-125　插入行的符号

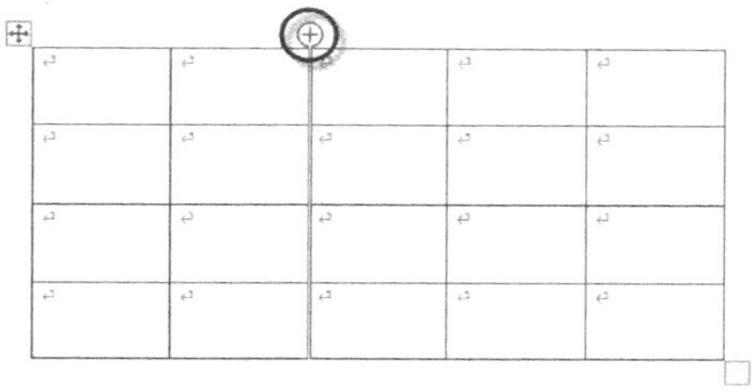

图 3-126　插入列的符号

（4）在表格底部插入空白行。

若在表格底部插入一行，将鼠标定位在最后一行的最后一个单元格中，按 Tab 键。

7．单元格的拆分与合并

（1）单元格拆分。

选定要拆分的单元格，打开“表格工具”的“布局”选项卡，单击“合并”组中的“拆分单元格”按钮，弹出如图 3-127 所示的“拆分单元格”对话框。在“列数”和“行数”文本框中分别输入要拆分的列数和行数，若选中“拆分前合并单元格”复选框，则先合并再拆分为指定的单元格。

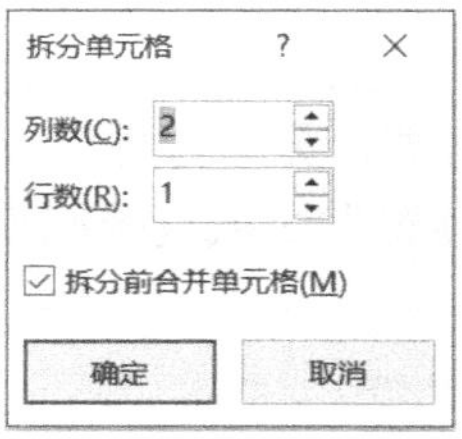

图 3-127　“拆分单元格”对话框

（2）单元格合并。

选定要合并的单元格，打开“表格工具”的“布局”选项卡，单击“合并”组中的“合并单元格”按钮，或者右击，在弹出的快捷菜单中单击“合并单元格”命令，将选定的单元格合并为一个单元格。

8．绘制斜线表头

为了说明行与列的字段信息，需在表格中绘制斜线表头。打开“插入”选项卡，单击

“表格”组中的“表格”按钮，在弹出的下拉列表中单击“绘制表格”命令；或者打开“表格工具”的“布局”选项卡，单击“绘图”组中的“绘制表格”按钮，直接在单元格中绘制即可。

9. 跨页重复标题行

如果表格内容较多，一页不能完全显示，需要多页显示时，为了便于对内容的理解，需要在每一页的表格上方自动添加表格的标题行，即跨页重复标题行，操作步骤如下。

（1）选定需要跨页重复的标题行。

（2）打开“表格工具”的“布局”选项卡，单击“数据”组中的“重复标题行”按钮。

3.3.3 表格格式化

表格格式化主要是指设置表格的边框、底纹，设置内容对齐方式等，以起到美化表格，增强表格的视觉效果。

1. 设置表格的边框

（1）利用功能区命令按钮。

①选定表格，打开“表格工具”的“设计”选项卡。

②在“边框”组中分别设置“线型”“粗细”“颜色”。

③单击“边框”中的“边框”按钮，在弹出的下拉列表中选择需添加格式的边框位置，或者单击“边框刷”按钮，在需要添加格式的边框线上拖动光标，如图 3-128 所示。

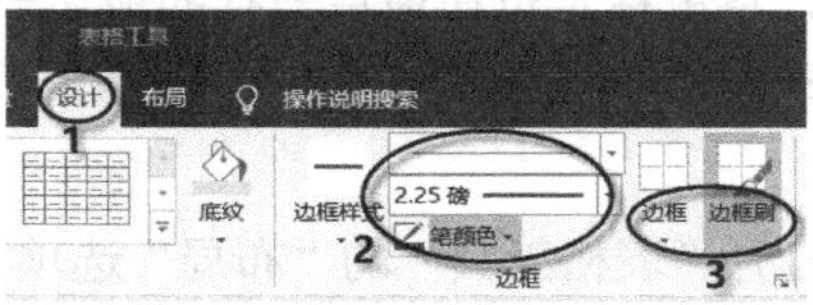

图 3-128　设置表格的边框

（2）利用对话框。

①选定表格，打开“表格工具”的“设计”选项卡，单击“边框”组中的对话框启动按钮，打开“边框和底纹”对话框，如图 3-129 所示。

②在“设置”区域选择边框的方式，如“方框”；在“样式”“颜色”“宽度”列表框中分别设置线型、颜色、粗细，在“预览”区域选择应用的边框。

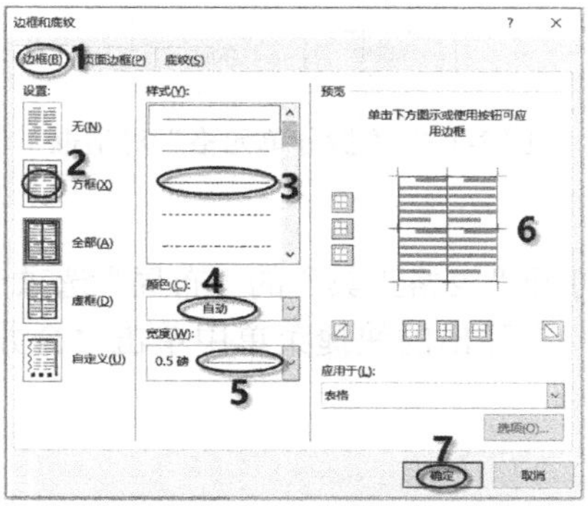

图 3-129　“边框”选项卡

2．设置表格底纹

（1）利用功能区命令按钮设置。

打开“表格工具”的“设计”选项卡，单击“表格样式”组中的“底纹”下拉按钮，从弹出的下拉列表中选择所需的颜色。

（2）利用对话框设置。

选定表格，在图 3-129 所示的对话框中单击“底纹”选项卡，依次设置填充、图案样式、图案颜色即可。

3．套用表格内置样式

Word 2016 内置了多种表格样式，根据需要选择内置样式，从而快速设置表格格式。

选定表格，打开“表格工具”的“设计”选项卡，单击“表格样式”组中“其他”按钮，如图 3-130 所示，在弹出的下拉列表中选择需要的样式即可。

若要取消已应用的表格样式，在“其他”下拉列表中单击“清除”命令。

4．设置表格内文字的对齐方式

方法 1：选定要设置对齐方式的单元格，打开“表格工具”的“布局”选项卡，在“对齐方式”组中有 9 种对齐方式，如图 3-131 所示，单击所需的方式即可。

方法 2：右击选定的单元格，在弹出的快捷菜单中单击“单元格对齐方式”命令，从中选择一种方式即可。

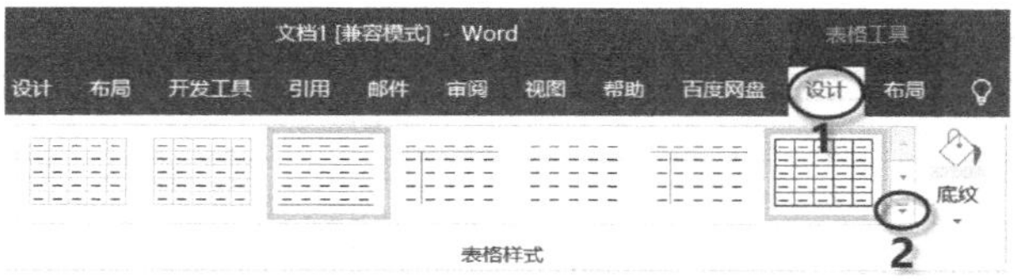

图 3-130　设置表格样式

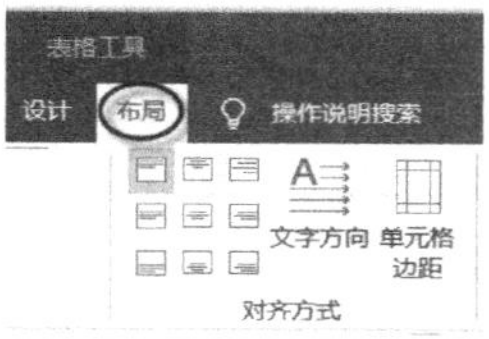

图 3-131　“对齐方式”组

3.3.4　表格与文本的相互转换

1．将文本转化为表格

将文本转换成表格，转换的关键是使用分隔符将文本进行分隔。常见的分隔符主要有：段落标记、制表符、逗号、空格。例如，将下列所示的文本（各文本之间以空格分隔）转化成表格。

姓名	计算机	法律	高数
王立杨	85	80	87
潘奇	89	85	90
尹丽丽	76	90	89
常华	85	82	80
吴存金	85	80	82

操作步骤如下。

（1）选定要转换成表格的文本。

（2）打开“插入”选项卡，单击“表格”组中的“表格”按钮，在弹出的下拉列表中单击“文本转换成表格”命令，如图 3-132 所示。

（3）打开“将文字转换成表格”对话框，如图 3-133 所示。在该对话框中，将文字分隔符位置设置为“空格”，“列数”默认为 4，行数由 Word 自动计算，单击“确定”按钮，得到如表 3-2 所示的表格。

图 3-132 “表格”下拉列表

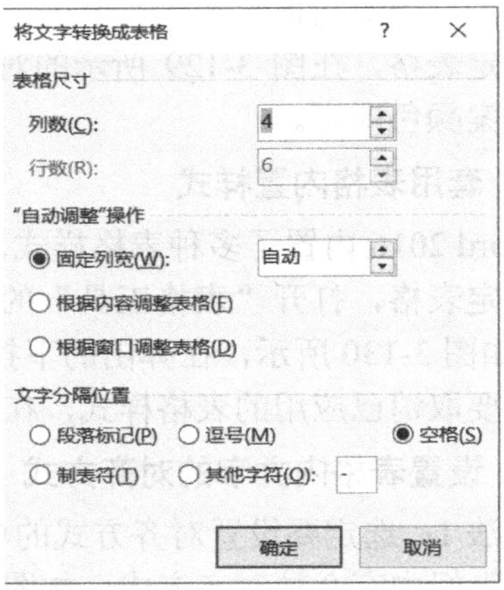

图 3-133 “将文字转换成表格”对话框

表 3-2 转换后的表格

姓　名	计　算　机	法　律	高　数
王立杨	85	80	87
潘奇	89	85	90
尹丽丽	76	90	89
常华	85	82	80
吴存金	85	80	82

2．将表格转换成文本

将表 3-2 所示的表格转换成文本，操作步骤如下。

（1）选定要转换成文本的表格。

（2）打开“表格工具”的“布局”选项卡，单击“数据”组中的“转换为文本”按钮，如图 3-134 所示。

（3）打开“表格转换成文本”对话框，选择一种文字分隔符，这里选择默认“制表符”，单击“确定”按钮，即可将表格转换为文本，如图 3-135 所示。

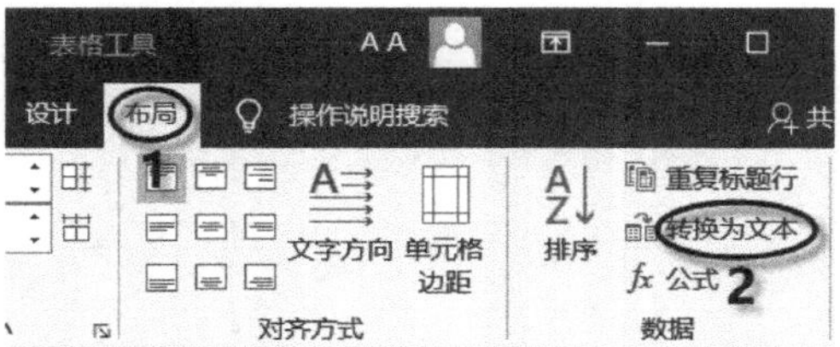

图 3-134 将表格转换为文本

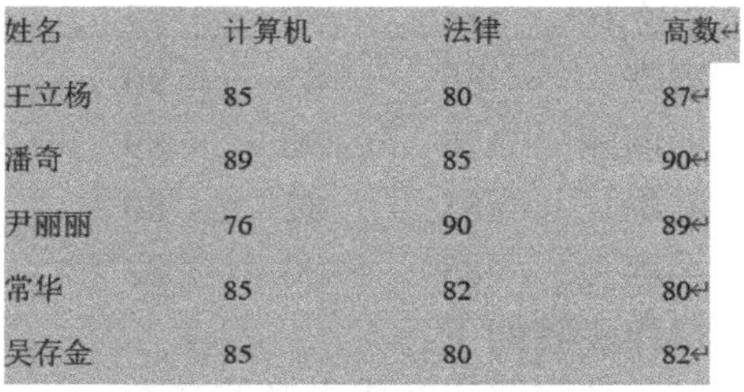

图 3-135 转换后的文本

3.3.5　表格数据转化成图表

图表功能是 Excel 的重要功能，在 Office 2016 所有组件（Word 2016、PowerPoint 2016 等）中都可以使用，其中，嵌入 Word 2016、PowerPoint 2016 等文档中的图表都是通过 Excel 2016 进行编辑的，因此在非 Excel 的 Office 组件中，图表的功能都可以实现。

例如，表 3-3 中的数据是某校学生参与在线学习使用设备情况的统计结果，将表格中的数据以图表（三维饼图）的形式进行表示。

表 3-3　某校学生参与在线学习使用设备情况的统计

设　　备	所占百分比
手机	50%
电脑	16%
电脑和手机	28%
其他媒体端	6%

将表格数据转化成图表的操作步骤如下。

（1）确定插入图表的位置。将光标定位到表格的下方，打开“插入”选项卡，单击“插图”组中的“图表”按钮，弹出“插入图表”对话框。在对话框左侧选择图表类型，本例选择“饼图”，在对话框右侧选择图表的子类型，本例选择“三维饼图”，如图 3-136 所示。在 Word 中插入三维饼图并打开 Excel 窗口，如图 3-137 所示。

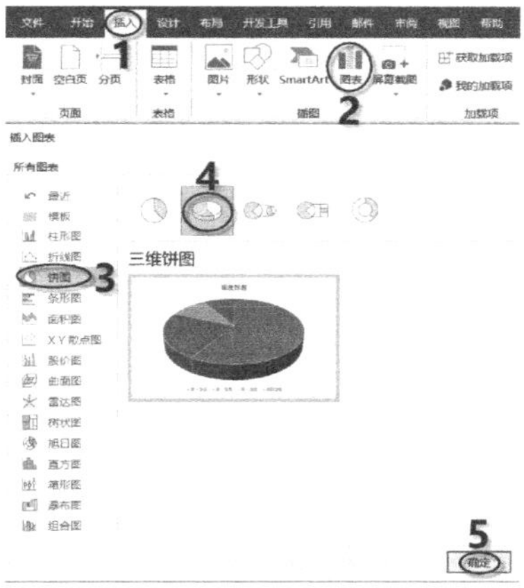

图 3-136　选择图表类型

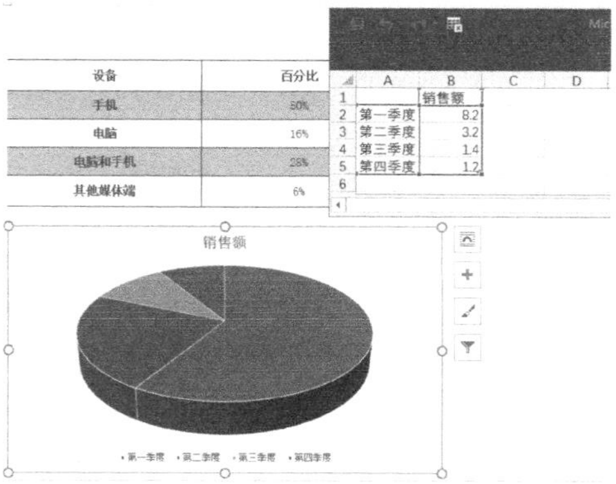

图 3-137　在 Word 中插入三维饼图并打开 Excel 窗口

（2）将 Word 表格中的数据复制到 Excel 窗口。将 Word 表格中的数据分别复制到 Excel 窗口的 A 列、B 列，在 Excel 窗口中编辑图表数据，图表变化同步显示在 Word 窗口中，如图 3-138 所示。

（3）编辑图表。选定图表，单击图表右侧的“图表元素”按钮，在弹出的列表中选择“数据标签”前的复选框，如图 3-139 所示。单击“图表样式”按钮，在弹出的列表中单击“颜色”按钮，选择“彩色”区域中的“彩色调色板 4”，如图 3-140 所示。

（4）关闭 Excel 窗口。图表编辑结束后，关闭 Excel 窗口，创建的图表显示在 Word 窗口中。

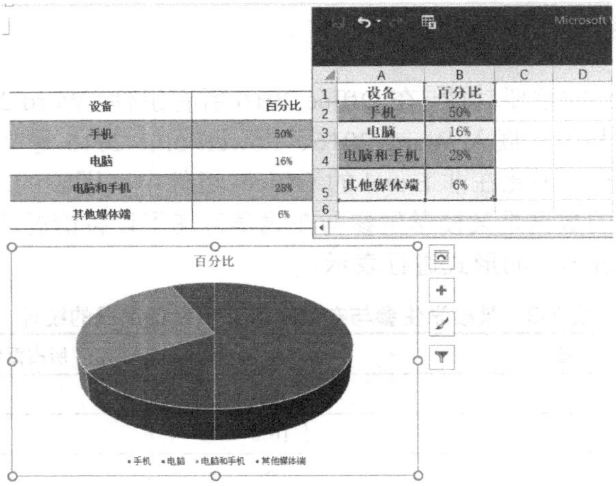

图 3-138　在 Excel 窗口中编辑图表数据

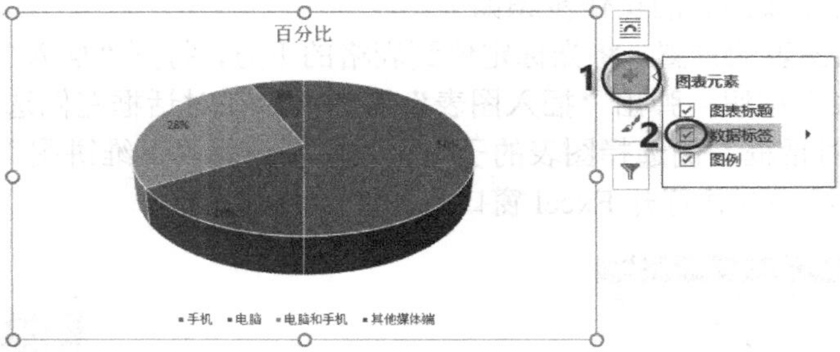

图 3-139　为图表添加数据标签

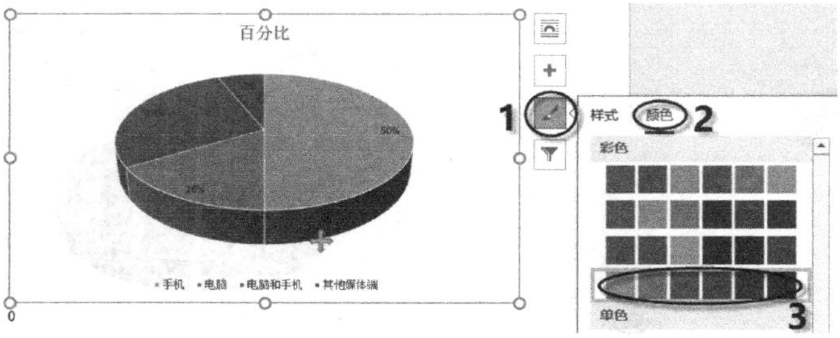

图 3-140　设置图表样式

3.3.6　表格的排序和计算

在 Word 2016 中，可对表格中的数据按照数值、拼音等方式进行排序，也可以对表格中的数据进行求和、求平均值等计算，但这种计算只是较为简单的计算，要解决表格中较复杂的数据计算，应该使用 Excel 2016，故本节只进行简单介绍。

1．排序

在 Word 2016 中可以对多列数据同时进行排序，即先按第一关键字（主要关键字）进行排序，若有相同的数值，再按第二关键字（次要关键字）进行排序，依次类推，最多可按三个关键字进行排序。例如对表 3-2 中的成绩数据依次按“计算机”“法律”“高数”升序排序，操作步骤如下。

（1）将光标定位在要排序的表格中。

（2）打开“表格工具”的“布局”选项卡，单击“数据”组中的“排序”按钮，弹出“排序”对话框。

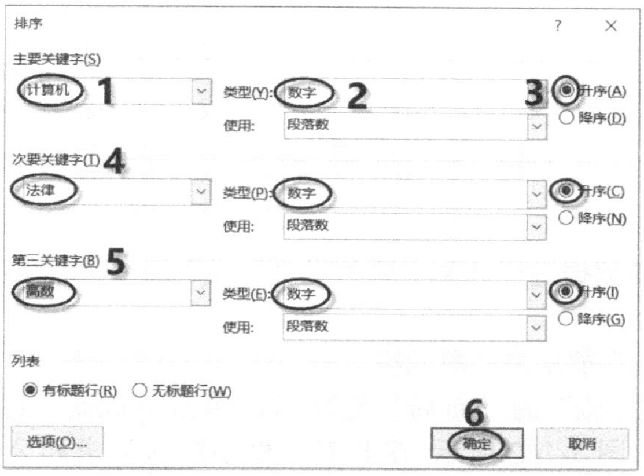

图 3-141　排序的相关设置

（3）在“主要关键字”下拉列表中选择“计算机”，在“类型”下拉列表中选择“数字”（成绩属于数值），再选择“升序”单选按钮。

（4）在“次要关键字”和“第三关键字”下拉列表中分别选择“法律”和“高数”，在“类型”下拉列表中选择“数字”，再分别选择其后的“升序”单选按钮。排序的相关设置如图 3-141 所示。

（5）单击“确定”按钮，即可将表格中的成绩数据依次按“计算机”、“法律”、“高数”升序排序。排序后的表格如表 3-4 所示。

表 3-4　排序后的表格

姓　　名	计　算　机	法　　律	高　　数
尹丽丽	76	90	89
吴存金	85	80	82
王立杨	85	80	87
常华	85	82	80
潘奇	89	85	90

表 3-4 表明，如果主要关键字“计算机”中有相同的数据，则按次要关键字“法律”排序，如果主次关键字的数据都相同，则按第三关键字“高数”排序。

2. 计算

对 Word 表格中的数据进行计算，通常使用单元格地址代替相应单元格中的数据。单元格地址的表示方法与 Excel 中的表示方法相同。表中的列标用大写英文字母表示，依次为 A、B、C……，行号用阿拉伯数字表示，依次为 1、2、3……，单元格地址用“列标+行号”表示，如表 3-5 所示。例如 B2 表示第 2 列第 2 行的单元格地址。而单元格区域的地址可用“区域左上角单元格地址:区域右下角单元格地址”来表示，例如 A1:C3 表示 A1 到 C3 单元格区域地址。

表 3-5　默认的表格单元格地址

行号＼列标	A	B	C	D
1	A1	B1	C1	D1
2	A2	B2	C2	D2
3	A3	B3	C3	D3

对 Word 表格中的数据进行计算主要利用“公式”命令进行求和、求平均值等，操作步骤如下。

（1）将光标定位在存放结果的单元格。

（2）打开“表格工具”的“布局”选项卡，单击“数据”组中的“公式”按钮，弹出“公式”对话框，如图 3-142 所示。在此对话框中默认的求和公式为“=SUM(LEFT)”，表示在行末的单元格中插入公式，向左求和；若在列末的单元格中插入公式，向上求和，则对话框中默认的公式为“=SUM(ABOVE)”。也可以将默认的求和公式删除，但“=”不能删除，从“粘贴函数”下拉列表中选择所需的函数，在函数名后的括号中输入统计的范围，例如“=AVERAGE(A2:C4)”表示对单元格 A2 到 C4 区域中的所有数据求平均值。

（3）在“编号格式”下拉列表中选择统计结果的格式，如“0.00”表示结果保留 2 位小数。

（4）单击“确定”按钮，统计结果将显示在指定的单元格中。

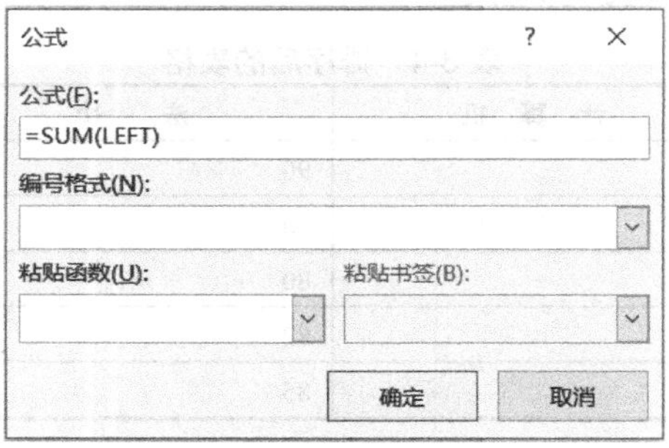

图 3-142　“公式”对话框

3.3.7　实例练习

为进一步促进程序设计课程的教学发展，掌握微信小程序开发的基本流程。某高校计划举办微信小程序系列课程教学研讨会。请使用表格制作图 3-143 所示的报名回执表。

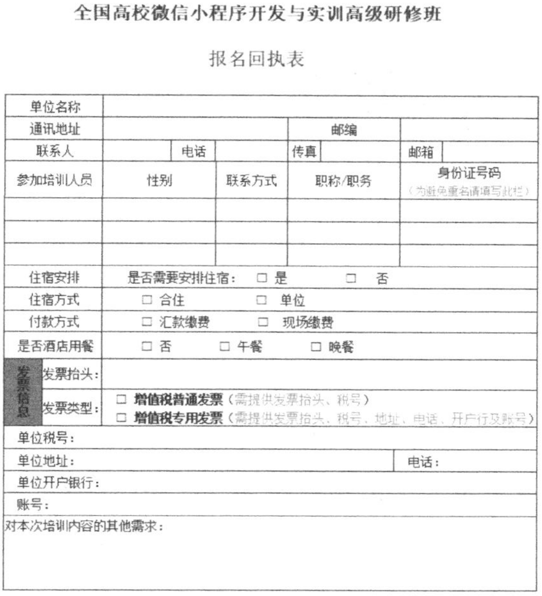

全国高校微信小程序开发与实训高级研修班

报名回执表

单位名称				
通讯地址			邮编	
联系人	电话		传真	邮箱
参加培训人员	性别	联系方式	职称/职务	身份证号码（为避免重名请填写此栏）
住宿安排	是否需要安排住宿：□ 是　□ 否			
住宿方式	□ 合住　□ 单位			
付款方式	□ 汇款缴费　□ 现场缴费			
是否酒店用餐	□ 否　□ 午餐　□ 晚餐			
发票信息 发票抬头：				
发票信息 发票类型：	□ **增值税普通发票**（需提供发票抬头、税号） □ **增值税专用发票**（需提供发票抬头、税号、地址、电话、开户行及账号）			
单位税号：				
单位地址：			电话：	
单位开户银行：				
账号：				
对本次培训内容的其他需求：				

图 3-143　报名回执表

制作报名回执表的操作步骤如下。

（1）输入表格标题。打开 Word 文档，输入标题“全国高校微信小程序开发与实训高级研修班”，字体为宋体，字号为三号、加粗、居中。按 Enter 键输入“报名回执表”，将其设置为宋体、三号、居中，段前 0.5 行。按 Enter 键另起一行，插入表格。

（2）插入表格。将光标定位在插入点的位置，打开“插入”选项卡，单击“表格”组中的“表格”按钮，在弹出的下拉列表中单击“插入表格”命令，打开“插入表格”对话框，在“列数”和“行数”微调框中分别输入 5 和 18，如图 3-144 所示，单击“确定”按钮，插入一个 5 列 18 行的表格。

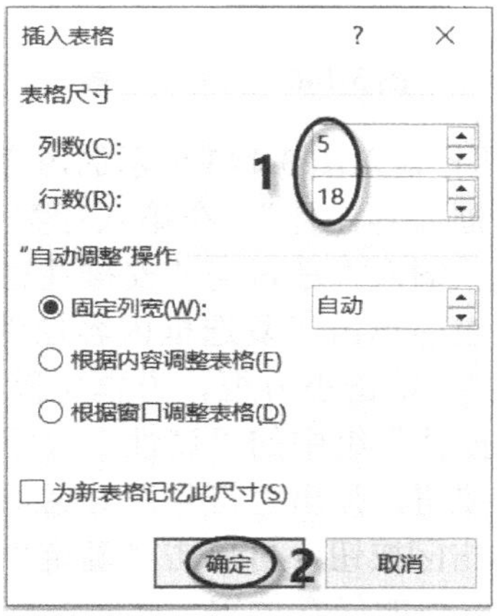

图 3-144　插入 5 列 18 行的表格

（3）合并单元格。在第一行第一个单元格中输入“单位名称”，选定第一行的剩余单元格，打开“表格工具”的“布局”选项卡，单击“合并”组中的“合并单元格”按钮，如图 3-145 所示。按照此方法，将第二行第二、三个单元格合并，按照图 3-143 所示的内容输入“通讯地址”和“邮编”。

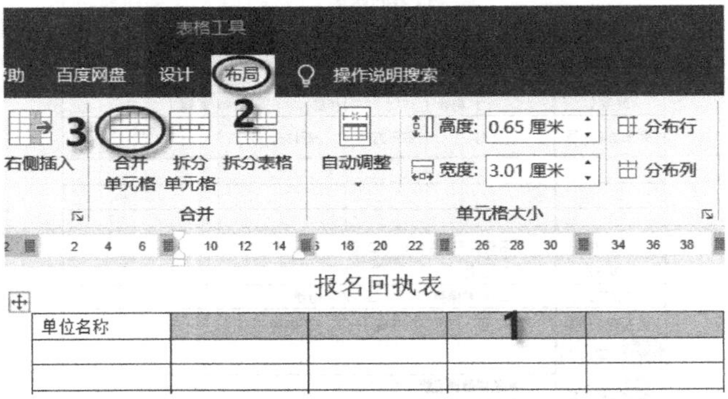

图 3-145　合并单元格

（4）拆分单元格。选定第三行第二个单元格，打开“表格工具”的“布局”选项卡，单击“合并”组中的“拆分单元格”按钮，打开“拆分表格”对话框，在“列数”和“行数”微调框中分别输入 2 和 1，如图 3-146 所示。按照此方法，将该行的第四、五个单元格分别拆分成 2 列 1 行，按照图 3-143 所示的内容输入“传真”和“邮箱”。

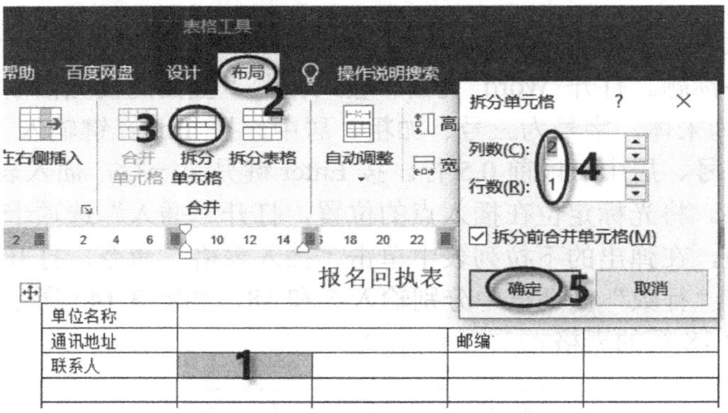

图 3-146　拆分单元格

（5）输入表格内容。在第四行输入图 3-143 所示的内容。

（6）在表格中插入“复选框内容控件”。在第八行第一个单元格输入“住宿安排”，选定该行其余单元格将其合并，输入“是否需要安排住宿:”。按几次空格键，打开“开发工具”选项卡，在“控件”组中单击“复选框内容控件”按钮☑，如图 3-147 所示，此时在文档中插入小方框“□”，单击小方框，方框中默认显示的是“×”符号，需要将其改为“√”符号。单击“控件”组中的“属性”按钮，弹出“内容控件属性”对话框，单击对话框中的“更改”按钮，弹出“符号”对话框，单击“字体”下拉列表选择“Wingdings 2”，在列表框中单击☑按钮，再单击“确定”按钮，将小方框中的“×”符号改为“√”符号。单击小方框外的任意位置，此时光标显示在小方框后，按一次空格键，输入“是”，如图 3-148 所示。按照此方法插入该行的另一个“复选框内容控件”，并输入文字“否”。

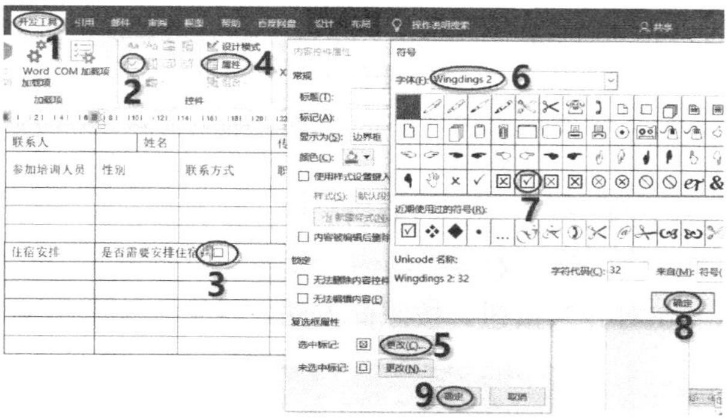

图 3-147　插入“复选框内容控件”并将复选框中的符号更改为“√”

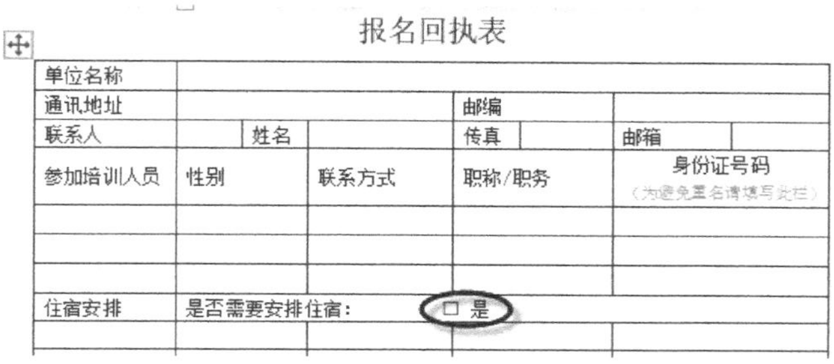

报名回执表

单位名称						
通讯地址			邮编			
联系人	姓名		传真		邮箱	
参加培训人员	性别	联系方式	职称/职务	身份证号码（为避免重名请填写此栏）		
住宿安排	是否需要安排住宿:		☐ 是			

图 3-148　输入“复选框内容控件”后的文字

（7）输入表格 9～11 行的内容。按照步骤（6），输入图 3-143 所示的 9～11 行的内容。

（8）绘制直线合并单元格。打开“表格工具”的“布局”选项卡，单击“绘图”组中的“绘制表格”按钮，此时光标变成了铅笔形状，按住鼠标左键在第 12～13 行的第一个单元格绘制直线，按照图 3-143 进行合并单元格，输入“发票信息”，单击“布局”选项卡“对齐方式”组中的“文字方向”按钮，将“发票信息”设为纵向显示。

（9）设置字符间距和底纹。选定“发票信息”，打开“开始”选项卡，单击“字体”组中的“加粗”按钮，再单击“字体”组右侧的对话框启动按钮，打开“字体”对话框，如图 3-149 所示，单击“高级”选项卡，在“间距”下拉列表中选择“加宽”，在“磅值”微调框中输入 0.5 磅。打开“表格工具”的“设计”选项卡，单击“表格样式”组中的“底纹”下拉按钮，在弹出的下拉列表中选择“橙色，个性色 6，深色 25%”，如图 3-150 所示。

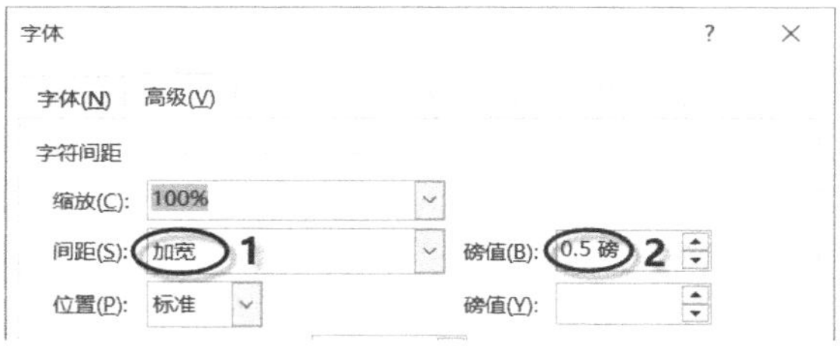

图 3-149　设置字符间距

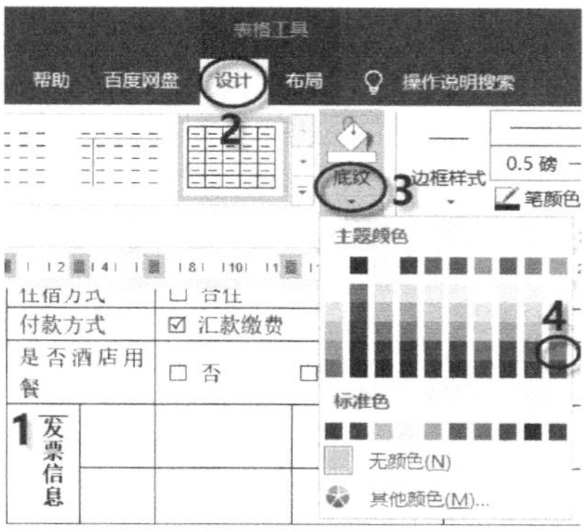

图 3-150　设置表格单元格底纹

（10）输入表格 12～13 行的内容。按照步骤（6）插入“复选框内容控件”，输入图 3-143 所示的内容。

（11）输入表格 14～18 行的内容。按照图 3-143 所示，将 14～18 行进行合并，并输入相应的内容。

（12）设置表格内容对齐方式。选定 14～17 行，打开“表格工具”的“布局”选项卡，在“对齐方式”组中单击“中部左对齐”按钮，如图 3-151 所示。选定第 18 行，单击“对齐方式”组中的“靠上左对齐”按钮。按照此方法，设置表格其他内容的对齐方式。

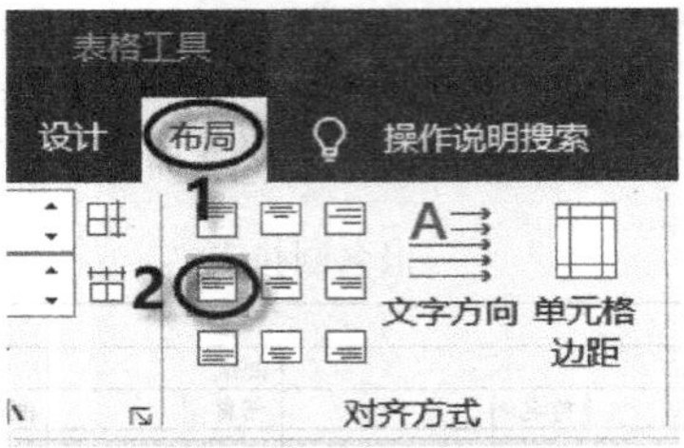

图 3-151　设置表格内容对齐方式

（13）调整行高、列宽。根据内容适当调整各行的高及各列的宽，完成报名回执表的制作，结果如图 3-143 所示。

第 4 章

长文档的编辑

4.1 样式的创建和使用

样式是指以一定名称保存的字符格式和段落格式的集合，这样在编排重复格式时，先创建一个该格式的样式，然后在需要的地方套用这种样式，就无须一次次地对它们进行重复的格式化操作。

4.1.1 在文档中应用样式

1. 使用内置样式

Word 2016 内置了很多样式供用户使用。选定需要使用样式的文本，打开“开始”选项卡，单击“样式”组中的“其他”按钮，在弹出的列表框中单击某一样式，如图 4-1 所示，该样式包含的格式被应用到选定的文本上。

图 4-1　内置样式列表框

2. 使用“样式”任务窗格

（1）选定要套用样式的文本，或者将光标定位在该段中。

（2）打开“开始”选项卡，单击“样式”组右下角的对话框启动按钮，打开“样式”任务窗格，如图 4-2 所示。

（3）单击任务窗格列表框中的某一种样式，即将该样式应用到选定文本或当前段落中。

（4）设置结束后，单击任务窗格右上角的“关闭”按钮，关闭“样式”任务窗格。

图 4-2 “样式”任务窗格

4.1.2 创建新样式

当 Word 2016 内置的样式不能满足用户需求时，可创建新样式，使用新样式进行格式编辑。创建新样式的步骤如下。

（1）打开“开始”选项卡，单击“样式”组右下角的对话框启动按钮，打开“样式”任务窗格，单击任务窗格左下角的“新建样式”按钮，如图 4-3 所示，弹出“根据格式化创建新样式”对话框。

（2）在“名称”文本框中输入新建样式的名称，单击“样式类型”下拉按钮，在弹出的下拉列表中包含段落、字符、链接段落和字符、表格和列表。选择其中一种类型，如选择“段落”，新建的样式将应用于段落。

选择“字符”：新建的样式将应用于字符级别。

选择“链接段落和字符”：新建的样式将应用于段落和字符两种级别。

选择“表格”：新建的样式主要用于表格。

选择“列表”：新建的样式主要用于项目符号和编号列表。

（3）单击“样式基准”下拉按钮，在弹出的下拉列表中选择某一种内置样式作为新建样式的基准样式。

（4）设置样式的格式。在“根据格式化创建新样式”对话框中单击“格式”栏中的相应按钮设置，或者通过单击“格式”下拉按钮，在弹出的下拉列表中选择相应的命令进行设置。如果希望该样式应用于所有文档，则选择对话框左下角的“基于该模板的新文档”单选按钮。设置完毕单击“确定”按钮即可，如图 4-4 所示。

（5）创建的新样式显示在内置样式库中，使用时单击该样式即可。

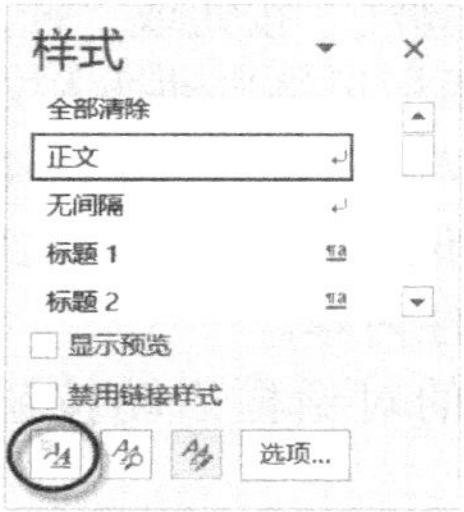

图 4-3　单击“新建样式”按钮

图 4-4　“根据格式化创建新样式”对话框

4.1.3　修改样式

根据需要可以对样式进行修改，修改后的样式将会应用到所有使用该样式的文本段落中。修改样式的方法如下。

（1）打开“开始”选项卡，单击“样式”组中右下角的“对话框启动”按钮，打开“样式”窗格。

（2）在要修改的样式名称上右击，或者单击要修改样式名称右侧的下拉按钮，在弹出的快捷菜单中单击“修改”命令，如图 4-5 所示，弹出“修改样式”对话框，按需求进行修改即可。

（3）修改完毕，单击“确定”按钮，修改后的样式即可应用到使用该样式的文本段落。

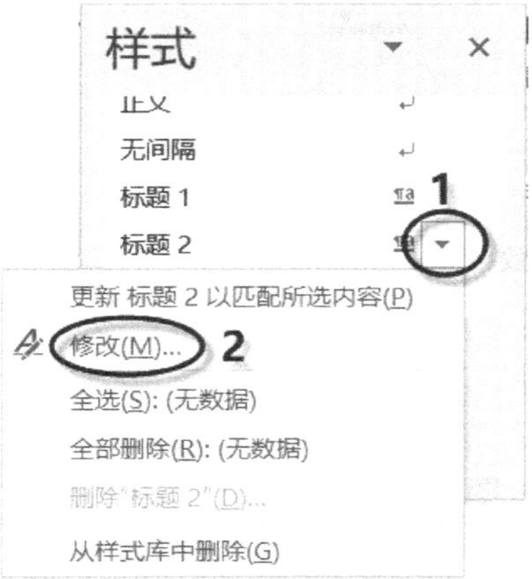

图 4-5　修改样式

4.2 在文档中添加引用的内容

4.2.1 插入脚注和尾注

脚注和尾注是对文档内容进行注释说明的。脚注一般位于当前页面的底部，尾注一般位于文档的结尾。脚注和尾注由两个关联的部分组成，即引用标记和注释文本。

在文档中插入脚注或尾注的操作步骤如下。

（1）选定要插入脚注或尾注的文本。

（2）打开“引用”选项卡，单击“脚注”组中的“插入脚注”按钮或“插入尾注”按钮，脚注的引用标记将自动插入当前页面的底部，尾注的引用标记将自动插入文档的结尾。

（3）在标记的插入点输入脚注或尾注的注释内容即可。插入脚注的效果如图 4-6 所示。

插入脚注或尾注的文本右上方将出现脚注或尾注引用标记，当光标指向这些标记时，会自动弹出注释内容。删除此标记，将删除对应的脚注或尾注内容。

若要改变脚注或尾注的位置，单击“脚注”右下角的对话框启动按钮 ，打开图 4-7 所示的“脚注和尾注”对话框。

在“位置”栏中选择“脚注”或“尾注”单选按钮，在其后的列表框中改变插入的位置。

在“格式”栏中可设置编号格式、起始编号、编号方式等。

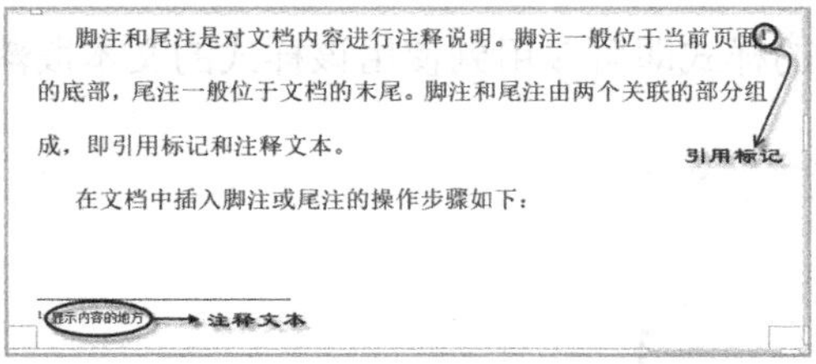

图 4-6　插入脚注的效果

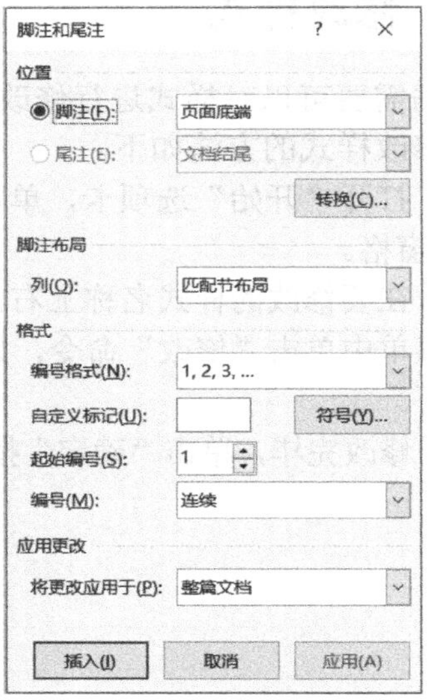

图 4-7　“脚注和尾注”对话框

4.2.2 插入题注

题注就是给图片、表格、图表、公式等项目添加的名称和编号。例如，在本书的图片下方标注的“图 4-1”“图 4-2”等带有编号的说明文字就是题注，简单来说，题注就是插图的编号，题注可以方便读者查找和阅读。

使用题注功能可以使长文档中的图片、表格或图表等项目能够按照顺序自动编号。如果移动、插入或删除带题注的项目，Word 可以自动更新题注的编号，提高工作效率。

通常，表格的题注位于表格的上方，图片的题注位于图片的下方。

下面以给图片添加题注为例，说明在文档中插入题注的方法。

（1）在要添加题注的图片上右击，在弹出的快捷菜单中单击“插入题注”命令，或者打开“引用”选项卡，在“题注”组中，单击“插入题注”按钮，弹出“题注”对话框，如图 4-8 所示。

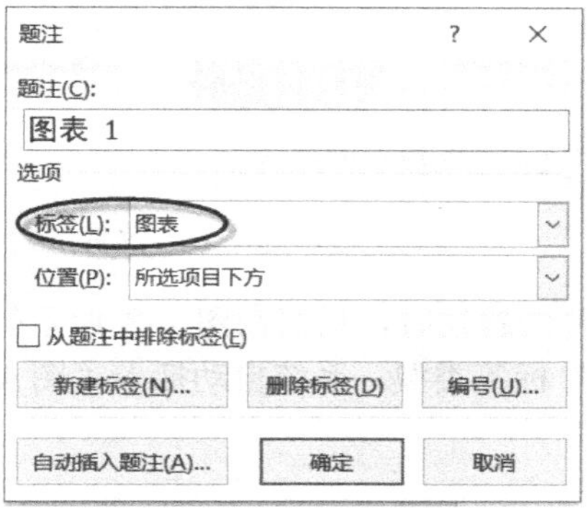

图 4-8　“题注”对话框

（2）在“标签”下拉列表中选择需要的标签形式。若默认的标签中没有我们需要的形式，则新建标签。

（3）单击“新建标签”按钮，弹出“新建标签”对话框，输入新的标签，标签的内容根据需要设定。例如输入“图”，表示图 1、图 2……，本例中输入“图 4-”表示第 4 章的图片，如图 4-9 所示。单击“确定”按钮，新的标签自动出现在“标签”的下拉列表中。

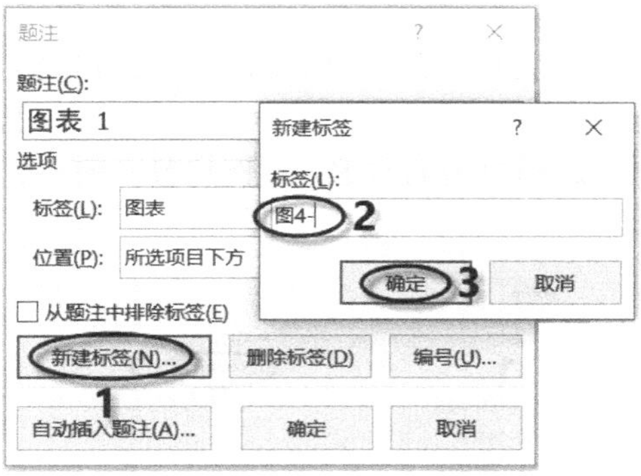

图 4-9　新建标签

（4）单击图 4-9“题注”对话框中的“编号”按钮，设置标签的编号样式。单击“位置”下拉列表，设置标签的位置，本例选择“所选项目下方”。

（5）设置结束，单击“确定”按钮，自动为当前图片添加了题注，如图 4-10 所示。

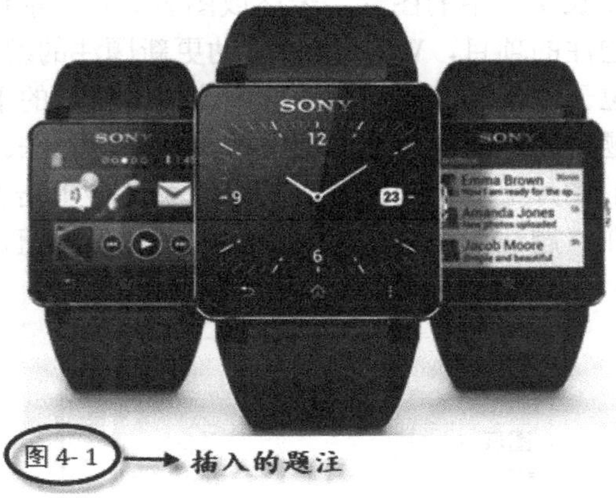

图 4-10　添加题注后的效果

（6）再添加本章其他图片的题注时，只需在图 4-8 所示的“题注”对话框中单击“标签”下拉列表，选择“图 4-”标签类型，系统自动插入“图 4-2”“图 4-3”等题注。

4.2.3　插入交叉引用

交叉引用是指在文档的一个位置上引用文档中另一个位置的内容。在文档中我们经常看到“如图 X-Y 所示”，就是为图片创建的交叉引用。交叉引用可以使读者尽快找到想要找的内容，也能使整个文档的内容更有条理。交叉引用随引用的图、表格等对象的顺序的变化而变化，并自动进行更新。

例如对“图 4-5 修改样式”设置交叉引用，操作方法如下。

（1）将光标定位在需要插入交叉引用的位置，打开“引用”选项卡，在“题注”组中单击“交叉引用”按钮。

（2）打开“交叉引用”对话框，在“引用类型”下拉列表中选择引用的类型，这里选择“图 4-”；在“引用内容”下拉列表中选择引用的内容，本例选择“仅标签和编号”；在“引用哪一个题注”列表框中选择引用的对象，本例选择“图 4-5 修改样式”，然后单击“插入”按钮，如图 4-11 所示。

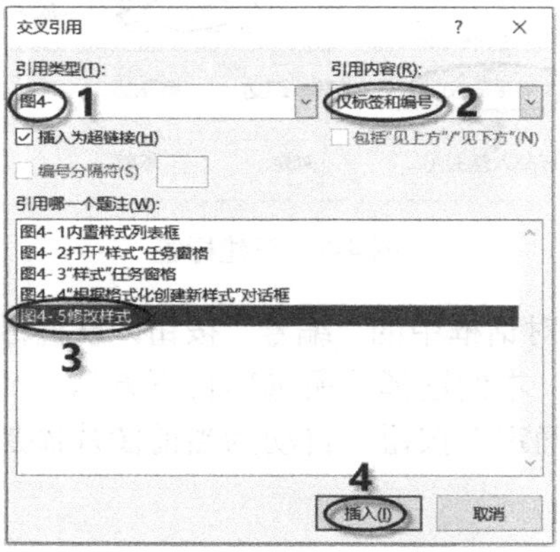

图 4-11　设置交叉引用

（3）引用的内容自动插入当前光标的位置。按住 Ctrl 键并单击该引用，即跳转到引用的目标位置，如图 4-12 所示，为快速浏览内容提供了方便。

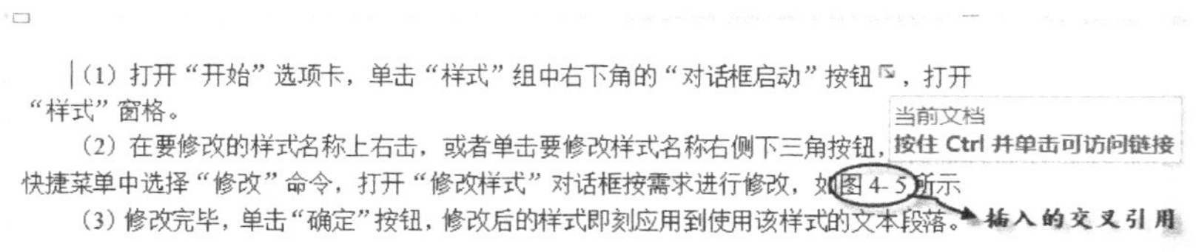
（1）打开“开始”选项卡，单击“样式”组中右下角的“对话框启动”按钮，打开“样式”窗格。
（2）在要修改的样式名称上右击，或者单击要修改样式名称右侧下三角按钮，快捷菜单中选择“修改”命令，打开“修改样式”对话框按需求进行修改，如图 4-5 所示
（3）修改完毕，单击“确定”按钮，修改后的样式即刻应用到使用该样式的文本段落。
当前文档
按住 Ctrl 并单击可访问链接
插入的交叉引用

图 4-12　建立交叉引用后的效果

当文档中的图片、表格等对象因插入、删除等操作，造成题注的序号发生变化时，Word 2016 中的题注序号并不会自动重新编号。若要自动更改题注的序号，选定整个文档并右击，在弹出的快捷菜单中单击“更新域”命令，题注自动重新编号。同时，引用的内容也会随着题注的变化而变化。

4.3　创建文档目录

目录作为一个导读，通常位于文档的前面，为用户阅读和查阅文档提供方便。使用 Word 2016 的内置目录功能，可以快速为文档添加目录，也可以插入其他样式的目录，以彰显个性。

4.3.1　利用内置目录样式创建目录

（1）将光标定位到文档的前面，打开“引用”选项卡，单击“目录”组中的“目录”下拉按钮，打开“目录”下拉列表。

（2）如果文档的标题已经设置了内置的标题样式（标题 1、标题 2……），则单击下拉列表中某一种“自动目录”样式，如“自动目录 2”，Word 2016 根据内置的标题样式自动在指定位置创建目录，如图 4-13 所示。

（3）如果文档的标题未设置内置的标题样式，则单击下拉列表中的某一种“手动目录”样式，再手动填写目录内容。

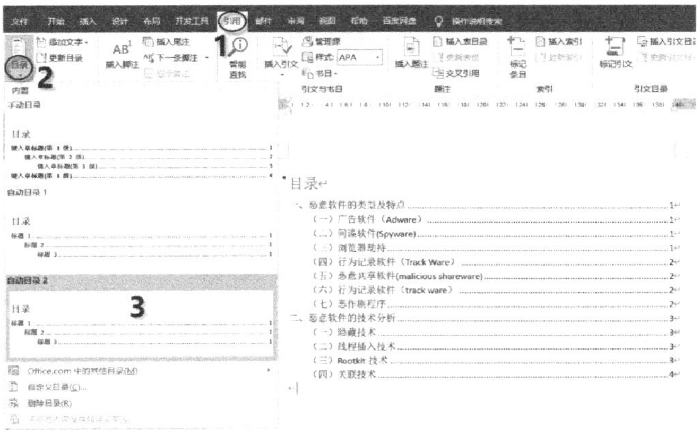

图 4-13　插入内置目录样式

4.3.2 自定义目录样式创建目录

【例 4-1】 创建图 4-14 所示的 2 级目录。

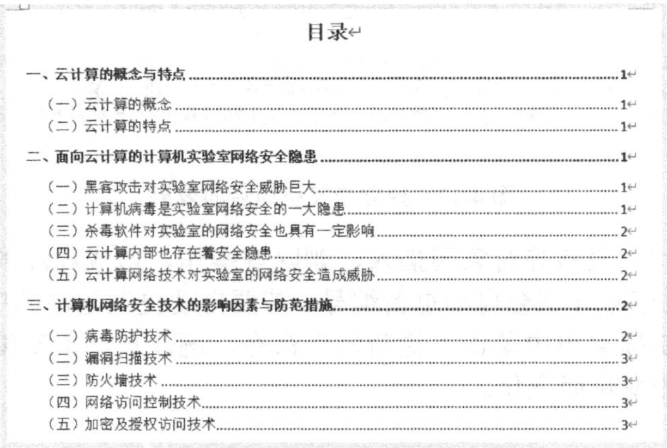
目录

一、云计算的概念与特点 1
（一）云计算的概念 1
（二）云计算的特点 1
二、面向云计算的计算机实验室网络安全隐患 1
（一）黑客攻击对实验室网络安全威胁巨大 1
（二）计算机病毒是实验室网络安全的一大隐患 1
（三）杀毒软件对实验室的网络安全也具有一定影响 2
（四）云计算内部也存在着安全隐患 2
（五）云计算网络技术对实验室的网络安全造成威胁 2
三、计算机网络安全技术的影响因素与防范措施 2
（一）病毒防护技术 2
（二）漏洞扫描技术 3
（三）防火墙技术 3
（四）网络访问控制技术 3
（五）加密及授权访问技术 3

图 4-14 创建的 2 级目录

要创建图 4-14 所示的目录，需分三步进行。第一步，对各级目录进行格式化设置，即利用“大纲”视图中的“1 级”“2 级”等分别设置对应各级目录的格式。第二步，利用“引用”选项卡“目录”组中“目录”按钮创建目录。第三步，插入页码，正文页码从第 1 页开始。操作步骤如下。

（1）插入一个空白页。将光标定位在文档的前面，打开“布局”选项卡，单击“页面设置”组中的“分隔符”下拉按钮，在“分隔符”下拉列表中选择“分节符”|“下一页”选项，如图 4-15 所示。

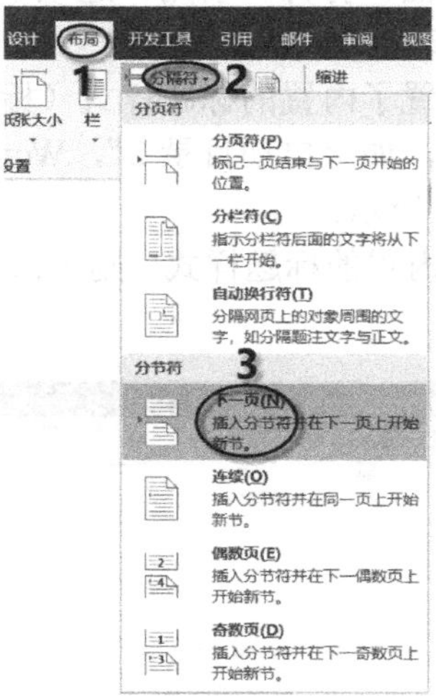

图 4-15 “分隔符”下拉列表

（2）设置 1 级目录格式。打开“视图”选项卡，单击“视图”组中的“大纲”按钮，如图 4-16 所示，打开“大纲显示”视图。选中作为 1 级目录的文本“一、云计算的概念与特点”，在“大纲工具”组中单击“正文文本”下拉按钮，在弹出的下拉列表中选择“1 级”，如图 4-17 所示，将第一个 1 级目录设置为“1 级”格式。利用同样的方法，将其他

1 级目录文本分别设置为“1 级”格式。

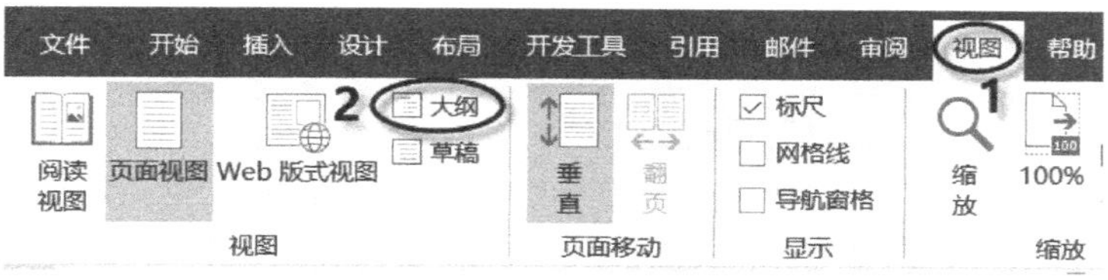

图 4-16　“视图”组中的“大纲”按钮

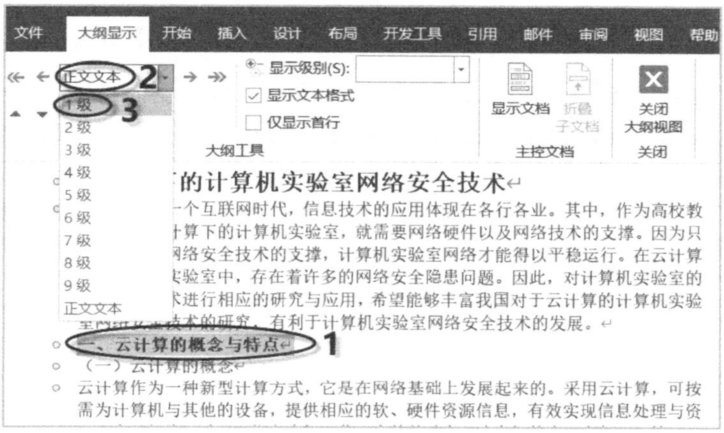

图 4-17　设置 1 级目录格式

（3）设置 2 级目录格式。选中作为 2 级目录的文本“（一）云计算的概念”，在“大纲工具”组中单击“正文文本”下拉按钮，在弹出的下拉列表中选择“2 级”，如图 4-18 所示。利用同样的方法，将其他 2 级目录文本分别设置为 2 级格式。或者使用“格式刷”将第一个 2 级目录格式复制到其他 2 级目录上。操作方法：选定已经设置“2 级”格式的目录“（一）云计算的概念”，打开“开始”选项卡，双击“剪贴板”组中的“格式刷”按钮，光标变成刷子的形状，然后分别单击其余的每一个 2 级目录，可将“2 级”格式复制到所有 2 级目录上，如图 4-19 所示。

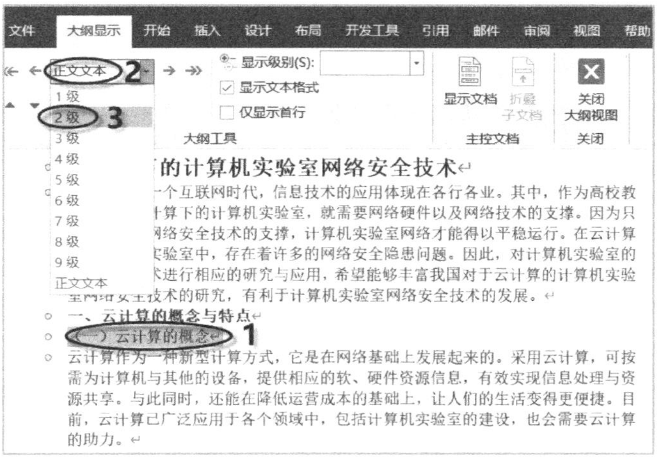

图 4-18　设置 2 级目录格式

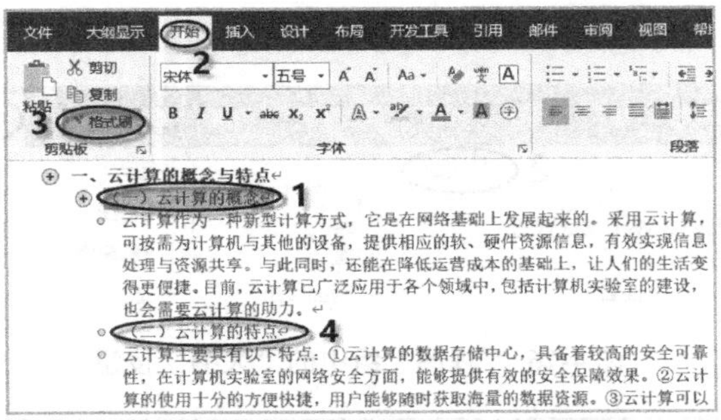

图 4-19　使用“格式刷”复制 2 级目录的“2 级”格式

（4）自定义目录。单击“关闭大纲视图”按钮，返回页面视图。将光标定位在目录页，打开“引用”选项卡，单击“目录”组中的“目录”下拉按钮，在弹出的下拉列表中选择“自定义目录”，打开“目录”对话框。

（5）打开“目录”选项卡，如图 4-20 所示，“格式”下拉列表用于设置自定义目录的格式，本例选择“正式”；“显示级别”微调框用于设置自定义目录的级别，本例设置为“2”；“制表符前导符”用于选择默认的符号，设置完毕，单击“确定”按钮，创建一个 2 级目录，如图 4-21 所示。

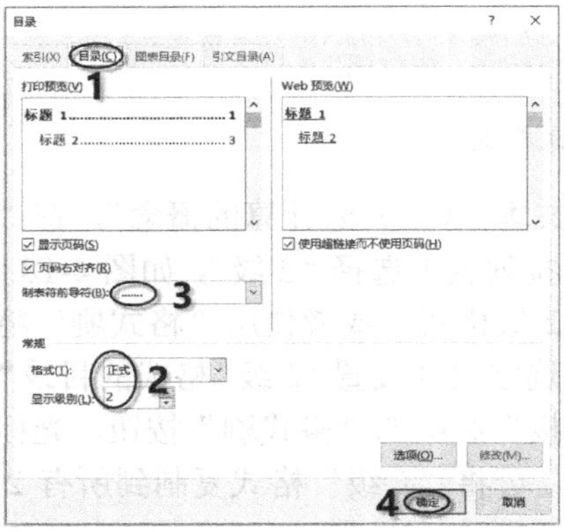

图 4-20　“目录”对话框

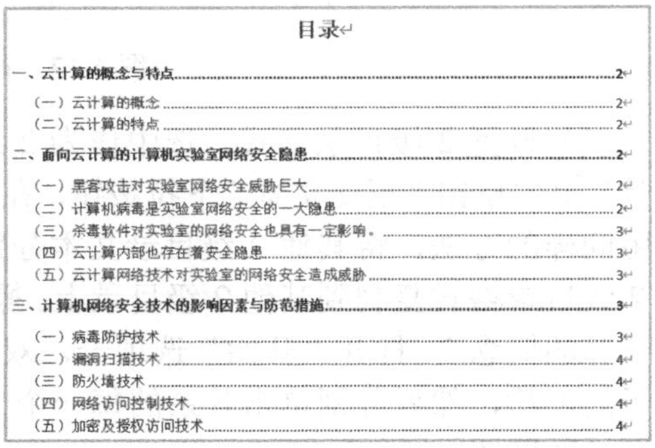
目录

一、云计算的概念与特点……2
（一）云计算的概念……2
（二）云计算的特点……2
二、面向云计算的计算机实验室网络安全隐患……2
（一）黑客攻击对实验室网络安全威胁巨大……2
（二）计算机病毒是实验室网络安全的一大隐患……2
（三）杀毒软件对实验室的网络安全也具有一定影响。……3
（四）云计算内部也存在着安全隐患……3
（五）云计算网络技术对实验室的网络安全造成威胁……3
三、计算机网络安全技术的影响因素与防范措施……3
（一）病毒防护技术……3
（二）漏洞扫描技术……4
（三）防火墙技术……4
（四）网络访问控制技术……4
（五）加密及授权访问技术……4

图 4-21　创建的 2 级目录

（6）插入页码，正文的页码从第 1 页开始。打开“插入”选项卡，单击“页眉和页脚”组中的“页码”下拉按钮，在弹出的下拉列表中选择页码的位置和样式，如图 4-22 所示。

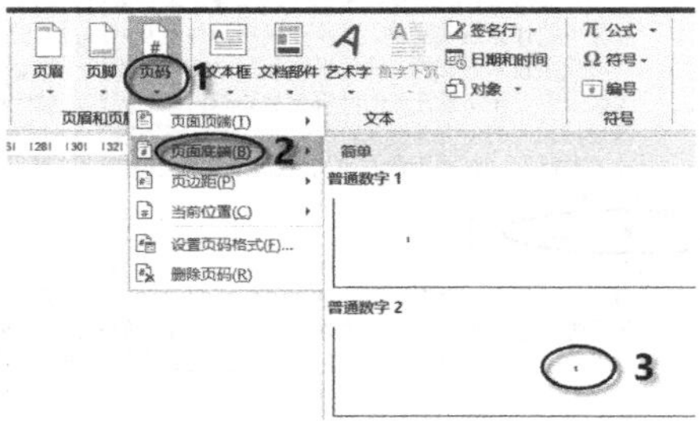

图 4-22　插入页码

（7）单击正文第 1 页页脚区的页码，打开“页眉和页脚工具”的“设计”选项卡，单击“导航”组中的“链接到前一节”按钮，如图 4-23 所示，取消当前节和上一节的关联。

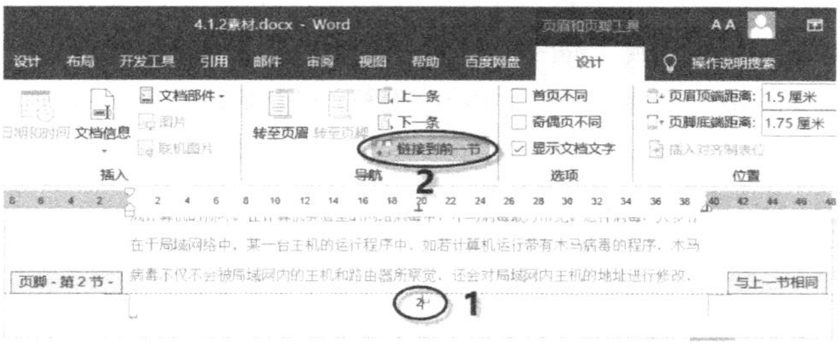

图 4-23　取消当前节和上一节的链接

（8）在“页眉和页脚工具”的“设计”选项卡“页眉和页脚”组中，单击“页码”下拉按钮，在弹出的下拉列表中选择“设置页码格式”选项，如图 4-24 所示，打开“页码格式”对话框。

（9）单击“编号格式”右侧的下拉按钮，在下拉列表中选择页码的格式，在“页码编号”中选择“起始页码”单选按钮，如图 4-25 所示，单击“确定”按钮。单击“关闭页眉和页脚”按钮，结束页眉和页脚的编辑。

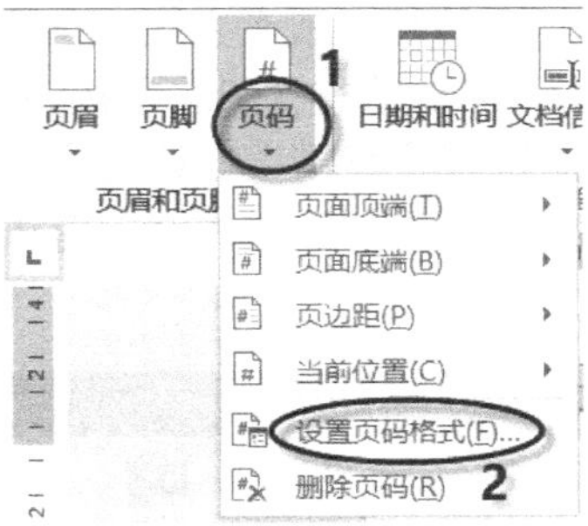

图 4-24　“页码”下拉列表

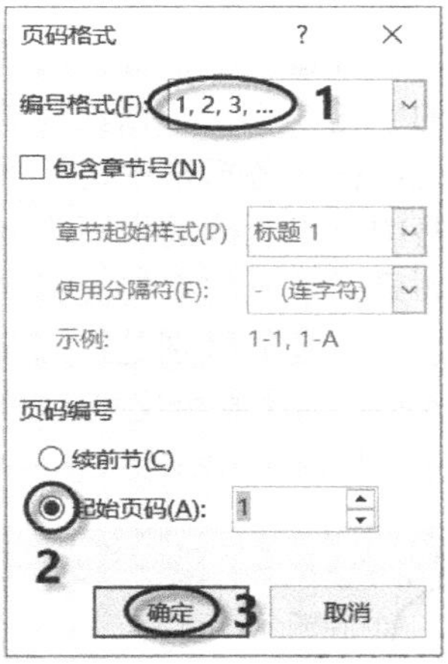

图 4-25　设置页码

（10）因页码变化更改目录。将光标移动到目录页，在目录上右击，在弹出的快捷菜单中单击“更新域”命令，打开图 4-26 所示的“更新目录”对话框，在此对话框中选择“只更新页码”单选按钮，然后单击“确定”按钮，创建了图 4-14 所示的目录。

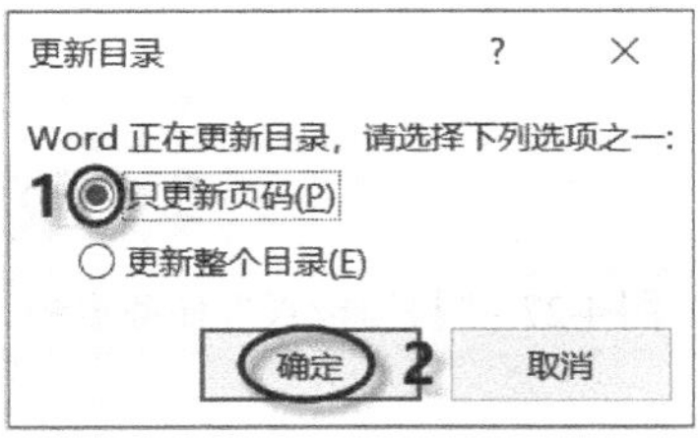

图 4-26　“更新目录”对话框

4.3.3 更新目录

在创建目录后，若因源文档标题或其他目录项而要更改目录，只需在目录上右击，在弹出的快捷菜单中单击“更新域”命令，即可更新目录，或者打开“引用”选项卡，单击“目录”组中的“更新目录”按钮，也可以更新整个目录。

4.4 文档的审阅和修订

4.4.1 拼写和语法检查

在 Word 文档中经常会看到在某些字句下方标有红色或蓝色的波浪线，这是由 Word 提供的“拼写和语法”检查工具根据其内置字典标示出的含有拼写或语法错误的字句，其中红色波浪线表示字句含有拼写错误，蓝色波浪线表示语法错误。

1. 使用“拼写和语法”检查功能

使用“拼写和语法”检查功能操作步骤如下。

（1）打开 Word 2016 文档，在“审阅”选项卡的“校对”组中，单击“拼写和语法”按钮，弹出“拼写检查”或“语法”任务窗格。

（2）在任务窗格中出现拼写或语法检查项目，如图 4-27 和图 4-28 所示。存在拼写或语法错误的字句在文档中以红色或蓝色字体标示出。如果存在拼写错误，将光标定位在文档的错误处，在任务窗格中进行修改。例如在图 4-27 中，单击文档中错误的拼写“pxy”，在任务窗格中单击正确的拼写“pxe”，然后再单击“更改”按钮，或者直接双击“pxe”进行更改。如果标示出的字句没有错误，例如在图 4-28 中，可以单击“忽略”按钮或“忽略规则”按钮。二者的区别是：“忽略”仅仅是忽略这一次拼写检查错误（该处不再提示），而“忽略规则”则是整个文档都不显示该规则类型的错误。如果标示出的字句有语法错误，则在文档中删除标有语法错误的字句，输入正确的字句即可。

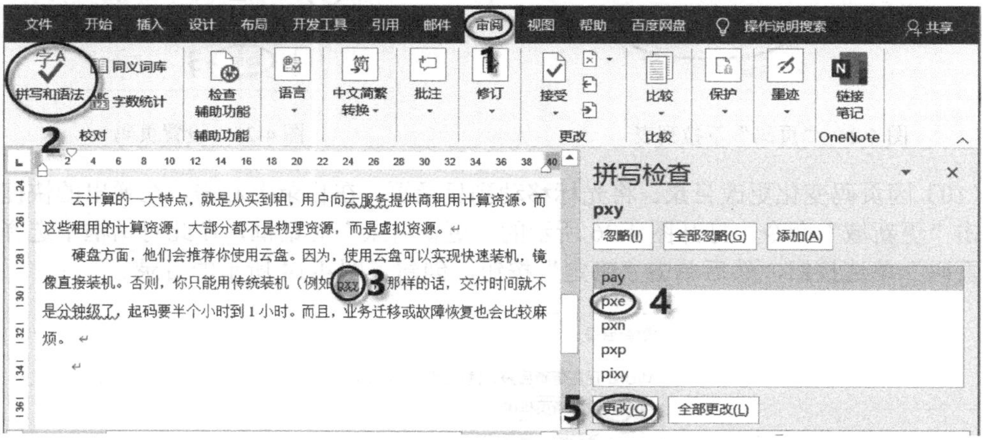

图 4-27 “拼写检查”任务窗格

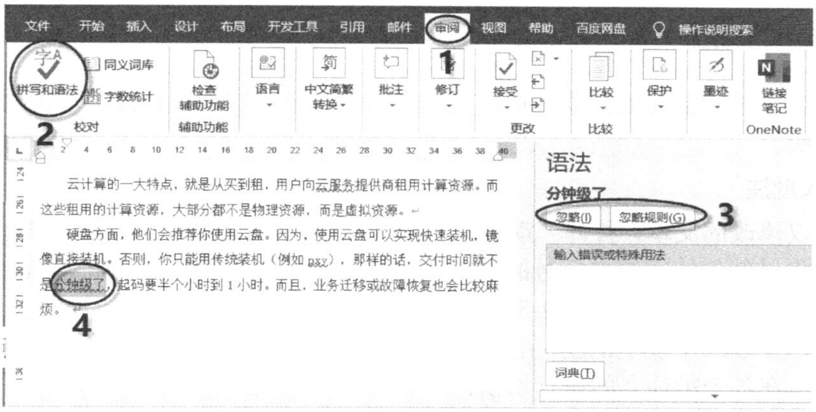

图 4-28　“语法”任务窗格

（3）单击任务窗格中的“忽略”、“忽略规则”和“更改”等按钮，继续查找下一处错误，直至检查结束，弹出图 4-29 所示的提示对话框，提示错误检查完成。

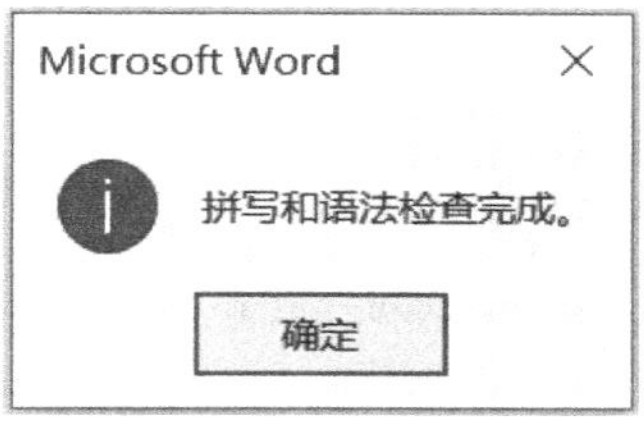

图 4-29　提示对话框

2. 关闭“拼写和语法”检查功能

若要取消文档中某些字句下方标有红色或蓝色的波浪线，可关闭“拼写和语法”检查功能。操作方法：单击“文件”|“选项”，打开“Word 选项”对话框，如图 4-30 所示，单击“校对”选项。“在 Word 中更正拼写和语法时”栏中，单击带有“√”的复选框✓，取消选中该复选框，再单击“确定”按钮。

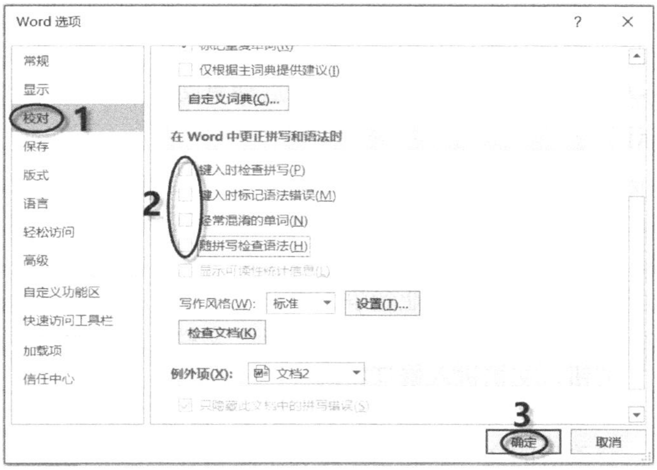

图 4-30　关闭“拼写和语法”检查功能

4.4.2 使用批注

当审阅者要对文档提出修改意见，而不直接对文档内容进行修改，可使用批注功能进行注解或说明。

1. 插入批注

选定建议修改的文本，打开“审阅”选项卡，单击“批注”组的“新建批注”按钮，选定的内容将以红色的底纹加括号的形式突出显示，同时在右侧显示批注框，在批注框中输入建议和修改意见即可，如图 4-31 所示。

如果文档中插入了多个批注，用户可以通过单击“批注”组中的“上一条”按钮或“下一条”按钮，在各个批注之间进行切换。

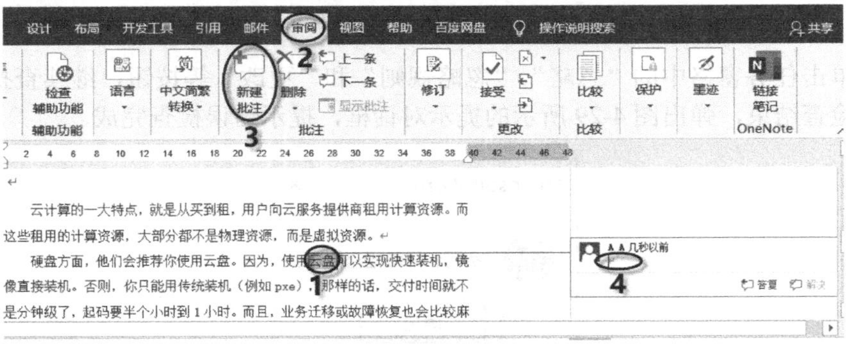

图 4-31　插入批注示例图

2. 删除批注

单击要删除的批注框，打开“审阅”选项卡，单击“批注”组中的“删除”下拉按钮，在弹出的下拉列表中选择“删除”选项，删除指定的批注，若选择“删除文档中的所有批注”选项，则删除文档中的所有批注。

4.4.3 修订内容

Word 2016 提供了修订功能，利用修订功能可记录用户对原文进行的移动、删除或插入等修改操作，并以不同的颜色标识出来，便于后期审阅，并确定接受或拒绝这些修订。

1. 插入修订标记

打开“审阅”选项卡，单击“修订”组中的“修订”按钮，文档进入修订状态，可对文档进行修改。此时，用户所进行的各种编辑操作都以修订的形式显示。再次单击“修订”按钮，退出修订状态。

例如修订“大学生科技创新与就业竞争力提升”文档，操作步骤如下。

（1）打开“大学生科技创新与就业竞争力提升”文档，在“审阅”选项卡的“修订”组中，单击“修订”按钮，文档进入修订状态。

（2）选定第二行需修改的文本“越来越”，输入“日益”。修改前的文本以红色字体和删除线显示在左侧，修改后的文本以红色字体和下画线显示在右侧，如图 4-32 所示。

（3）选定第三行文本“创建”，按 Backspace 键删除，删除的文本添加红色的删除线，并以红色字体显示，如图 4-32 所示。

（4）将光标定位在第四行词语“重点”后，插入文本“关注”，添加的文本以红色字体和下画线突出显示，如图 4-32 所示。

（5）使用同样的方法修订其他错误文档，修订结束后，保存修改后的文档。

2. 设置修订标记选项

在默认情况下，Word 用单下画线标记添加的部分，用删除线标记删除的部分。用户可根据需要自定义修订标记。如果是多位审阅者在审阅同一篇文档，更需要使用不同的标记颜色以互相区分。单击“修订”组右下角的对话框启动按钮，打开“修订选项”对话框，如图 4-33 所示，单击“高级选项”按钮，打开“高级修订选项”对话框，如图 4-34 所示，在此对话框中，可以对修订状态的标记进行设置。

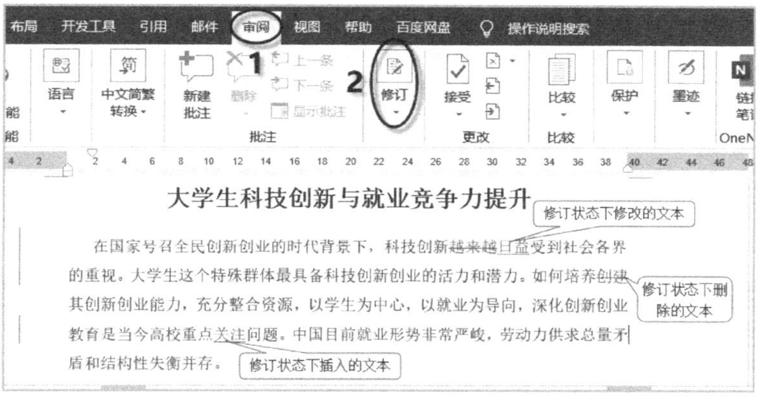

图 4-32　插入修订

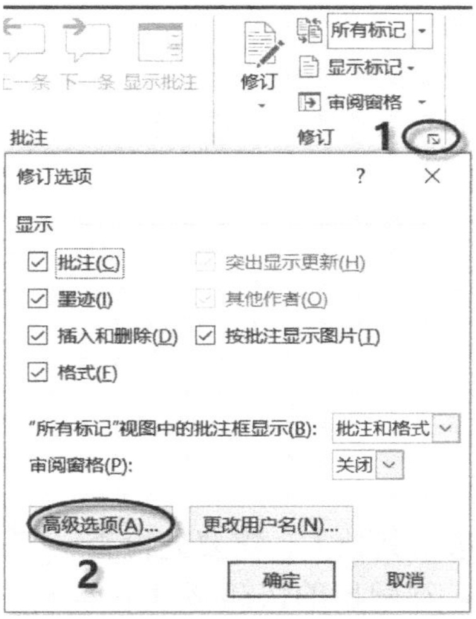

图 4-33　打开“修订选项”对话框

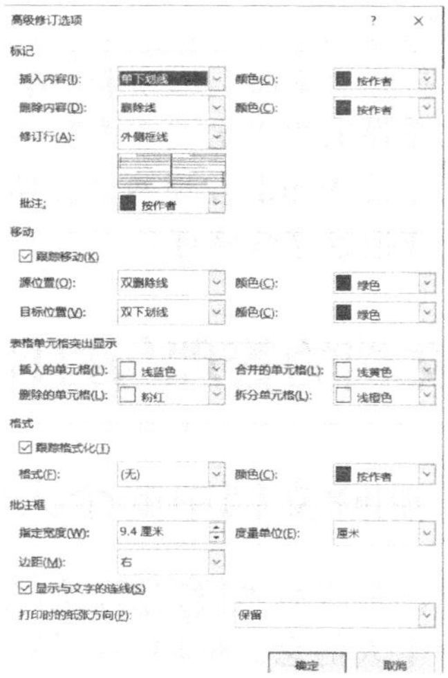

图 4-34　“高级修订选项”对话框

3. 接受或拒绝修订

文档进行了修订后，可以在审阅窗格中浏览文档中修订的内容，以决定是否接受这些修改。

例如在“大学生科技创新与就业竞争力提升”文档中进行接受或拒绝修订，操作步骤如下。

（1）打开“大学生科技创新与就业竞争力提升”文档，在“审阅”选项卡的“修订”组中，单击“审阅窗格”下拉按钮，在弹出的下拉列表中选择“垂直审阅窗格”，弹出“垂直审阅窗格”，如图 4-35 所示。

（2）双击审阅窗格中的修订内容，例如双击第一个修订内容“删除了”，可切换到文档中相对应的修订文本位置进行查看。

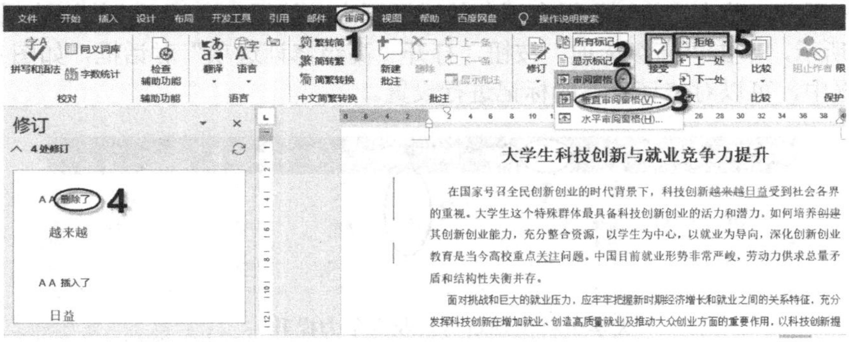

图 4-35　弹出“垂直审阅窗格”

（3）如果接受当前的修订，则单击“更改”组中的“接受”按钮，接受当前的修订。否则，单击“拒绝”按钮，拒绝修订。

（4）使用同样的方法，查看和修订文档中的其他修订。修订结束后，保存文档。

4．比较审阅后的文档

如果审阅者直接修改了文档，而没有让 Word 加上修订标记，此时可以用原来的文档与修改后的文档进行比较，以查看哪些地方进行了修改，操作步骤如下。

（1）打开“审阅”选项卡，单击“比较”组中的“比较”按钮，选择“比较”选项。

（2）在弹出的“比较文档”对话框中选择比较的原文档和修订的文档。

（3）如果 Word 发现两个文档有差异，则会在原文档中进行修订标记，用户可以根据需要接受或拒绝这些修订。

4.5　文档的管理与打印

4.5.1　删除文档中的个人信息

文档的最终版本确定后，如果要把电子文档发送给其他人，需要先检查一下该文档里是否有个人信息。例如，在任意一篇文档上右击，在弹出的快捷菜单中单击“属性”命令，如图 4-36 所示，在打开的对话框中，单击“详细信息”选项卡，会出现文档的相应信息，比如作者、最后一次保存者、创建内容的时间、最后一次保存的日期等，如图 4-37 所示。通常这些个人信息不希望他人看到，以免个人隐私信息泄露。删除这些个人信息有两种方法。

图 4-36　选择文档的“属性”命令

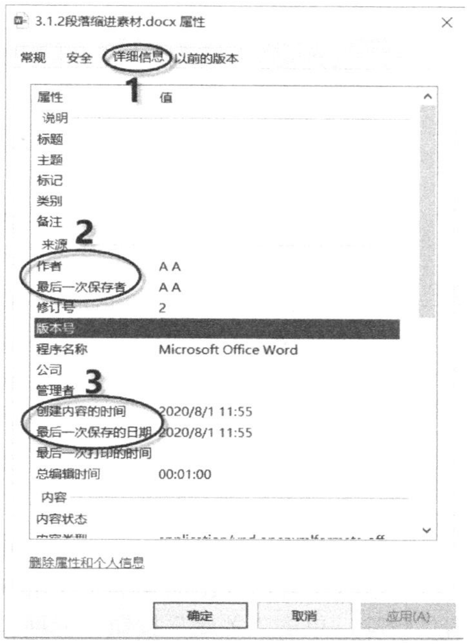

图 4-37　文档中的个人信息

1. 利用文档“属性”命令删除

（1）单击图 4-37 中左下角的“删除属性和个人信息”链接，打开“删除属性”对话框。

（2）在此对话框中选择“从此文件中删除以下属性”单选按钮，如图 4-38 所示，选中列表框中的“作者”和“最后一次保存者”复选框，单击“确定”按钮，删除作者和最后一次保存者属性。

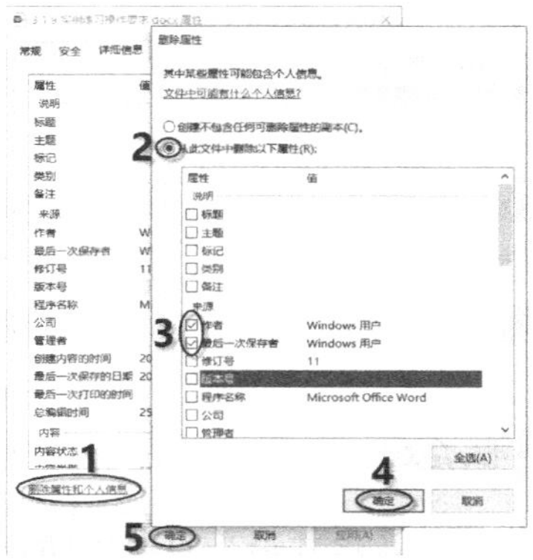

图 4-38　删除作者和最后一次保存者属性

2. 利用“文档检查器”工具删除

（1）打开 Word 文档，单击“文件”|“信息”，在“信息”窗口中单击“检查问题”下拉按钮，在弹出的下拉列表中单击“检查文档”命令，如图 4-39 所示，打开“文档检查器”对话框，如图 4-40 所示，单击“检查”按钮。

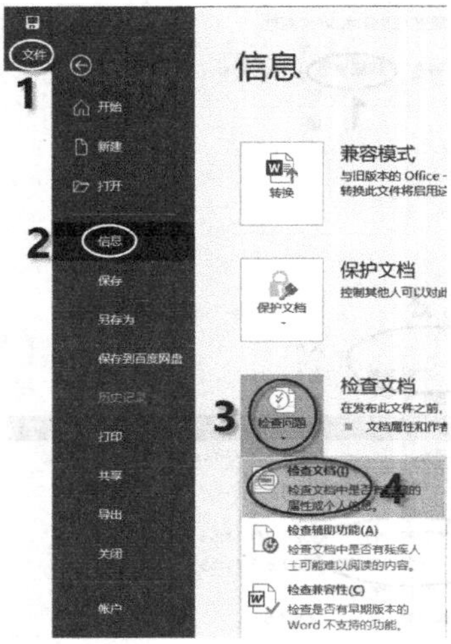

图 4-39 “检查文档”命令

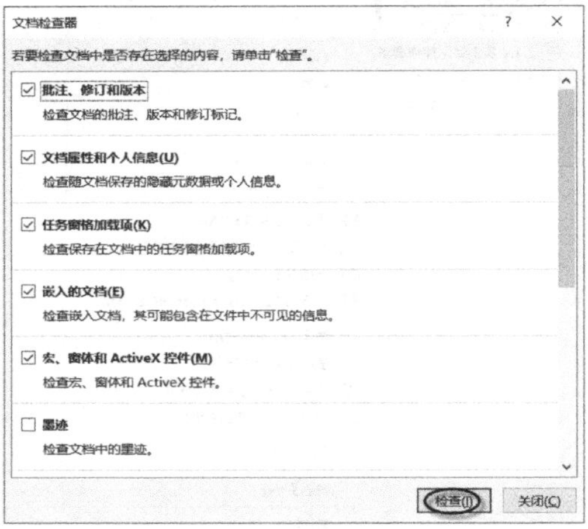

图 4-40 “文档检查器”对话框

（2）检查结束后弹出图 4-41 所示的对话框，单击“全部删除”按钮，将文档属性和个人信息删除。单击“关闭”按钮，返回“信息”窗口。

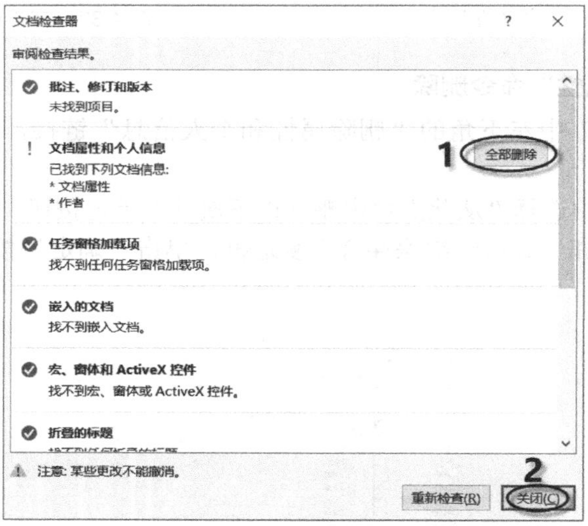

图 4-41 删除文档属性和个人信息

4.5.2 标记文档的最终状态

让读者知晓该文档是最终版本，并将其设为只读以防止编辑。标记文档的最终状态操作方法如下。

（1）打开 Word 文档，单击“文件”|“信息”，在“信息”窗口中单击“保护文档”下拉按钮，在弹出的下拉列表中单击“标记为最终”命令，如图 4-42 所示，弹出“Microsoft Word”提示对话框，如图 4-43 所示，并提示用户“此文档将标记为最终，然后保存。”单击“确定”按钮。

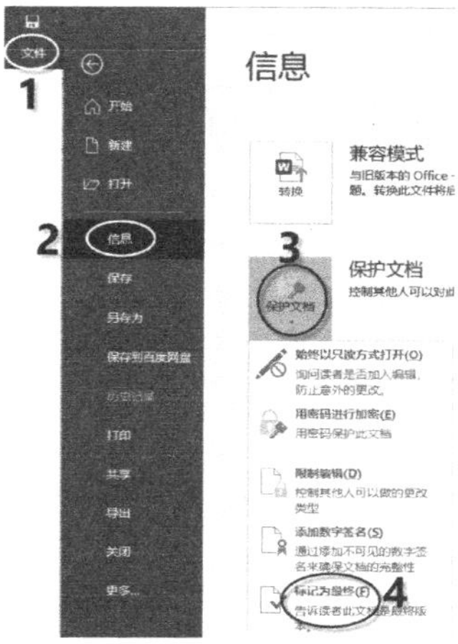

图 4-42 “标记为最终”命令

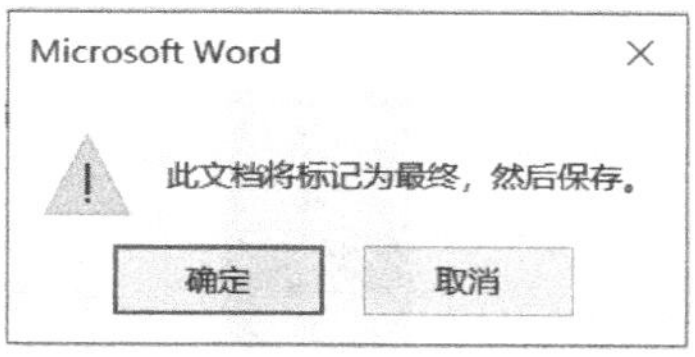

图 4-43 “Microsoft Word”对话框

（2）提示用户“此文档已标记为最终”，然后单击“确定”按钮，如图 4-44 所示。

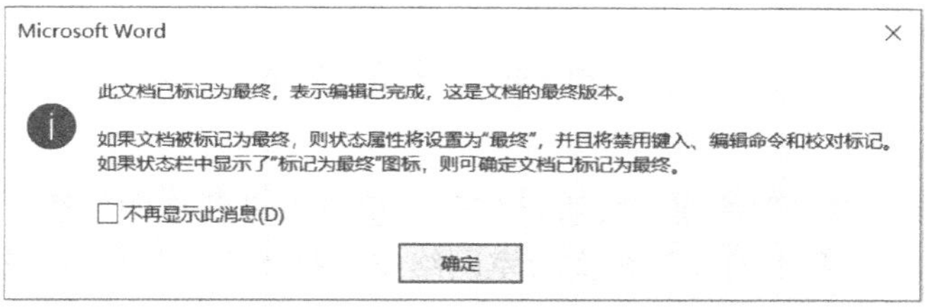

图 4-44 “此文档已标记为最终”提示对话框

（3）此时文档的标题栏上显示“只读”字样，如果要继续编辑文档，必须首先单击“仍然编辑”按钮，如图 4-45 所示。

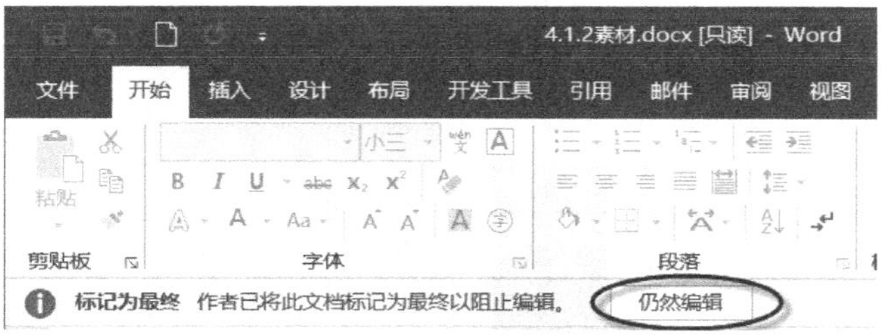

图 4-45 标记为最终文档

4.5.3 打印文档

1. 打印预览

在打印之前，先使用“打印预览”功能，观察整个文档打印的实际效果。若对效果不满意，可以返回页面视图下进行编辑，满意后再打印。

单击“快速访问工具栏”中的“打印预览和打印”按钮，或者单击“文件”|“打印”命令，打开“打印”窗格，预览打印的真实效果，如图 4-46 所示，其各项含义如下。

“打印”栏设置打印文档的份数。

“设置”栏设置打印的页面、方向等。

显示比例位于窗格的右下角，拖动滑块或单击－或＋按钮改变预览页面的大小。

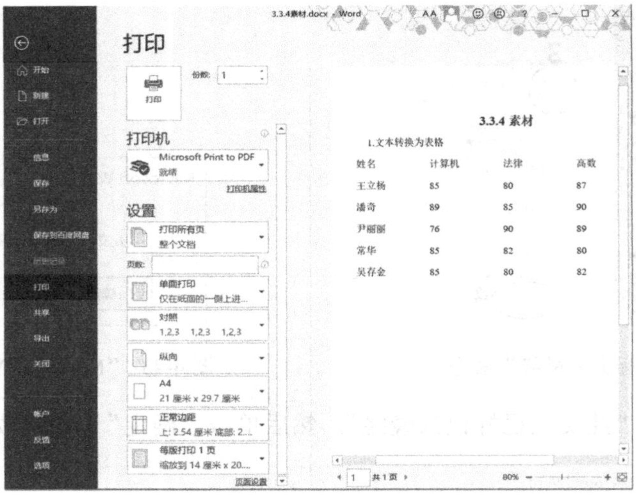

图 4-46　“打印”窗格

2．打印文档

单击图 4-46 中“打印”按钮直接进行打印。也可以设置打印参数，进行个性化打印。

例如，打印“云计算下的计算机实验室网络安全技术”文档的 1、3、4 页，纸张大小为 B5（JIS）18.2 厘米×25.7 厘米，打印 2 份，每版打印 2 页，设置方法如下。

（1）打开“云计算下的计算机实验室网络安全技术”文档，单击“文件”|“打印”命令，在“打印”窗格“打印”栏的“份数”微调框中输入 2。

（2）在“设置”区域“页数”文本框中输入“1,3,4”，纸张大小选择“B5（JIS）18.2 厘米×25.7 厘米”，单击“每版打印 1 页”按钮，选择“每版打印 2 页”。

（3）单击窗格右上角的“打印”按钮，按照设置打印文档。设置打印参数如图 4-47 所示。

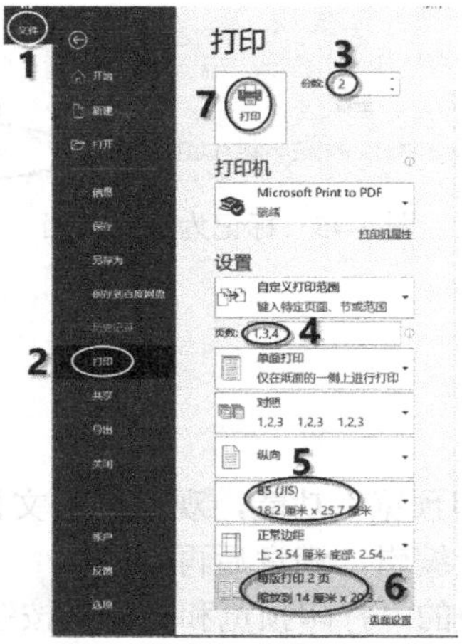

图 4-47　设置打印参数

若要双面打印，单击“设置”栏中的“单面打印”下拉按钮，在弹出的下拉列表中选择“手动双面打印”，打印一面后，将纸背面向上放进送纸器，执行打印命令进行双面打印。

在默认情况下，Word 2016 并不打印页面背景色，在预览中也无法看到。若要打印页面背景色，需要进行设置。操作方法：单击“文件”|“选项”命令，打开“Word 选项”对话框，单击“显示”按钮，在“打印选项”区域选中“打印背景色和图像”复选框，如图 4-48 所示，再单击“确定”按钮，即可预览或打印页面背景色。

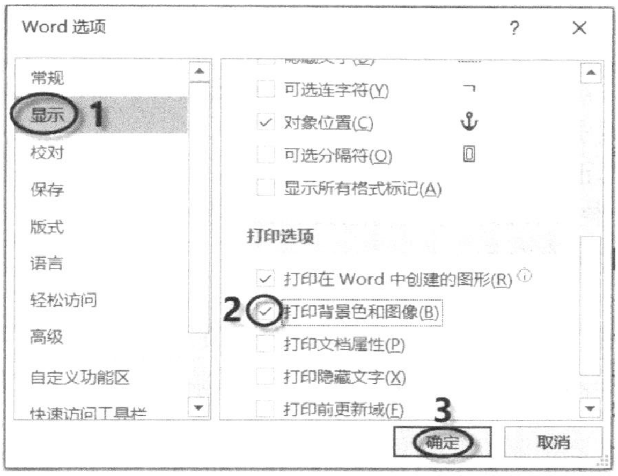

图 4-48　设置“打印背景色和图像”

4.6　实例练习

本实例是 MS Office 二级考试题库中的操作题，本操作题知识覆盖面广，涉及页面布局、文本框、图片、图表目录的插入及设置；样式和编号样式的修改；脚注、尾注、目录、题注、交叉引用、标记索引项的插入；以及查找和替换、页眉、页脚、页码等设置，难度大，具有代表性。操作要求如下。

林楚楠同学撰写了题目为“供应链中的库存管理研究”的课程论文，论文的排版和参考文献还需要进一步修改，根据以下要求，帮助林楚楠对论文进行完善。

（1）在考生文件夹下，将文档“Word 素材.docx”另存为“Word.docx”（“.docx”为扩展名），此后所有操作均基于该文档，否则不得分。

（2）为论文创建封面，将论文题目、作者姓名和作者专业放置在文本框中，并居中对齐；文本框的环绕方式为四周型，在页面中的对齐方式为左右居中。在页面的下侧插入图片“图片 1.jpg”，环绕方式为四周型，并应用一种映像效果。整体效果可参考示例文件“封面效果.docx”。

（3）对文档内容进行分节，使得“封面”、“目录”、“图表目录”、“摘要”、“1.引言”、“2.库存管理的原理和方法”、“3.传统库存管理存在的问题”、“4.供应链管理环境下的常用库存管理方法”、“5.结论”、“参考书目”和“专业词汇索引”各部分的内容都位于独立的节中，且每节都从新的一页开始。

（4）修改文档中的样式为“正文文字”的文本，使其首行缩进 2 字符，段前和段后的间距为 0.5 行；修改“标题 1”样式，将其自动编号的样式修改为“第 1 章，第 2 章，第 3 章”；修改标题 2.1.2 下方的编号列表，使用自动编号，其样式为“1）、2）、3）”。

（5）将文档中的所有脚注转换为尾注，并使其位于每节的末尾；在“目录”节中插入“流行”格式的目录，替换“请在此插入目录！”文字；目录中需包含各级标题和“摘要”、“参考书目”及“专业词汇索引”，其中“摘要”、“参考书目”和“专业词汇索引”在目录中需和标题 1 同级别。

（6）使用题注功能，修改图片下方的标题编号，以便其编号可以自动排序和更新，在“图表目录”节中插入格式为“正式”的图表目录；使用交叉引用功能，修改图表上方正文中对于图表标题编号的引用（已经用黄色底纹标记），以便这些引用能够在图表标题的编号发生变化时自动更新。

（7）将文档中的所有文本“ABC 分类法”都标记为索引项；删除文档中文本“供应链”的索引项标记；更新索引。

（8）在文档的页脚正中插入页码，要求封面无页码，目录和图表目录部分使用“1、2、3……”格式，正文及参考书目和专业词汇索引部分使用“1、2、3……”格式。

（9）删除文档中的所有空行。

操作步骤如下。

（1）打开“Word 素材.docx”，单击“文件”选项卡，选择“另存为”选项，单击“浏览”按钮，打开“另存为”对话框，在“文件名”列表框中输入“Word.docx”，单击“保存”按钮。

（2）步骤 1：将光标定位在文档开头，打开“布局”选项卡，单击“页面设置”组中的“分隔符”下拉按钮，在弹出的下拉列表中选择“下一页”，如图 4-49 所示。

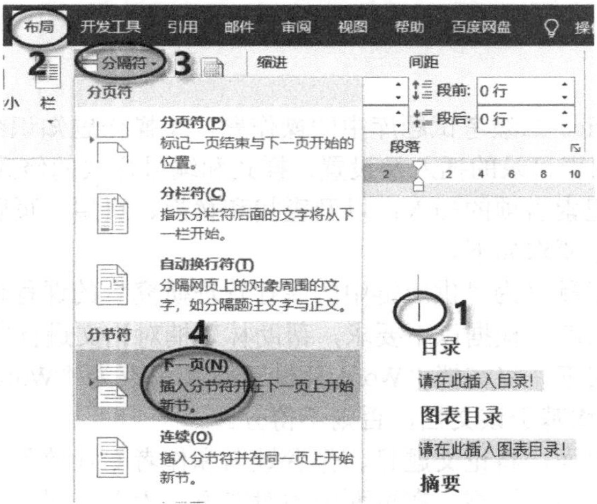

图 4-49 插入“下一页”

步骤 2：将光标定位在空白页开头，打开“插入”选项卡，单击“文本”组中的“文本框”按钮，选择“简单文本框”，如图 4-50 所示。打开“绘图工具”的“格式”选项卡，单击“排列”组中的“环绕文字”按钮，选择“四周型”环绕，如图 4-51 所示。

图 4-50　插入“简单文本框”

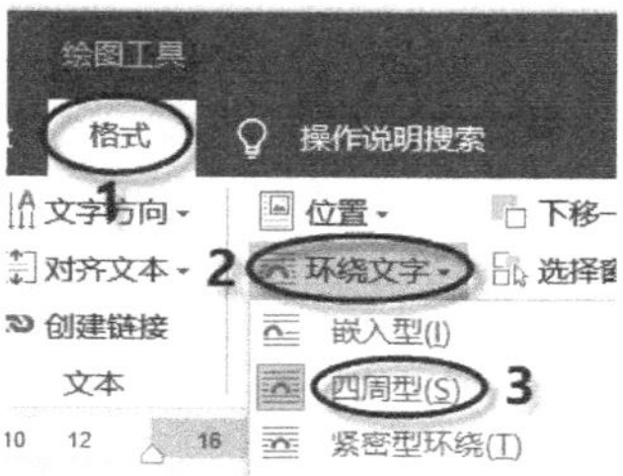

图 4-51　设置“四周型”环绕

步骤 3：适当调整文本框的大小和位置，按照示例文件“封面效果.docx”，在文本框中输入对应的文字。选中“供应链中的库存管理研究”，打开“开始”选项卡，在“字体”组中设置字体为“微软雅黑”，字号为“小初”，在“段落”组中设置对齐方式为“居中”。按照同样的方法设置“林楚楠”“企业管理专业”字体为“微软雅黑”，字号为“小二”，对齐方式为“居中”，如图 4-52 所示。

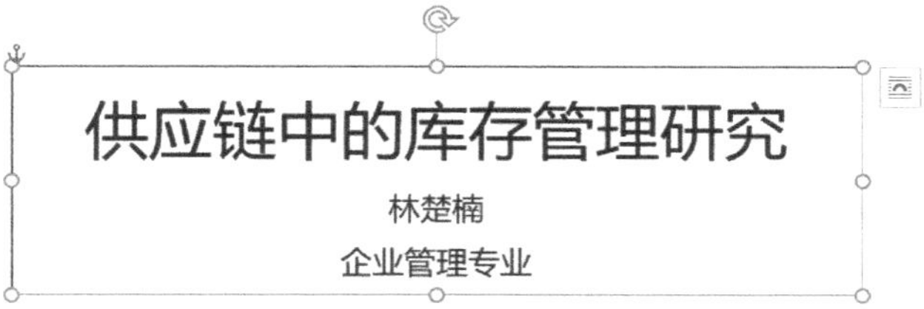

图 4-52　输入论文题目、作者姓名和专业

步骤 4：选中文本框，在文本框上右击，在弹出的快捷菜单中单击“其他布局”命令，弹出“布局”对话框，打开“位置”选项卡，对齐方式设置为“居中”相对于“页面”，单击“确定”按钮，如图 4-53 所示。

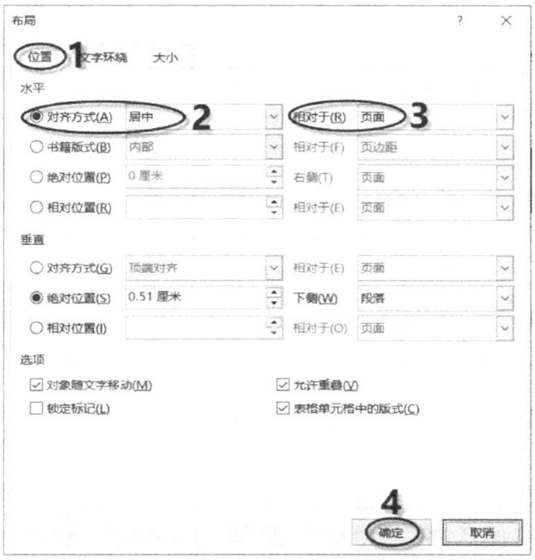

图 4-53　设置文本框的对齐方式

步骤 5：选中文本框，打开“绘图工具”的“格式”选项卡，单击“形状样式”组中的“形状轮廓”按钮，选择“无轮廓”，如图 4-54 所示。

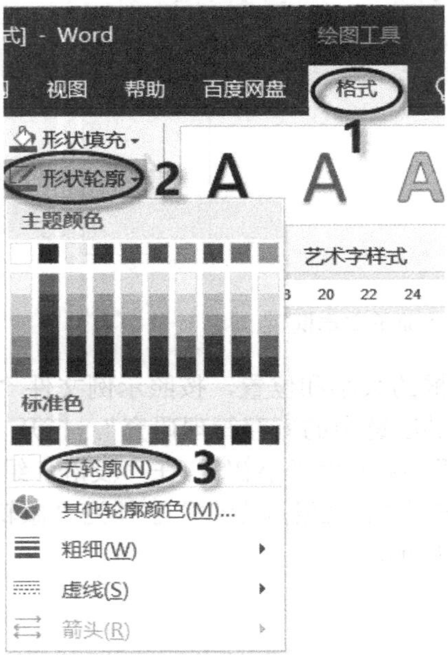

图 4-54　设置文本框为“无轮廓”

步骤 6：打开“插入”选项卡，单击“插图”中的“图片”按钮，选择“图片 1.jpg”，单击“插入”按钮。打开“图片工具”的“格式”选项卡，单击“排列”组中的“环绕文字”按钮，选择“四周型”环绕；在“图片样式”组中选择“映像圆角矩形”，如图 4-55 所示。

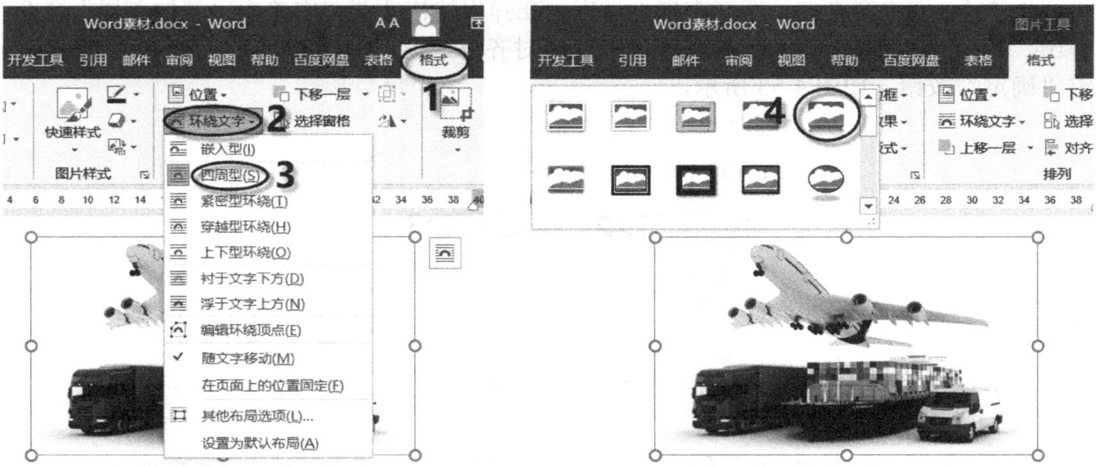

图 4-55　设置“环绕文字”和　“图片样式”

步骤 7：右击图片，在弹出的快捷菜单中单击“设置图片格式”命令，打开“设置图片格式”任务窗格，将“映像”的“大小”调整为 35%，单击“关闭”按钮，如图 4-56 所示。按照示例文件，适当调整图片位置。

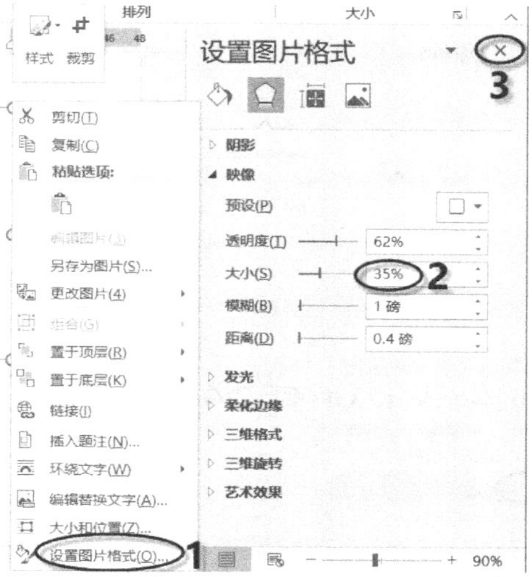

图 4-56　设置“映像”大小

（3）步骤 1：将光标定位在“图表目录”左侧，打开“布局”选项卡，单击“页面设置”组中的“分隔符”下拉按钮，在弹出的下拉列表中选择“下一页”，如图 4-57 所示。

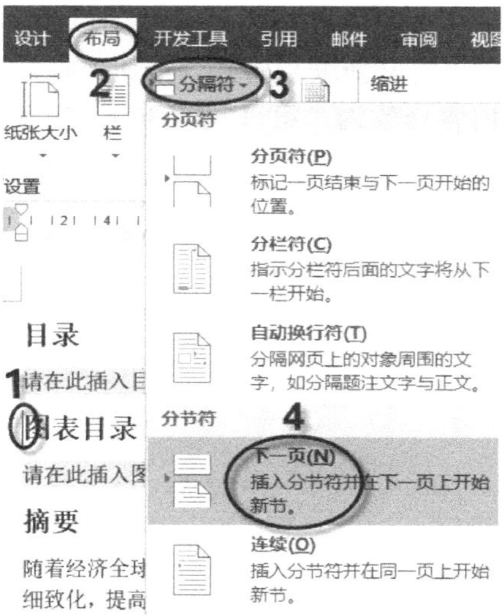

图 4-57　将“图表目录”分节

步骤 2：按照同样的方法设置“封面”、“目录”、“摘要”、“1.引言”、“2.库存管理的原理和方法”、“3.传统库存管理存在的问题”、“4.供应链管理环境下的常用库存管理方法”、“5.结论”、“参考书目”和“专业词汇索引”各部分的内容分节。各部分的内容都位于独立的节中，且每节都从新的一页开始。

（4）步骤 1：打开“开始”选项卡，在“样式”组中右击“样式库”中的“正文”文字，在弹出的快捷菜单中单击“修改”命令，弹出“修改样式”对话框，单击“格式”按钮，在弹出的快捷菜单中单击“段落”命令，弹出“段落”对话框，如图 4-58 所示，在“特殊”下拉列表中选择“首行”，磅值默认为“2 字符”。在“间距”栏中设置“段前”为“0.5 行”，“段后”为“0.5 行”。单击“确定”按钮，返回“修改样式”对话框，再单击“确定”按钮。

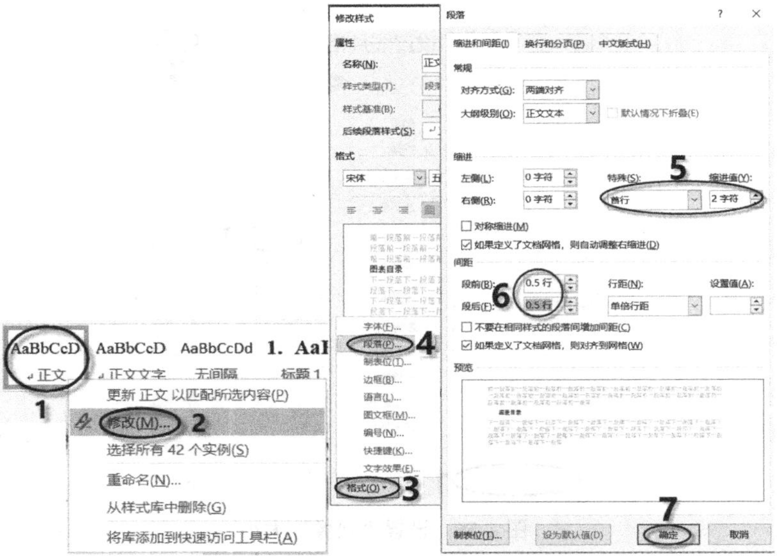

图 4-58　修改“正文”样式

步骤 2：在“标题 1”样式上右击，在弹出的快捷菜单中单击“修改”命令，弹出“修改样式”对话框，单击“格式”按钮，在弹出的快捷菜单中单击“编号”命令，弹出“编号和项目符号”对话框，单击“定义新编号格式”按钮，打开“定义新编号格式”对话框，将“编号格式”文本框中的内容修改为“第 1 章”（“1”前输入“第”，“1”后删除“.”，输入“章”），单击三次“确定”按钮，关闭对话框，如图 4-59 所示。

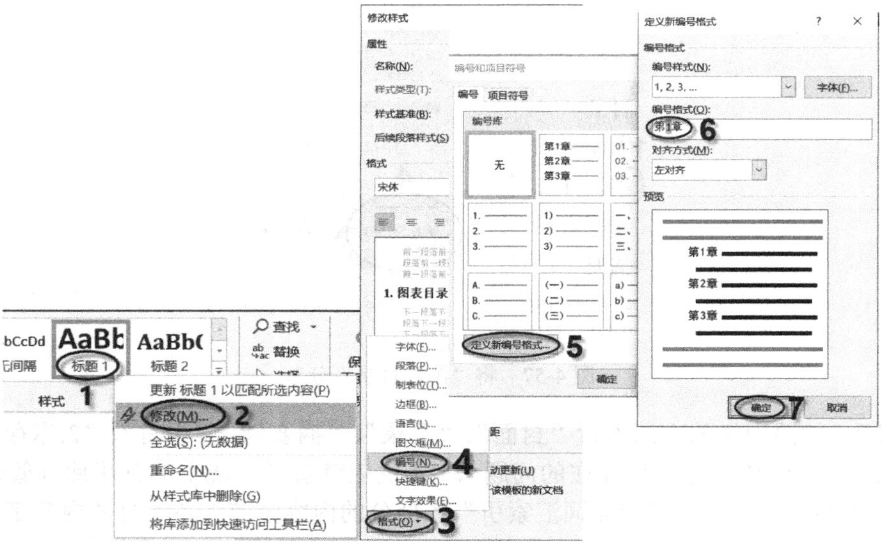

图 4-59　修改“标题 1”样式

步骤 3：选中标题 2.1.2 下方的编号列表，打开“开始”选项卡，单击“段落”组中的“编号”按钮，选择样式为“1）、2）、3）”的编号，如图 4-60 所示。

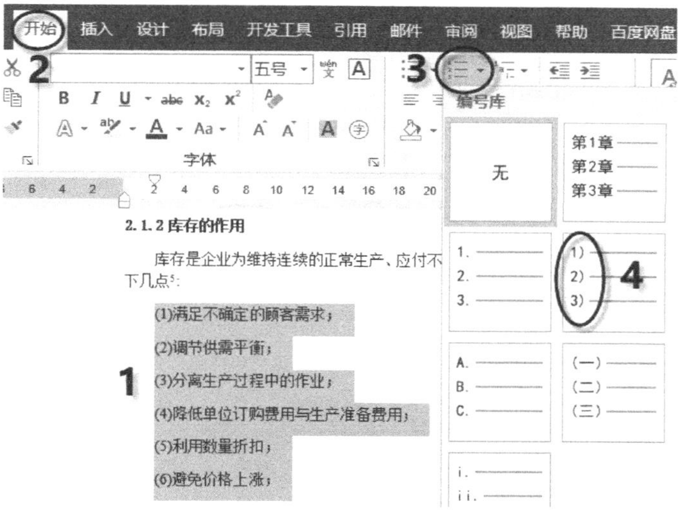

图 4-60　设置段落的编号

（5）步骤 1：打开“引用”选项卡，单击“脚注”组中右下角的对话框启动按钮，弹出“脚注和尾注”对话框，单击“转换”按钮，弹出“转换注释”对话框，选择“脚注全部转换成尾注”单选按钮，单击“确定”按钮，如图 4-61 所示。返回“脚注和尾注”对话框，单击“关闭”按钮。

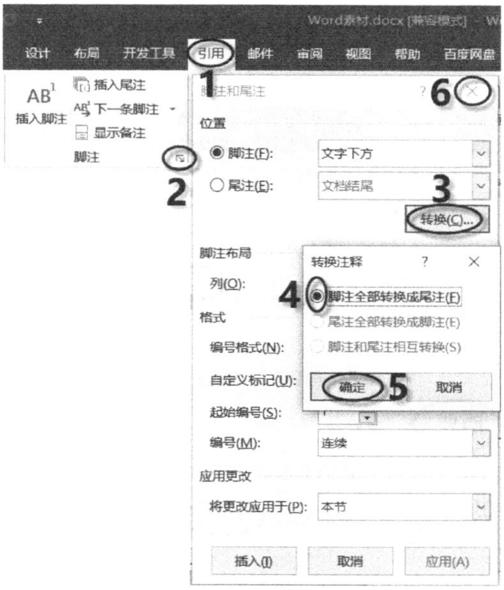

图 4-61　脚注全部转换成尾注

步骤 2：再次单击“脚注”组中右下角的对话框启动按钮，在弹出的“脚注和尾注”对话框中选中“尾注”单选按钮，在右侧的下拉列表中选择“节的结尾”，单击“应用”按钮，如图 4-62 所示。

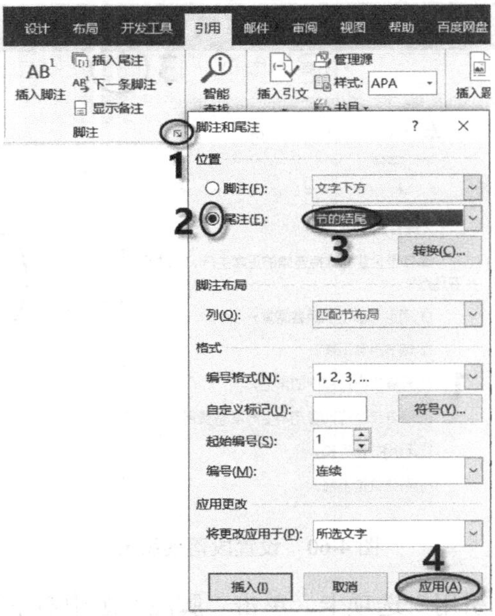

图 4-62　设置“尾注”在“节的结尾”

步骤 3：选中“摘要”，打开“开始”选项卡，单击“段落”组中右下角的对话框启动按钮，弹出“段落”对话框，在“常规”栏中，单击“大纲级别”右侧的下拉按钮，在弹出的下拉列表中选择“1 级”，单击“确定”按钮，如图 4-63 所示。按照同样的方法设置“参考书目”和“专业词汇索引”。

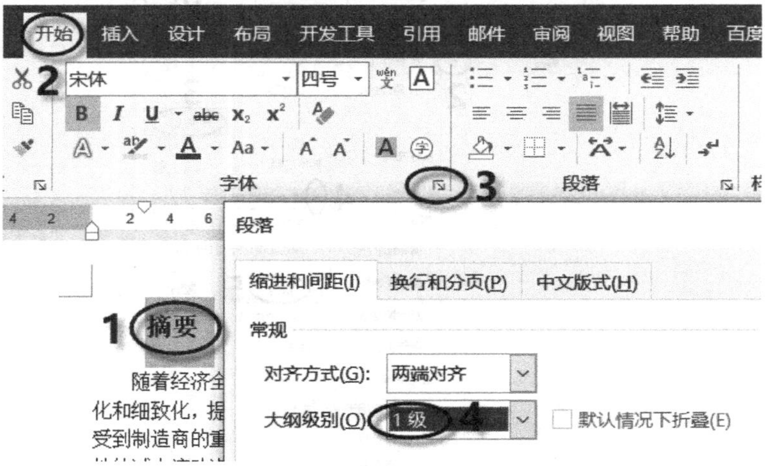

图 4-63　将“摘要”设置为“大纲级别”中“1 级”

步骤 4：选中“请在此插入目录!”，打开“引用”选项卡，单击“目录”组中的“目录”下拉按钮，在弹出的下拉列表中选择“自定义目录”，弹出“目录”对话框，在“常规”栏中单击“格式”右侧的下拉按钮，在弹出的下拉列表中选择“流行”，单击“确定”按钮，如图 4-64 所示。

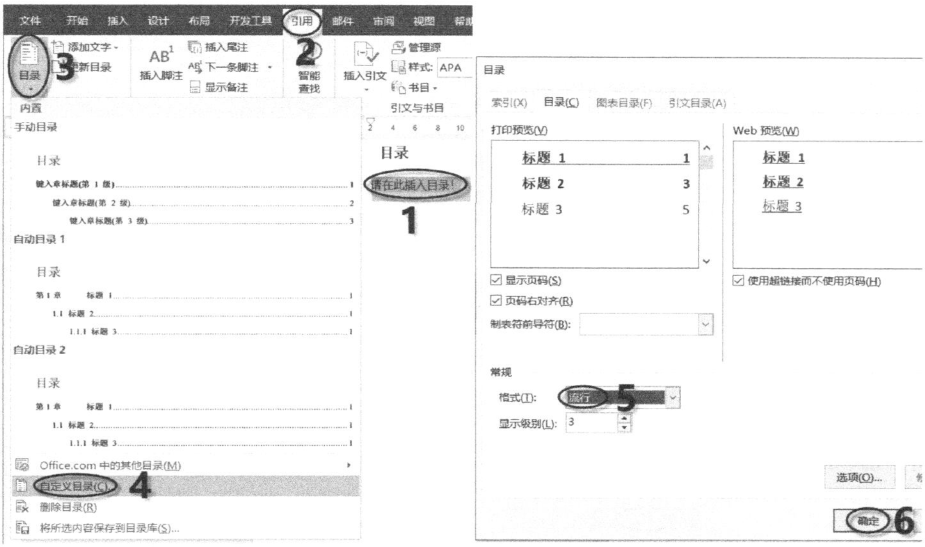

图 4-64　自定义目录

（6）步骤 1：删除正文中第 1 张图片下方的“图 1”字样，将光标定位在说明文字“库存的分类”左侧，打开“引用”选项卡，单击“题注”组中的“插入题注”按钮，在弹出的对话框中单击“新建标签”按钮，弹出“新建标签”对话框，在“标签”文本框中输入标签名为“图”，单击“确定”按钮，返回“题注”对话框，再次单击“确定”按钮，如图 4-65 所示。

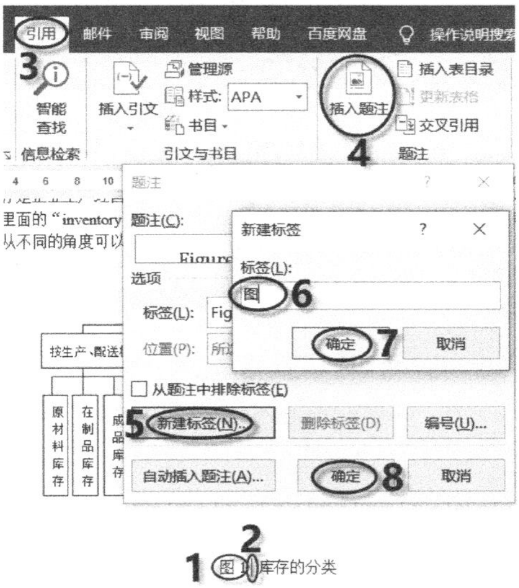

图 4-65　插入“题注”

步骤 2：打开“开始”选项卡，在“样式”组的样式库中右击“题注”，在弹出的快捷菜单中单击“修改”命令，弹出“修改样式”对话框，单击“居中”按钮，单击“确定”按钮，如图 4-66 所示。

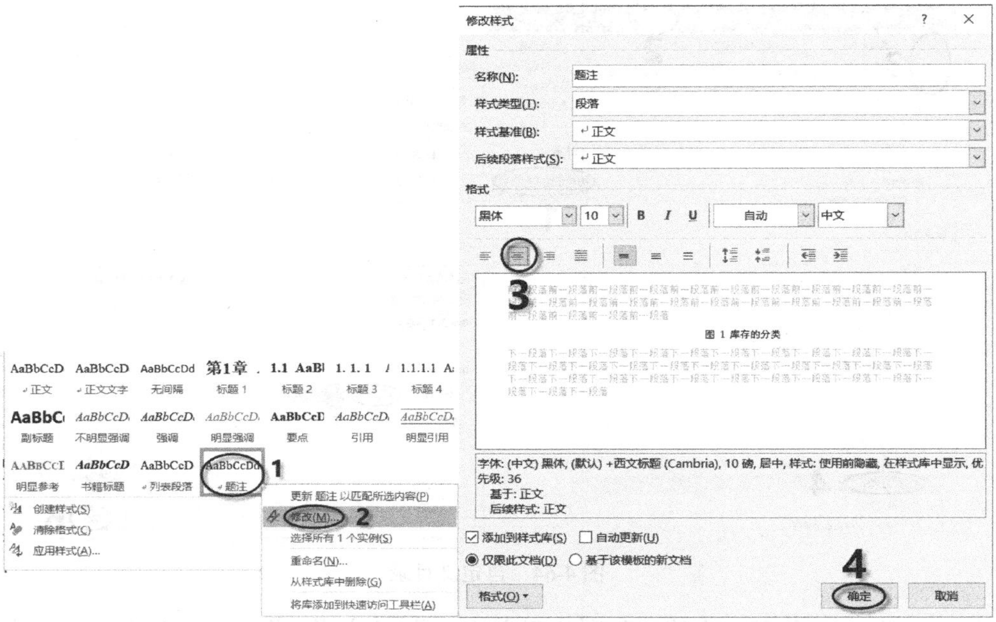

图 4-66　修改“题注”样式

步骤 3：选中第 1 张图片上方的黄色底纹文字“图 1”，打开“引用”选项卡，单击“题注”组中的“交叉引用”按钮，在弹出的“交叉引用”对话框中单击“引用类型”下拉按钮，在弹出的下拉列表中选择“图”，单击“引用内容”下拉按钮，在弹出的下拉列表中选择“仅标签和编号”，单击“插入”按钮，如图 4-67 所示，再单击“关闭”按钮。

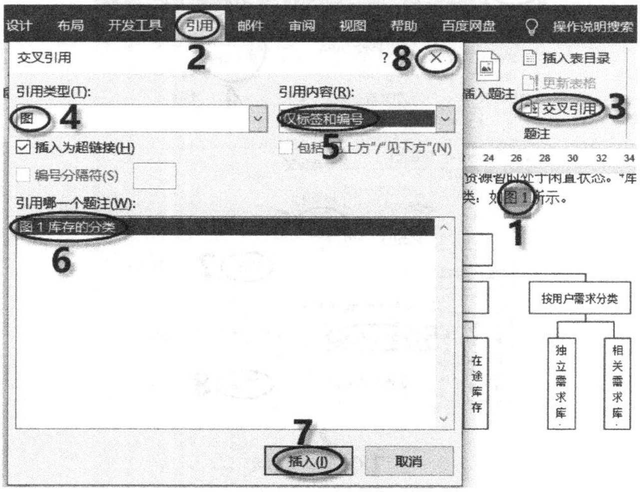

图 4-67　插入“交叉引用”

步骤 4：以同样的方法设置其余六张图片的题注及交叉引用。

步骤 5：选中“请在此插入图表目录！”，打开“引用”选项卡，单击“题注”组中的“插入表目录”按钮，在弹出的“图表目录”对话框中单击“格式”下拉按钮，在弹出的下拉列表中选择“正式”，单击“确定”按钮，如图 4-68 所示。

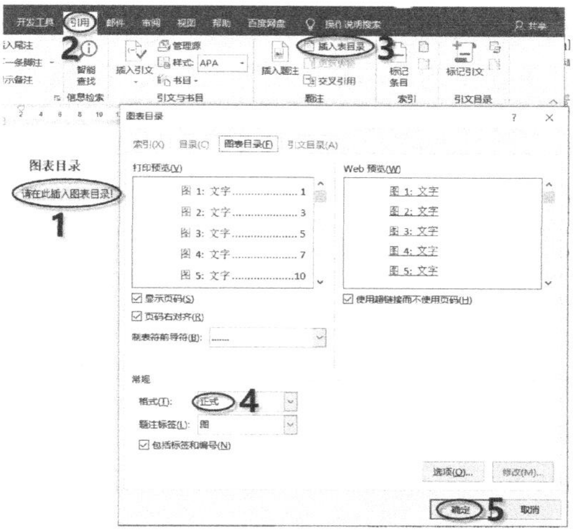

图 4-68　插入“图表目录”

（7）步骤 1：将光标定位在摘要，打开“开始”选项卡，单击“编辑”中的“查找”按钮，在弹出的“导航”任务窗格的文本框中输入“ABC 分类法”，在右侧内容区域选中“ABC 分类法”文本，如图 4-69 所示。打开“引用”选项卡，单击“索引”组中的“标记条目”按钮，在弹出的“标记索引项”对话框中单击“标记”按钮，再单击“关闭”按钮，如图 4-70 所示。

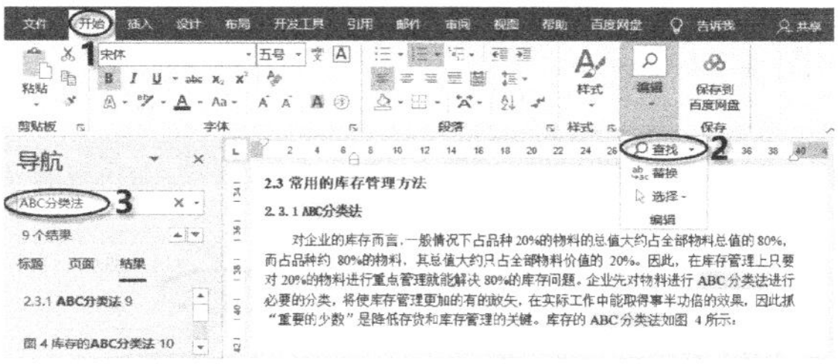

图 4-69　打开“查找”任务窗格

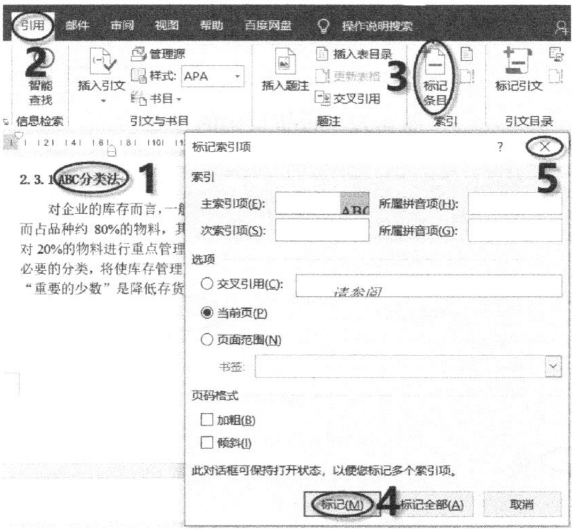

图 4-70　将文本“ABC 分类法”都标记为索引项

步骤 2：按照同样的方法将其他“ABC 分类法”文本都标记为索引项。

步骤 3：在“导航”任务窗格的文本框中删除已有文字，输入“供应链”，找到所有“供应链”文本，删除其中的“{ XE"供应链" }”内容，如图 4-71 所示。

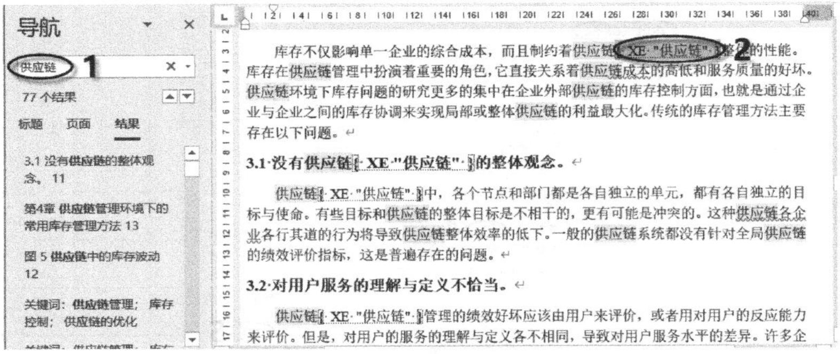

图 4-71 删除“供应链”文本中的“{ XE“供应链” }”内容

（8）步骤 1：将光标定位到目录第 1 页，打开“插入”选项卡，单击“页眉和页脚”组中的“页码”下拉按钮，在弹出的下拉列表中选择“页面底端”中的“普通数字 2”，如图 4-72 所示。打开“页眉和页脚工具”的“设计”选项卡，单击“导航”组中的“链接到前一节”按钮，取消与前一条页眉的链接，再单击“页眉和页脚”组中的“页码”下拉按钮，在弹出的下拉列表中选择“设置页码格式”，如图 4-73 所示，弹出“页码格式”对话框，单击“编号格式”右侧的下拉按钮，选择“1,2,3,…”。选择“起始页码”单选按钮，单击“确定”按钮，如图 4-74 所示。

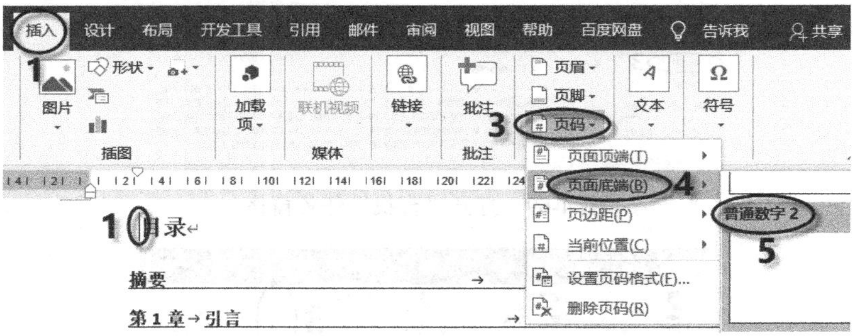

图 4-72 设置页码的位置

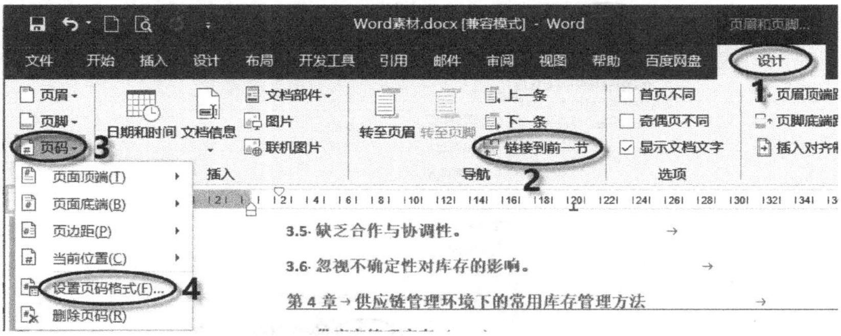

图 4-73 设置页码格式

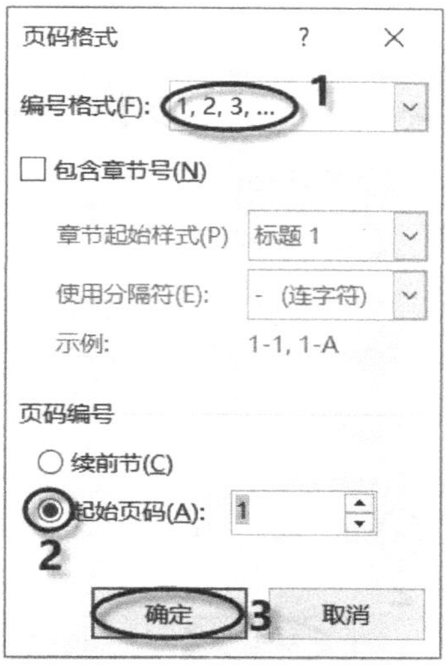

图 4-74　页码为“1,2,3,…”格式

步骤 2：将光标定位到图表目录的页码，单击“页码”下拉按钮，在弹出的下拉列表中选择“设置页码格式”，如图 4-73 所示，弹出“页码格式”对话框，单击“编号格式”右侧的下拉按钮，选择“1,2,3,…”。选择“续前节”单选按钮，单击“确定”按钮，如图 4-75 所示。

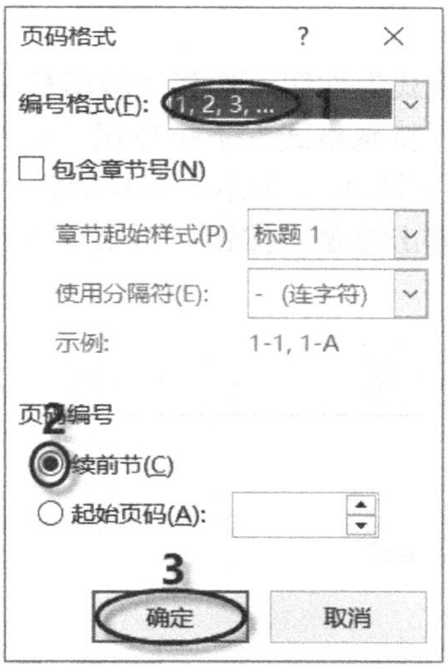

图 4-75　设置图表目录的页码

步骤 3：将光标定位到摘要的页码，单击“页码”下拉按钮，在弹出的下拉列表中选择“设置页码格式”。弹出“页码格式”对话框，选择“起始页码”单选按钮，单击“确定”按钮，如图 4-76 所示。

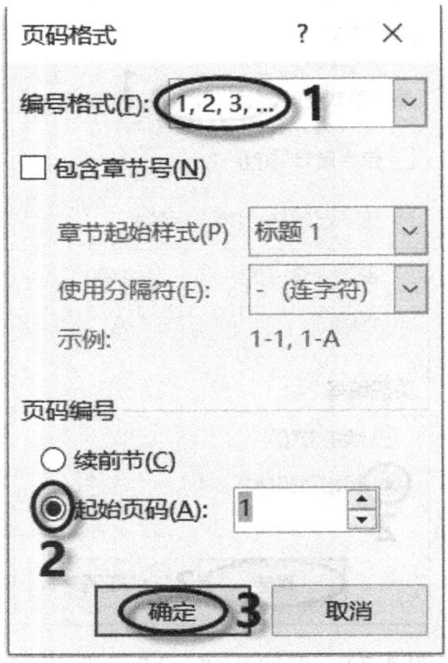

图 4-76 设置摘要的页码

步骤 4：将光标定位到封面的页码，按 Backspace 键删除页码，单击“关闭页眉和页脚”按钮。

（9）步骤 1：选中除封面以外的文档内容，打开“开始”选项卡，单击“编辑”组中的“替换”按钮，弹出“查找和替换”对话框，将光标定位到“查找内容”文本框中，单击“更多”按钮，如图 4-77 所示，单击“特殊格式”下拉按钮，在弹出的下拉列表中选择“段落标记”，再次单击“特殊格式”按钮，选择“段落标记”，如图 4-78 所示。将光标定位到“替换为”文本框，单击“特殊格式”下拉按钮，在弹出的下拉列表中选择“段落标记”，单击“全部替换”按钮，如图 4-79 所示，替换后弹出提示框，如图 4-80 所示，若要继续搜索文档的其余部分，则单击“是”按钮，否则单击“否”按钮，完成替换后，单击“关闭”按钮。

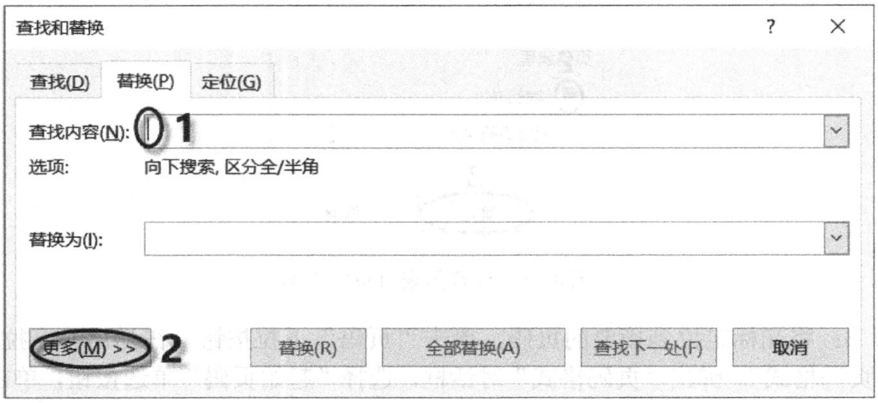

4-77 “查找和替换”对话框

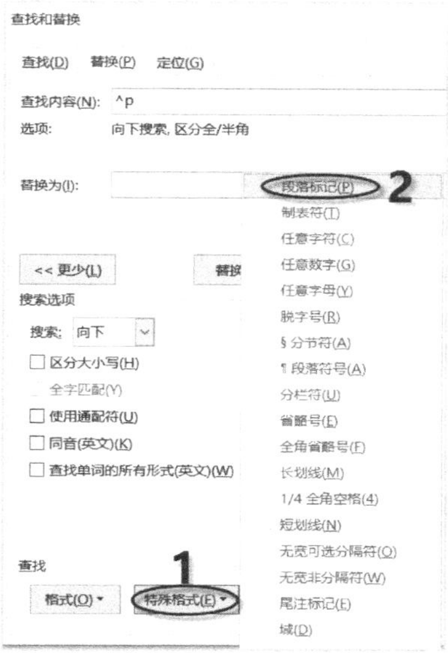

图 4-78　查找“段落标记”

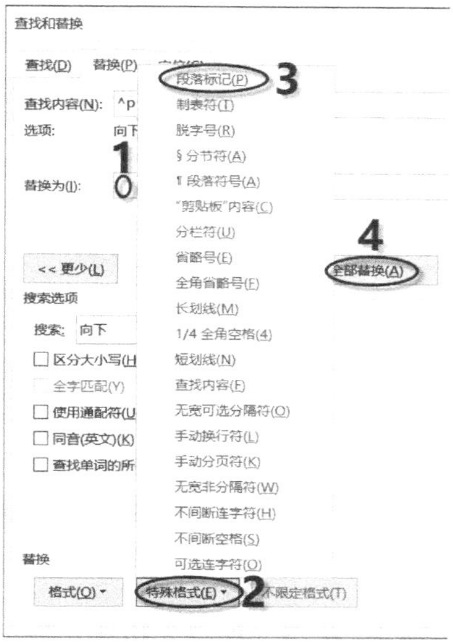

图 4-79　替换“段落标记”

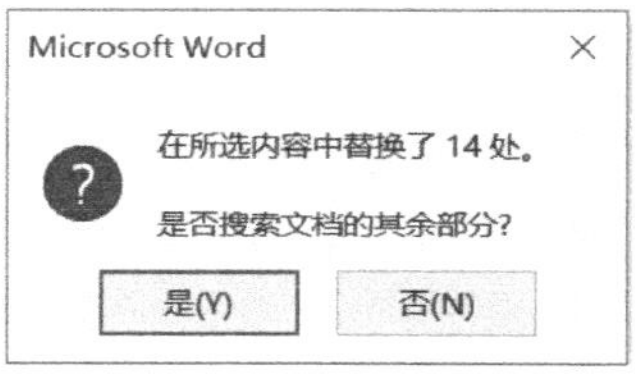

图 4-80　替换后的提示框

步骤 2：将光标定位到目录，打开“引用”选项卡，单击“目录”组中的“更新目录”按钮，在弹出的“更新目录”对话框中选择“只更新页码”单选按钮，单击“确定”按钮，如图 4-81 所示。

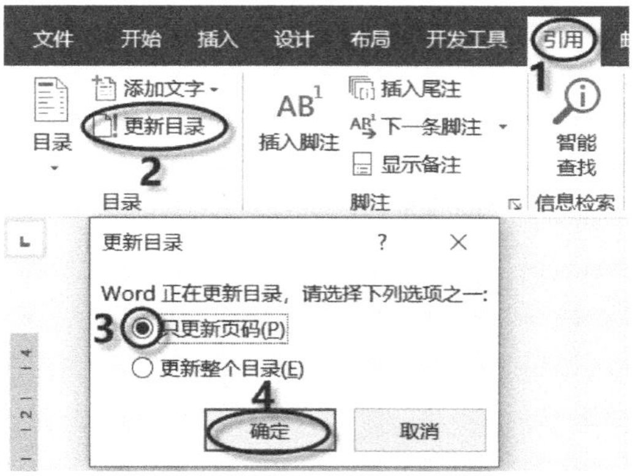

图 4-81　更新页码

步骤 3：将光标定位到图表目录，选定图表目录，打开“引用”选项卡，单击“题注”组中的“更新图表目录”按钮，弹出“更新图表目录”对话框，选择“只更新页码”单选按钮，单击“确定”按钮，如图 4-82 所示。

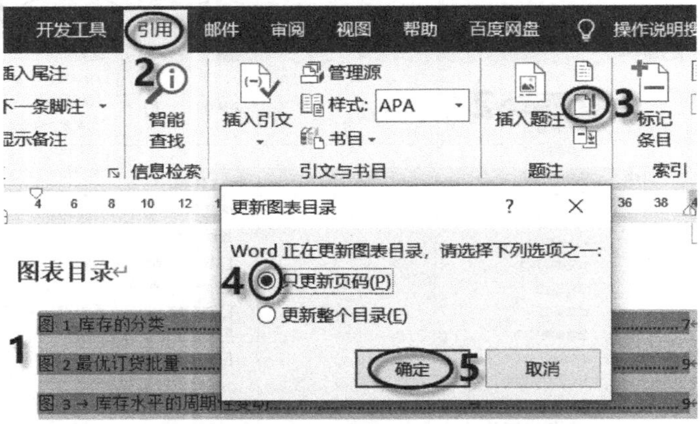

图 4-82 更新图表目录

步骤 4：单击“保存”按钮，保存文件。

第 5 章

通过邮件合并批量处理文档

5.1 邮件合并的基础

5.1.1 邮件合并概述

邮件合并是 Office Word 组件中的一种可以批量处理的功能。在实际工作中我们会经常遇到要编辑大量版式一致而内容不同的文档，如成绩单、工资条、信函、邀请函等。当需要编辑的份数比较多时，可以借助 Word 的“邮件合并”功能轻松满足我们的需求。例如，某公司年会时要向顾客和合作伙伴发送邀请函，在所有邀请函中除了“姓名”存在差异，其余套用邀请的内容完全相同，类似这样的文档编辑工作，我们可以应用“邮件合并”功能进行批量处理。

5.1.2 邮件合并的效果

邮件合并是将两个相关文件的内容合并在一起，以解决大量的重复性工作。其中，一个是“主文档”，用于存放共有的内容；另一个是“数据源”，用于存放需要变化的内容。在合并时，Word 会将数据源中的内容插入主文档的合并域中，产生以主文档为模板的不同内容的文本。

5.2 邮件合并应用实例

公司将于今年举办答谢盛典活动，市场部助理小李需要将活动邀请函制作完成，并寄送给相关的人员。

现在按照如下需求，在 Word.docx 文档中完成邀请函制作工作。

（1）调整文档版面，纸张方向设置为横向，文档页边距设置为常规。

（2）将素材文件夹下的图片“背景图.jpg”设置为邀请函的背景。

（3）在邀请函的适当位置插入“图片 1.jpg”，调整其大小、位置及样式，不影响文字排列、不遮挡文字内容。

（4）将文档末尾处的日期调整为可以根据邀请函生成日期而自动更新的格式，日期格式显示为“xxxx 年 x 月 x 日”。

（5）在“尊敬的”文字后面，插入拟邀请的客户姓名和称谓。拟邀请的客户姓名在“邀请的嘉宾名单.xlsx”文件中，客户称谓则根据客户性别自动显示为“先生”或“女士”，例如“刘洋（先生）”、“李晶（女士）”。

（6）先将合并主文档以“邀请函.docx”为文件名进行保存，再进行效果预览后生成可以单独编辑的单个文档“邀请函 1.docx”。每个客户的邀请函占 1 页内容，且每页邀请函中只能包含 1 位客户姓名，所有邀请函页面另外保存在一个名为“邀请函 1.docx”文件中。

操作步骤如下。

（1）步骤 1：打开“Word.docx”素材文件，单击“布局”选项卡“页面设置”组中的“纸张方向”下拉按钮，在弹出的下拉列表中选择“横向”，如图 5-1 所示。

步骤 2：单击“页边距”下拉按钮，在弹出的下拉列表中选择“常规”，如图 5-2 所示。

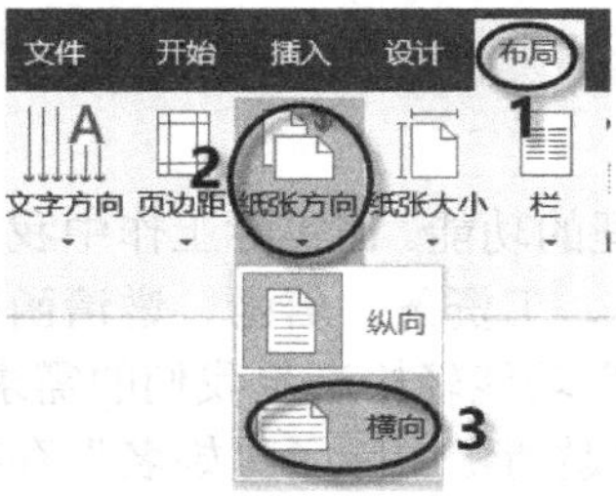

图 5-1　纸张方向设置为横向

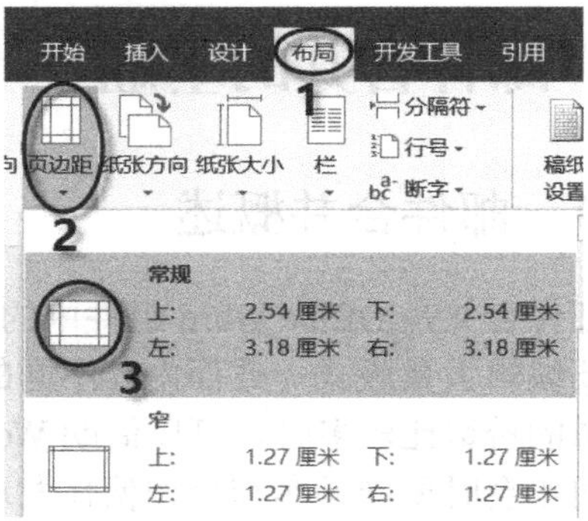

图 5-2　页边距设置为常规

（2）步骤 1：打开“设计”选项卡，单击“页面背景”组中的“页面颜色”下拉按钮，在弹出的下拉列表中选择“填充效果”，如图 5-3 所示。

步骤 2：弹出“填充效果”对话框，打开“图片”选项卡，再单击“选择图片”按钮，弹出“插入图片”列表框，如图 5-4 所示，找到“背景图.jpg”保存位置，单击“插入”按钮，再单击“确定”按钮。

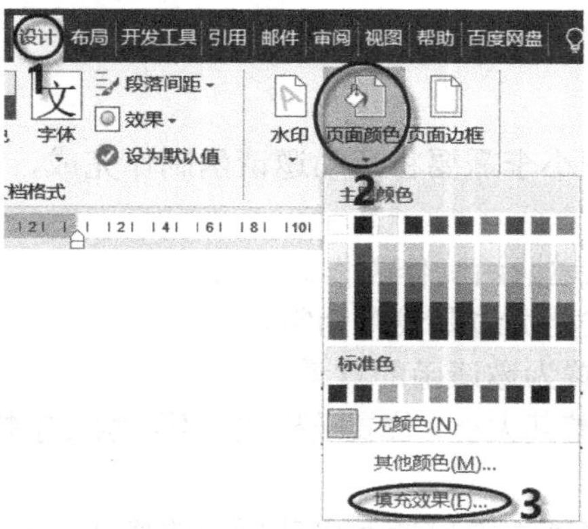

图 5-3　设置填充效果

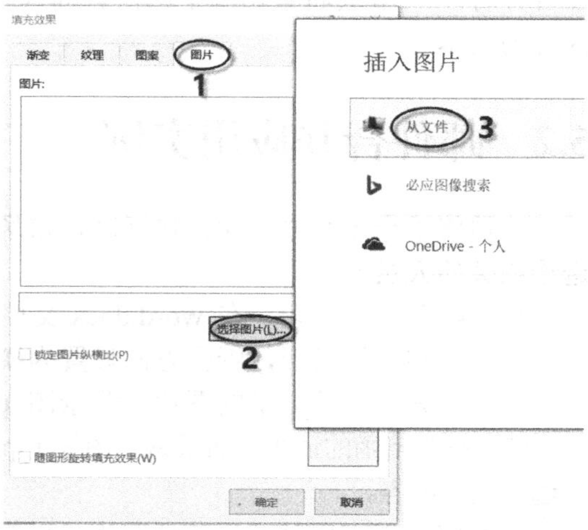

图 5-4　插入背景图

（3）步骤 1：将光标定位到合适的位置，打开“插入”选项卡，单击“插图”组中的“图片”按钮，在弹出的对话框中选择“图片 1.jpg”，单击“插入”按钮，再单击“确定”按钮，适当调整其大小和位置。

步骤 2：选定图片，打开“图片工具”的“格式”选项卡，单击“排列”组中的“环绕文字”按钮，在弹出的下拉列表中选择“浮于文字上方”。

步骤 3：单击“图片样式”组中的“其他”按钮，在弹出的下拉列表中单击“柔化边缘椭圆”，如图 5-5 所示。

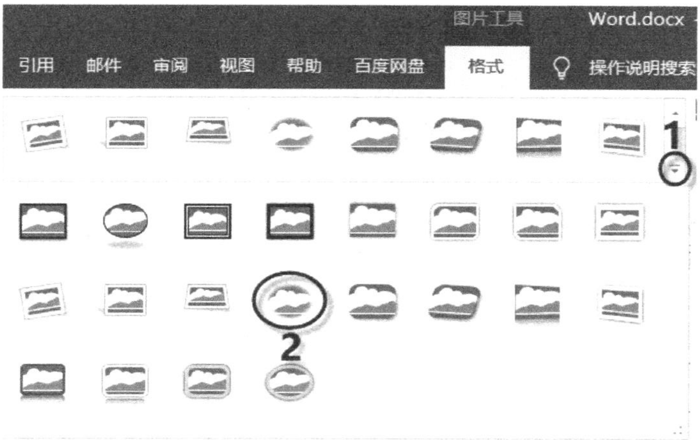

图 5-5　设置图片样式

（4）步骤：选中末尾处的日期“2020 年 8 月 25 日”，打开“插入”选项卡，单击“文本”组中的“日期和时间”按钮，在弹出的“日期和时间”对话框中将“语言（国家/地区）”设置为“中文（中国）”，在“可用格式”中选择“2020 年 8 月 25 日”，选中“自动更新”复选框，再单击“确定”按钮，如图 5-6 所示。

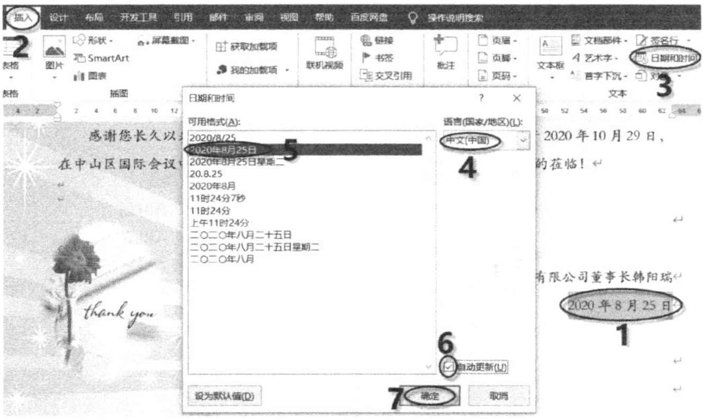

图 5-6　设置日期自动更新

（5）步骤 1：将光标定位在“尊敬的”文字后，删除多余的文字。打开“邮件”选项卡，单击“开始邮件合并”组中的“选择收件人”下拉按钮，在弹出的下拉列表中选择“使用现有列表”，如图 5-7 所示。在弹出的“选取数据源”对话框中找到“邀请的嘉宾名单.xlsx”的保存位置，单击“打开”按钮，如图 5-8 所示。

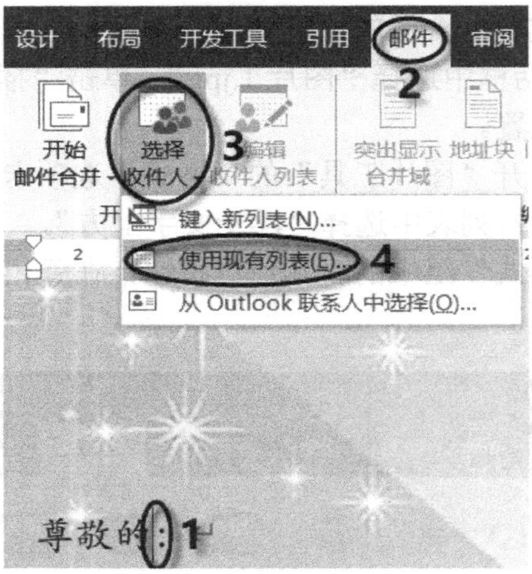

图 5-7　选择收件人

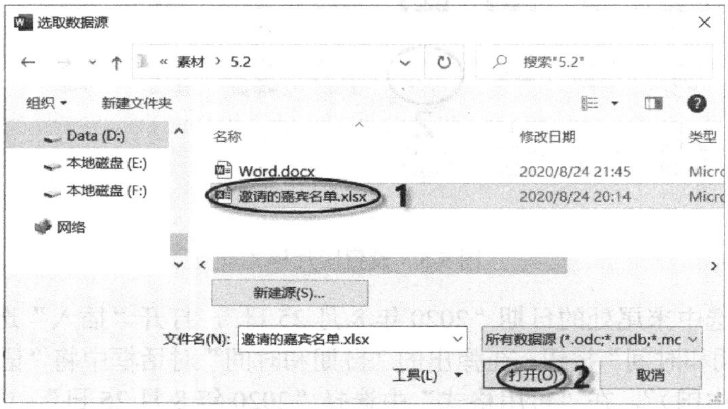

图 5-8　选择“邀请的嘉宾名单.xlsx”文件并打开

步骤 2：在弹出的“选择表格”对话框中选择“邀请的嘉宾名单$”，单击“确定”按钮，如图 5-9 所示。

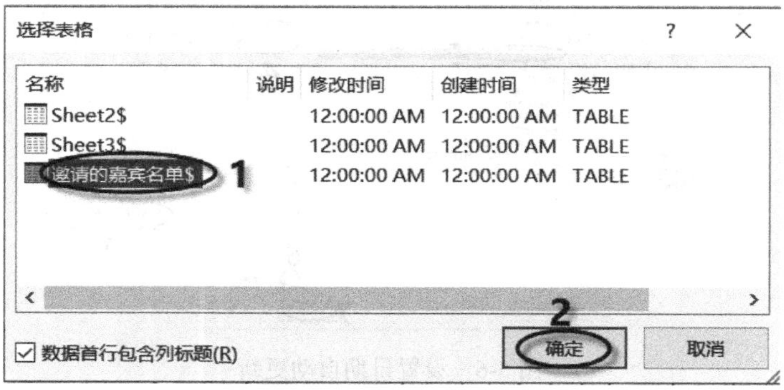

图 5-9　选择存放邀请嘉宾名单的工作表

步骤 3：打开“邮件”选项卡，单击“开始邮件合并”组中的“编辑收件人列表”按钮，只选中姓名为刘洋、李晶、苏安、王丹前面的复选框，如图 5-10 所示，单击“确定”按钮。

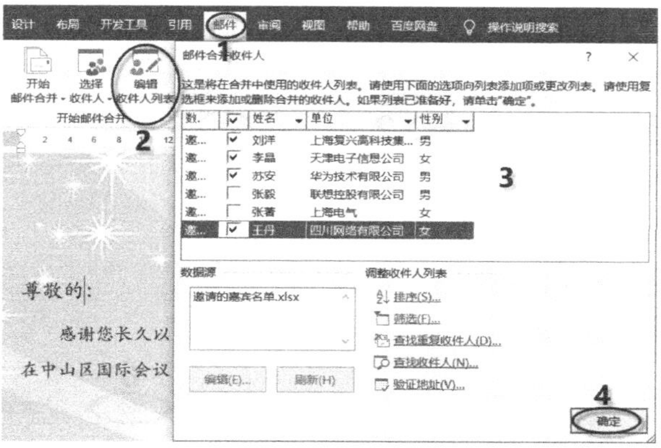

图 5-10　编辑收件人列表

步骤 4：在“编写和插入域”组中单击“插入合并域”下拉按钮，在弹出的下拉列表中选择“姓名”，如图 5-11 所示。

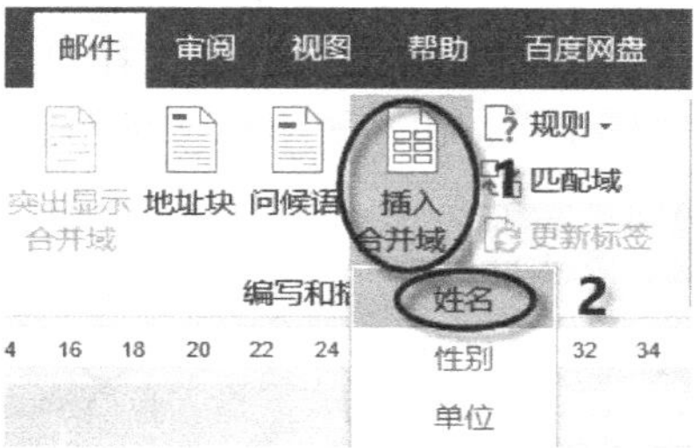

图 5-11　插入合并域

步骤 5：在“编写和插入域”组中单击“规则”下拉按钮，在弹出的下拉列表中选择“如果...那么...否则...”，如图 5-12 所示。在弹出的“插入 Word 域”对话框中，单击“域名”列表框右侧的下拉按钮，在弹出的下拉列表中选择“性别”，在“比较对象”文本框中输入“男”，在“则插入此文字”文本框中输入“先生”，在“否则插入此文字”文本框中输入“女士”，单击“确定”按钮，如图 5-13 所示。

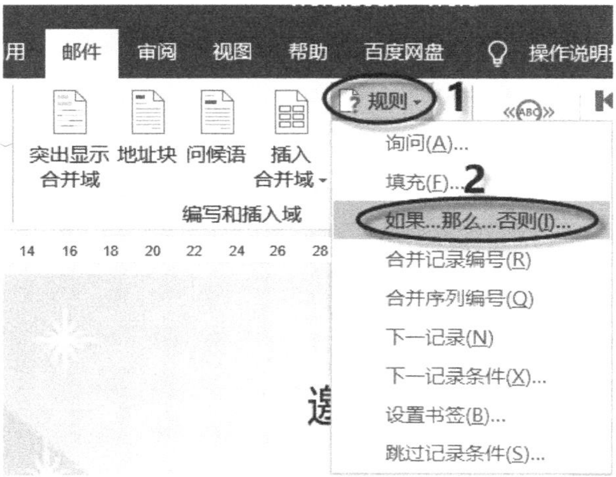

图 5-12　设置规则

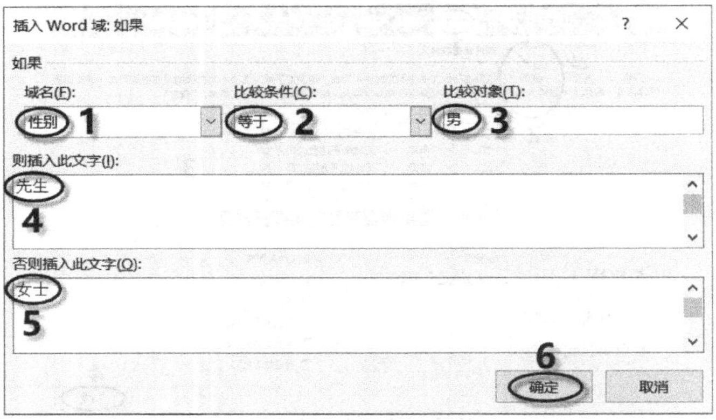

图 5-13　编写和插入域

步骤 5：选中“尊敬的”文字，双击“开始”选项卡下“剪贴板”组中的格式刷按钮，再选中“女士”文字，选中之后单击取消格式刷。

（6）步骤 1：打开“邮件”选项卡，单击“完成”组中的“完成并合并”下拉按钮，在弹出的下拉列表中选择“编辑单个文档”，如图 5-14 所示。在弹出的“合并到新文档”对话框中选择“全部”单选按钮，单击“确定”按钮，如图 5-15 所示。

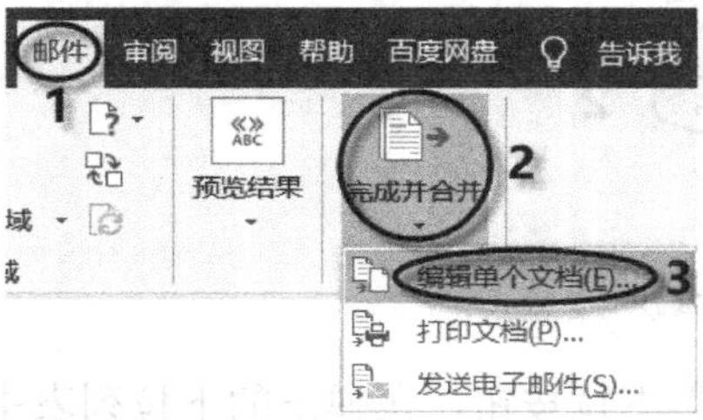

图 5-14　编辑单个文档

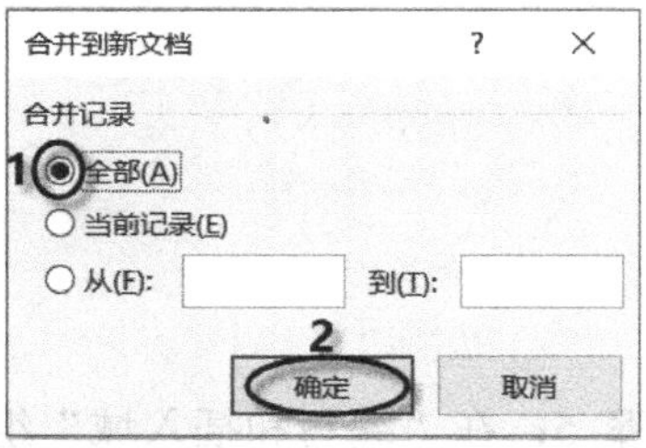

图 5-15　“合并到新文档”对话框

步骤 2：按要求（2）的步骤，为新生成的邀请函文档设置页面背景为“背景图.jpg”。

步骤 3：单击“快速访问工具栏”中的“保存”按钮，以文件名“邀请函 1.docx”进行保存，并将 Word.docx 文档另存为“邀请函.docx”。

第三篇

Excel 2016 应用

第 6 章

Excel 创建电子表格

Excel 是 Microsoft 公司 Office 办公自动化软件中的一个组件，专门用于数据处理和报表制作。它具有强大的数据计算、统计和分析功能，并能把相关的数据以图表的形式直观地表现出来。由于 Excel 能够快捷、准确地处理数据，因此在数据处理中得到了广泛的应用。

6.1 工作簿和工作表

6.1.1 Excel 2016 的基本概念

Excel 主要包括工作簿、工作表、单元格，它们是层层包含的关系，即工作簿包含工作表，工作表包含单元格。

1. 工作簿

Excel 工作簿是由一个或若干个工作表组成的，一个 Excel 文件就是一个工作簿，其扩展名为.xlsx。启动 Excel 后，将自动产生一个新的工作簿，默认的工作簿名称为“工作簿 1”。

2. 工作表

工作簿中的每一个表格为一个工作表，工作表又称电子表格，每个工作表由 1048576 行和 16384 列组成。初始启动时，每一个工作簿中默认有一个工作表，以 Sheet1 命名，根据需要可增加或删除工作表，也可以对工作表重新命名。

3. 单元格

行和列的交叉区域即为单元格，单元格是工作簿中存储数据的最小单位，用于存放输入的数据、文本、公式等。

（1）活动单元格，指当前正在使用的单元格。当单击某个单元格时，其四周呈现绿色边框且右下角有一个绿色的填充柄，如图 6-1 所示，该单元格即为当前活动单元格，可在活动单元格中输入或编辑数据。

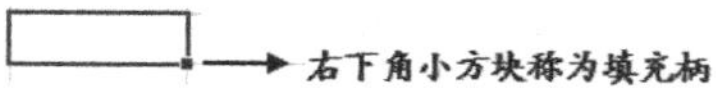

图 6-1　活动单元格和填充柄

（2）单元格地址，用列标和行号来表示，列标用英文大写字母 A、B、C 等表示，行号用数字 1、2、3 等依次顺序表示。例如，E7 表示位于第 E 列和第 7 行交叉处的单元格。若要在单元格地址前面加上工作表名称，则表示该工作表中的单元格。例如，Sheet1!E7 表示 Sheet1 工作表中的 E7 单元格。

（3）单元格区域地址。若要表示一个连续的单元格区域地址，可用该区域“左上角单元格地址:右下角单元格地址”来表示。例如，D5:F9 表示从单元格 D5 到 F9 的区域。

6.1.2　工作簿的基本操作

1. 工作簿的创建

除了启动 Excel 创建新的工作簿，在 Excel 的编辑过程中也可以创建新的工作簿，操作方法如下。

方法 1：单击“快速访问工具栏”中的“新建”按钮或按 Ctrl+N 组合键，即可创建新的工作簿。

方法 2：单击“文件”|“新建”命令。在右侧窗格中可新建空白工作簿或带有一定格式的工作簿。

（1）在“新建”区域单击“空白工作簿”，新建一个空白工作簿，如图 6-2 所示。

（2）在“搜索联机模板”区域可以搜索很多模板类型，单击需要的模板类型，如“个人月度预算”，在弹出的窗口中单击“创建”按钮，如图 6-3 所示，即可创建所选模板的文档。

（3）若用户的电脑联网，在“搜索联机模板”文本框中输入要搜索的模板类型名称，如输入“发票”，单击“开始搜索”按钮，如图 6-4 所示，系统自动在联机模板中搜索该模板。在搜索后的模板区域单击“服务发票”按钮，在弹出的窗口中单击“创建”按钮，创建了一个名为“服务发票 1”的工作簿。

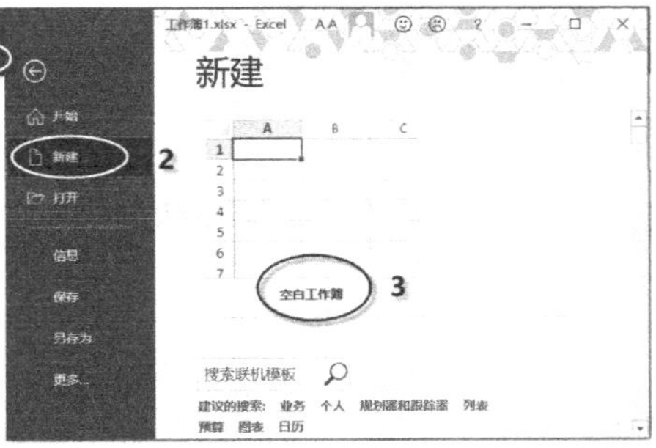

图 6-2　新建空白工作簿

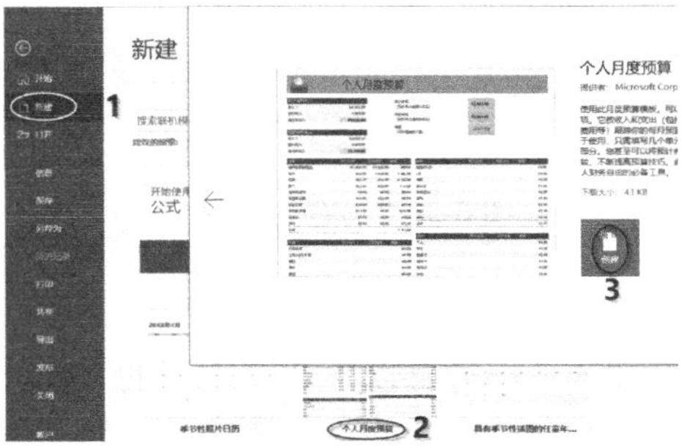

图 6-3　利用模板创建工作簿

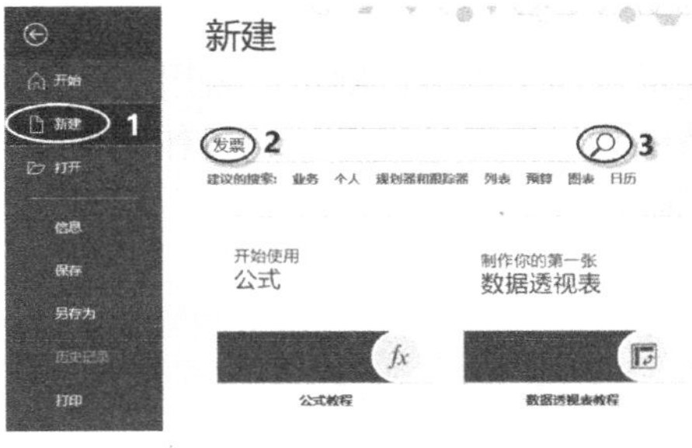

图 6-4　搜索“发票”模板

2. 工作簿的保存

编辑结束后，应及时对工作簿进行保存，方法如下。

（1）单击“快速访问工具栏”中的“保存”按钮，或者单击“文件”|“保存”命令，保存工作簿。如果是第一次保存，则会弹出“另存为”对话框，如图 6-5 所示。

（2）选择“OneDrive-个人”，可将工作簿保存到云网盘，可以随时从任何设备进行访问；选择“这台电脑”，可将文档保存到电脑，这是基本的保存方式；选择“添加位置”，用户可以添加保存位置以便更加轻松地将工作簿保存到云；选择“浏览”，用于显示最近浏览的文件夹。通常将文件保存在电脑中，可双击“这台电脑”，或者单击“浏览”，弹出“另存为”对话框，如图 6-6 所示，在对话框左侧窗格中选择文件的保存位置，默认的工作簿文件名为“工作簿 1”，可在“文件名”列表框中输入一个新的文件名来保存当前工作簿；在“保存类型”列表框中默认是“Excel 工作簿(*.xlsx)”类型，若将 Excel 2016 文档在较低版本的 Excel 中使用，则选择兼容性较高的“Excel 97-2003 工作簿(*.xls)”类型，再单击“保存”按钮。

图 6-5 “另存为”窗口

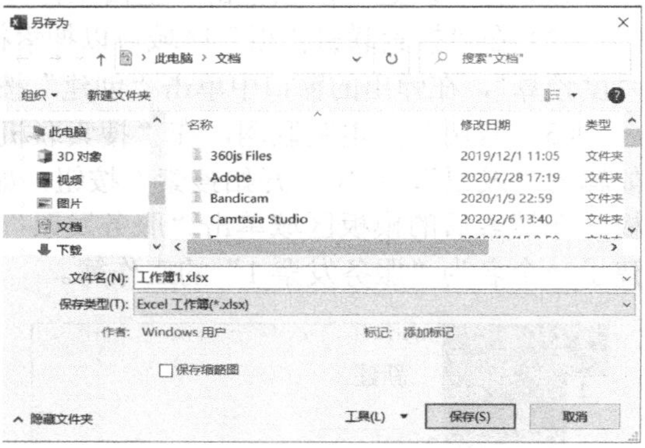

图 6-6 “另存为”对话框

3. 工作簿的打开

打开工作簿有以下 3 种常用的方法。

（1）在欲打开的工作簿文件（以.xlsx 为扩展名）图标上双击，即可打开该工作簿。

（2）单击“文件”|“打开”命令，或者单击“快速访问工具栏”中的“打开”按钮，在“打开”的对话框中，单击“这台电脑”或“浏览”找到工作簿的保存位置，选定工作簿并单击“打开”按钮。

（3）如果要打开最近使用过的工作簿，则可以采用更快捷的方式。在 Excel 窗口中单击“文件”按钮，右侧窗格中列出了最近打开过的工作簿文件，单击需要打开的文件名，即可将其打开，如图 6-7 所示。

图 6-7　选择最近打开过的文件

4. 工作簿的关闭

关闭工作簿常用的方法是：单击工作簿窗口中的“关闭”按钮☒，或者单击“文件”|“关闭”命令。

6.1.3　工作簿的隐藏与保护

为保护 Excel 文件的安全性，避免工作簿中的数据被使用或修改，有 2 种方法可以实现工作簿的保护，一种方法是将工作簿隐藏，另一种方法是为工作簿加密。

1. 工作簿的隐藏

打开要隐藏的 Excel 文件，打开“视图”选项卡，单击“窗口”组中的“隐藏”按钮，如图 6-8 所示，即可将工作簿隐藏。

若取消隐藏，打开“视图”选项卡，单击“窗口”组中的“取消隐藏”按钮，在弹出的对话框中选定要取消隐藏的工作簿，再单击“确定”按钮，如图 6-9 所示。

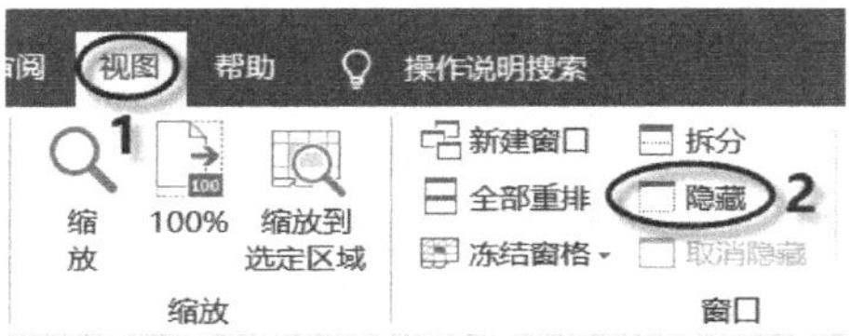

图 6-8　隐藏工作簿

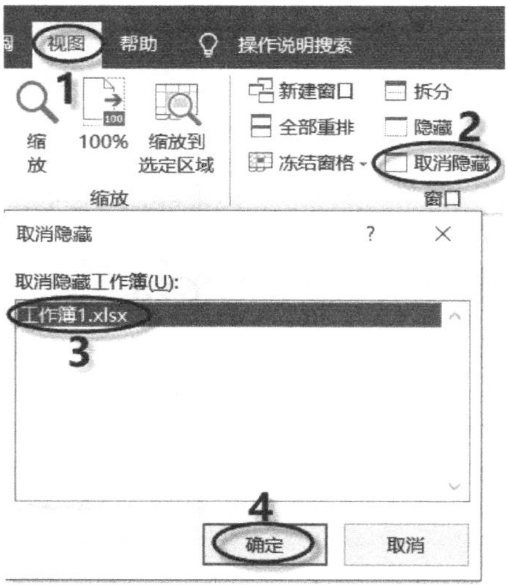

图 6-9　取消隐藏的工作簿

2. 工作簿的加密

打开要加密的 Excel 文件，单击“文件”|“信息”命令，在“信息”窗格中单击“保护工作簿”下拉按钮，在弹出的下拉列表中选择“用密码进行加密”，弹出“加密文档”对话框，在“密码”文本框中输入密码，单击“确定”按钮，如图 6-10 所示，弹出“确认密码”对话框，在“重新输入密码”文本框中再次输入密码，单击“确定”按钮，关闭文件后，再打开该文件时，需要输入密码，否则不能使用。

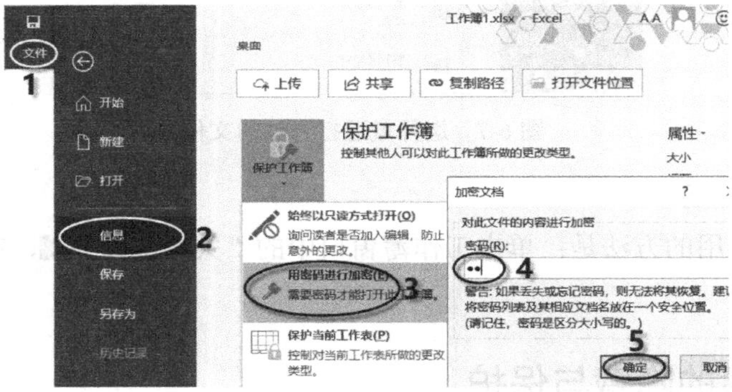

图 6-10　设置工作簿加密

保护工作簿的结构是指不能对工作表进行移动、复制、删除、插入、重命名等操作；保护工作簿窗口是指不能对窗口进行缩放、关闭、移动及隐藏等操作。保护工作簿的结构和窗口设置方法如下。

（1）单击“审阅”选项卡“保护”组中的“保护工作簿”按钮，弹出“保护结构和窗口”对话框，如图 6-11 所示。

（2）根据需要选中“结构”或“窗口”复选框，设置密码，单击“确定”按钮。

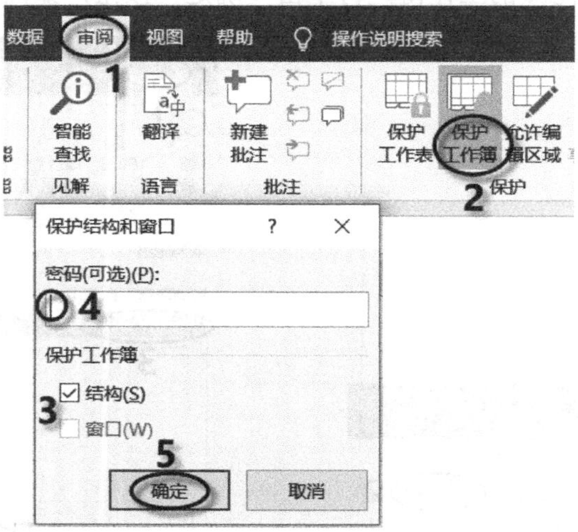

图 6-11　设置保护工作簿

（3）若取消对工作簿的保护，单击“审阅”选项卡“保护”组中的“保护工作簿”按钮，在弹出的对话框中输入密码即可。

6.1.4　工作表的基本操作

1. 插入工作表

插入工作表有以下 3 种方法。

（1）在工作表标签区域，单击右侧的“新工作表”按钮⊕，如图 6-12 所示，可在 Sheet1 工作表的后面插入一个新工作表。

图 6-12　工作表标签区域的“插入工作表”按钮

（2）打开“开始”选项卡，单击“单元格”组中的“插入”下拉按钮，在弹出的下拉列表中选择“插入工作表”选项，如图 6-13 所示，即可在当前工作表的前面插入新工作表。

（3）在某工作表的标签上右击，在弹出的快捷菜单中单击“插入”命令，弹出如图 6-14 所示的“插入”对话框，根据需要选择要插入的工作表类型并确定，新插入的工作表将出现在当前工作表之前。若选择“电子方案表格”选项卡，则可以插入带有一定格式的工作表。

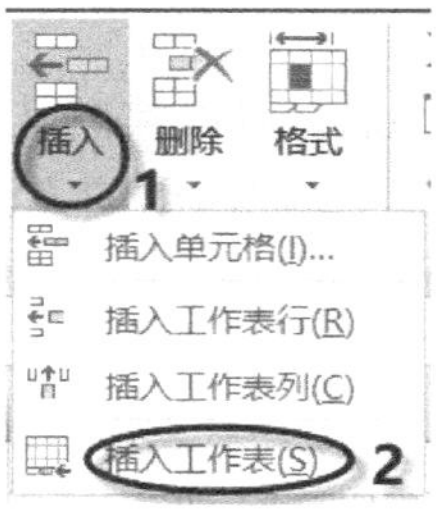

图 6-13　“插入”下拉列表

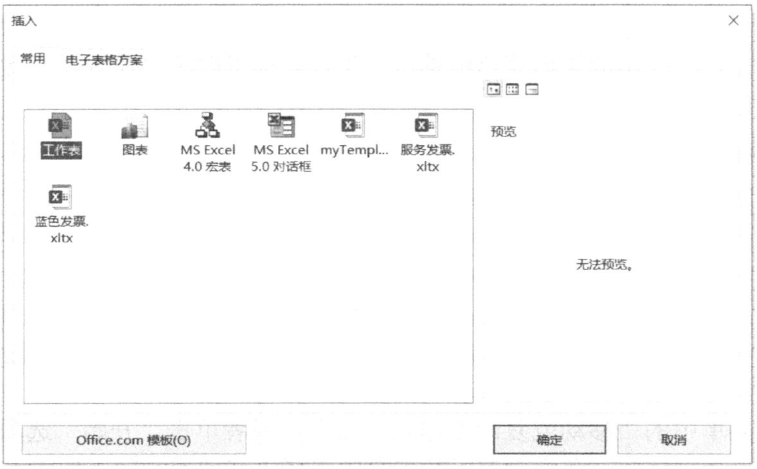

图 6-14　“插入”对话框

2. 删除工作表

在要删除的工作表标签上右击，在弹出的快捷菜单中单击“删除”命令，如图 6-15 所示，或者单击要删除的工作表标签，然后单击“开始”选项卡“单元格”组中的“删除”下拉按钮，在弹出的下拉列表中选择“删除工作表”选项。

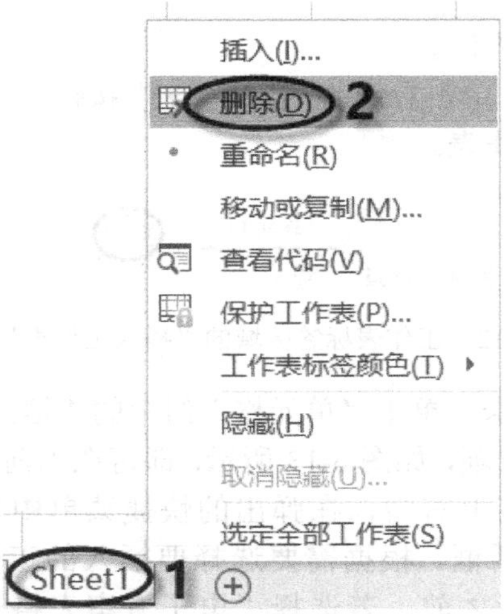

图 6-15　快捷菜单中的“删除”命令

3. 重命名工作表

Excel 中默认的工作表名称为 Sheet1，可以将默认的名称更改为见名知义的名称，以方便对内容的查看。重命名工作表有以下 2 种常用的方法。

（1）双击要重命名的工作表标签，此时工作表标签反色显示，处于可编辑状态，输入新的工作表名称并按 Enter 键确认。

（2）在要重命名的工作表标签上右击，在弹出的快捷菜单中单击“重命名”命令，输入新的工作表名称并按 Enter 键确认。

4. 设置工作表标签颜色

为突出显示某张工作表，可为该工作表标签设置颜色。操作方法：在要设置颜色的工作表标签上右击，在弹出的快捷菜单中单击“工作表标签颜色”命令，在颜色列表中单击选择所需的颜色。

5. 工作表的移动或复制

（1）同一工作簿中工作表的移动或复制。

最简单的方法是利用鼠标拖动，即将光标指向要移动或复制的工作表标签上，按住鼠标左键进行拖动，在目标位置释放鼠标左键，实现工作表的移动。按住 Ctrl 键拖动，实现工作表的复制。复制的新工作表标签后附带有括号的数字，表示不同的工作表。例如，源工作表标签为 Sheet1，第一次复制后的工作表标签为 Sheet1（2），以此类推。

（2）不同工作簿之间工作表的移动或复制。

利用快捷菜单中的“移动或复制工作表”命令，或者单击“开始”选项卡“单元格”组中的“格式”下拉按钮，在弹出的下拉列表中选择“移动或复制工作表”选项。

【例 6-1】将“销售”工作簿中的“图书”工作表移动到“库存统计”工作簿“Sheet2”工作表前。

（1）分别打开“销售”和“库存统计”两个工作簿。

（2）在“图书”工作表标签上右击，在弹出的快捷菜单中单击“移动或复制工作表”命令，弹出“移动或复制工作表”对话框。

（3）单击“工作簿”右侧的下拉按钮，在“工作簿”下拉列表中，选择用于接收的工作簿名称即“库存统计.xlsx”；在“下列选定工作表之前”列表框中，选择移动的工作表在新工作簿中的位置。本例选择“Sheet2”，如图 6-16 所示。

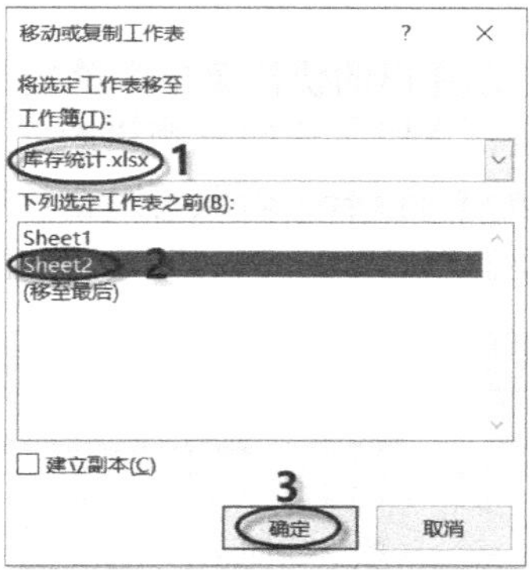

图 6-16　“移动或复制工作表”对话框

（4）单击“确定”按钮，完成不同工作簿之间工作表的移动。

若选中图 6-16 中的“建立副本”复选框，可实现不同工作簿之间工作表的复制。

6.1.5　工作表的保护

选定要保护的工作表，单击“审阅”选项卡“保护”组中的“保护工作表”按钮，或者在工作表标签上右击，在弹出的快捷菜单中单击“保护工作表”命令，弹出图 6-17 所示的“保护工作表”对话框。此对话框默认锁定工作表的全部单元格，在锁定的单元格中不能进行任何操作，如输入、删除等操作。在“允许此工作表的所有用户进行”列表框中，可根据需要选择允许他人更改的项，在“取消工作表保护时使用的密码”文本框中输入密码，单击“确定”按钮，即可按设置对工作表进行保护。

若要修改受保护的工作表，需先撤销保护。在工作表标签上右击，在弹出的快捷菜单中单击“撤销工作表保护”命令，取消工作表的保护，然后再进行修改。

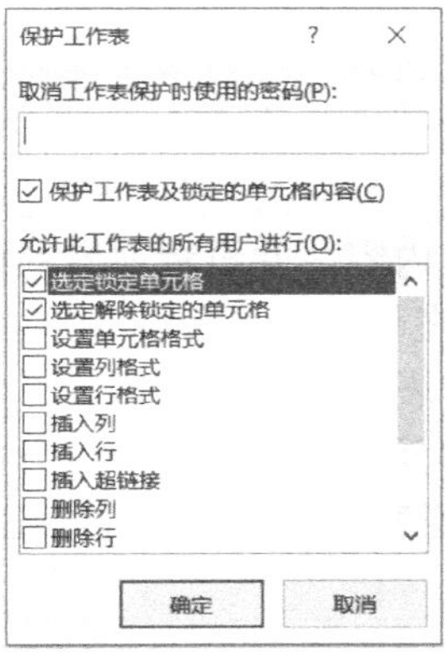

图 6-17　“保护工作表”对话框

6.1.6 对多张工作表同时进行操作

在 Excel 2016 中，可以对多个工作表同时进行操作，如输入数据、设置格式等，极大地提高了对相同或相似表格的工作效率。

1．选定多张工作表

（1）选定全部工作表。

在某个工作表标签上右击，在弹出的快捷菜单中单击“选定全部工作表”命令，即可选定当前工作簿中的所有工作表，此时工作簿标题栏的文件名后会出现“[组]”字样，如图 6-18 所示，表示对多张工作表进行组合。若取消组合，在某张工作表标签上右击，在弹出的快捷菜单中单击“取消组合工作表”命令，取消工作表的组合。

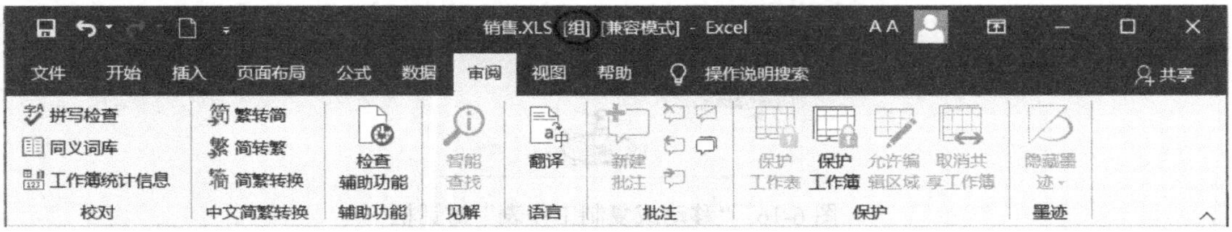

图 6-18 选定多张工作表后标题栏出现“[组]”字样

（2）选定连续的多张工作表。

利用 Shift 键，可以选定连续的多张工作表。操作方法：首先单击要选定的起始工作表标签，然后按住 Shift 键，再单击要选定的最后工作表标签即可。

（3）选定不连续的多张工作表。

利用 Ctrl 键，可以选定不连续的多张工作表。操作方法：首先单击某张工作表标签，然后按住 Ctrl 键，再分别单击要选定的工作表标签即可。

2．同时对多张工作表进行操作

当选定多张工作表组成工作组后，在其中某张工作表中所进行的任何操作都会同时显示在工作组的其他工作表中。例如，在工作组的一张工作表中输入数据或进行格式设置等操作，这些操作将同时显示在工作组的其他工作表中。取消工作组的组合后，可以对每张工作表进行单独设置，例如，输入不同的数据，设置不同的格式等。

3．填充至同组工作表

先设置一张工作表中的内容或格式，再将该工作表与其他工作表组成一个组，将该工作表中的内容或格式填充到该组的其他工作表中，以实现快速生成相同内容或格式的多张工作表，操作方法如下。

（1）在任意一个工作表中输入内容，并设置内容的格式。

（2）插入多张空白的工作表。在任意工作表标签上右击，在弹出的快捷菜单中单击“选定全部工作表”命令，将多张工作表组成组。

（3）选定含有内容或格式的单元格区域。打开“开始”选项卡，单击“编辑”组中的“填充”下拉按钮，在弹出的下拉列表中选择“至同组工作表”选项，弹出“填充成组工作表”对话框，如图 6-19 所示。

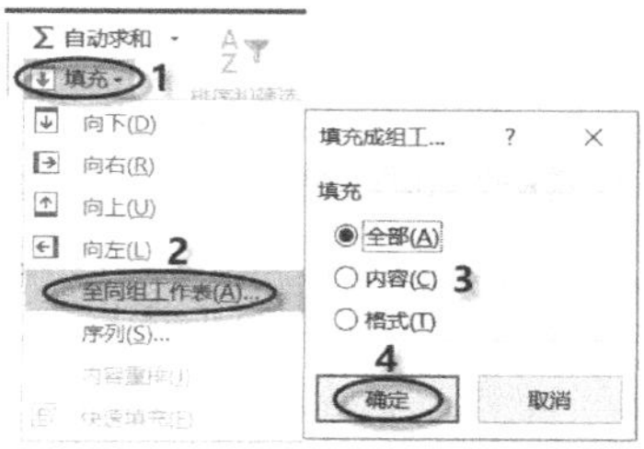

图 6-19　弹出“填充成组工作表”对话框

（4）在“填充”区域中选择要填充的选项，各项含义如下。

“全部”：将选定区域的所有内容和格式全部填充到工作组的其他工作表中。

“内容”：将选定区域的所有内容填充到工作组的其他工作表中。

“格式”：将选定区域的所有格式填充到工作组的其他工作表中。

（5）例如，选择“全部”单选按钮，再单击“确定”按钮，选定区域的所有内容和格式同时显示在工作组的其他工作表中，生成多张相同的工作表。

（6）单击工作组中的任意一个工作表标签，退出工作组状态，查看各个工作表是否具有相同的内容和格式。

6.1.7　实用操作技巧

1．隐藏和显示单元格内容

（1）隐藏单元格内容。

单元格数字的自定义格式由正数、负数、零和文本 4 个部分组成。这 4 个部分由 3 个分号（;;;）分隔，将这 4 个部分都设置为空，则所选的单元格内容不显示。因此，可使用三个分号“;;;”将 4 个部分的内容设置为空，设置方法如下。

①选定要隐藏的单元格内容，在选定的单元格上右击，在弹出的快捷菜单中单击“设置单元格格式”命令，弹出“设置单元格格式”对话框，如图 6-20 所示。

②在“数字”选项卡“分类”列表框中单击“自定义”，将“类型”列表框中的默认字符“G/通用格式”改为“;;;”，单击“确定”按钮，选定单元格的内容被隐藏。

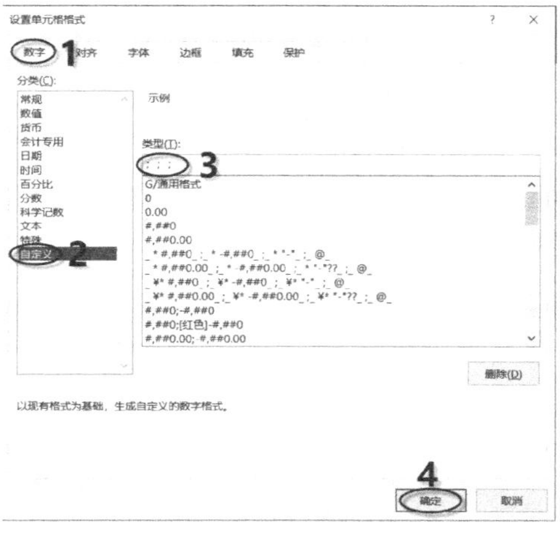

图 6-20　“设置单元格格式”对话框

（2）显示已隐藏的单元格内容。

选定已隐藏内容的单元格右击，在弹出的快捷菜单中单击“设置单元格格式”命令，弹出图 6-20 所示的对话框，将“类型”框里的“;;;”改为原来的字符“G/通用格式”，单击“确定”按钮，如图 6-21 所示。

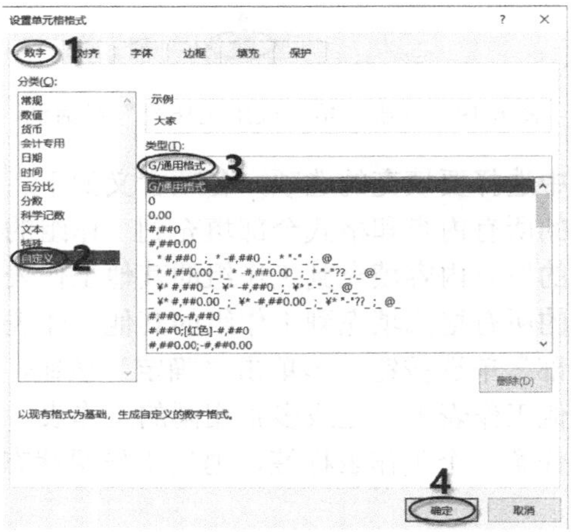

图 6-21　显示已隐藏的单元格内容

2．窗口的隐藏与显示

在 Excel 2016 中，可以隐藏当前窗口，使其不可见，也可以将隐藏的窗口进行显示。

（1）隐藏窗口。

打开需要隐藏的窗口，单击“视图”选项卡“窗口”组中的“隐藏”按钮，如图 6-22 所示，即可将当前窗口隐藏。

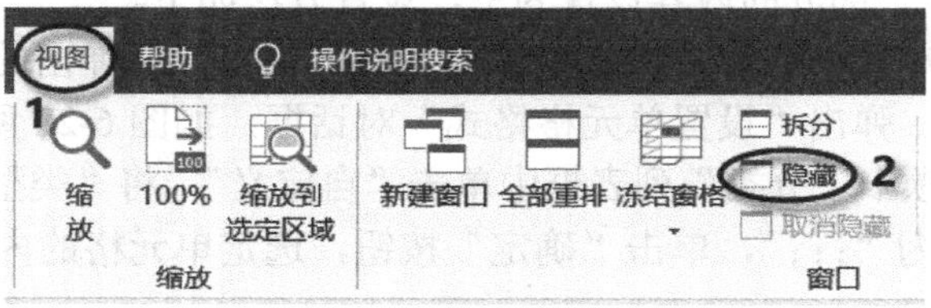

图 6-22　隐藏窗口

（2）显示隐藏的窗口。

①打开“视图”选项卡，单击“窗口”组中的“取消隐藏”按钮，如图 6-23 所示。

②在弹出的“取消隐藏”对话框中，选择取消隐藏的工作簿，再单击“确定”按钮，如图 6-24 所示，隐藏的窗口将重新显示。

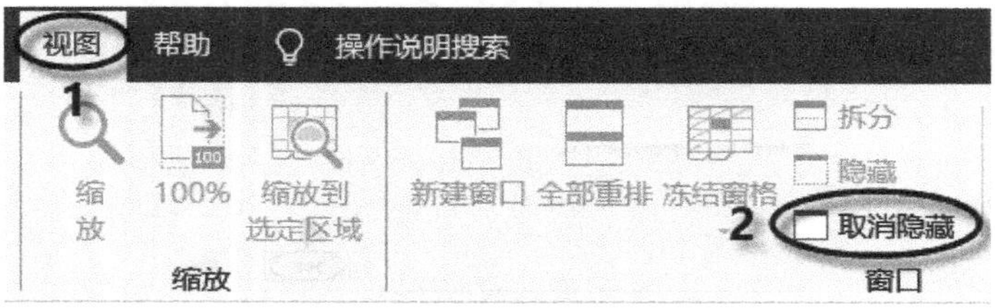

图 6-23　“窗口”组中的“取消隐藏”按钮

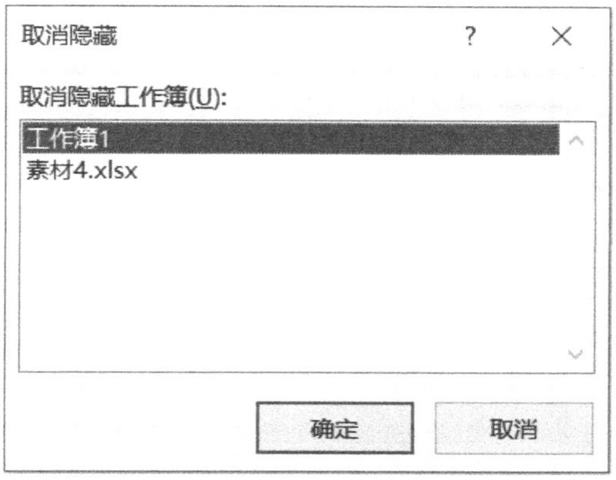

图 6-24　选择取消隐藏的工作簿

3．窗口的拆分

将一个窗口拆分成几个独立的窗格，每个窗格显示的是同一个工作表的内容，拖动每个窗格中的滚动条，该工作表的不同内容同时显示在不同的窗格中。窗口的拆分方法如下。

（1）将窗口拆分成 4 个窗格。选定作为拆分点的单元格，打开“视图”选项卡，单击“窗口”组中的“拆分”按钮，从选定的单元格处将工作表窗口拆分为 4 个独立的窗格，移动窗格间的拆分线可调节窗格大小。

（2）将窗口拆分成上下 2 个窗格。选定一行，单击“视图”选项卡“窗口”组中的“拆分”按钮，以选定行为界，将窗口拆分成上下 2 个窗格。

（3）将窗口拆分成左右 2 个窗格。选定一列，打开“视图”选项卡，单击“窗口”组中的“拆分”按钮，以选定列为界，将窗口拆分成左右 2 个窗格。

若取消拆分，直接双击拆分线，或者单击“视图”选项卡“窗口”组中的“拆分”按钮。

4．窗口的冻结

窗口的冻结是指在浏览工作表数据时，窗口内容滚动而标题行/列不动，固定在窗口的上部或左部，即冻结标题行/列。冻结标题行/列前后的效果如图 6-25 所示。

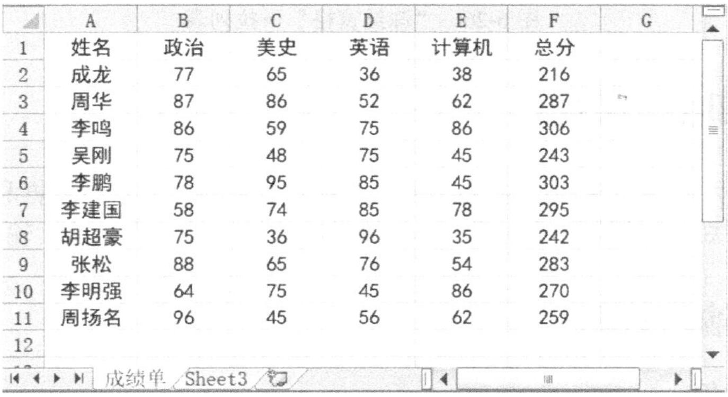

	A	B	C	D	E	F	G
1	姓名	政治	美史	英语	计算机	总分	
2	成龙	77	65	36	38	216	
3	周华	87	86	52	62	287	
4	李鸣	86	59	75	86	306	
5	吴刚	75	48	75	45	243	
6	李鹏	78	95	85	45	303	
7	李建国	58	74	85	78	295	
8	胡超豪	75	36	96	35	242	
9	张松	88	65	76	54	283	
10	李明强	64	75	45	86	270	
11	周扬名	96	45	56	62	259	
12							

（a）　冻结前的数据表

图 6-25　冻结标题行/列前后的效果

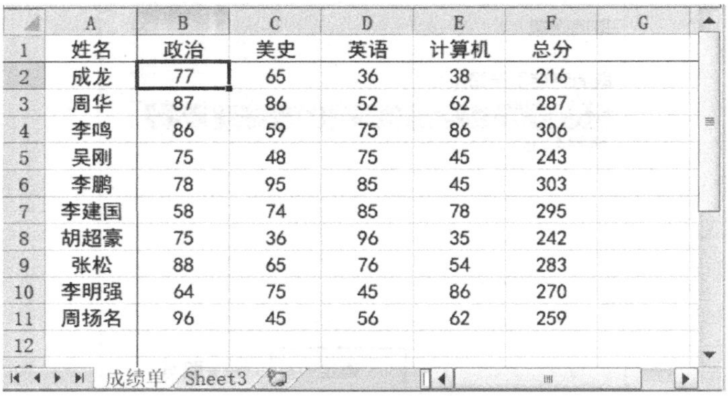

	A	B	C	D	E	F	G
1	姓名	政治	美史	英语	计算机	总分	
2	成龙	77	65	36	38	216	
3	周华	87	86	52	62	287	
4	李鸣	86	59	75	86	306	
5	吴刚	75	48	75	45	243	
6	李鹏	78	95	85	45	303	
7	李建国	58	74	85	78	295	
8	胡超豪	75	36	96	35	242	
9	张松	88	65	76	54	283	
10	李明强	64	75	45	86	270	
11	周扬名	96	45	56	62	259	
12							

（b） 冻结后的数据表

图 6-25 冻结标题行/列前后的效果（续）

从图 6-25（b）可以看出，冻结标题行/列后，当上下移动垂直滚动条时，标题行/列始终保持在屏幕的原位置。

窗口冻结的方法：如果要冻结列标题所在的行，单击“视图”选项卡“窗口”组中的“冻结窗格”下拉按钮，在弹出的下拉列表中选择“冻结首行”，如图 6-26 所示；若选择“冻结首列”则冻结行标题所在的列；若要取消冻结窗格，单击下拉列表中的“取消冻结窗格”即可。

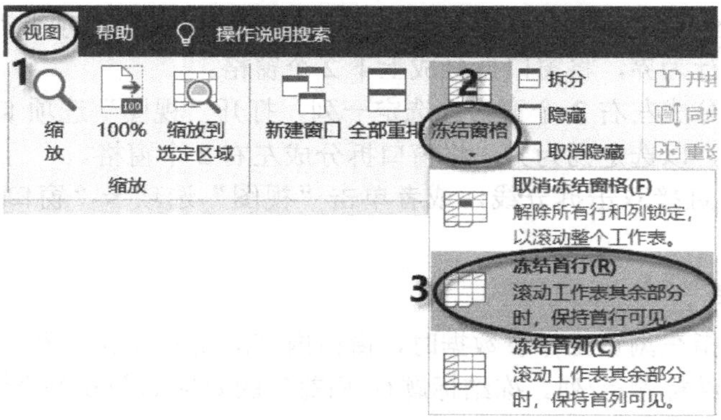

图 6-26 “冻结窗格”下拉列表

6.2 输入和编辑数据

在 Excel 中可以输入多种类型的数据，如数值型数据、文本型数据和日期型数据。输入数据有 2 种方法：直接输入或利用 Excel 提供的数据“填充”功能，输入有规律的数据。

6.2.1 直接输入数据

1. 数值型数据

Excel 除了将数字 0～9 组成的字符串识别为数值型数据，也可将某些特殊字符组成的字符串识别为数值型数据。这些特殊字符包括：“.（小数点）”、“E（用于科学计数法）”、“，

（千分位符号）”、“$”和“%”等字符。例如，输入 139、3%、4.5 和$35 等字符串，Excel 均认为是数值型数据，会自动按照数值型数据默认的右对齐方式显示。

当输入的数值较长时，Excel 自动用科学计数法表示。例如输入 1357829457008，则显示为 1.35783E+12，代表 1.35783×10^{12}；若输入的小数超过预先设置的小数位数，超过的部分自动四舍五入显示，但在计算时以输入数而不是显示数进行计算。

输入分数，如 4/5，应先输入“0”和“一个空格”，如“0 4/5”，这样输入可以避免与日期格式相混淆（将 4/5 识别为 4 月 5 日）。

输入负数，在数值前加负号或将数值置于括号中，如输入“-33”和“(33)”，在单元格中显示的都是“-33”。

2．文本型数据

文本型数据由字母、数字或其他字符组成。在默认情况下，文本型数据在单元格中靠左对齐。对于纯数字的文本数据，如电话号、学号、身份证等，在输入该数据前加单引号“ ' ”，可以与一般数字区分。例如输入'12345，确认后以12345左对齐显示。

当输入的文本长度大于单元格宽度时，若右边单元格无内容，则延伸到右边单元格显示，否则将截断显示，虽然被截断的内容在单元格中没有完全显示出来，但实际上仍然在本单元格中完整保存。在换行点按 Alt+Enter 组合键，可以将输入的数据在一个单元格中以多行方式显示。

3．日期型数据

Excel 将日期型数据作为数字处理，默认右对齐显示。输入日期时，用斜线“/”或连字符“-”分隔年、月、日。例如输入 2020/12/11 或 2020-12-11，在单元格中均以 2020-12-11 右对齐格式显示。按 Ctrl+；组合键，可快速地输入当前系统日期。

输入时间用“：”分隔时、分、秒，例如输入 11:30:15，在单元格中以 11:30:15 右对齐显示。Excel 一般把输入的时间用 24 小时来表示，如果要按 12 小时制输入时间，应在时间数字后留一空格，并输入 A 或 P（或 AM、PM），表示上午或下午，例如 7:20 A（或 AM）将被理解为上午 7 时 20 分。7:20 P（PM）将被理解为下午 7 时 20 分。如果不输入 AM 或 PM，则 Excel 认为使用 24 小时表示时间。按 Ctrl+：组合键，输入系统的当前时间。

在一个单元格中同时输入日期和时间，两者之间要使用空格分隔。

6.2.2 填充有规律的数据

利用 Excel 提供的“填充”功能，可向工作表若干连续的单元格中快速地输入有规律的数据，如重复的数据、等差、等比及预先定义的数据序列等。

利用“开始”选项卡“编辑”组中的“填充”命令或可以自动填充有规律的数据。利用鼠标拖动填充柄方式更简捷，经常使用此方式实现数据的填充。

1．填充相同数据

在 A1:F1 区域中输入相同数据“30”，操作步骤如下。

（1）单击单元格 A1 并输入数据“30”。

（2）将光标指向该单元格右下角的填充柄，当光标变成“+”形状时，按住鼠标左键拖动至 F1 单元格，释放鼠标左键，此时在 A1:F1 区域填充了相同的数据“30”。同时，在 F1 的右下角出现“自动填充选项”下拉按钮，单击该按钮，在弹出的下拉列表中选择所需的选项，如图 6-27 所示。

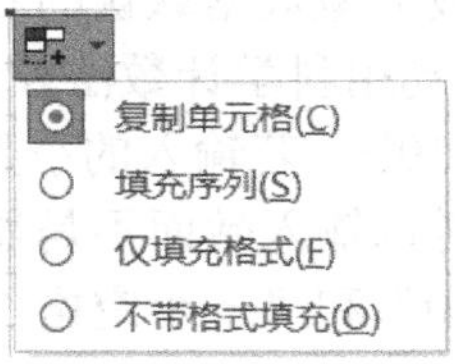

图 6-27 “自动填充选项”下拉列表

2. 填充递增序列

表 6-1 列出了一些递增序列，这些序列均有明显的规律，可使用自动填充输入这些序列，其操作过程略有不同。

表 6-1 数据序列表

序列类型	数据规律
等差序列	1，2，3，4，5，6… 3，5，7，9，11，13… 10，20，30，40，50…
等比序列	1，3，9，27，81…
预定义序列	星期一，星期二，星期三，星期四… 2000，2001，2002，2003…

（1）填充增量为 1 的等差序列。

选定某个单元格，输入第一个数据，例如“11”，按住 Ctrl 键和鼠标左键拖动填充柄，在目标位置释放鼠标左键和 Ctrl 键，实现增量为 1 的连续数据的填充。

（2）填充自定义增量的等差序列。

选定 2 个单元格作为初始区域，输入序列的前两个数据，如“10”、“15”，然后拖动填充柄，即可输入增量值为“5”的等差序列，如图 6-28 所示。

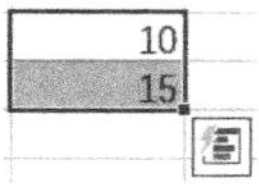

（a） 选定 2 个单元格

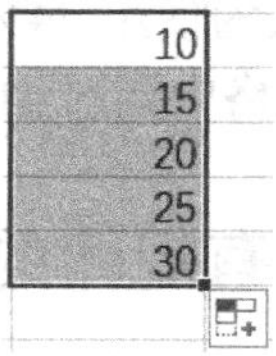

（b） 拖动到下三个单元格

图 6-28 填充自定义增量的等差序列

（3）等比序列。

输入等比序列“1、3、9、27、81”，操作方法如下。

①选定某个单元格并输入第一个数值“1”，按 Enter 键确认。打开“开始”选项卡，单击“编辑”组中的“填充”下拉按钮，在弹出的下拉列表中选择“序列”选项，弹出“序列”对话框。

②在“序列产生在”区域选择序列产生在“行”或“列”单选按钮；在“类型”区域选择“等比序列”单选按钮；“步长值”设置为“3”，“终止值”设置为 81，单击“确定”

按钮，如图 6-29 所示，实现比值为 3 的等比序列的填充。

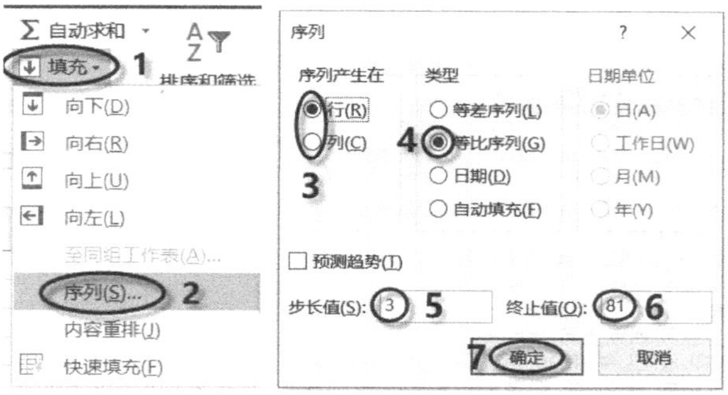

图 6-29　填充等比序列

（4）预定义序列。

Excel 预先定义了一些常用的序列，如一月～十二月、星期日～星期六等，供用户按需选用。此类数据的填充，也是先输入第一个数据，然后拖动填充柄至目标位置释放即可。

3．自定义填充序列

通过自定义序列，可以把经常使用的一些数据自定义为填充序列，以便随时调用。例如将字段“姓名、班级、机考成绩、平时成绩、总成绩”自定义为填充序列，操作方法如下。

（1）如图 6-30 所示，单击“文件”|“选项”|“高级”命令，在“常规”栏中单击“编辑自定义列表”，打开“选项”对话框。

（2）在“自定义序列”列表框中选择“新序列”，将光标定位在“输入序列”列表框中，输入自定义序列项，在每项末尾按 Enter 键分隔，如图 6-31 所示。新序列全部输入完成后，单击“添加”按钮，输入的序列显示在“自定义序列”列表框中。

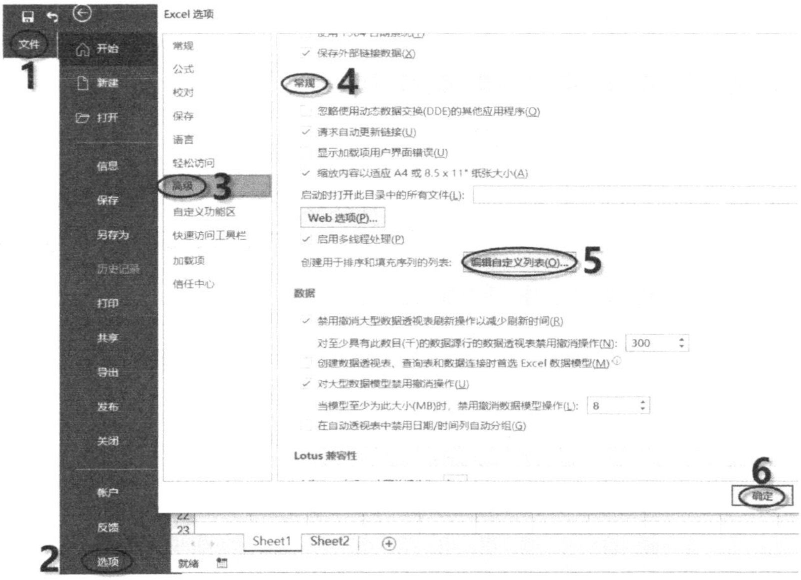

图 6-30　“常规”区域的“编辑自定义列表”按钮

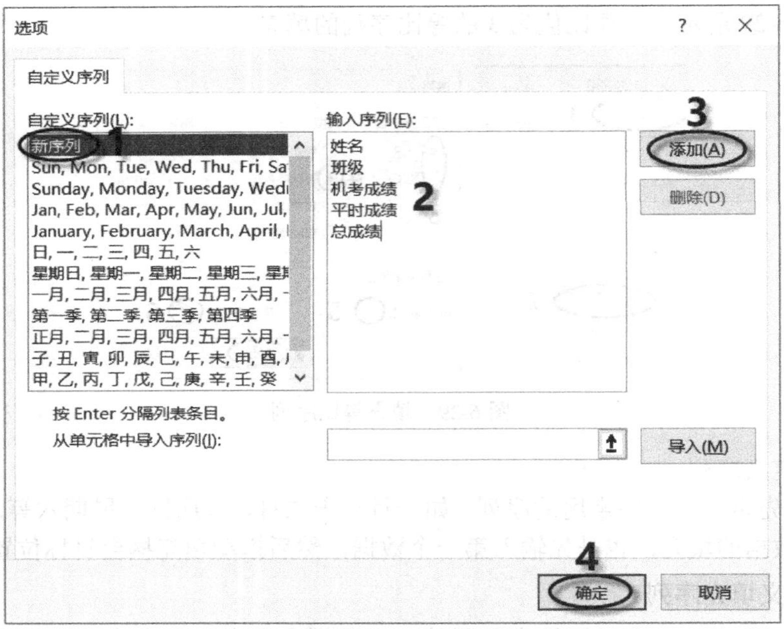

图 6-31　添加“自定义序列”

（3）单击“确定”按钮，完成自定义序列。

（4）在任意单元格输入“姓名”，拖动右下角的填充柄，快速填充新定义的序列。

若将表中某一区域的数据添加到自定义序列中，先选定该区域的数据，然后打开图 6-31 所示的对话框，单击“导入”按钮，将选定区域的数据导入“输入序列”列表框，再单击“添加”和“确定”按钮即可。

4．删除自定义序列

在图 6-31 所示的对话框中，选定“自定义序列”列表框中欲删除的序列，此序列显示在右侧“输入序列”列表框中，单击“删除”按钮，再单击“确定”按钮即可。

6.2.3　设置输入数据的有效性

在输入数据时，为了防止输入的数据不在有效数据范围之内，可在输入数据前，设置输入有效数据的范围。例如，输入某班同学的“计算机”成绩，成绩的有效范围是 0～100，操作方法如下。

（1）选定欲输入数值的单元格区域。

（2）打开“数据”选项卡，单击“数据工具”组中的“数据验证”按钮，弹出“数据验证”对话框。

（3）打开“设置”选项卡，在各列表框中设置输入成绩的有效范围，如图 6-32 所示。

（4）单击“确定”按钮，若输入的数据超出设置的有效范围，系统自动禁止输入。

图 6-32　设置输入数据的有效性

6.2.4　数据的编辑

1．数据修改

若对单元格内容进行修改，则双击该单元格，按键盘上的左右方向键移动，可实现对该单元格内容的修改。或者选定单元格，在编辑栏进行修改。

2．数据删除

Excel 数据的删除操作主要通过按 Delete 键和单击“开始”选项卡“编辑”组中的“清除”下拉按钮来实现，两种删除功能有所不同。

（1）按 Delete 键。

只删除选定区域中的数据，区域的位置及其格式并不删除。例如，某单元格区域中的内容是“计算机成绩”，底纹是“黄色”。选定该区域，按 Delete 键后，可将区域的“计算机成绩”内容删除，位置及底纹颜色并不会删除。

（2）单击“清除”命令。

打开“开始”选项卡，单击“编辑”组中的“清除”下拉按钮，弹出下拉列表中的各子命令的含义，如图 6-33 所示。

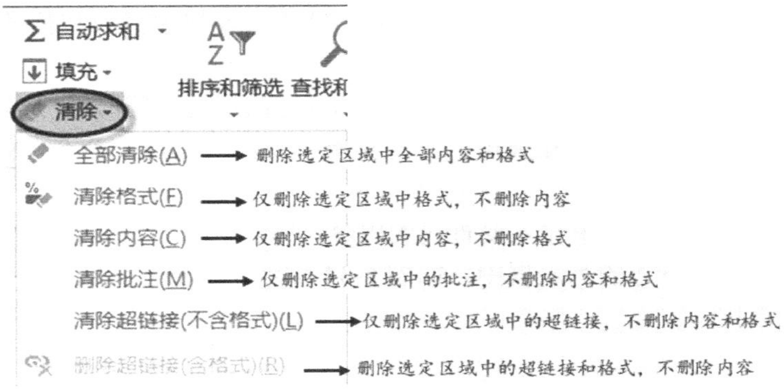

图 6-33　“清除”下拉列表中各子命令的含义

3. 数据的复制和移动

Excel 中的数据复制或移动，是指将选定区域中的数据复制或移动到同一个工作表的另一个位置，或者将数据复制或移动到不同工作表、工作簿中。其操作与在 Word 中复制、移动文本相似，常用的方法如下。

（1）鼠标拖动法。

适合同一工作表中小范围的复制或移动，操作方法如下。

①复制单元格内容。

选定要复制的数据区域，按住 Ctrl 键并将光标指向选定区域的边框线上，当光标右上角有一个“＋”时，按住鼠标左键拖动，在目标位置释放。

②移动单元格内容。

选定要移动的数据区域，将光标指向选定区域的边框线上，按住鼠标左键拖动，在目标位置释放，将选定区域的数据移动到目标位置。

（2）剪贴板法。

适合同一工作表中大范围或不同工作表、工作簿的复制或移动。

①复制单元格内容。

选定要复制的数据区域，打开“开始”选项卡，单击“剪贴板”组中的“复制”按钮或按 Ctrl+C 组合键，单击目标位置的起始单元格，再单击“剪贴板”组中的“粘贴”按钮或按 Ctrl+V 组合键。

②移动单元格数据。

移动与复制操作相似，单击“剪贴板”组中“剪切”按钮或按 Ctrl+X 组合键，在目标位置进行粘贴。

6.2.5 实用操作技巧

1. 在不连续的多个单元格中同时输入相同的内容

例如在 A1，B2，C5，D3 不连续的 4 个单元格中同时输入相同的内容“78”。操作方法：按住 Ctrl 键，选定 A1，B2，C5，D3 这 4 个单元格，在最后一个单元格 D3 中输入“78”，输入结束后，按 Ctrl+Enter 组合键，选定的 4 个单元格中同时输入了相同的内容“78”。

2. 查找与替换数据

在大量的数据中找到所需的资料或替换为需要的数据，如果手动查找或修改将会浪费大量时间和精力，利用 Excel 提供的替换和查找功能可实现快速查找和替换数据。

（1）查找数据。

①按 Ctrl+F 组合键打开“查找和替换”对话框，或者单击“开始”选项卡“编辑”组中的“查找和替换”下拉按钮，在弹出的下拉菜单中单击“查找”命令，打开“查找和替换”对话框。

②在“查找内容”列表框中输入要查找的内容，例如“620”，单击“查找全部”按钮，找到的内容全部显示在下方的列表框中，如图 6-34 所示，单击“查找下一个”按钮，在工作表中逐一进行查找。

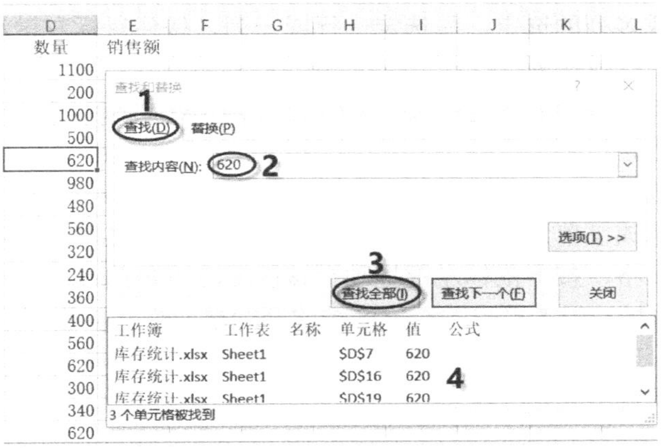

图 6-34　查找数据

（2）替换数据。

①按 Ctrl+F 组合键打开“查找和替换”对话框。

②单击“替换”选项卡，在“查找内容”列表框中输入要查找的内容，例如“620”；在“替换为”列表框中输入要替换的内容，例如“580”，单击“全部替换”按钮，弹出一个提示框，如图 6-35 所示，单击“确定”按钮，完成全部替换。

③单击“查找下一个”按钮，如果需要替换数据，则单击“替换”按钮；如果不需要替换数据，则继续单击“查找下一个”按钮，循环进行直到替换结束，单击“关闭”按钮，完成替换。

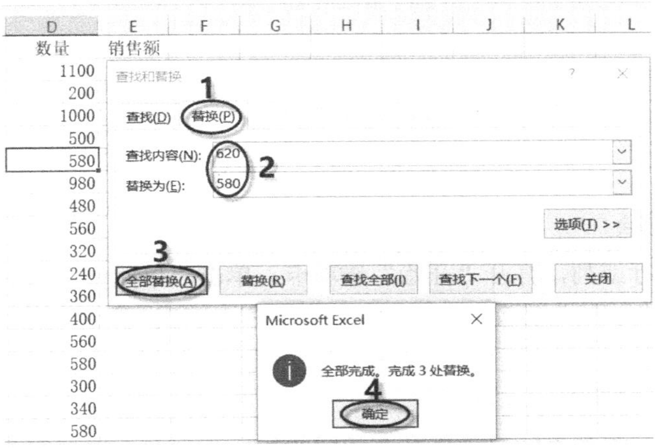

图 6-35　替换数据

6.3　表格的编辑和格式化

6.3.1　行列操作

1．行或列的选定

（1）一行或一列的选定：直接单击工作表中的行号或列标，即可选定相应的一行或一列。

（2）相邻多行或多列的选定：先选定一行或一列，按住鼠标左键沿行号或列标拖动，即可选定了相邻的多行或多列。

（3）不相邻多行或多列的选定：按住 Ctrl 键分别单击要选定的行号或列标，即可选定不相邻的多行或多列。

（4）单元格区域的选定。

多行多列相交构成了单元格区域。若选定连续的单元格区域，单击欲选定单元格区域左上角的第一个单元格，按下鼠标左键拖动至该区域右下角的最后一个单元格，释放鼠标左键，则选定了该区域。或者单击欲选定区域的开始单元格，按住 Shift 键，再单击欲选定区域的结束单元格。若选定不相邻单元格区域，先选定第一个单元格区域，按住 Ctrl 键，分别单击要选定的其他单元格区域。

2. 行或列的插入

方法 1：先单击某个单元格确定插入点的位置，然后打开“开始”选项卡，单击“单元格”组中的“插入”下拉按钮，在弹出的下拉列表中选择“插入工作表行”或“插入工作表列”选项，如图 6-36 所示，在当前单元格的上方插入一行或在单元格左侧插入一列。

方法 2：先选定一行或一列，在选定行或列上右击，在弹出的快捷菜单中单击“插入”命令，则在选定行的上方插入一行或在选定列的左侧插入一列。若要同时插入多行和多列，则先选定多行或多列，再执行插入操作。

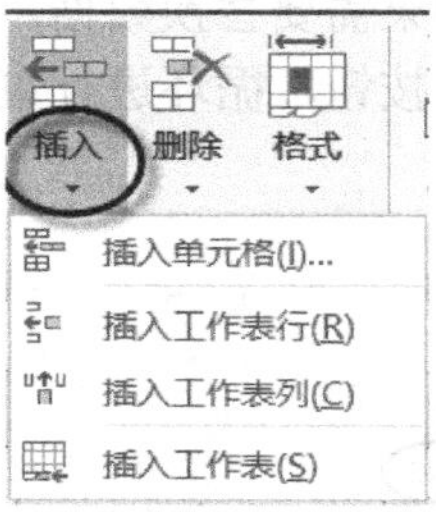

图 6-36 “插入”下拉列表

3. 行或列的删除

选定要删除的行或列，打开“开始”选项卡，单击“单元格”组中的“删除”按钮，选择“删除工作表的行|列”选项，或者在选定的行|列上右击，在弹出的快捷菜单中单击“删除”命令即可。

4. 行高和列宽的调整

在默认情况下，工作表的单元格具有相同的行高和列宽，根据需要可更改单元格的行高和列宽。行高和列宽的调整可通过鼠标操作或利用功能区的命令实现。

（1）鼠标操作。

鼠标操作是调整行高和列宽十分快捷、方便的方法。操作方法为：将光标指向需要调整行的行号或列的列标分界线上，当光标变为双向箭头↕或↔时，按住鼠标左键拖动至需要的行高或列宽后释放。

（2）命令操作。

选定需要调整的行或列，打开“开始”选项卡，单击“单元格”组中的“格式”下拉按钮，弹出图 6-37 所示的下拉列表，部分命令的功能如下。

单击“行高”或“列宽”命令，在弹出的对话框中输入具体的行高值或列宽值。

单击“自动调整行高”或“自动调整列宽”命令，根据选定区域各行中最大字号的高度自动改变行的高度值，或者根据选定区域各列中全部数据的宽度自动改变列宽值。

单击“默认列宽”命令，设置列宽的默认值，该设置将影响所有采用默认列宽的列。

单击“可见性”区域的“隐藏和取消隐藏”命令，将隐藏的行、列、工作表重新显示。

可根据需要选择相应的子命令调整行高和列宽。

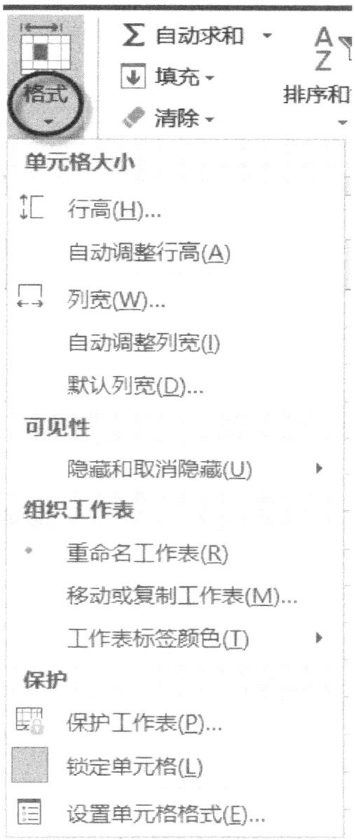

图 6-37　“格式”下拉列表

6.3.2　设置单元格格式

设置单元格格式主要利用“开始”选项卡中的对应命令按钮，或者“设置单元格格式”对话框来实现。

1. 设置数字格式

输入单元格中的数字以默认格式显示，根据需要可将其设置为其他格式。Excel 2016 提供了多种数字格式，如货币格式、百分比格式、会计专用格式等。

（1）利用功能区设置。

选定需设置格式的数字区域，单击“开始”选项卡“数字”组中的对应命令按钮，如图 6-38 所示，可将数字设置为货币样式、百分比样式、千位分隔样式等。其中，“数字格式”列表框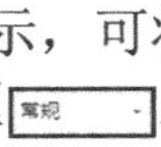显示的是当前单元格的数字格式，其下拉列表中包含了多种数字格式，可根据需要选择对应的格式，如图 6-39 所示。

（2）利用对话框设置。

选定需设置格式的数字区域，单击“数字”组右下角的对话框启动按钮，弹出“设置单元格格式”对话框，在“数字”选项卡中可对数字进行多种格式的设置，如图 6-40 所示。

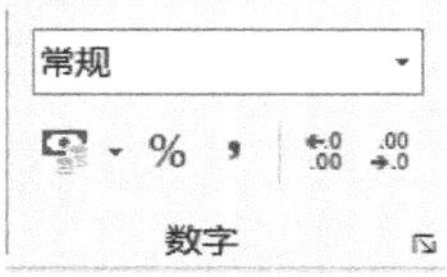

图 6-38 “数字”组

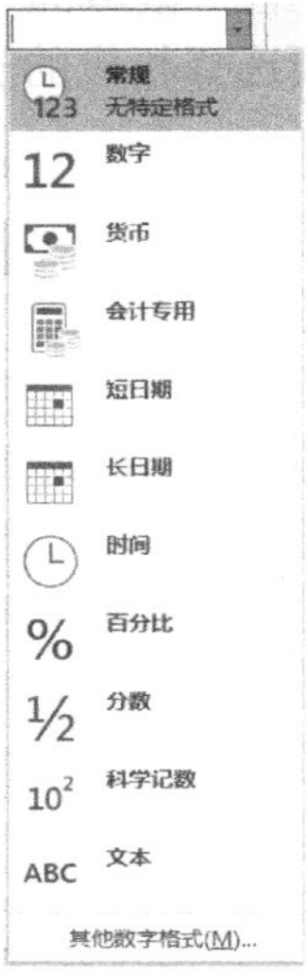

图 6-39 “数字格式”下拉列表

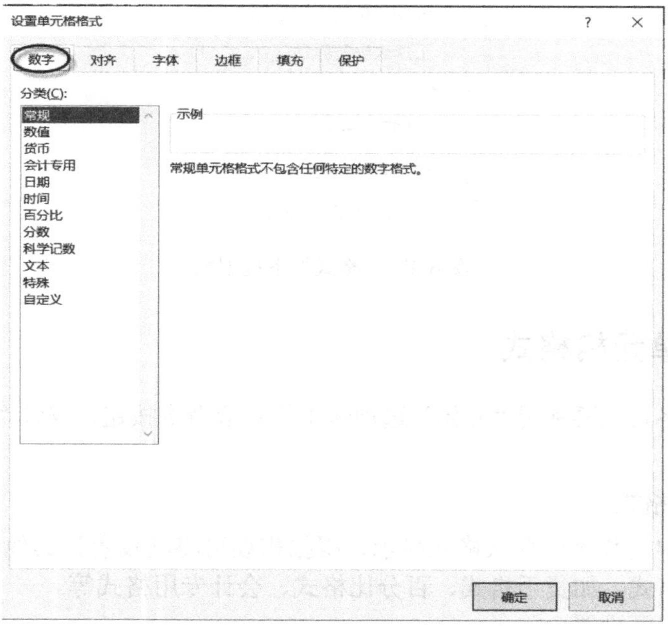

图 6-40 “设置单元格格式”对话框

2. 设置字体格式

选定需要设置字体格式的单元格区域，单击“开始”选项卡“字体”组中的相应按钮，可快速设置字体、字号、颜色等格式，或者单击“字体”组右下角的对话框启动按钮，在弹出的“设置单元格格式”对话框的“字体”选项卡中设置更高要求的字体格式。

3. 设置对齐方式

选定需要设置对齐方式的单元格区域，单击“开始”选项卡“对齐方式”组中的相应按钮，或者单击“对齐方式”组右下角的对话框启动按钮，在“设置单元格格式”对话框的“对齐”选项卡中设置所需的对齐方式。

4. 设置边框和底纹

在默认情况下，工作表无边框无底纹，工作表中的网格线是为了方便输入、编辑而预设的，打印时网格线并不显示。为使工作表美观和易读，可通过设置工作表的边框和底纹改变其视觉效果，使数据的显示更加清晰直观。

（1）设置边框。

①利用功能区设置。

选定需设置边框的单元格区域，打开“开始”选项卡，单击“字体”组中的“框线”下拉按钮，弹出图 6-41 所示的下拉列表。在“绘图边框”区域先选择“线条颜色”、“线型”，然后在“边框”区域选择框线位置。

另外，单击下拉列表中的“绘制边框”选项，按住鼠标左键拖动，直接绘制边框线；单击“擦除边框”选项，依次单击要擦除的边框线，即可清除边框线。

图 6-41　“框线”下拉列表

②利用对话框设置。

选定需设置边框的单元格区域，选择图 6-41“框线”下拉列表中的“其他边框”选项，弹出“设置单元格格式”对话框，如图 6-42 所示。在“边框”选项卡的“直线”区域设置线条的“样式”和“颜色”，在右侧区域选择线条应用的位置及预览效果。

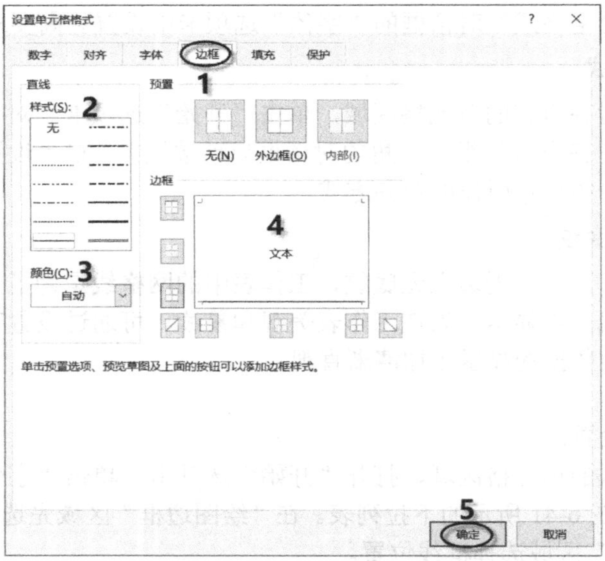

图 6-42 “边框”选项卡

（2）设置底纹。

①利用功能区设置。

选定需设置底纹的单元格区域，打开“开始”选项卡，单击“字体”组中的“填充颜色”下拉按钮，在弹出的下拉列表中选择某种色块，如图 6-43 所示，即可为选定区域设置该色块的底纹。若要底纹中带有图案，则需使用下面的方法进行设置。

②利用对话框设置。

选定需设置底纹的单元格区域，在选定的区域右击，在弹出的快捷菜单中单击“设置单元格格式”命令，弹出“设置单元格格式”对话框，在“填充”选项卡下面设置“背景色”、“图案颜色”和“图案样式”，如图 6-44 所示。

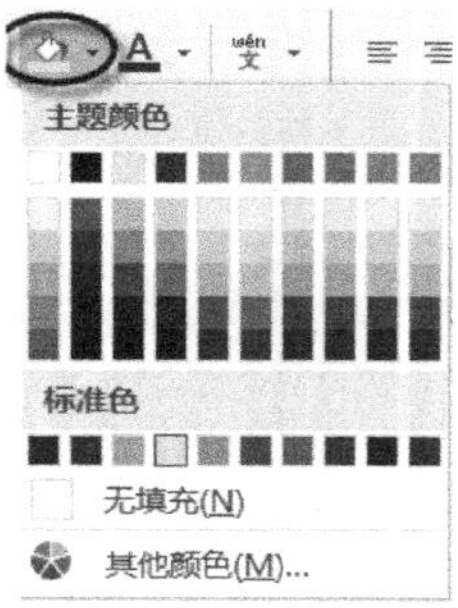

图 6-43“填充颜色”下拉列表

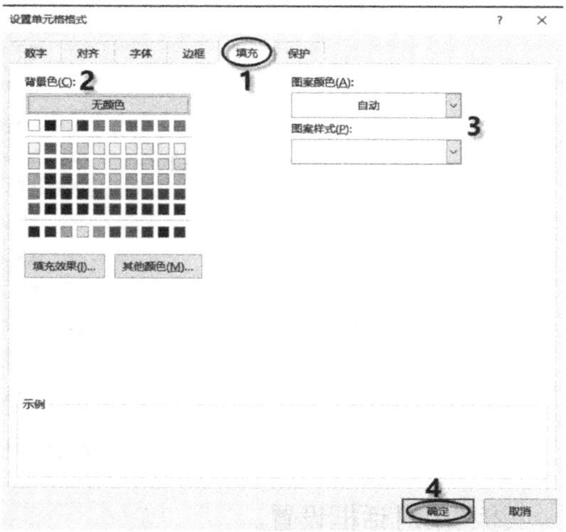

图 6-44 “填充”选项卡

6.3.3　套用单元格样式

套用单元格样式，就是将 Excel 2016 提供的单元格样式方案直接运用到选定的区域。例如，在“统计”工作表中利用 Excel 2016 提供的单元格样式将工作表的标题设置为“标题 1”样式，操作步骤如下。

（1）选定要套用单元格样式的区域，本例选定 A1:E1。

（2）打开“开始”选项卡，单击“样式”组中的“单元格样式”下拉按钮，在弹出的下拉列表中单击“标题”栏中的“标题 1”样式，如图 6-45 所示，则将“标题 1”的样式应用到选定区域的标题上。

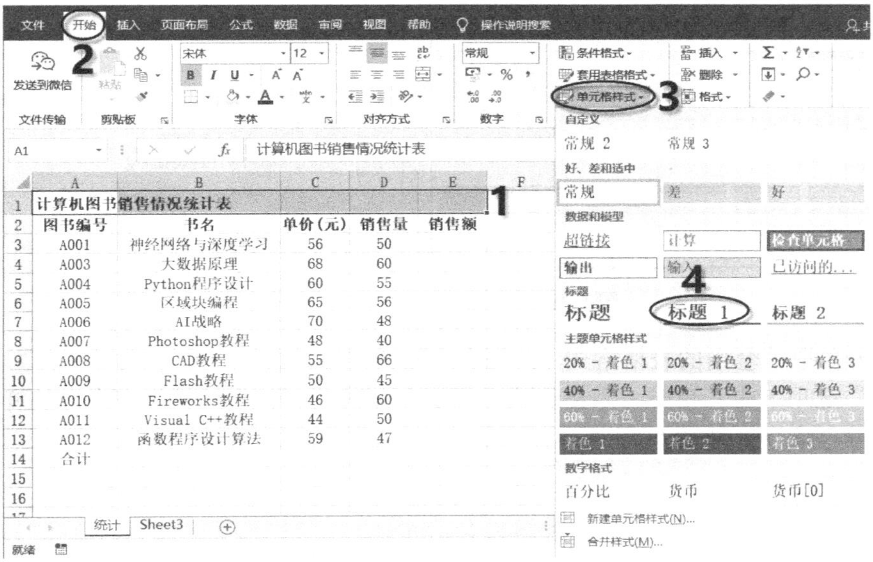

图 6-45　“单元格样式”下拉列表

Excel 2016 提供了 5 种不同类型的方案样式，如图 6-45 所示，分别是“好、差和适中”、“数据和模型”、“标题”、“主题单元格样式”和“数字格式”。用户根据使用需要可选择不同方案中的不同样式。

6.3.4　套用表格格式

套用表格格式是指把已有的表格格式套用到选定的区域。Excel 2016 提供了大量常用的表格格式，利用这些表格格式，可快速地美化工作表。套用表格格式的操作步骤如下。

（1）选定需要套用格式的单元格区域（合并的单元格区域不能套用表格格式）。

（2）打开“开始”选项卡，单击“样式”组中的“套用表格格式”下拉按钮，在弹出的下拉列表中选择所需的样式。例如，选择“中等色”栏中的“橙色，表样式中等深浅 3”选项，该样式即应用到当前选定的单元格区域，如图 6-46 所示。

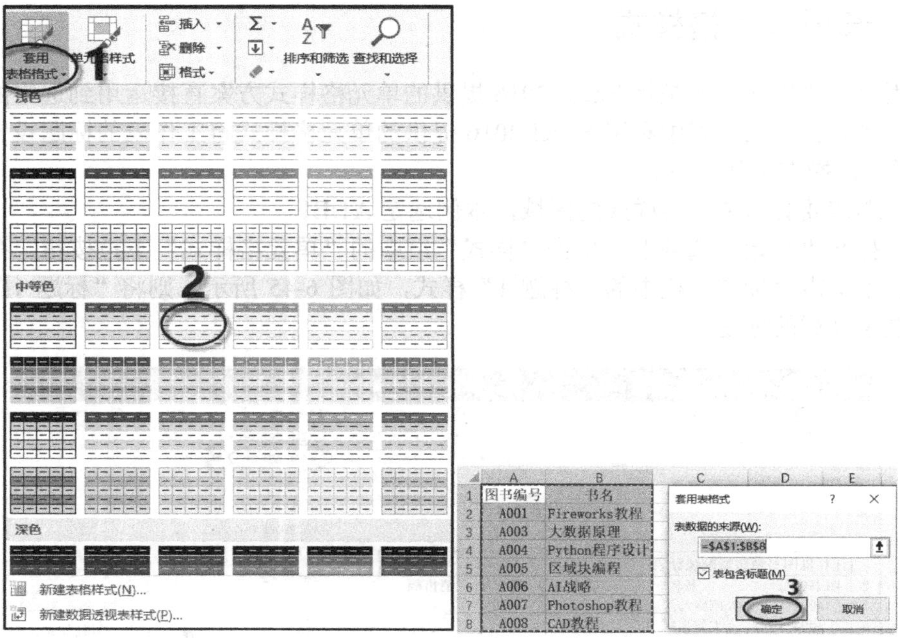

图 6-46 “套用表格格式”下拉列表

（3）若要取消套用的表格格式，单击套用格式区域的任意一个单元格，在“表格工具”的“设计”选项卡中，单击“表格样式”组右下角的“其他”按钮，在弹出的样式列表中单击“清除”命令，如图 6-47 所示。

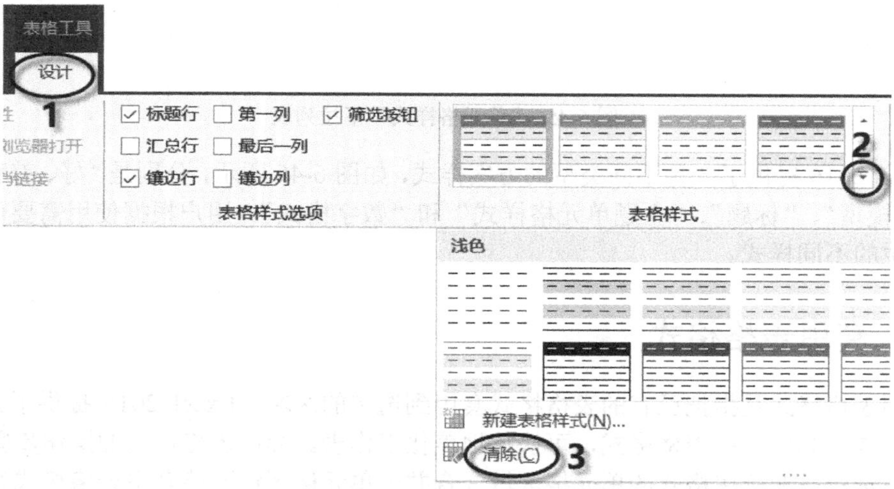

图 6-47 清除套用表格格式

用户也可以自定义表格格式。在图 6-46“套用表格格式”下拉列表中，选择“新建表格样式”选项，弹出“新建表样式”对话框，如图 6-48 所示。在此对话框的“名称”文本框中输入新建表样式的名称；在“表元素”列表框中选择设置格式的选项，然后单击“格式”按钮，在弹出的对话框中设置选定项的格式。设置结束后，新建样式显示在“套用表格格式”下拉列表顶部的“自定义”区域。

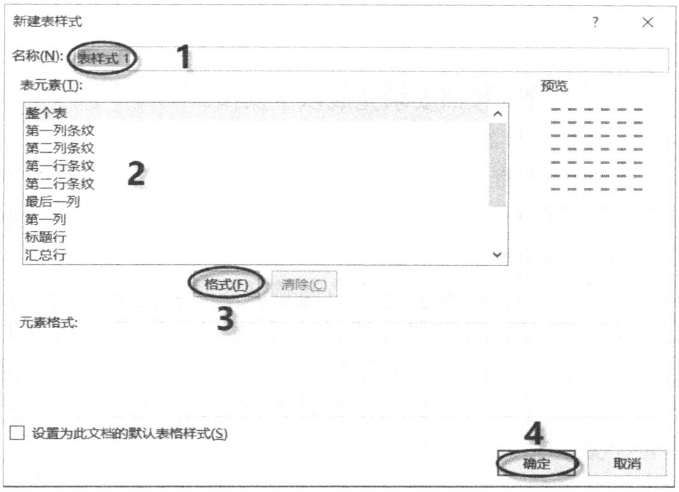

图 6-48 “新建表样式”对话框

当工作表中某个区域套用表格格式后，所选区域的第一行自动出现带有“筛选”标识的下拉按钮，如图 6-49 所示，这是因为所选区域被定义为一个“表”，可将“表”转换为普通的单元格区域，并保留所套用的格式。将“表”转换为普通的单元格区域的操作步骤如下。

（1）单击“表”中的任意一个单元格。

（2）打开“表格工具”的“设计”选项卡，单击“工具”组中的“转换为区域”按钮，如图 6-50 所示，在弹出的对话框中单击“是”按钮，将“表”转换为普通单元格区域。

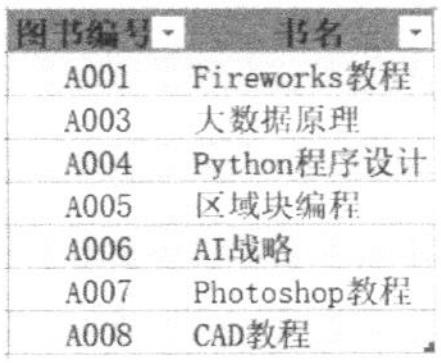

图书编号	书名
A001	Fireworks教程
A003	大数据原理
A004	Python程序设计
A005	区域块编程
A006	AI战略
A007	Photoshop教程
A008	CAD教程

图 6-49　带有“筛选”标识的“表”

图 6-50 “表”转换为普通单元格区域

6.3.5 设置工作表背景

在 Excel 2016 中，除了为选定区域添加底纹，也可以为整个工作表添加背景，以美化工作表，操作步骤如下。

（1）打开要设置背景的工作表。

（2）打开“页面布局”选项卡，单击“页面设置”组中的“背景”按钮，打开“插入图片”对话框，选择插入图片的方式，可以“从文件”寻找作为背景的图片，或者从“必应图像搜索”中搜索图片，单击“插入”按钮，将其设置为工作表的背景。

若要删除工作表的背景图片，单击“页面布局”选项卡“页面设置”组中的“删除背景”按钮。

6.3.6 实例练习

打开“采购数据”工作簿，按照要求完成以下操作。

（1）将“Sheet1”工作表命名为“采购记录”。

（2）在“采购日期”左侧插入一个空列，在 A3 单元格中输入文字“序号”，从 A4 单元格开始，以 001、002、003……的方式向下填充该列到最后一个数据行；将 B 列（采购日期）中数据的数字格式修改为只包含月和日的格式（3/14）。

（3）将工作表标题跨列合并后居中并适当调整其字体、加大字号，并改变字体颜色。

（4）对标题行区域 A3:E3 应用单元格的上框线和下框线，对数据区域的最后一行 A28:E28 应用单元格的下框线；其他单元格无边框线，不显示工作表的网格线。

（5）适当加大数据表的行高和列宽，设置对齐方式为“居中”，“单价”数据列设为货币格式，并保留零位小数。

操作步骤如下。

（1）打开“采购数据.xlsx”文件，双击“Sheet1”工作表标签名，此时标签名以灰色底纹显示，输入“采购记录”即可。

（2）步骤 1：选定“采购日期”所在的列右击，在弹出的快捷菜单中单击“插入”命令，在“采购日期”的左侧插入一个新列。

步骤 2：单击 A3 单元格，输入“序号”二字，选中“序号”所在的列右击，在弹出的快捷菜单中单击“设置单元格格式”命令，弹出“设置单元格格式”对话框。在“数字”选项卡“分类”列表框中选择“文本”，如图 6-51 所示，单击“确定”按钮。

步骤 3：在 A4 单元格中输入“001”，将光标移至 A4 单元格右下角的填充柄处，拖动填充柄继续向下填充该列，直到最后一个数据行。

步骤 4：选中 B 列，单击“开始”选项卡“数字”组右下角的对话框启动按钮，弹出“设置单元格格式”对话框，在“数字”选项卡的“分类”列表框中选择“日期”，在“类型”列表框中选择“3/14”，如图 6-52 所示，单击“确定”按钮。

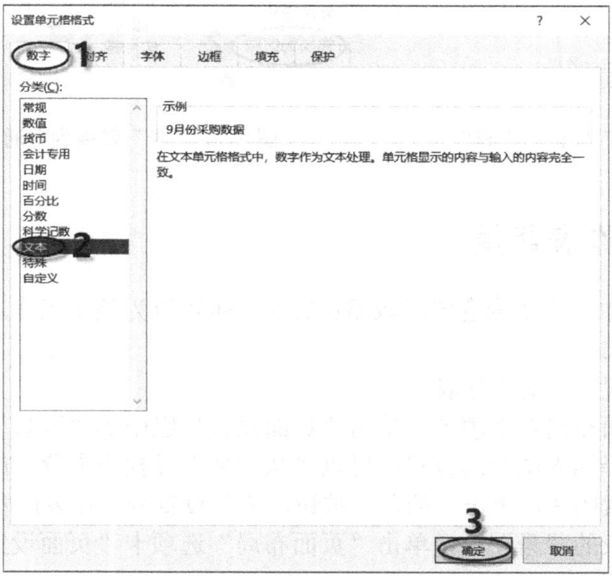

图 6-51　将数字设置“文本”格式

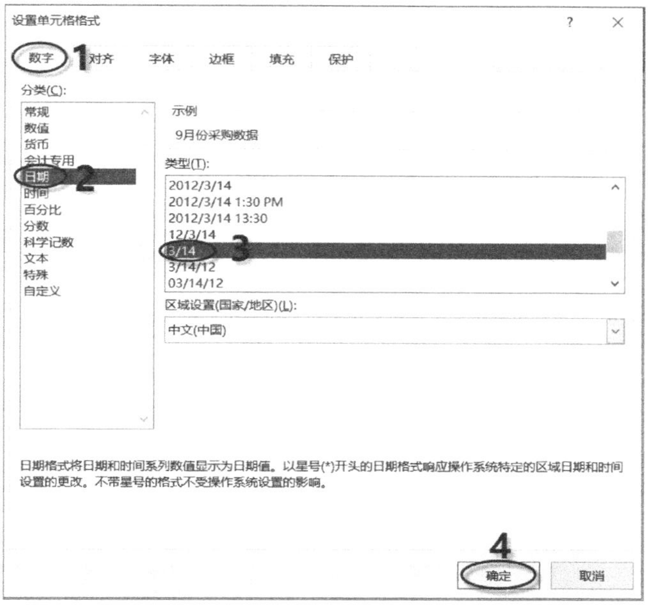

图 6-52　设置日期格式

（3）步骤 1：选定 A1:E2 单元格区域右击，在弹出的快捷菜单中单击“设置单元格格式”命令，弹出“设置单元格格式”对话框，打开“对齐”选项卡，在“文本控制”区域选中“合并单元格”复选框，在“文本对齐方式”区域的“水平对齐”下拉列表中选择“居中”，如图 6-53 所示。

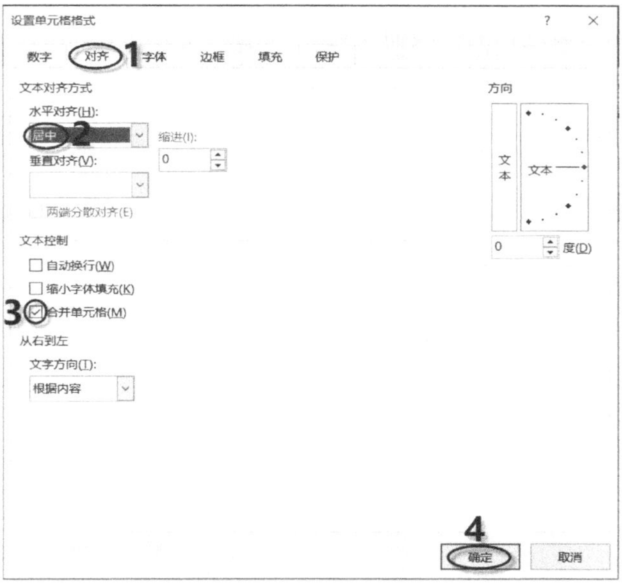

图 6-53　设置对齐方式

步骤 2：切换至“字体”选项卡，在“字体”下拉列表中选择合适的字体，本例选择“黑体”；在“字号”下拉列表中选择合适的字号，本例选择“14”；在“颜色”下拉列表中选择合适的颜色，本例选择“蓝色”，如图 6-54 所示，单击“确定”按钮。

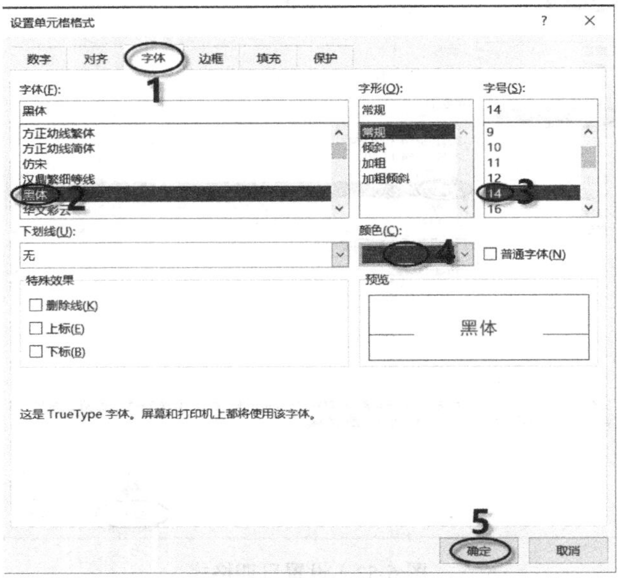

图 6-54　设置字体格式

（4）步骤 1：选定 A3:E3 单元格区域，单击“开始”选项卡“字体”组右下角的对话框启动按钮，切换到“边框”选项卡，在边框区域单击上边框和下边框按钮，如图 6-55 所示，单击“确定”按钮。

步骤 2：选定 A28:E28 单元格区域，打开“开始”选项卡，单击“字体”组中的“框线”下拉按钮（名称随着选择的框线而变化），如图 6-56 所示，在弹出的下拉列表中单击“下框线”按钮。

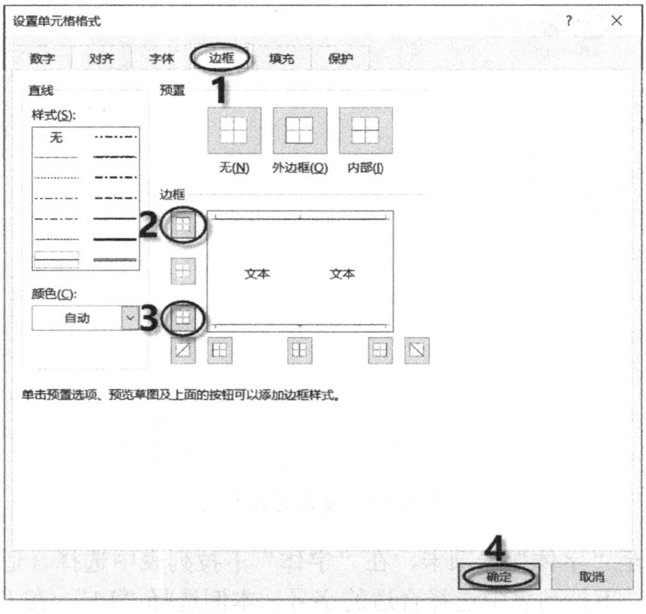

图 6-55　设置上下边框

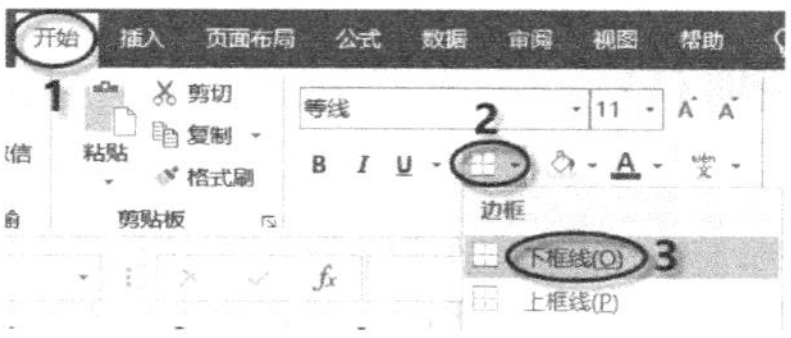

图 6-56　添加下框线

步骤 3：打开“视图”选项卡，在“显示”组中取消勾选“网格线”复选框，如图 6-57 所示。

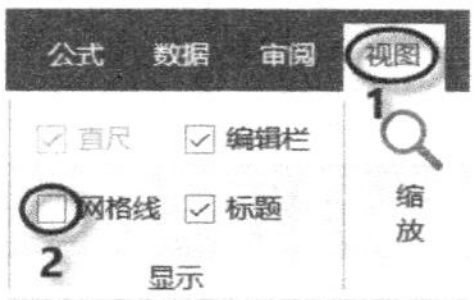

图 6-57　取消网格线

（5）步骤 1：选定 A1:E28 区域，打开“开始”选项卡，单击“单元格”组中的“格式”下拉按钮，在弹出的下拉列表中单击“行高”命令，在弹出的对话框中输入合适的数值即可（题干要求加大行高，故此处设置需比原来的行高值大），本例输入“18”，输入结束后单击“确定”按钮。

步骤 2：按照同样的方式单击“列宽”命令，（题干要求加大列宽，故此处设置需比原来的列宽值大），本例输入“12”，单击“确定”按钮。

步骤 3：选定 A3:E28 区域，打开“开始”选项卡，单击“对齐方式”下拉列表中的“居中”。

步骤 4：选定 E4:E28 区域，单击“开始”选项卡“数字”组右下角的对话框启动按钮◰，弹出“设置单元格格式”对话框，在“数字”选项卡的“分类”列表框中选择“货币”，在“小数位数”微调框中输入“0”，如图 6-58 所示，单击“确定”按钮。

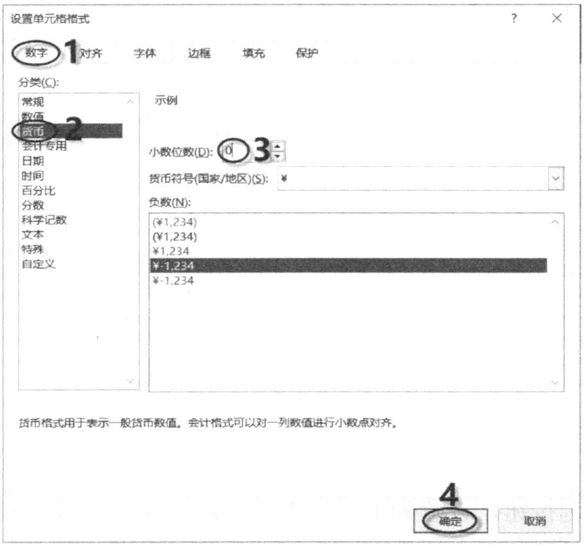

图 6-58　设置货币格式

6.4 工作表的打印输出

6.4.1 页面设置

页面设置是影响工作表外观的主要因素，因此在打印工作表之前，先进行页面设置，包括设置页边距、纸张大小、页面方向等。

1. 利用功能区设置

打开“页面布局”选项卡，“页面设置”组中的各按钮可设置页边距、纸张大小、纸张方向等，如图 6-59 所示。

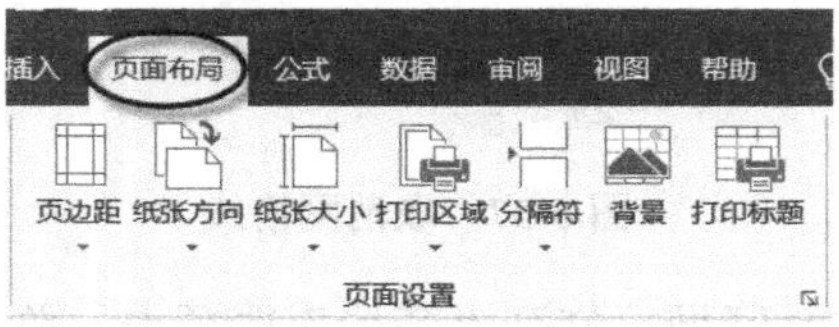

图 6-59 “页面设置”组

2. 利用对话框设置

打开“页面布局”选项卡，单击“页面设置”组右侧的对话框启动按钮，弹出“页面设置”对话框，如图 6-60 所示，在此对话框中设置页边距、纸张大小、页面方向等。

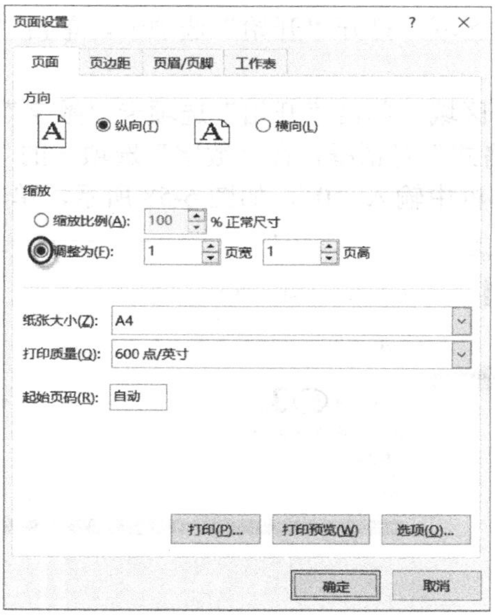

图 6-60 “页面设置”对话框

（1）“页面”选项卡。

用于设置打印方向、纸张大小及打印的缩放比例，如图 6-60 所示。例如，选中“缩放”栏中的“调整为”单选按钮，设置为 1 页宽 1 页高，则整个工作表在 1 页纸上输出。

（2）“页边距”选项卡。

用于设置纸张的“上”“下”“左”“右”页边距、居中对齐方式及页眉、页脚的位置，如图 6-61 所示。

（3）“页眉/页脚”选项卡。

可选择系统定义的页眉、页脚，也可以自定义页眉、页脚，如图 6-62 所示。

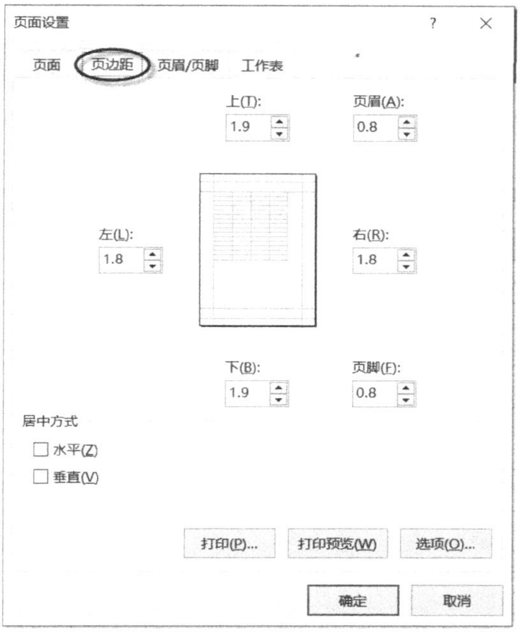

图 6-61 “页边距”选项卡

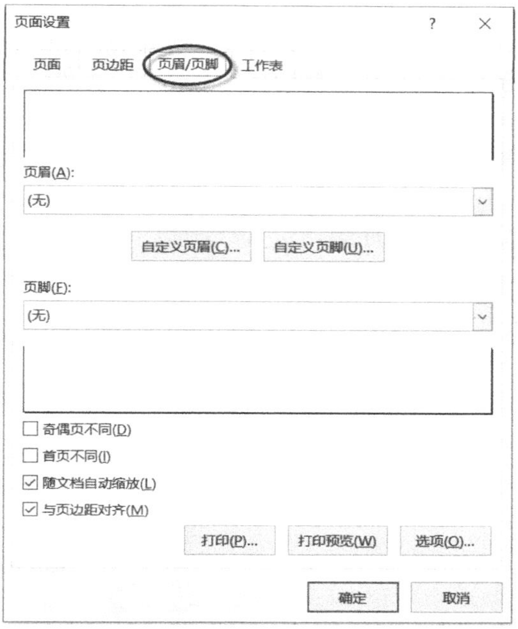

图 6-62 “页眉/页脚”选项卡

6.4.2 设置打印区域

打印区域是指 Excel 工作表中要打印的数据范围，默认是工作表的整个数据区域，若要打印部分数据，可通过设置打印区域的方法来实现。

（1）利用功能区设置。

选定要打印的数据区域，打开“页面布局”选项卡，单击“页面设置”组中的“打印区域”下拉按钮，在弹出的下拉列表中选择“设置打印区域”选项即可，如图 6-63（a）所示。若要继续添加打印区域，则选定要添加的打印区域，单击“打印区域”下拉列表中的“添加到打印区域”命令，如图 6-63（b）所示。

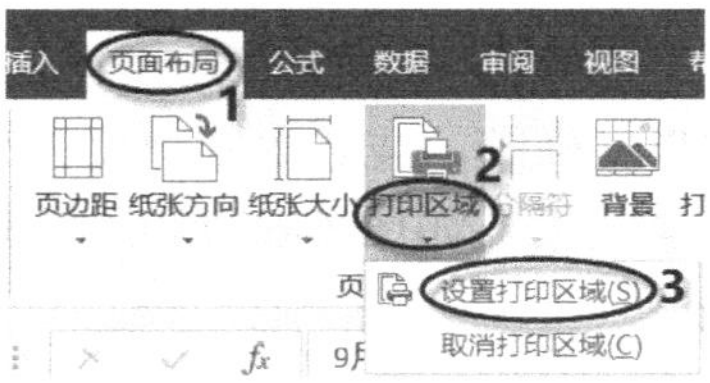

（a） 设置打印区域

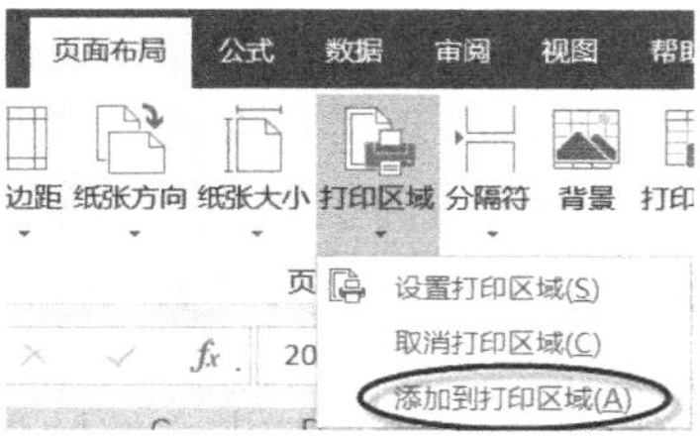

（b） 添加到打印区域

图 6-63 “打印区域”下拉列表

（2）利用对话框设置。

在“页面设置”对话框中，打开“工作表”选项卡，如图 6-64 所示。将光标定位在 “打印区域”框中，然后在工作表中利用鼠标拖动选定要打印的区域即可。

“打印标题”栏用于设置是否重复打印标题行和数据列。若要重复打印标题行和数据列，则将光标分别定位在“顶端标题行”和“从左侧重复的列数”框中，在工作表中拖动鼠标选择需要打印的标题行和数据列。另外，也可以在“顶端标题行”和“从左侧重复的列数”框中直接输入行列的绝对引用地址，例如在“从左侧重复的列数”框中输入$B:$C，表示重复打印工作表中的 B、C 两列。

在“打印”栏中设置是否打印网格线、行和列标题、注释等内容；在“打印顺序”栏设置打印顺序等。

图 6-64 “工作表”选项卡

6.4.3 打印预览与打印

1. 打印预览

打印预览是查看最终打印出来的效果，若对效果满意，则进行打印输出；若不满意，则返回页面视图下再进行编辑，满意后再打印。

单击“快速访问工具栏”中的“打印预览和打印”按钮，或者单击“文件”按钮，单击“打印”命令，打开“打印”窗格，预览打印真实效果，如图 6-65 所示，其各项含义如下。

- “打印”栏设置打印文档的份数。
- “打印机”栏显示打印机的状态、类型。
- “设置”栏设置打印页数的范围、方向、缩放、自定义边距等。
- 窗格右下角的按钮用于显示边距，按钮用于缩放预览页面。

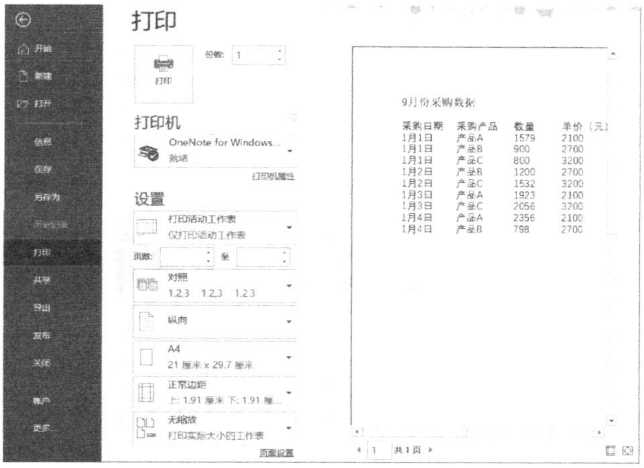

图 6-65 “打印”窗格

2. 打印文档

若对预览效果满意，则单击图 6-65“打印”窗格左上角的“打印”按钮进行打印。也可以设置打印参数，进行个性化的打印。例如单击“设置”区域中的“打印活动工作表”下拉按钮，从弹出的下拉列表中选择打印的范围，或者单击“正常边距”下拉按钮，在弹出的下拉列表中单击“自定义页边距”命令，设置页边距，其他设置与在 Word 中的设置相似，在此不再赘述。

第 7 章

使用公式与函数计算数据

7.1 公式的使用

公式是一个等式，也称表达式，是引用单元格地址对存放在其中的数据进行计算的等式（或表达式）。引用的单元格可以是同一工作簿中同一工作表或不同工作表的单元格，也可以是其他工作簿工作表中的单元格。为了区别一般数据，输入公式时，先输入等号“=”作为公式标记，如“=B2+F5”。

7.1.1 公式的组成

公式由运算数和运算符两部分组成。公式的结构如图 7-1 所示。通过此公式结构可以看出：公式以等号“=”开头，公式中的运算数可以是具体的数字，如“0.3”，也可以是单元格地址（C2），或单元格区域地址（B5:F5）等。“AVERAGE（B5:F5）”表示对单元格区域（B5:F5）中的所有数据求平均值。“*”和“+”都是运算符。

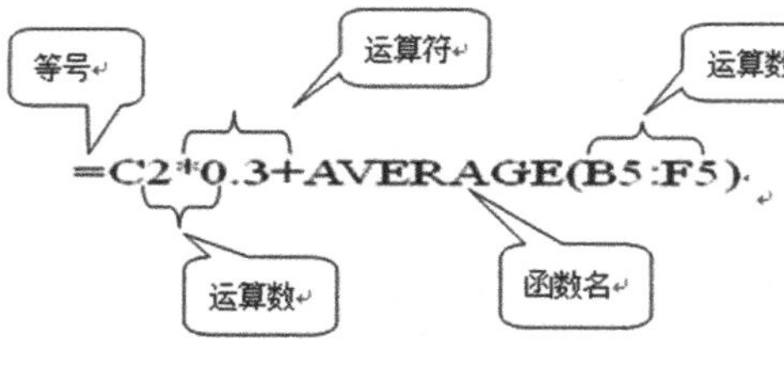

图 7-1　公式的结构

7.1.2 公式中的运算符

Excel 公式中的运算符主要包括：算术运算符、引用运算符、关系运算符和文本运算符，如表 7-1 所示。

表 7-1　Excel 运算符及公式应用

运算类型	运算符	含义	公式引用示例
算术运算符	+、−、*、/	加、减、乘、除	=A1+C1、=9−3、=B2*6、=D3/2
	^ 和 %	乘方和百分比	=A3^2、=F5%
	−	负号	=−50

续表

运算类型	运算符	含义	公式引用示例
引用运算符	:	区域引用，即引用区域内的所有单元格	=SUM(C2:E6) 表示对该区域所有单元格中的数据求和
	,	联合引用，即引用多个区域中的单元格	= SUM(C2,E6) 表示只对 C2、E6 这两个单元格中的数据求和
	空格	交叉引用，即引用交叉区域中的单元格	= SUM(C2:F5 B3:E6)表示只计算 C2:F5 和 B3:E6 交叉区域数据的和
关系运算符	=、>、<	等于、大于、小于	=C2=E2、=C2>E2、=C2<E2
	>=、<=、<>	大于或等于、小于或等于、不等于	=A1>=7、=A1<=7、=A1<>7
文本运算符	&	连接文本	=C2 & C4 表示将 C2 单元格和 C4 单元格中的内容连接在一起

一个公式中可以包含多个运算符，当多个运算符出现在同一个公式中时，Excel 规定了运算符运算的优先顺序，如表 7-2 所示。

表 7-2　运算符优先级别

运算类型	运算符	优先级别	说明
算术运算符	-（负号）	↑	1. 运算符优先级别按此表从上到下的顺序依次降低 2. 三类运算符的优先级别为：算术运算符最高，其次是文本运算符，最后是比较运算符 3. 同一公式中包含同一优先级运算符时，按从左到右的顺序计算
	%（百分比）和^（乘方）		
	*（乘）和/（除）		
	+（加）和-（减）		
文本运算符	&		
比较运算符	=、>、<、>=、<=、<>		

7.1.3　公式的输入与编辑

公式使用的方法如下：先单击要输入公式的单元格，然后依次输入“=”和公式的内容，最后按 Enter 键或单击编辑栏中的“ √ ”确认输入，计算结果自动显示在该单元格中。

例如，使用公式计算图 7-2 中的“游世界”第三季度销售总计，并将结果显示在 F3 单元格中，操作步骤如下。

（1）单击 F3 单元格。

（2）在此单元格中输入公式“=C3+D3+E3”，如图 7-2 所示。公式中的单元格引用地址（C3、D3、E3）依次单击源数据单元格或手工输入。

（3）按 Enter 键确认。

（4）计算结果自动显示在 F3 单元格。

（5）若计算各类图书的销售总计，先选定 F3 单元格，拖动填充柄至 F13 释放即可。

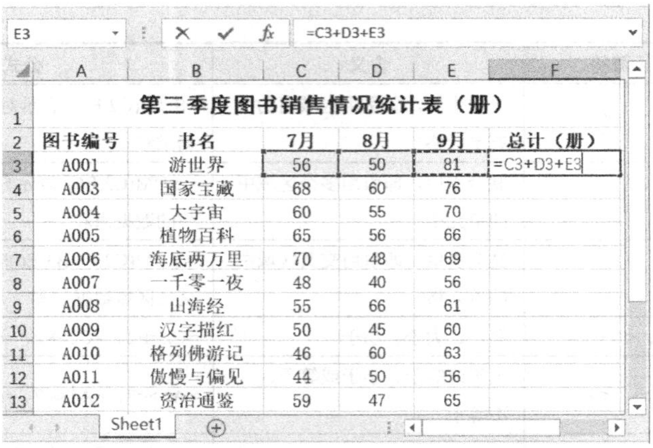

E3 =C3+D3+E3

	A	B	C	D	E	F
1	第三季度图书销售情况统计表（册）					
2	图书编号	书名	7月	8月	9月	总计（册）
3	A001	游世界	56	50	81	=C3+D3+E3
4	A003	国家宝藏	68	60	76	
5	A004	大宇宙	60	55	70	
6	A005	植物百科	65	56	66	
7	A006	海底两万里	70	48	69	
8	A007	一千零一夜	48	40	56	
9	A008	山海经	55	66	61	
10	A009	汉字描红	50	45	60	
11	A010	格列佛游记	46	60	63	
12	A011	傲慢与偏见	44	50	56	
13	A012	资治通鉴	59	47	65	

Sheet1

图 7-2　第二季度计算机图书销售情况统计表

使用公式时要注意以下几点。

（1）在一个运算符或单元格地址中不能含有空格，例如运算符“<=”不能写成“< =”，再如单元格“C2”不能写成“C 2”。

（2）公式中参与计算的数据尽量不使用纯数字，而是使用单元格地址代替相应的数字。例如在上例计算“游世界”销售总计时，使用公式“=C3+D3+E3”来计算，而不是使用纯数字“=56+50+81”来计算。其好处是：当原始数据改变时，不必再修改计算公式，进而降低计算结果的错误率。

（3）在默认情况下，单元格中只显示计算的结果，不显示公式。为了检查公式的正确性，可在单元格中设置显示公式。单击“公式”选项卡“公式审核”组中的“显示公式”按钮，即可在单元格中显示公式。若取消显示的公式，则再次单击“显示公式”按钮即可。

7.1.4　实例练习

打开“公式实例素材.xlsx”文件，如图 7-3 所示。在工作表 Sheet1 中，用公式计算“生活用水占水资源总量的百分比（%）”的值，填入相应单元格中。（计算公式为：生活用水占水资源总量的百分比（%）=2015～2020 年度淡水占水资源总量的百分比（%）*生活用水利用（%）/100，计算结果保留小数点后 2 位）。

	A	B	C	D	E	F
1	2015年～2020年淡水资源的利用					
2–4	各省	2015年～2020年度淡水抽取量占水资源总量百分比（%）	2015年～2020年淡水抽取量的利用（%）			生活用水占水资源总量的百分比（%）
			用于农业	用于工业	生活用水	
5	总计	9.1	70	20	10	
6	河北	22.4	68	26	7	
7	山西	51.2	86	5	8	
8	山东	256.3	62	7	31	
9	湖北	20.6	62	18	20	
10	湖南	28.6	48	16	36	
11	贵州	1.6	90	6	4	
12	吉林	1.6	62	21	17	
13	辽宁	323.3	96	2	2	
14	黑龙江	6	74	9	17	
15	河南	41.5	95	2	2	
16	广西	27.9	63	6	31	
17	云南	1.6	12	69	20	
18	福建	19.1	77	5	17	
19	浙江	17.1	41	46	13	
20	陕西	10.6	74	9	17	
21	青海	1.1	62	18	20	
22	西藏	7.5	30	47	23	
23	以上各省的平均量					

Sheet1 Sheet2 Sheet3

图 7-3　“公式实例素材”文件

操作步骤如下。

（1）单击存放结果的单元格，本例为 F5 单元格。

（2）输入公式：=B5*E5/100。方法：首先输入“=”，然后单击 B5 单元格，输入运算符“*”，再单击 E5 单元格，输入“/100”，完成公式的输入。或者在编辑栏中直接输入公式：=B5*E5/100。

（3）按 Enter 键，拖动 F5 右下角的填充柄至 F22 单元格，结果如图 7-4 所示。

	A	B	C	D	E	F
1	2015年-2020年淡水资源的利用					
2		2015年-2020年度淡水抽取量占水资源总量百分比（%）	2015年-2020年淡水抽取量的利用（%）			生活用水占水资源总量的百分比（%）
3						
4	各省		用于农业	用于工业	生活用水	
5	总计	9.1	70	20	10	0.91
6	河北	22.4	68	26	7	1.568
7	山西	51.2	86	5	8	4.096
8	山东	256.3	62	7	31	79.453
9	湖北	20.6	62	18	20	4.12
10	湖南	28.6	48	16	36	10.296
11	贵州	1.6	90	6	4	0.064
12	吉林	1.6	62	21	17	0.272
13	辽宁	323.3	96	2	2	6.466
14	黑龙江	6	74	9	17	1.02
15	河南	41.5	95	2	2	0.83
16	广西	27.9	63	6	31	8.649
17	云南	1.6	12	69	20	0.32
18	福建	19.1	77	5	17	3.247
19	浙江	17.1	41	46	13	2.223
20	陕西	10.6	74	9	17	1.802
21	青海	1.1	62	18	20	0.22
22	西藏	7.5	30	47	23	1.725
23	以上各省的平均量					

Sheet1　Sheet2　Sheet3

图 7-4　计算“生活用水占水资源总量的百分比（%）”的值

（4）选定 F5:F22 区域，在选定的区域右击，在弹出的快捷菜单中单击“设置单元格格式”命令，弹出“设置单元格格式”对话框，在“数字”选项卡下的“分类”列表框中选择“数值”，设置小数位数为 2，单击“确定”按钮，如图 7-5 所示。

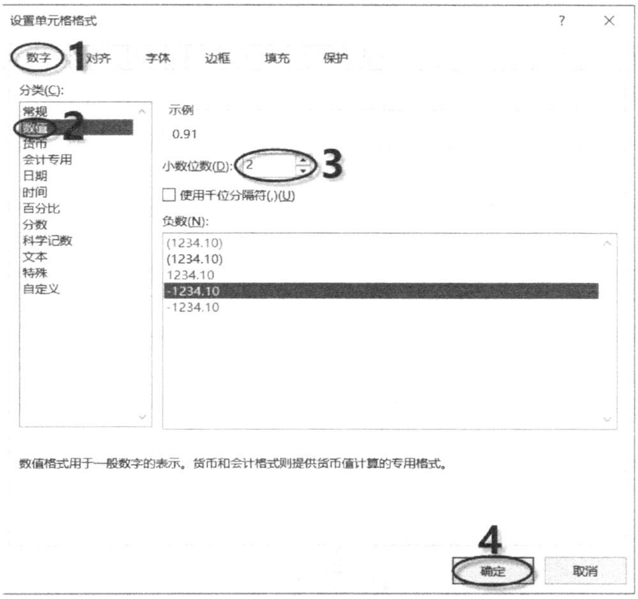

图 7-5　设置数值保留小数点后 2 位

7.1.5 实用操作技巧

1. 编辑栏不显示公式

在默认情况下，选定包含公式的单元格后，该公式会显示在编辑栏中，如果不希望其他用户看到该公式，可将编辑栏中的公式隐藏。隐藏编辑栏中公式的设置方法如下。

（1）选定要隐藏公式的单元格区域，在选定的区域右击，在弹出的快捷菜单中单击“设置单元格格式”命令，在弹出的对话框中打开“保护”选项卡，选中“锁定”和“隐藏”复选框，单击“确定”按钮，如图 7-6 所示。

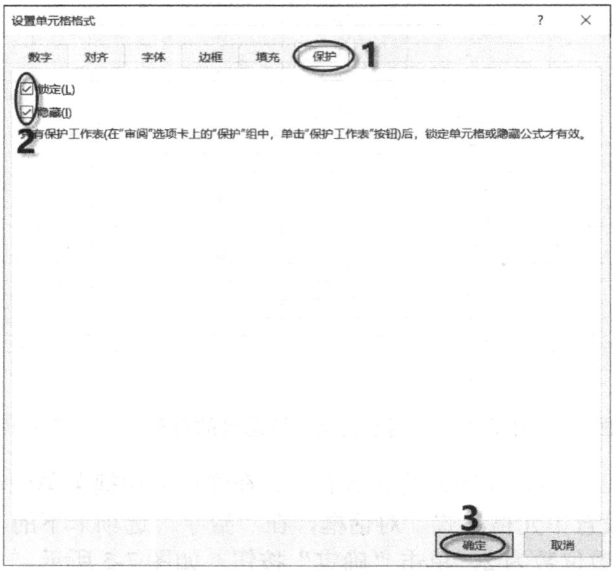

图 7-6 设置“锁定”和“隐藏”

（2）打开“审阅”选项卡，单击“保护”组中的“保护工作表”按钮，弹出“保护工作表”对话框，选中“保护工作表及锁定的单元格内容”复选框，单击“确定”按钮，如图 7-7 所示。

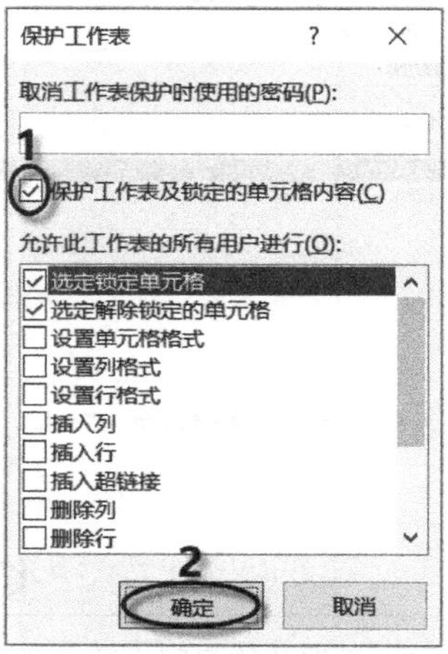

图 7-7 保护工作表及锁定的单元格内容

2．快速查看工作表中的所有公式

按“Ctrl+`”组合键可显示工作表中的所有公式，按“Ctrl+`”组合键可将工作中的所有公式切换为单元格中的数值，即按“Ctrl+`”组合键可在单元格数值和单元格公式之间进行切换。

3．不输入公式查看计算结果

选定要计算结果的所有单元格，在窗口下方的状态栏中即可显示相应的计算结果，默认计算包括平均值、计数、求和，如图 7-8 所示。若要查看其他计算结果，将光标指向状态栏的任意区域并右击，在弹出的快捷菜单中单击要查看的运算命令，在状态栏中即可显示相应的计算结果。

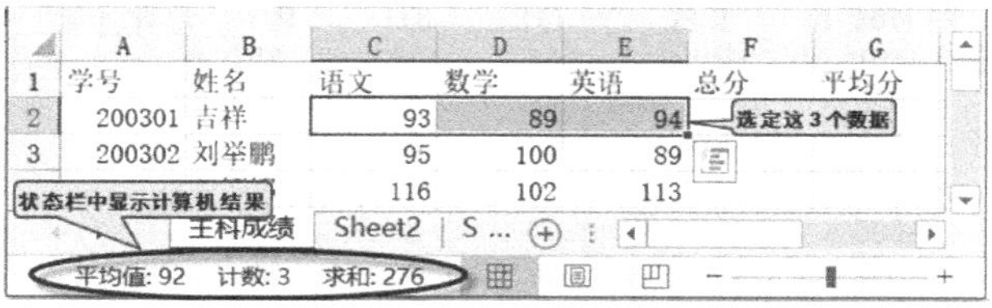

图 7-8　不输入公式查看计算结果

7.2　单元格引用

在 Excel 的公式中，往往引用单元格的地址代替对应单元格中的数据，其目的在于当单元格引用位置发生变化时，运算结果自动进行更新。根据引用地址是否随之改变，将单元格引用分为相对引用、绝对引用和混合引用。引用方式不同，处理方式也不同。

7.2.1　相对引用

相对引用是对引用数据的相对位置而言的。在多数情况下，在公式中引用单元格的地址都是相对引用，例如 B2、C3、A1:E5 等。使用相对引用的好处是：确保公式在复制、移动后，公式中的单元格地址将自动变为目标位置的地址。例如，在图 7-9 所示的工作表中，将 F3 单元格中的数据“=SUM(C3:E3)”复制到 F4 后，F4 单元格中的数据自动变为“=SUM(C4:E4)”。

图 7-9　公式复制

7.2.2 绝对引用

在行号和列标前均加上“$”符号，如$C$2、$E$3:$G$6 等都是绝对引用。含绝对引用的公式，在复制和移动后，公式中引用单元格的地址不会改变。例如在图 7-10（a）中，将 F3 单元格中的数据“=SUM($C$3:$E$3)”复制到 F4 单元格后，F4 单元格中的数据也为“=SUM($C$3:$E$3)”，操作结果如图 7-10（b）所示。

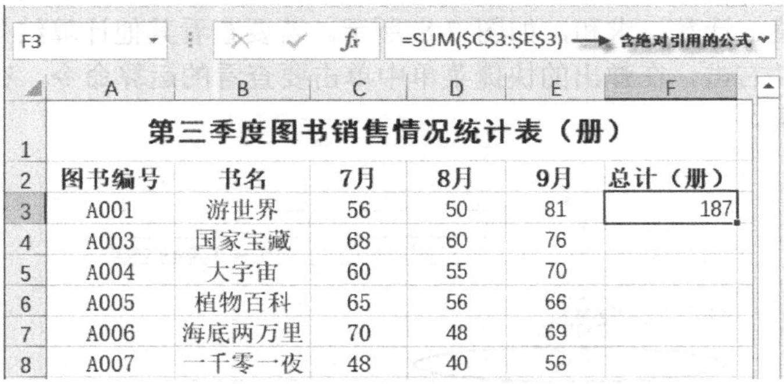

（a） 含绝对引用的公式复制前

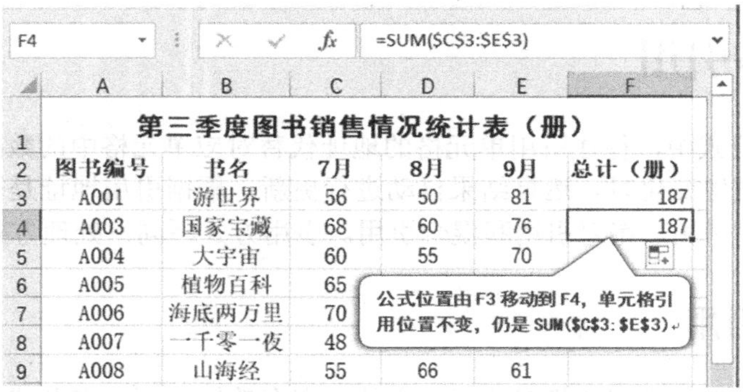

（b） 含绝对引用的公式复制后

图 7-10 绝对引用

7.2.3 混合引用

混合引用是指在单元格引用时，既有相对引用又有绝对引用，其引用形式是在行号或列标前加“$”，如$C3、C$3 等。它同时具备相对引用和绝对引用的特点，即当公式复制或移动后，公式的相对引用中的单元格地址自动改变，绝对引用中的单元格地址不变。例如$C3 表明列 C 不变而行 3 随公式的移动自动变化；C$3 表明行 3 不变而列 C 随公式的移动自动变化。

7.2.4 引用其他工作表数据

1．引用同一工作簿的其他工作表数据

在引用的位置输入引用的“工作表名!单元格引用”。例如，打开 Excel 工作簿，新建

2 个工作表：表 1 和表 2，并在表 1 中的 A2 单元格中输入“使用公式”，如图 7-11 所示。在表 2 中的 B4 单元格引用表 1 中的 A2 单元格的内容。

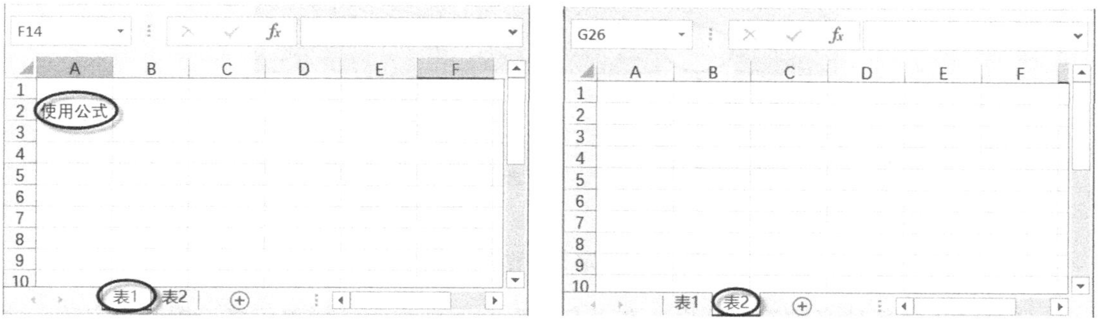

（a）表 1　　（b）表 2

图 7-11　新建 2 个工作表

操作方法如下。

（1）单击表 2 中的 B4 单元格，输入“=表 1！A2”，如图 7-12 所示。其中“表 1”指的是引用工作表名，“！”表示从属关系，即 A2 属于表 1，A2 指的是引用 A2 这个位置的数据。

（2）按 Enter 键之后，表 1 的数据引用到表 2 中，如图 7-13 所示。

（3）若更改表 1 的数据，则表 2 中的数据也随着表 1 的数据改变而改变。

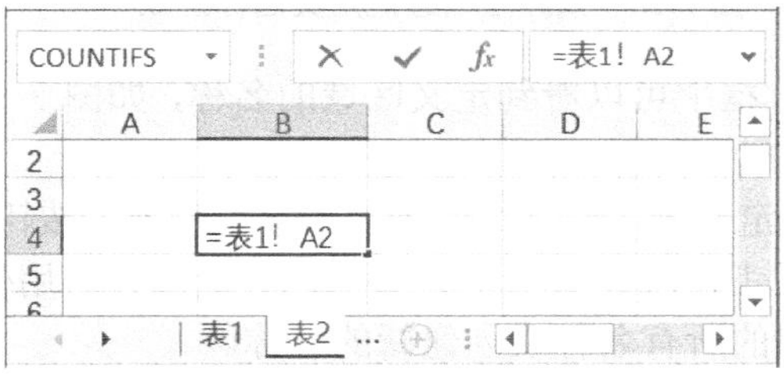

图 7-12　在 B4 单元格中输入“=表 1！A2”

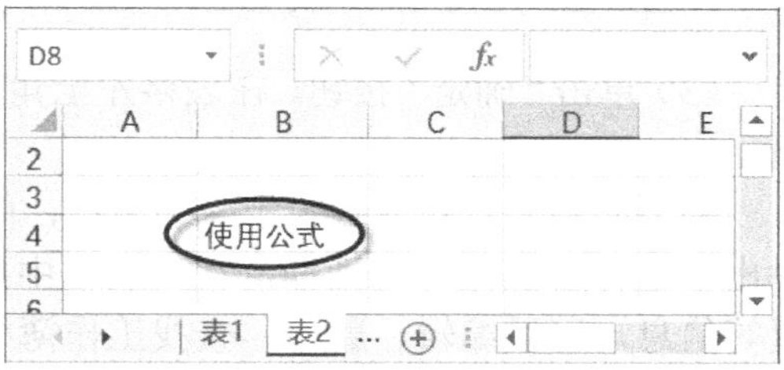

图 7-13　表 1 的数据被引用到表 2

2. 引用不同工作簿中的工作表数据

引用方法为：在引用的位置输入“[工作簿名]工作表名!单元格引用”。例如[成绩]Sheet3!F5，表示引用的是“成绩”工作簿 Sheet3 工作表中的 F5 单元格。

7.3　在公式中使用定义名称

7.3.1　定义名称

定义名称是 Excel 使用过程中为了简便运算而设置的一种功能。名称可以代表单元格、区域、公式、数组、单词和字符串等，例如“=SUM(My Sales)”可替代“= SUM(B3:B20)”。定义名称的方法如下。

（1）打开“公式”选项卡，单击“定义的名称”组中的“定义名称”下拉按钮，如图 7-14 所示。

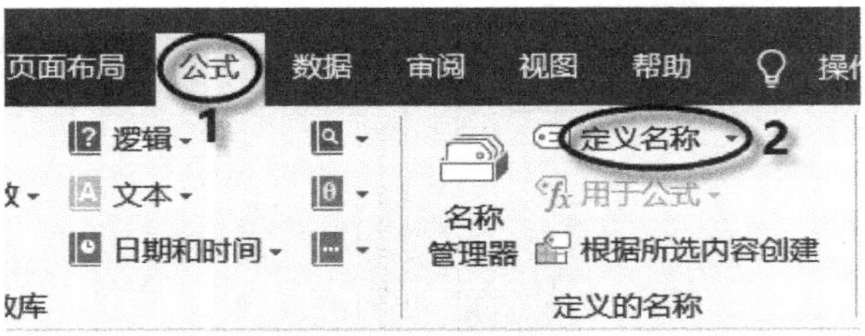

图 7-14 “定义名称”下拉按钮

（2）弹出“新建名称”对话框，在“名称”文本框中为区域单元格设置一个名称，本例输入“number”；在“引用位置”框中选定原有的内容，如图 7-15 所示，在工作表中用鼠标拖动选定要定义的单元格区域，本例选定 C3:E3 区域，如图 7-16 所示。

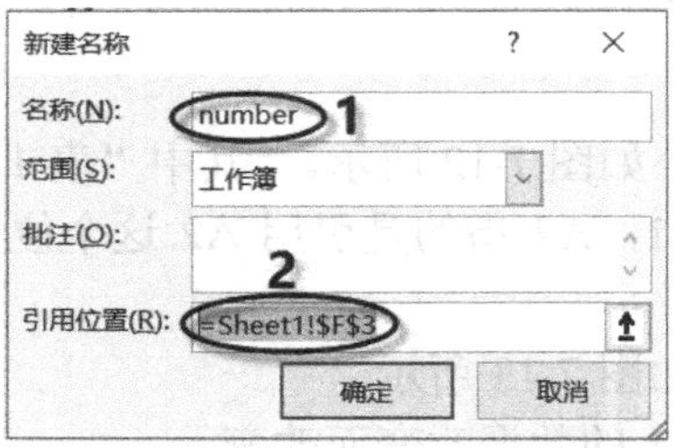

图 7-15 “新建名称”对话框

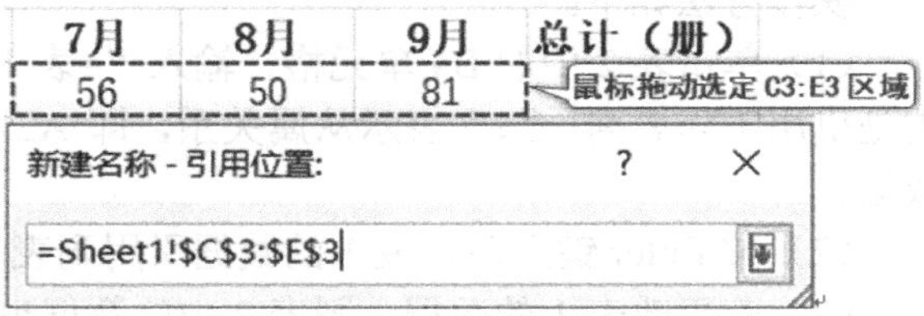

图 7-16 鼠标拖动选定定义名称区域

（3）单击“确定”按钮，在表格左上角的名称框中可以看到定义区域的名称，如图 7-17 所示。

（4）如果要查看或编辑定义的名称，单击“定义的名称”组中的“名称管理器”按钮，弹出“名称管理器”对话框，在列表框中显示了工作表中所有定义的名称、数值、引用位置等信息，可以编辑、删除、查找工作簿中使用的所有名称或创建新的名称。

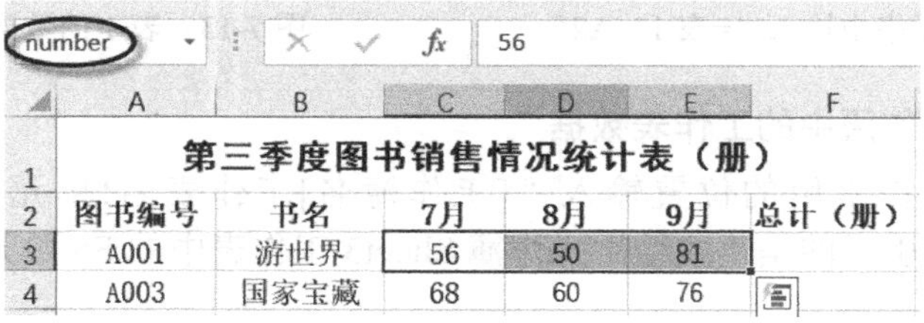

图 7-17 名称框显示定义的区域名称

7.3.2 将定义的名称用于公式

在 Excel 中将定义的名称用于公式可简化计算。下面以“10 月份计算机图书销售情况统计”工作簿为例定义并引用单元格来计算数据，操作步骤如下。

（1）打开工作簿。

打开“10 月份计算机图书销售情况统计”工作簿，选定 C3:C17 区域。

（2）定义名称。

①打开“公式”选项卡，单击“定义的名称”组中的“定义名称”按钮，弹出“新建名称”对话框，在“名称”文本框中输入“单价”，单击“确定”按钮，如图 7-18 所示。

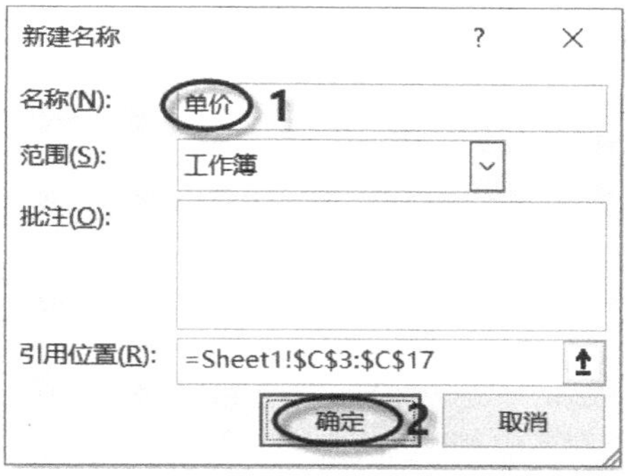

图 7-18　定义名称

②选定 D3:D17 区域，按照步骤（1），将 D3:D17 区域定义为“销售量”。

（3）输入公式。

单击 E3 单元格，输入“=单价*销售量”，如图 7-19 所示，按 Enter 键完成输入。

	A	B	C	D	E
1	10月份计算机图书销售情况统计				
2	图书编号	图书名称	单价（元）	销售量（册）	销售额（元）
3	JSJ001	计算机基础	50	100	=单价*销售量
4	JSJ002	二级公共基础知识	30	130	
5	JSJ003	Windows 10教程	41	65	
6	JSJ004	全国计算机考试三级教程数据库技术	37	160	
7	JSJ005	MS Office高级应用	50	320	
8	JSJ006	Java语言程序设计	46	200	
9	JSJ007	二级Access	49	75	
10	JSJ008	一级MS Office指导及模拟试题集	36	115	
11	JSJ009	二级C语言考前强化指导	44	76	
12	JSJ010	二级C	46	65	
13	JSJ011	全国计算机技术资格（水平）考试	56	35	
14	JSJ012	二级C++	48	85	
15	JSJ013	计算机软硬件基础知识篇	33	135	
16	JSJ014	Visual FoxPro数据库程序设计	40	185	
17	JSJ015	二级Java	39	230	

Sheet1

图 7-19　输入公式

（4）快速填充公式。

将光标指向 E3 单元格的右下角填充柄，当光标变为“+”形状时，按住鼠标左键向下拖动至 E17 单元格，释放鼠标左键，完成快速填充公式。

（5）查看引用定义名称。

单击 E3: E17 中的任意一个单元格，编辑栏均显示“=单价*销售量”，并在单元格中显示计算的结果，如图 7-20 所示。

	A	B	C	D	E
1	10月份计算机图书销售情况统计				
2	图书编号	图书名称	单价（元）	销售量（册）	销售额（元）
3	JSJ001	计算机基础	50	100	5000
4	JSJ002	二级公共基础知识	30	130	3900
5	JSJ003	Windows 10教程	41	65	2665
6	JSJ004	全国计算机考试三级教程数据库技术	37	160	5920
7	JSJ005	MS Office高级应用	50	320	16000
8	JSJ006	Java语言程序设计	46	200	9200
9	JSJ007	二级Access	49	75	3675
10	JSJ008	一级MS Office指导及模拟试题集	36	115	4140
11	JSJ009	二级C语言考前强化指导	44	76	3344
12	JSJ010	二级C	46	65	2990
13	JSJ011	全国计算机技术资格（水平）考试	56	35	1960
14	JSJ012	二级C++	48	85	4080
15	JSJ013	计算机软硬件基础知识篇	33	135	4455
16	JSJ014	Visual FoxPro数据库程序设计	40	185	7400
17	JSJ015	二级Java	39	230	8970

图 7-20　查看引用定义名称

7.4　公式审核

7.4.1　显示公式

为了方便对已有公式进行编辑，可将单元格中的公式显示出来。显示公式的方法为：打开“公式”选项卡，单击“公式审核”组中的“显示公式”按钮，在每个单元格中显示公式，如图 7-21 所示。若要恢复数据显示，则再次单击“显示公式”按钮，单元格中显示结果值。

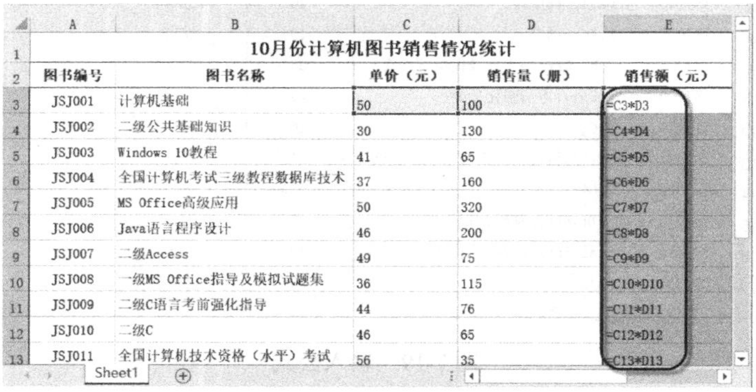

	A	B	C	D	E
1	10月份计算机图书销售情况统计				
2	图书编号	图书名称	单价（元）	销售量（册）	销售额（元）
3	JSJ001	计算机基础	50	100	=C3*D3
4	JSJ002	二级公共基础知识	30	130	=C4*D4
5	JSJ003	Windows 10教程	41	65	=C5*D5
6	JSJ004	全国计算机考试三级教程数据库技术	37	160	=C6*D6
7	JSJ005	MS Office高级应用	50	320	=C7*D7
8	JSJ006	Java语言程序设计	46	200	=C8*D8
9	JSJ007	二级Access	49	75	=C9*D9
10	JSJ008	一级MS Office指导及模拟试题集	36	115	=C10*D10
11	JSJ009	二级C语言考前强化指导	44	76	=C11*D11
12	JSJ010	二级C	46	65	=C12*D12
13	JSJ011	全国计算机技术资格（水平）考试	56	35	=C13*D13

图 7-21　显示公式

7.4.2　更正公式中的错误

为了保证计算的准确性，对公式进行审核是非常必要的，利用 Excel 2016 提供的错误检查功能，可以快速查询公式的错误原因，方便用户进行更正。

若公式中存在错误，则在“公式”选项卡“公式审核”组中单击“错误检查”按钮，弹出图 7-22 所示的“错误检查”对话框。此对话框将显示错误的公式和出现错误的原因，单击右侧的“从上部复制公式”、“忽略错误”和“在编辑栏中编辑”等按钮，进行错误的相应更正。

图 7-22　“错误检查”对话框

7.5　函数的使用

7.5.1　函数的结构

函数由函数名和参数两部分组成，各参数之间用逗号隔开，其结构为：

函数名(参数 1,参数 2,……)。

其中，参数可以是常量、单元格引用或其他函数等，括号前后不能有空格。

例如，函数 COUNT(E12:H12)，其中 COUNT 是函数名，E12:H12 是参数，该函数表示对 E12:H12 区域进行计数。

7.5.2　插入函数

函数是 Excel 自带的预定义公式，其使用方法和公式的使用方法相同，直接在单元格中输入函数和参数值，或者插入系统函数，即可得到相应函数的结果。下面举例说明 Excel 中插入函数的方法。

【例 7-1】利用函数求图 7-23 所示的学生总分，其操作过程如下。

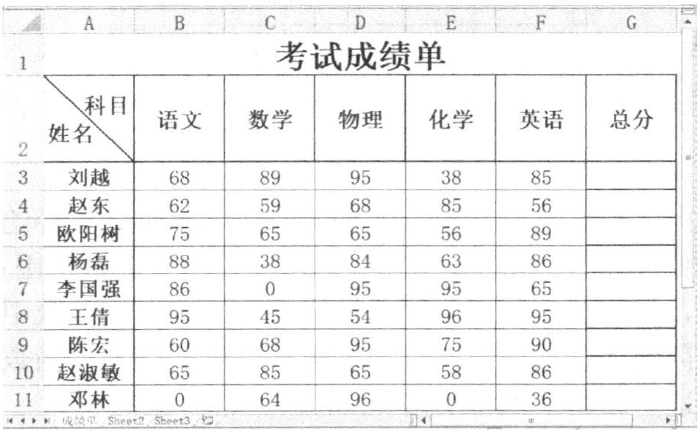

	A	B	C	D	E	F	G
1	考试成绩单						
2	科目 / 姓名	语文	数学	物理	化学	英语	总分
3	刘越	68	89	95	38	85	
4	赵东	62	59	68	85	56	
5	欧阳树	75	65	65	56	89	
6	杨磊	88	38	84	63	86	
7	李国强	86	0	95	95	65	
8	王倩	95	45	54	96	95	
9	陈宏	60	68	95	75	90	
10	赵淑敏	65	85	65	58	86	
11	邓林	0	64	96	0	36	

图 7-23　考试成绩表

（1）单击显示函数结果的单元格，本例为 G3 单元格。

（2）选择函数。打开“公式”选项卡，单击“函数库”组中的“插入函数”按钮f_x或编辑栏中的f_x按钮，弹出“插入函数”对话框，如图 7-24 所示。在此对话框中选择函数的类别及引用的函数。因为本例是求和，所以在“或选择类别”下拉列表中选择“常用函数”；在“选择函数”列表框中选择求和函数“SUM”，再单击“确定”按钮，弹出“函数参数”对话框，如图 7-25 所示。

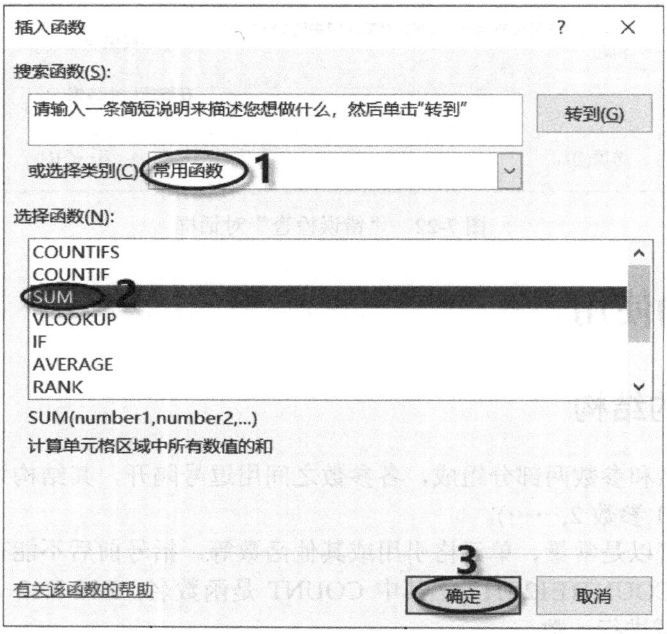

图 7-24 “插入函数”对话框

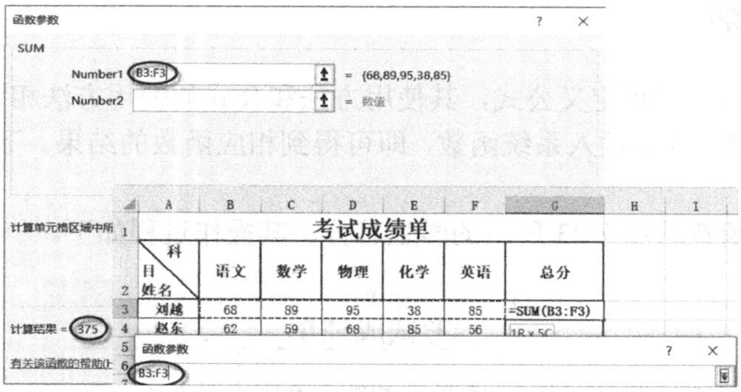

图 7-25 “函数参数”对话框

（3）输入参数。由图 7-25 可以看出，在 Number1 文本框中已经给出了求和函数参数的范围 B3:F3，并在下方给出了“计算结果=375”。若求和的参数取值范围不正确，可将 Number1 文本框中的参数删除，然后在工作表中用鼠标拖动的方式选定参数中引用的单元格区域，选定的区域四周呈现闪动的虚线框，同时在编辑栏、单元格及“函数参数”文本框中显示选定的单元格区域地址，如图 7-26 所示。

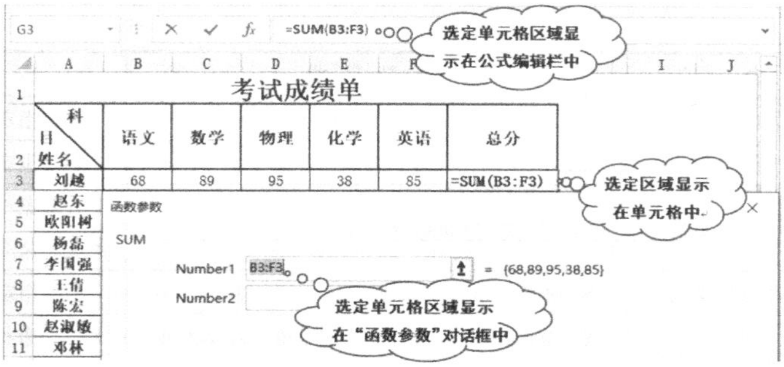

图 7-26 鼠标拖动选定参数有效区

（4）确认并显示结果。参数输入结束后，单击“函数参数”对话框中的“确定”按钮，计算结果自动显示在 G3 单元格中。拖动 G3 单元格填充柄至 G11 单元格后释放，自动求出所有其他学生的总分。

另外，也可以直接单击“公式”选项卡“函数库”组中的“自动求和”下拉按钮，弹出图 7-27 所示的下拉列表。在此列表中选择所需的函数，再输入函数参数的取值范围，按 Enter 键确认，也可自动求出对应函数的计算结果。

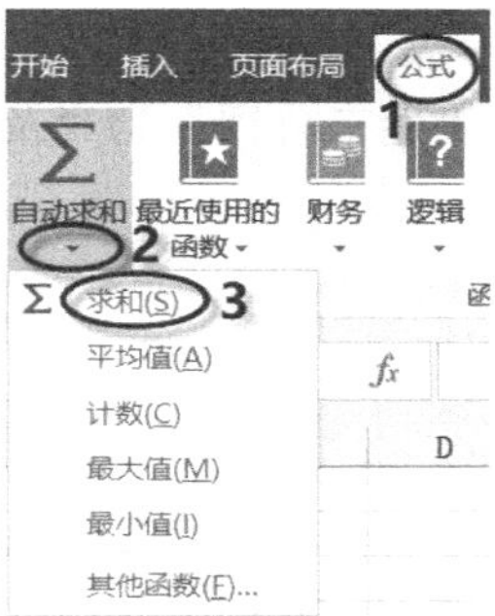

图 7-27 “自动求和”下拉列表

7.5.3 常用函数的应用

Excel 为我们提供了几百种函数，包括财务、日期与时间、数据与三角函数、统计、查找与应用等。在这里只介绍几个比较常用的函数，如表 7-3 所示。

表 7-3 常用函数

函 数 名	含 义	函 数 形 式	功 能
SUM	求和函数	SUM(参数 1,参数 2,...参数 *n*)(*n*<=30)	计算指定单元格区域内所有数据的和
AVERAGE	平均值函数	AVERAGE(参数 1,参数 2,...参数 *n*)(*n*<=30)	对指定单元格区域内所有数据求平均值
COUNT	计数函数	COUNT(参数 1,参数 2,...参数 *n*)(*n*<=30)	求出指定单元格区域内包含的数据个数
IF	条件函数	IF (指定条件,值 1,值 2)	当“指定条件”的值为真时，取“值 1”作为函数值，否则取“值 2”作为函数值

续表

函 数 名	含 义	函 数 形 式	功 能
MAX	最大值函数	MAX(参数 1,参数 2,...参数 *n*)(*n*<=30)	求出指定单元格区域内最大的数
MIN	最小值函数	MIN(参数 1,参数 2,...参数 *n*)(*n*<=30)	求出指定单元格区域内最小的数
COUNTIF	条件计数函数	COUNTIF（Rang,Criteria）	计算某个区域内满足给定条件的单元格个数
SUMIF	条件求和函数	SUMIF（Rang,Criteria,Sum__range）	根据指定条件对若干单元格求和
VLOOKUP	查找和引用函数	VLOOKUP(Lookup__value,Table__array,Col__index__num,,Range__lookup)	按列查找，最终返回该列所需查询列对应的值
RANK	排名函数	RANK(number, ref, order)	求某一个数值在某一个区域内的排名
MID	字符串函数	MID(text, start_num, num_chars)	一个字符串中截取出指定数量的字符
CONCATENATE	合并函数	CONCATENATE(text1,text2...)	将多个字符串合并成一个

1．IF 函数

利用 IF 函数，对图 7-28 所示的“学期成绩”进行“期末总评”。当“学期成绩”>=85 时，在其后的“期末总评”单元格中显示为“优秀”；当“学期成绩”>=75 时，“期末总评”为“良好”；当“学期成绩”>=60，“期末总评”为“及格”；否则为“不及格”。

	A	B	C	D	E	F	G
1	学号	姓名	平时成绩	期末成绩	学期成绩	期末总评	班级名次
2	20190101	周克乐	97	80	85		
3	20190102	王朦胧	75	72	73		
4	20190103	张琪琪	70	90	84		
5	20190104	王航	87	90	89		
6	20190105	周乐乐	86	96	93		
7	20190106	张会芳	65	70	69		
8	20190107	田宁	75	80	79		
9	20190108	向红丽	60	55	57		
10	20190109	李佳旭	85	80	82		
11	20190110	胡长城	95	89	91		
12	20190111	叶自力	90	93	92		
13	20190112	杨伟	75	80	79		
14	20190113	刘炜炜	85	80	82		
15	20190114	刘亚萍	70	75	74		
16	20190115	远晴晴	95	98	97		
17	20190116	郭晓娟	98	90	92		
18	20190117	丁志民	75	72	73		
19	20190118	郭艳超	50	60	57		
20	20190119	王自豪	98	99	99		
21	20190120	杨一帆	94	89	91		
22	20190121	赵蒙	75	88	84		
23	20190122	牛灿灿	98	80	85		
24	20190123	陈辰	95	96	96		
25	20190124	陈亚杰	97	95	96		
26	20190125	张万春	89	80	83		

计算机

图 7-28 “计算机”工作表

操作步骤如下。

（1）单击显示函数结果的单元格 F2。

（2）在编辑栏中输入公式：=IF(E2>=85,"优秀",IF(E2>=75,"良好",IF(E2>=60,"及格","不及格"))), 按 Enter 键，“期末总评”的结果自动显示在 F2 单元格中，如图 7-29 所示。

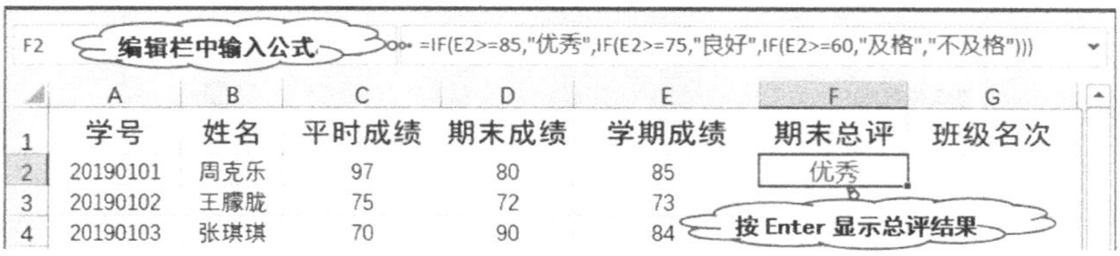
F2
编辑栏中输入公式
=IF(E2>=85,"优秀",IF(E2>=75,"良好",IF(E2>=60,"及格","不及格")))
按 Enter 显示总评结果

	A	B	C	D	E	F	G
1	学号	姓名	平时成绩	期末成绩	学期成绩	期末总评	班级名次
2	20190101	周克乐	97	80	85	优秀	
3	20190102	王朦胧	75	72	73		
4	20190103	张琪琪	70	90	84		

图 7-29 在编辑栏中输入公式

（3）将光标指向 F2 单元格右下角的填充柄，按住鼠标左键进行拖动，实现对其他学生“学期成绩”的评定。“期末总评”结果如图 7-30 所示。

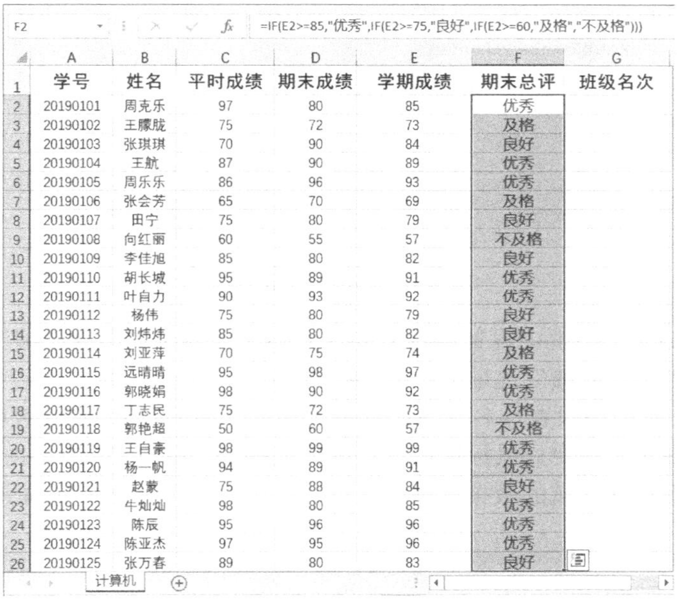
F2
=IF(E2>=85,"优秀",IF(E2>=75,"良好",IF(E2>=60,"及格","不及格")))
计算机

	A	B	C	D	E	F	G
1	学号	姓名	平时成绩	期末成绩	学期成绩	期末总评	班级名次
2	20190101	周克乐	97	80	85	优秀	
3	20190102	王朦胧	75	72	73	及格	
4	20190103	张琪琪	70	90	84	良好	
5	20190104	王航	87	90	89	优秀	
6	20190105	周乐乐	86	96	93	优秀	
7	20190106	张会芳	65	70	69	及格	
8	20190107	田宁	75	80	79	良好	
9	20190108	向红丽	60	55	57	不及格	
10	20190109	李佳旭	85	80	82	良好	
11	20190110	胡长城	95	89	91	优秀	
12	20190111	叶自力	90	93	92	优秀	
13	20190112	杨伟	75	80	79	良好	
14	20190113	刘炜炜	85	80	82	良好	
15	20190114	刘亚萍	70	75	74	及格	
16	20190115	远晴晴	95	98	97	优秀	
17	20190116	郭晓娟	98	90	92	优秀	
18	20190117	丁志民	75	72	73	及格	
19	20190118	郭艳超	50	60	57	不及格	
20	20190119	王自豪	98	99	99	优秀	
21	20190120	杨一帆	94	89	91	优秀	
22	20190121	赵蒙	75	88	84	良好	
23	20190122	牛灿灿	98	80	85	优秀	
24	20190123	陈辰	95	96	96	优秀	
25	20190124	陈亚杰	97	95	96	优秀	
26	20190125	张万春	89	80	83	良好	

图 7-30 “期末总评”结果

函数 IF(E2>=85,"优秀",IF(E2>=75,"良好",IF(E2>=60,"及格","不及格")))是嵌套函数，该函数按等级来判断某个变量，函数从左向右执行。首先计算 E2>=85，如果该表达式成立，则显示“优秀”，如果不成立就继续计算 E2>=75，如果该表达式成立，则显示“良好”，否则继续计算 E2>=60，如果该表达式成立，则显示“及格”，否则显示“不及格”。

2. RANK 函数

在图 7-30 中，按成绩由高到低的顺序统计每个学生的“学期成绩”排名，以 1、2、3……的形式标识名次并填入“班级名次”列。

操作步骤如下。

（1）单击 G2 单元格。

（2）单击编辑栏中的插入函数按钮 *fx*，打开“插入函数”对话框，在“搜索函数”文本框中输入“RANK”函数，单击“转到”按钮，在“选择函数”下拉列表中单击“RANK”函数，如图 7-31 所示，再单击“确定”按钮，弹出“函数参数”对话框。

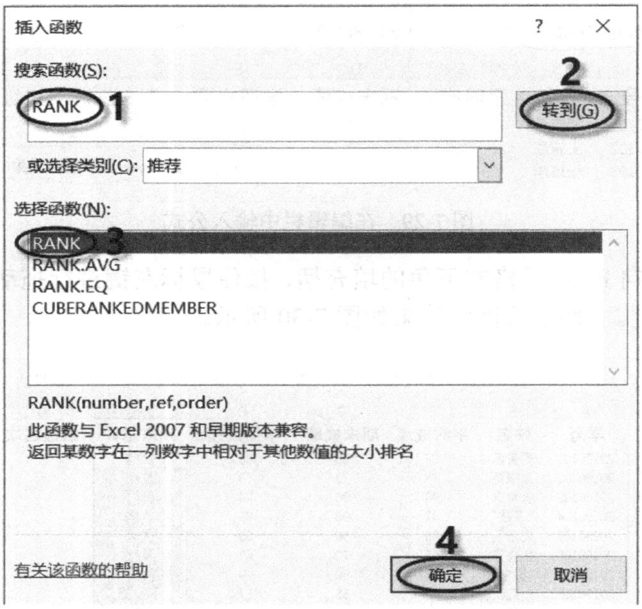

图 7-31　搜索 RANK 函数

（3）在 Number 文本框中设置要排名的单元格。因要对“学期成绩”排名，所以单击工作表中第一个“学期成绩”地址 E2 单元格。

（4）在 Ref 文本框中设置排名的参照数值区域。本例要对 E2:E26 区域的数据排名，因此将光标定位在该文本框中，鼠标拖动选定工作表中的 E2:E26 区域。由于 E2:E26 区域的每一个数据都是相对该区域的数据整体排名的，因此在行号和列标前面加上绝对引用符号$，如图 7-32 所示。

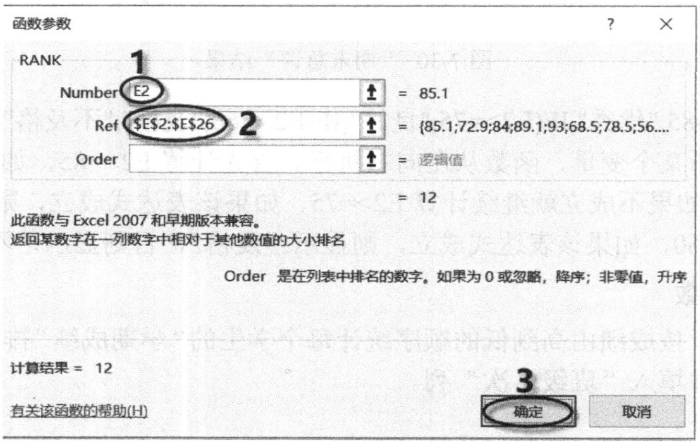

图 7-32　设置 RANK 参数值

（5）在 Order 文本框中设置降序或升序。从大到小排序为降序，用 0 表示或省略不写，默认降序；从小到大排序为升序，用 1 表示。本例省略不写，即为降序排名，如图 7-32 所示。

（6）设置完成后，单击“确定”按钮，第一个“总分”排名显示在 G2 单元格中。

（7）鼠标指向 G2 单元格的填充柄，按住鼠标左键向下拖动，按照“学期成绩”自动排名，如图 7-33 所示。

G2　=RANK(E2,$E$2:$E$26)

	A	B	C	D	E	F	G
1	学号	姓名	平时成绩	期末成绩	学期成绩	期末总评	班级名次
2	20190101	周克乐	97	80	85	优秀	12
3	20190102	王朦胧	75	72	73	及格	21
4	20190103	张琪琪	70	90	84	良好	14
5	20190104	王航	87	90	89	优秀	10
6	20190105	周乐乐	86	96	93	优秀	5
7	20190106	张会芳	65	70	69	及格	23
8	20190107	田宁	75	80	79	良好	18
9	20190108	向红丽	60	55	57	不及格	25
10	20190109	李佳旭	85	80	82	良好	16
11	20190110	胡长城	95	89	91	优秀	8
12	20190111	叶自力	90	93	92	优秀	7
13	20190112	杨伟	75	80	79	良好	18
14	20190113	刘炜炜	85	80	82	良好	16
15	20190114	刘亚萍	70	75	74	及格	20
16	20190115	远晴晴	95	98	97	优秀	2
17	20190116	郭晓娟	98	90	92	优秀	6
18	20190117	丁志民	75	72	73	及格	21
19	20190118	郭艳超	50	60	57	不及格	24
20	20190119	王自豪	98	99	99	优秀	1
21	20190120	杨一帆	94	89	91	优秀	9
22	20190121	赵蒙	75	88	84	良好	13
23	20190122	牛灿灿	98	80	85	优秀	11
24	20190123	陈辰	95	96	96	优秀	3
25	20190124	陈亚杰	97	95	96	优秀	4
26	20190125	张万春	89	80	83	良好	15

图 7-33　使用 RANK 函数排名效果

如果将每个学生的“学期成绩”排名按“第 *n* 名”的形式填入“班级名次”列，只需单击 G2 单元格，在编辑栏中输入公式：="第"&RANK(E2,$E$2:$E$26)&"名"，然后利用自动填充功能对其他单元格进行填充，如图 7-34 所示。在上述公式中，&是连接符号，将“第”“RANK(E2,$E$2:$E$26)”“名”三者联系起来。

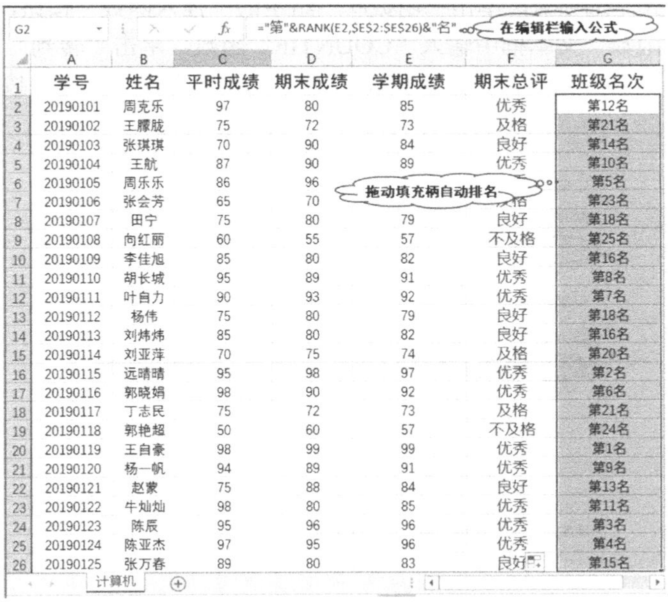

	A	B	C	D	E	F	G
1	学号	姓名	平时成绩	期末成绩	学期成绩	期末总评	班级名次
2	20190101	周克乐	97	80	85	优秀	第12名
3	20190102	王朦胧	75	72	73	及格	第21名
4	20190103	张琪琪	70	90	84	良好	第14名
5	20190104	王航	87	90	89	优秀	第10名
6	20190105	周乐乐	86	96			第5名
7	20190106	张会芳	65	70			第23名
8	20190107	田宁	75	80	79	良好	第18名
9	20190108	向红丽	60	55	57	不及格	第25名
10	20190109	李佳旭	85	80	82	良好	第16名
11	20190110	胡长城	95	89	91	优秀	第8名
12	20190111	叶自力	90	93	92	优秀	第7名
13	20190112	杨伟	75	80	79	良好	第18名
14	20190113	刘炜炜	85	80	82	良好	第16名
15	20190114	刘亚萍	70	75	74	及格	第20名
16	20190115	远晴晴	95	98	97	优秀	第2名
17	20190116	郭晓娟	98	90	92	优秀	第6名
18	20190117	丁志民	75	72	73	及格	第21名
19	20190118	郭艳超	50	60	57	不及格	第24名
20	20190119	王自豪	98	99	99	优秀	第1名
21	20190120	杨一帆	94	89	91	优秀	第9名
22	20190121	赵蒙	75	88	84	良好	第13名
23	20190122	牛灿灿	98	80	85	优秀	第11名
24	20190123	陈辰	95	96	96	优秀	第3名
25	20190124	陈亚杰	97	95	96	优秀	第4名
26	20190125	张万春	89	80	83	良好	第15名

图 7-34　以“第 *n* 名”的形式排名

3．COUNTIF 函数

如图 7-35 所示，在“加班统计”工作表中对每位员工的加班情况进行统计并以此填入“个人加班情况”工作表的相应单元格。

序号	部门	职务	姓名	加班日期
8月份加班情况统计				
1	管理	总经理	高小丹	8月2日
2	人事	员工	石明砚	8月2日
3	研发	员工	王铬争	8月2日
4	行政	文秘	刘君赢	8月2日
5	管理	部门经理	杨晓柯	8月9日
6	人事	员工	石明砚	8月9日
7	研发	员工	王铬争	8月9日
8	行政	文秘	刘君赢	8月9日
9	管理	总经理	高小丹	8月16日
10	管理	部门经理	杨晓柯	8月16日
11	行政	文秘	刘君赢	8月16日
12	人事	员工	石明砚	8月16日
13	研发	员工	王铬争	8月16日
14	人事	员工	石明砚	8月23
15	行政	文秘	刘君赢	8月23
16	管理	部门经理	杨晓柯	8月23
17	管理	总经理	高小丹	8月23
18	研发	员工	王铬争	8月23
19	管理	部门经理	杨晓柯	8月30
20	行政	文秘	刘君赢	8月30
21	研发	员工	王铬争	8月30
22	人事	员工	石明砚	8月30
23	管理	总经理	高小丹	8月30

加班统计 | 个人加班情况

图 7-35 “加班统计”工作表

方法 1：利用插入 COUNTIF 函数，求出每位员工的加班次数。操作步骤如下。

（1）单击“个人加班情况”工作表中的 B2 单元格。

（2）打开“公式”选项卡，单击“函数库”组中的“插入函数”按钮，弹出“插入函数”对话框。在“搜索函数”文本框中输入“COUNTIF”函数，单击“转到”按钮，在“选择函数”列表框中选择“COUNTIF”函数，如图 7-36 所示，再单击“确定”按钮。弹出“函数参数”对话框。

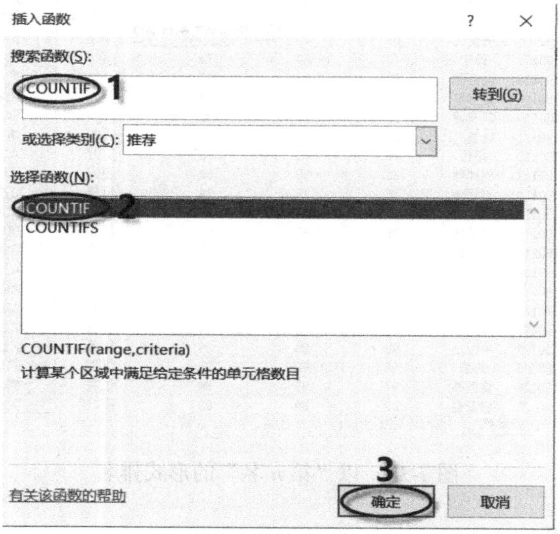

图 7-36 搜索并选择“COUNTIF”函数

（3）将光标定位在“函数参数”对话框的 Range 文本框中，单击“加班统计”工作表标签，鼠标拖动选定工作表 D3:D25 区域；单击 Criteria 文本框，再单击 A2 单元格，如图 7-37 所示，单击“确定”按钮，求出每位员工的加班情况，如图 7-38 所示。

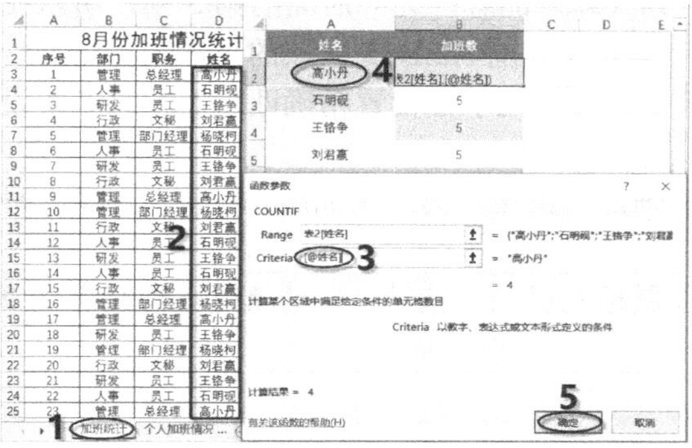

图 7-37　设置 COUNTIF 参数

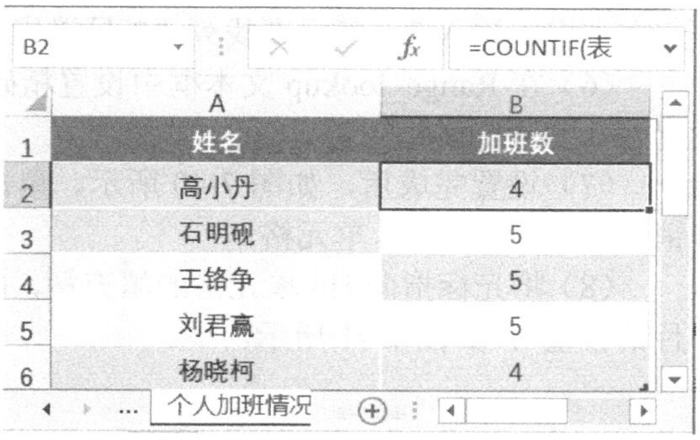

	A	B
1	姓名	加班数
2	高小丹	4
3	石明砚	5
4	王铬争	5
5	刘君赢	5
6	杨晓柯	4

图 7-38　每位员工的加班情况

方法 2：利用输入 COUNTIF 函数，求出每位员工的加班次数。操作步骤如下。

（1）单击“个人加班情况”工作表中的 B2 单元格。

（2）在编辑栏中输入公式：=COUNTIF(加班统计!$D$3:$D$25,A2)，按 Enter 键，求出第一位员工的加班次数。

（3）将光标指向 B2 单元格填充柄，按住鼠标左键进行拖动，自动求出其他员工的加班次数。

4．VLOOKUP 函数

在图 7-39 所示的“销售”工作表中，根据“品牌”在“2 月销售量”列，使用 VLOOKUP 函数完成“2 月销售量”的自动填充。

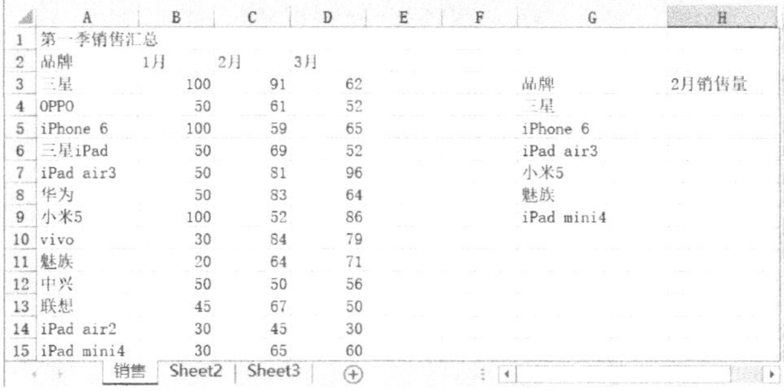

	A	B	C	D	E	F	G	H
1	第一季销售汇总							
2	品牌	1月	2月	3月				
3	三星	100	91	62			品牌	2月销售量
4	OPPO	50	61	52			三星	
5	iPhone 6	100	59	65			iPhone 6	
6	三星iPad	50	69	52			iPad air3	
7	iPad air3	50	81	96			小米5	
8	华为	50	83	64			魅族	
9	小米5	100	52	86			iPad mini4	
10	vivo	30	84	79				
11	魅族	20	64	71				
12	中兴	50	50	56				
13	联想	45	67	50				
14	iPad air2	30	45	30				
15	iPad mini4	30	65	60				

图 7-39　“销售”工作表

操作步骤如下。

（1）单击 H4 单元格。

（2）单击编辑栏中的插入函数按钮 f_x，在“插入函数”对话框的“选择函数”下拉列表中单击“VLOOKUP”函数，再单击“确定”按钮，弹出“函数参数”对话框。

（3）在 Lookup_value 文本框中设置查找值。因为要查找“品牌”的 2 月份销售量，所以单击工作表中的第一个“品牌”地址 G4 单元格。

（4）在 Table_array 文本框中设置查找范围。本例要在 A2:D15 区域查找，因此将光标定位在该文本框中，鼠标拖动选定工作表中的 A2:D15 区域。由于要在固定的 A2:D15 区域查找，因此在行号和列标前面加上绝对引用符号$，如图 7-40 所示。

（5）在 Col_index_num 文本框中设置查找列数。这里的列数以引用范围的第一列作为 1，我们要查询的“2 月销售量”在引用的第一列（即“品牌”列）后面的第 3 列，所以在该文本框中输入 3，表示查找列“2 月销售量”是查找范围 A2:D15 区域的第 3 列。

（6）在 Range_lookup 文本框中设置精确匹配。该项几乎都设置精确匹配，因此参数设置为 0（即 false）。

（7）设置完成后，如图 7-40 所示，单击“确定”按钮，第一个品牌“三星”的“2 月销售量”显示在 H4 单元格。

（8）将光标指向 H4 单元格的填充柄，按住鼠标左键向下拖动，自动填充其他品牌 “2 月销售量”，如图 7-41 所示。

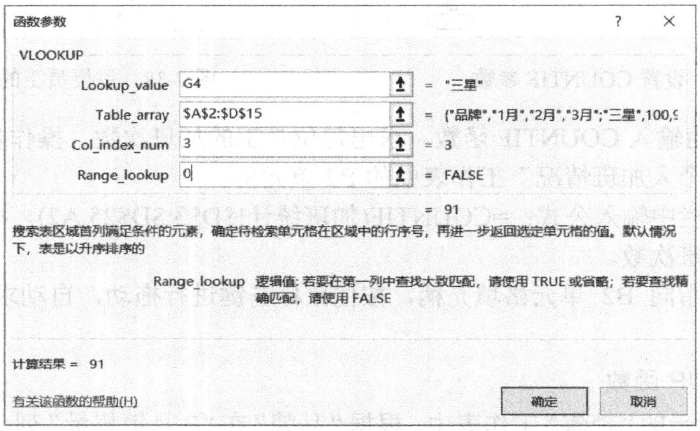

图 7-40　设置“VLOOKUP”函数的参数

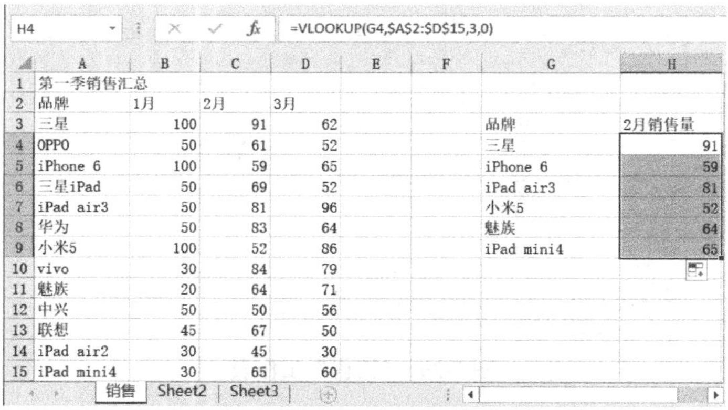

图 7-41　自动填充“2 月销售量”

7.6　实例练习

打开“年终奖金”工作簿，按照下列要求完成个人奖金和部门奖金的计算。

（1）在工作表“职工基本信息”中，利用公式及函数依次输入每个职工的性别“男”或“女”，　其中，身份证号的倒数第 2 位用于判断性别，奇数为男性，偶数为女性。

（2）按照年基本工资总额的 15%计算每个职工的应发年终奖金（应发年终奖金=月基本工资*15%*12）。

（3）根据工作表“税率标准”中的对应关系计算每个职工年终奖金应交的个人所得税、实发奖金，并填入 I 列和 J 列。

年终奖金计税方法如下：

- 应发年终奖金>=50 000，应交个税=应发年终奖金*10%
- 应发年终奖金<50 000，应交个税=应发年终奖金*5%
- 实发奖金=应发年终奖金-应交个税

（4）在“奖金分析报告”工作表中，使用 SUMIFS 函数分别统计各部门实发奖金的总金额，并填入 B 列对应的单元格。

操作步骤如下。

（1）步骤 1：打开“年终奖金.xlsx”文件，在“职工基本信息”工作表中单击 E3 单元格。

步骤 2：在编辑栏中输入公式：=IF(MOD(MID(D3,17,1),2)=1,"男","女")，如图 7-42 所示。其中，MID 是字符串函数，MOD 是求余函数，它们的含义如下。

MID(D3,17,1)表示在 D3 单元格的 18 位字符中，提取第 17 位字符。

MOD(MID(D3,17,1),2 表示用第 17 位提取到的字符除以 2 取余数。

IF(MOD(MID(D3,17,1),2)=1,"男","女") 表示如果余数=1，是“男”，否则是“女”。

步骤 3：在编辑栏输入公式后，按 Enter 键确认，然后向下拖动填充柄对其他单元格进行填充。

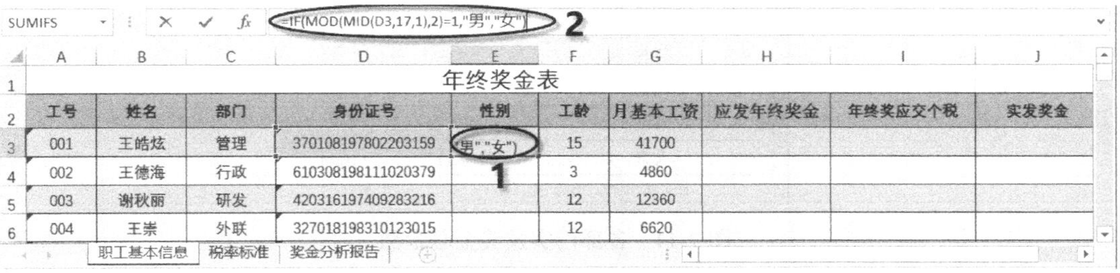

图 7-42　输入求性别的公式

（2）单击 H3 单元格，输入公式：=G3*15%*12，按 Enter 键确认，然后向下拖动填充柄对其他单元格进行填充，求出每位职工的应发年终奖金。

（3）步骤 1：单击 I3 单元格，在编辑栏中输入公式=IF(H3>=50 000,H3*10%,IF(H3<50 000,H3*5%))，表示如果 H3>=50 000，应交个税为应发年终奖金的 10%；如果 H3<50 000，应交个税为应发年终奖金的 5%。

步骤 2：按 Enter 键确认，然后向下拖动填充柄对其他单元格进行填充。

步骤 3：单击 J3 单元格，输入公式：=H3-I3，按 Enter 键确认，然后拖动填充柄向下对其他单元格进行填充。

（4）步骤 1：打开“奖金分析报告”工作表，单击 B3 单元格，在编辑栏中输入公式=SUMIFS(职工基本信息!J3:J70,职工基本信息!C3:C70,"管理")，表示对“职工基本信息”工作表中 C3:C70 区域的“管理”部门的实发奖金求和，如图 7-43 所示，按 Enter 键确认。

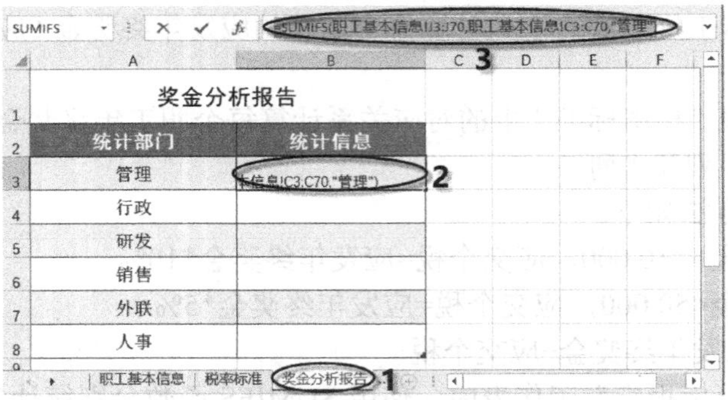

图 7-43　输入条件求和公式

步骤 2：单击 B4 单元格，在编辑栏中输入公式：=SUMIFS(职工基本信息!J3:J70,职工基本信息!C3:C70,"行政")，按 Enter 键确认。

步骤 3：单击 B5 单元格，在编辑栏中输入公式：=SUMIFS(职工基本信息!J3:J70,职工基本信息!C3:C70,"研发")，按 Enter 键确认。

步骤 4：按上述方法，利用 SUMIFS 函数分别求出“销售”“外联”“人事”3 个部门实发奖金总金额，并填入 B 列对应的单元格中。各部门实发奖金总金额如图 7-44 所示。

图 7-44　各部门实发奖金总金额

第 8 章

图表在数据分析中的应用

图表指将工作表中的数据用图形的形式进行表示。图表可以使数据更加易读、便于用户分析和比较数据。Excel 2016 与 Excel 2010 之前的版本对比，新增了 6 种图表功能，分别是树形图、旭日图、直方图、箱形图、瀑布图、组合图。新增的图表类型在数据分析中得到了广泛的应用。利用 Excel 2016 提供的图表类型，可以快速地创建各种类型的图表。

8.1 迷你图

迷你图是单元格中的一个微型图表，可以显示一系列数值的趋势，并能突出显示最大值和最小值。

8.1.1 插入迷你图

在图 8-1“销售分析”工作表的 H4:H11 单元格中，插入“销售趋势”的折线型迷你图，各单元格中的迷你图数据范围为对应图书的 1—6 月的销售数据，并为各迷你折线图标记销量的最高点和最低点。

	A	B	C	D	E	F	G	H
1	第一季度图书销售分析							
2	单位：本							
3	图书名称	1月	2月	3月	4月	5月	6月	销售趋势
4	《大学计算机基础》	320	210	420	215	360	500	
5	《Office2010应用案例》	180	160	120	220	134	155	
6	《网页制作教程》	90	56	88	109	100	120	
7	《网页设计与制作》	116	110	143	189	106	136	
8	《计算机应用教程》	149	60	200	50	102	86	
9	《Aoto CAD实用教程》	104	146	93	36	90	60	
10	《Excel实例应用》	141	95	193	36	90	60	
11	《Photoshop教程》	88	70	12	21	146	73	

销售分析 | Sheet2 | Sheet3

图 8-1 “销售分析”工作表

插入迷你图的操作步骤如下。

（1）单击存放迷你图的单元格 H4，打开“插入”选项卡，单击“迷你图”组中的“折线”，如图 8-2 所示。

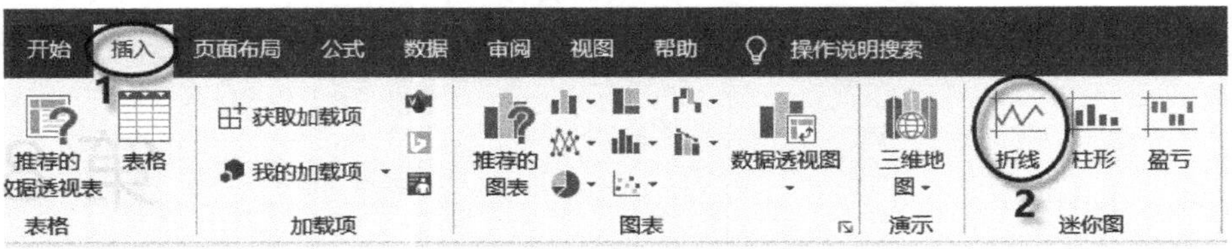

图 8-2 “插入”选项卡的“迷你图”组

（2）弹出“创建迷你图”对话框，将光标定位在“数据范围”文本框中，然后用鼠标拖动选定工作表中的 B4:G4 区域，如图 8-3 所示，单击“确定”按钮。

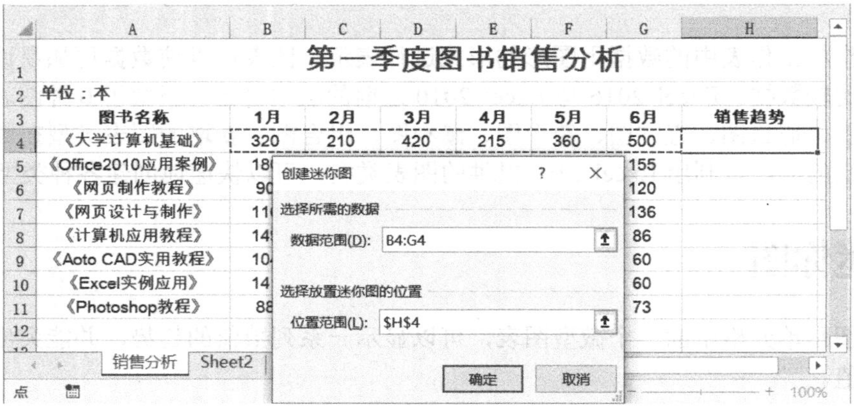

图 8-3 “创建迷你图”对话框

（3）向下拖动 H4 单元格的填充柄至 H11，创建图 8-4 所示的折线型迷你图。

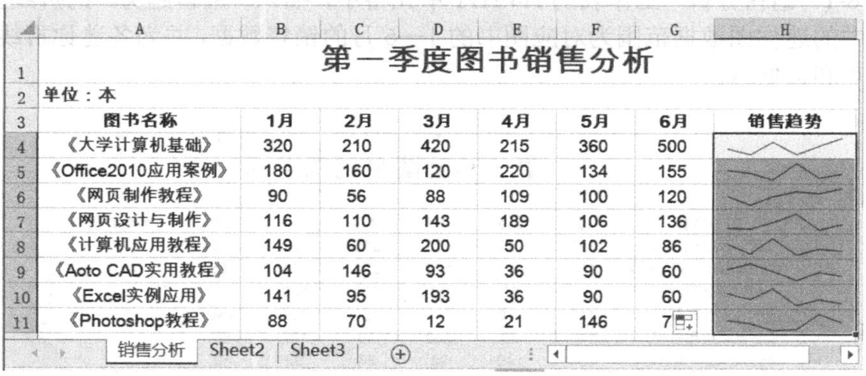

第一季度图书销售分析
单位：本
图书名称 1月 2月 3月 4月 5月 6月 销售趋势
《大学计算机基础》 320 210 420 215 360 500
《Office2010应用案例》 180 160 120 220 134 155
《网页制作教程》 90 56 88 109 100 120
《网页设计与制作》 116 110 143 189 106 136
《计算机应用教程》 149 60 200 50 102 86
《Aoto CAD实用教程》 104 146 93 36 90 60
《Excel实例应用》 141 95 193 36 90 60
《Photoshop教程》 88 70 12 21 146 73
销售分析
Sheet2
Sheet3

图 8-4 创建折线型迷你图

（4）选定迷你图区域 H4:H11，在“设计”选项卡的“显示”组中，选中“高点”和“低点”复选框，即为各折线型迷你图标记销量的最高点和最低点。

8.1.2 更改迷你图类型

迷你图有 3 种类型，单击要更改类型的迷你图所在单元格，打开“设计”选项卡，单击“类型”组中的“柱形”或“盈亏”，即可将迷你图更改为对应的类型。

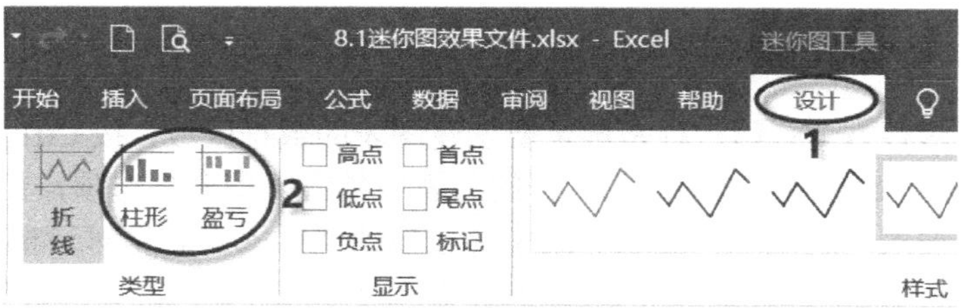

图 8-5　更改图表类型

8.1.3　清除迷你图

单击迷你图所在的单元格，打开“设计”选项卡，单击“组合”组中的“清除”下拉按钮，在弹出的下拉列表中选择“清除所选的迷你图”选项。

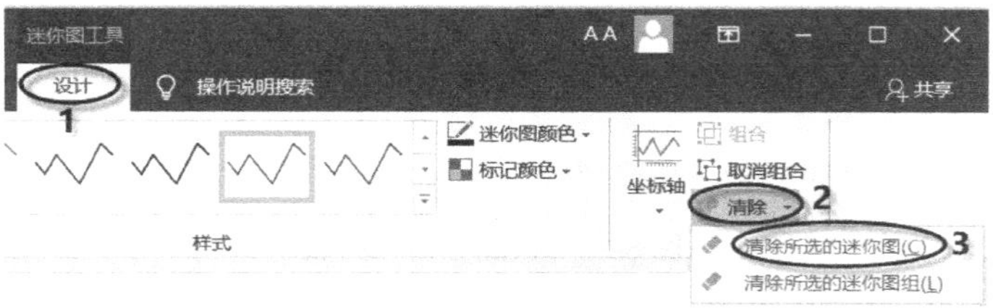

图 8-6　清除迷你图

8.2　图表

8.2.1　图表类型

打开“插入”选项卡，单击“图表”组右侧的对话框启动按钮，弹出“插入图表”对话框，在“推荐的图表”选项卡下默认的图表是“簇状柱形图”，单击“所有图表”选项卡，在左侧窗格中可以看到“柱形图”“折线图”等类型的图表，如图 8-7 所示。

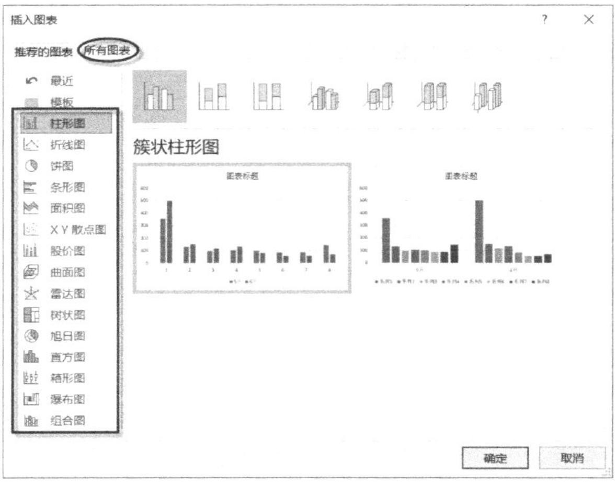

图 8-7　图表类型

8.2.2 创建图表

创建图表有两种方式：第一种是选定要创建图表的数据区域，按 Ctrl+Q 组合键或单击“快速分析”按钮，如图 8-8 所示，在打开的列表中单击“图表”选项，创建所需的图表；第二种是利用“插入”选项卡“图表”组中的按钮或“插入图表”对话框，创建图表。

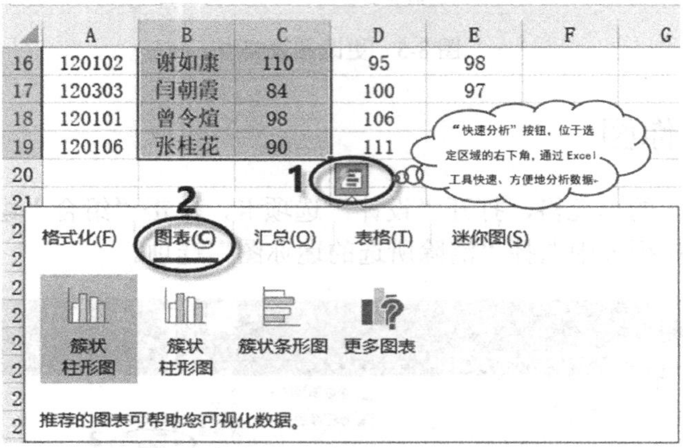

图 8-8 “快速分析”列表

【例 8-1】 为图 8-9 所示的“期末成绩”工作表中的“姓名”和“计算机”两列数据创建一个“箱形图”图表。

操作步骤如下。

（1）按住 Ctrl 键，选定要创建图表的数据区 B1:B19 和 E1:E19。

（2）打开“插入”选项卡，单击“图表”组中的“插入统计图表”下拉按钮，在弹出的下拉列表中选择“箱形图”，如图 8-10 所示，即在工作表中插入“箱形图”图表，如图 8-11 所示。

	A	B	C	D	E	F	G
1	学号	姓名	法律	思政	计算机	专业1	专业2
2	200301	吉祥	92	89	94	90	88
3	200302	刘举鹏	95	90	89	85	75
4	200303	王娜娜	80	88	90	88	90
5	200304	符合	75	98	88	75	78
6	200305	吉祥	86	94	99	66	86
7	200306	李北大	79	89	100	84	89
8	120302	李娜娜	78	95	94	90	84
9	120204	刘康锋	96	92	96	95	95
10	120201	刘鹏举	94	90	96	82	75
11	120304	倪冬声	95	97	95	80	70
12	120103	齐飞扬	95	85	99	79	80
13	120105	苏解放	88	98	80	86	81
14	120202	孙玉敏	86	93	89	81	78
15	120205	王清华	90	98	78	80	90
16	120102	谢如康	91	95	98	79	92
17	120303	闫朝霞	84	87	97	78	88
18	120101	曾令煊	98	80	83	75	90
19	120106	张桂花	90	90	89	90	83

期末成绩 | Sheet2 | Sh ...

图 8-9 “期末成绩”工作表

图 8-10　选择图表类型

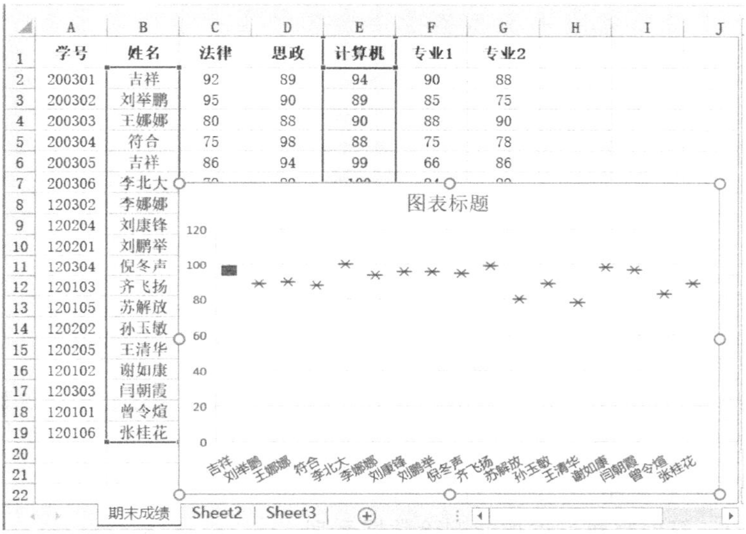

图 8-11　插入“箱形图”图表

另外，单击“插入”选项卡“图表”组右侧的对话框启动按钮，弹出“插入图表”对话框，打开“所有图表”选项卡，从左侧窗格中选择所需的图表类型，如图 8-7 所示，再单击“确定”按钮，即可创建相应的图表。

8.2.3　编辑图表

图表创建后，Excel 2016 自动打开“图表工具”的“设计”和“格式”选项卡，如图 8-12 所示。利用“图表工具”的 2 个选项卡可对图表进行相应的编辑操作，例如改变图表的位置、图表的类型、图表样式，添加或删除图表数据等。

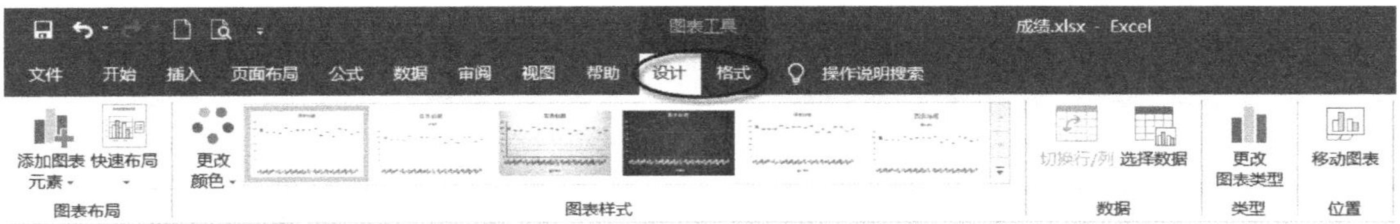

图 8-12　“图表工具”的“设计”和“格式”选项卡

1．更改图表位置

（1）在同一张工作表中更改图表位置。

选定图表，将光标指向图表区，当光标变成移动符号时，按住鼠标左键进行拖动，在目标位置释放。

（2）将图表移动到其他工作表。

①选定图表，在“图表工具”的“设计”选项卡中，单击“位置”组的“移动图表”按钮，弹出图 8-13 所示的“移动图表”对话框。

②若选中“新工作表”单选按钮，将图表移动到新工作表 Chart1 中；若选中“对象位于”单选按钮，单击列表框右侧的下拉按钮，选择工作簿中的其他工作表，例如，选择“期末成绩”，将图表移动到选定的工作表中。

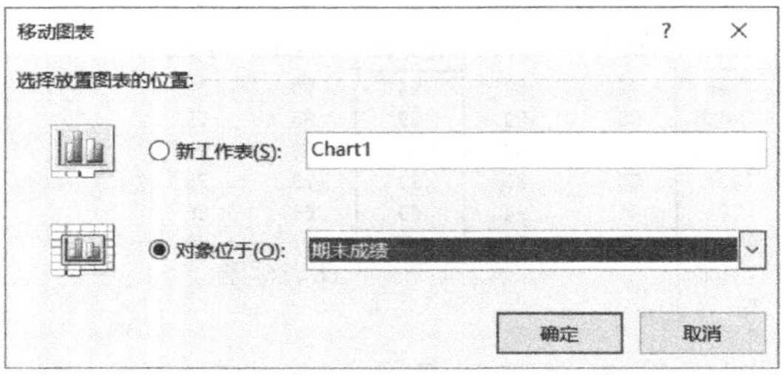

图 8-13 “移动图表”对话框

2．更改图表类型

选定要更改类型的图表，在“图表工具”的“设计”选项卡中，单击“类型”组的“更改图表类型”按钮，在弹出的对话框中选择所需的图表样式即可。

3．添加或删除数据系列

图表创建后，根据需要可添加或删除数据系列。

（1）添加数据系列。

①选定需添加数据系列的图表，打开“图表工具”的“设计”选项卡，单击“数据”组的“选择数据”按钮，弹出“选择数据源”对话框，如图 8-14 所示。

②在工作表中拖动鼠标选定需添加的数据区域，例如添加“思政”数据系列，按 Ctrl 键并拖动鼠标选定 D1:D19 区域，单击“确定”按钮，即添加了“思政”数据系列。

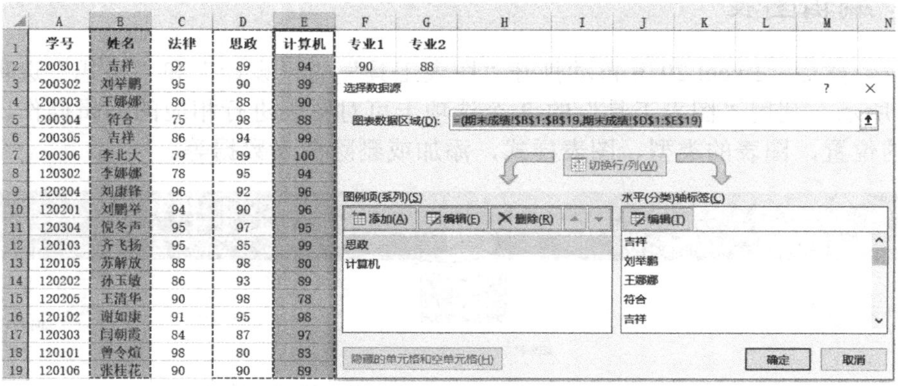

图 8-14 添加数据系列

（2）删除数据系列。

方法 1：选定图表中需删除的数据系列，按 Delete 键即可。

方法 2：在图 8-14 的“图例项（系列）”区域选定要删除的数据系列，如“思政”，再分别单击“删除”和“确定”按钮，如图 8-15 所示。

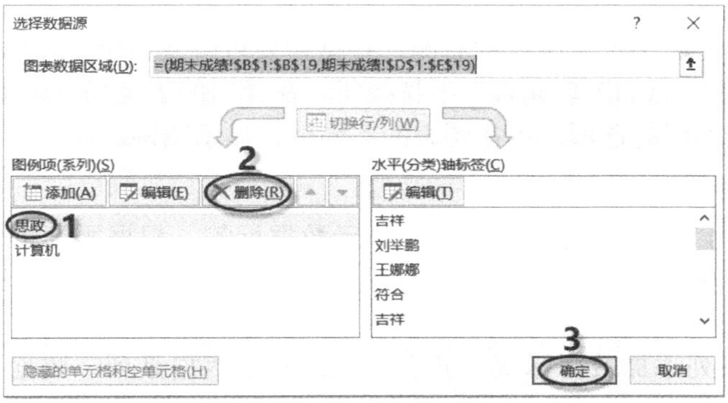

图 8-15　删除数据系列

4．更改图表布局

图表布局是指图表中标题、图例、坐标轴等元素的排列方式。Excel 2016 对每一种图表类型都提供了多种布局方式。当图表创建后，用户可利用系统内置的布局方式，快速设置图表布局，也可以手动更改图表布局。

（1）系统内置布局方式。

选定图表，在“图表工具”的“设计”选项卡中，单击“图表布局”组的“快速布局”下拉按钮，在弹出的下拉列表中选择所需的布局方式。

（2）手动更改图表布局。

①更改图表标题。

若不强调标题位置，直接选定图表标题文字，输入新标题即可。

若强调标题位置，选定图表，打开“设计”选项卡，单击“图表布局”组中的“添加图表元素”下拉按钮，在弹出的下拉列表中选择所需的选项，如图 8-16 所示，输入标题文字即可。

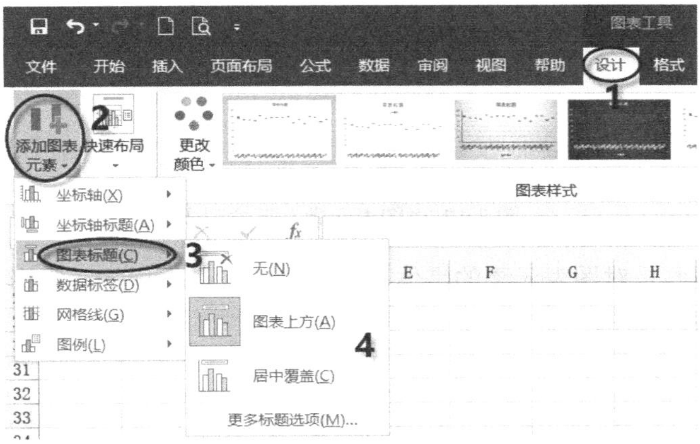

图 8-16　更改图表标题

②更改坐标轴标题。

更改坐标轴标题主要是更改横坐标轴标题和纵坐标轴标题。选定图表，单击“设计”选项卡“图表布局”组中的“添加图表元素”下拉按钮，在弹出的下拉列表中单击“坐标轴标题”按钮，在其子菜单中选择所需的选项。

③更改图例。

在默认情况下，图例位于图表的右侧，根据需要可改变其位置。单击“设计”选项卡“图表布局”组中的“添加图表元素”下拉按钮，在弹出的下拉列表中单击“图例”按钮，在其子菜单中选择不同的选项，可在图表的不同位置显示图例。

5．添加数据标签

在默认情况下，图表中的数据系列不显示数据标签，根据需要可向图表中添加数据标签。选定图表，单击“设计”选项卡“图表布局”组中的“添加图表元素”下拉按钮，在弹出的下拉列表中单击“数据标签”按钮，在其子菜单中选择所需的显示方式，为图表中的所有数据系列添加数据标签。若选定的是某个数据系列，数据标签只添加到选定数据系列。

8.2.4 格式化图表

1．图表元素名称的显示

认识图表元素是对图表进行格式化的前提，若不能确定某个图表元素的名称，可按下述 2 种方法显示图表元素名称。

（1）将光标指向某个图表元素上，稍后将显示该图表元素的名称。

（2）打开“图表工具”的“格式”选项卡，单击“当前所选内容”组中的“图表元素”下拉按钮，如图 8-17 所示，打开“图表元素”下拉列表，单击此列表中的某个图表元素时，在图表中该元素即被选定。

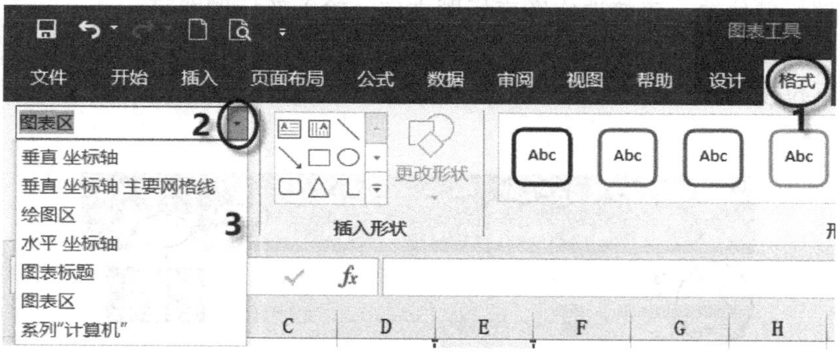

图 8-17 “图表元素”下拉列表

格式化图表主要是对图表元素的字体、填充颜色、边框样式、阴影等外观进行格式设置，以增强图表的美化效果。

2．设置图表格式

最简单的设置方法是双击要进行格式设置的图表元素，如图例、标题、绘图区、图表区等，打开其格式设置对话框，根据需要进行相应格式的设置。

利用功能区也可以设置图表格式。单击“格式”选项卡“当前所选内容”组中的“图表元素”下拉按钮，在弹出的下拉列表中选择要设置格式的图表元素，如选择“绘图区”选项，然后单击“设置所选内容格式”按钮，如图 8-18 所示，打开“设置绘图区格式”任务窗格，单击“填充与线条”按钮和“效果”按钮，如图 8-19 所示，可设置绘图区的填充、边框、阴影、发光等效果。单击“绘图区选项”右侧的下拉按钮，如图 8-20 所示，在弹出的下拉列表中，选择所需的图表元素进行格式设置。

图 8-18　设置图表元素格式

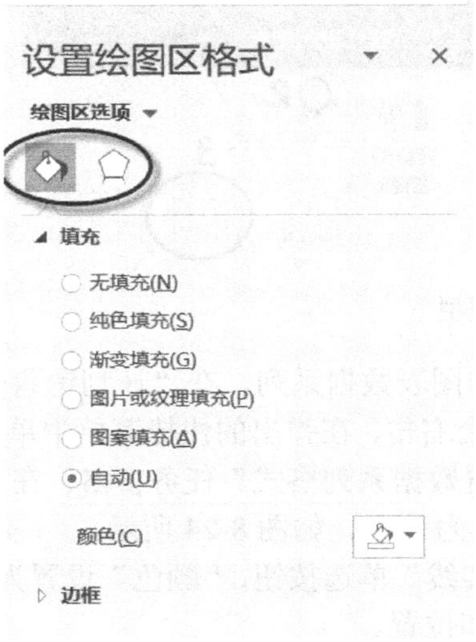

图 8-19　“设置绘图区格式”任务窗格

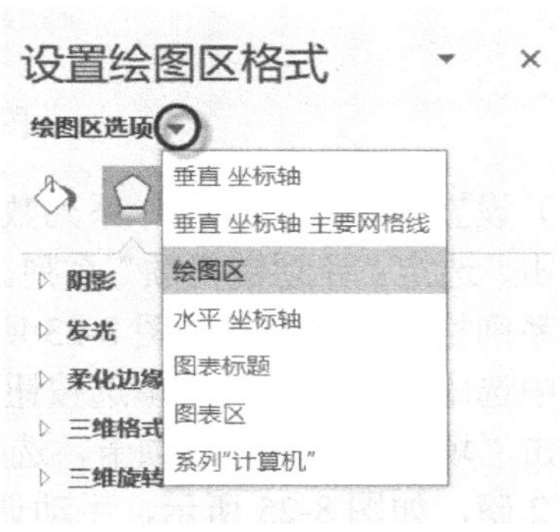

图 8-20　“绘图区选项”下拉列表

8.3　实例练习

如图 8-21 所示，在“评估”工作表中创建一个标题为“销售评估”的图表，借助此图表可以清晰反映每月“A 产品销售额”和“B 产品销售额”之和，与“计划销售额”的对比情况。按照下列要求插入图表，并对图表进行编辑。

（1）将 A2:G5 区域的数据创建一个“堆积柱形图”。

（2）将“计划销售额”系列数据的“次坐标轴”间隙宽度设置为 50%；填充与线条设置为无填充，实线，红色，宽度为 2 磅。

（3）将“次要纵坐标轴”设置为“无”。

（4）图例靠右显示。

（5）图表标题为“销售评估”。

（6）纵坐标轴单位最大值设置为 400 000。

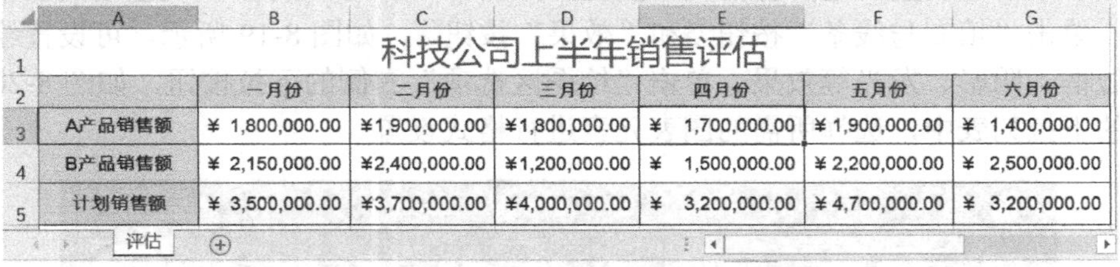

	A	B	C	D	E	F	G
1	科技公司上半年销售评估						
2		一月份	二月份	三月份	四月份	五月份	六月份
3	A产品销售额	¥ 1,800,000.00	¥1,900,000.00	¥1,800,000.00	¥ 1,700,000.00	¥ 1,900,000.00	¥ 1,400,000.00
4	B产品销售额	¥ 2,150,000.00	¥2,400,000.00	¥1,200,000.00	¥ 1,500,000.00	¥ 2,200,000.00	¥ 2,500,000.00
5	计划销售额	¥ 3,500,000.00	¥3,700,000.00	¥4,000,000.00	¥ 3,200,000.00	¥ 4,700,000.00	¥ 3,200,000.00

评估

图 8-21 “评估”工作表

操作步骤如下。

（1）插入图表。在“评估”工作表中，选定 A2:G5 数据区域，打开“插入”选项卡，单击“图表”组中的“插入柱形图或条形图”下拉按钮，在弹出的下拉列表中选择“堆积柱形图”，如图 8-22 所示，在当前工作表中插入了一个“堆积柱形图”图表。

图 8-22 选择图表类型

（2）设置“计划销售额”系列数据。将光标指向图表数据系列，在“计划销售额”系列上单击，选定“计划销售额”系列。在选定的系列上右击，在弹出的快捷菜单中单击“设置数据系列格式”命令，如图 8-23 所示，打开“设置数据系列格式”任务窗格，在“系列选项”中选中“次坐标轴”单选按钮，间隙宽度设置为 50%，如图 8-24 所示。

单击“填充与线条”选项卡，选择“无填充”“实线”单选按钮，“颜色”设置为红色，宽度为 2 磅，如图 8-25 所示，手动调整图表的大小和位置。

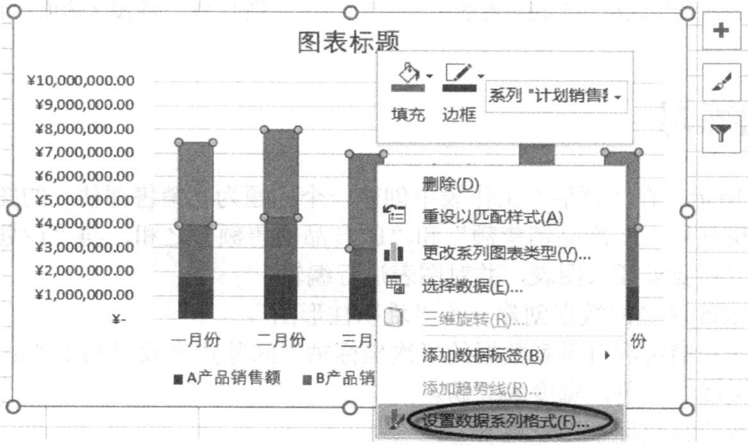

图 8-23 单击“设置数据系列格式”命令

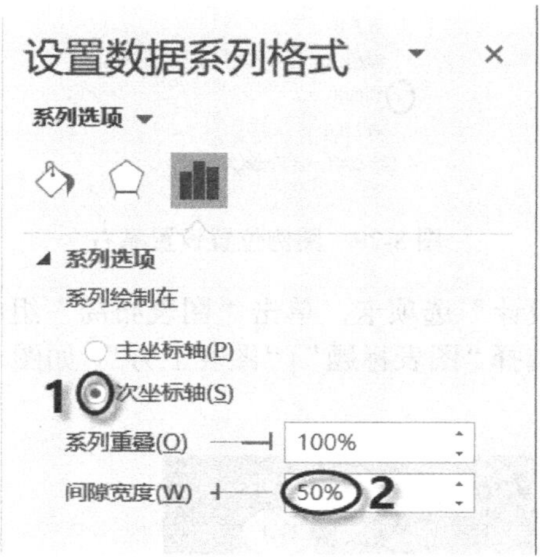

图 8-24　设置“次坐标轴”格式

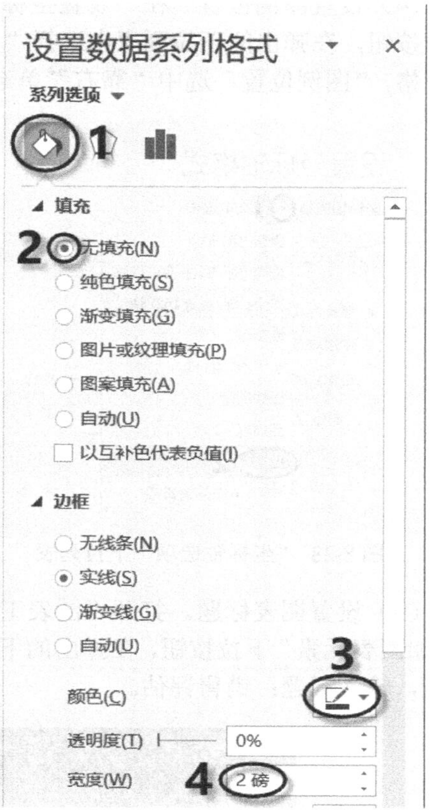

图 8-25　设置填充与线条格式

（3）设置“次要纵坐标轴”。在“设置数据系列格式”任务窗格中，单击“系列选项”右侧的下拉按钮，在弹出的下拉列表中选择“次坐标轴 垂直（值）轴”，如图 8-26 所示，打开“设置坐标轴格式”任务窗格，单击“坐标轴选项”右侧的下拉按钮，将“标签位置”设置为“无”，如图 8-27 所示。

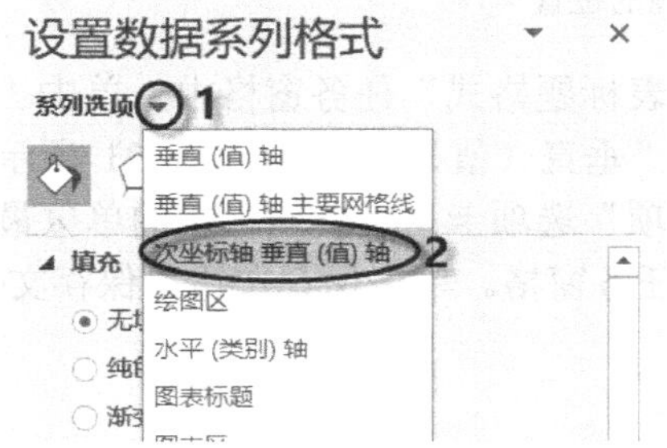

图 8-26　“系列选项”下拉列表

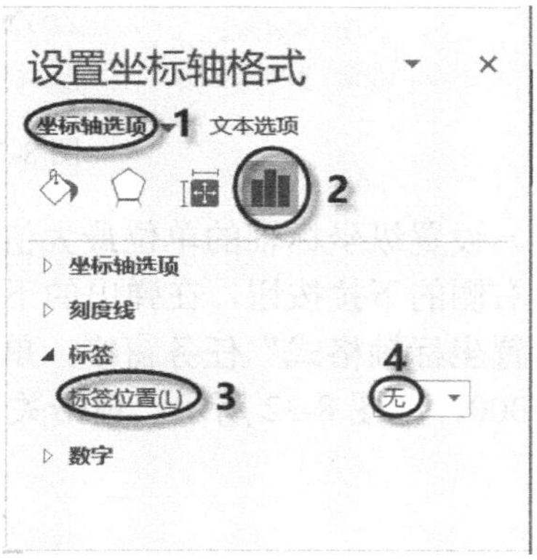

图 8-27　设置标签位置

（4）设置图例位置。在“设置坐标轴格式”任务窗格中，单击“坐标轴选项”右侧的下拉按钮，在弹出的下拉列表中选择“图例”，如图 8-28 所示。打开“设置图例格式”任务窗格，“图例位置”选中“靠右”单选按钮，如图 8-29 所示。

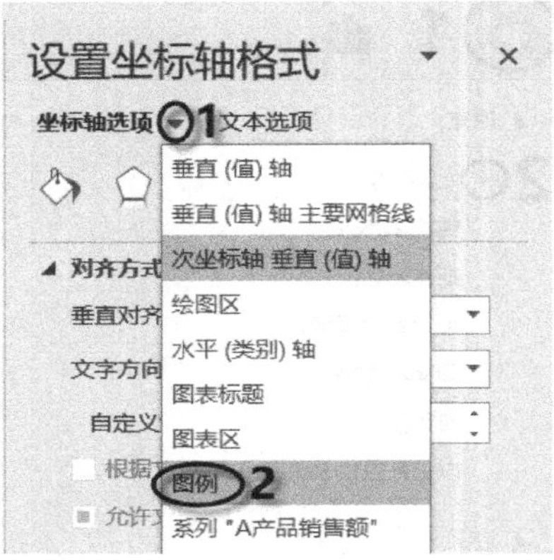

图 8-28 “坐标轴选项”下拉列表

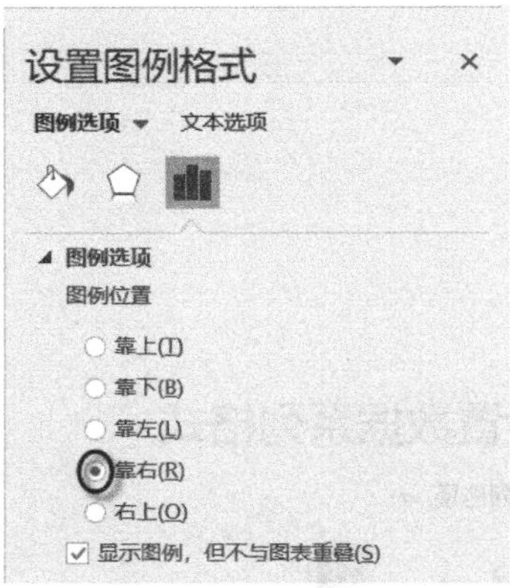

图 8-29 图例位置设置靠右

（5）设置图表标题。打开“图表工具”的“设计”选项卡，单击“图表布局”组中的“添加图表元素”下拉按钮，在弹出的下拉列表中选择“图表标题”|“图表上方”，如图 8-30 所示，输入标题：销售评估。

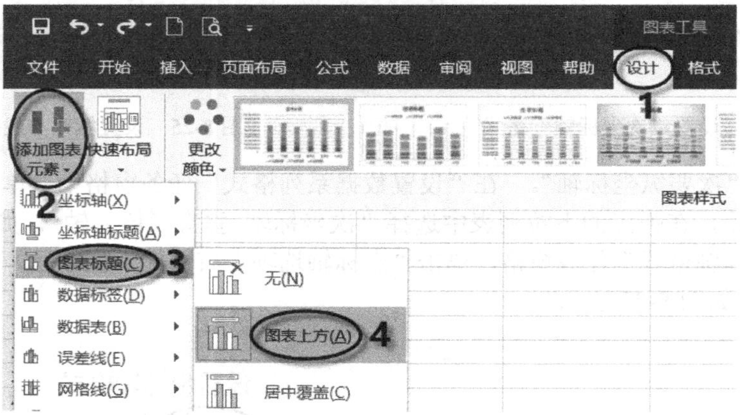

图 8-30 设置图表标题的位置

（6）设置纵坐标轴的单位最大值。在“设置图表标题格式”任务窗格中，单击“标题选项”右侧的下拉按钮，在弹出的下拉列表中单击“垂直（值）轴”，如图 8-31 所示。打开“设置坐标轴格式”任务窗格，单击“坐标轴选项”选项卡，设置坐标轴的单位最大值为 400 000，如图 8-32 所示。单击关闭按钮，关闭任务窗格。单击保存按钮，保存文件。

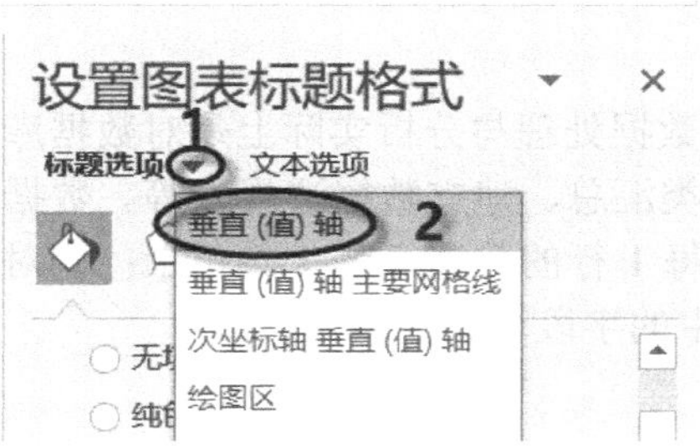

图 8-31 “标题选项”下拉列表

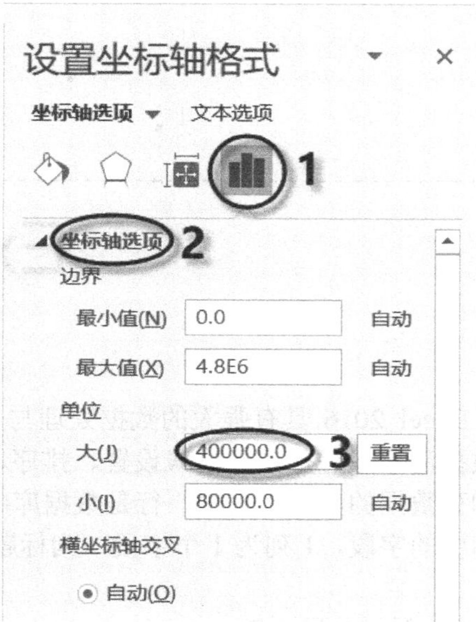

图 8-32 设置纵坐标轴的单位最大值

第 9 章

Excel 数据处理与分析

Excel 2016 具有强大的数据处理与分析功能，数据处理与分析实际上是对数据库（也称数据清单）进行条件格式设置、排序、筛选、分类汇总、建立数据透视表等。数据库是行和列数据的集合，其中，行是数据库中的记录，每 1 行的数据表示 1 条记录；列对应数据库中的字段，1 列为 1 个字段，列标题是数据库中的字段名。

9.1 条件格式

9.1.1 添加条件格式

条件格式设置是指将满足指定条件的数据设定特殊的格式，以突出显示；不满足条件的数据保持原有格式，从而方便用户直观地查看和分析数据。

选定要设置条件格式的单元格区域，打开“开始”选项卡，单击“样式”组中的“条件格式”下拉按钮，弹出图 9-1 所示的下拉列表，从中选择所需的命令，设置对应的格式，其各项含义如下。

图 9-1 “条件格式”下拉列表

突出显示单元格规则：其子菜单是基于比较运算符的，例如大于、小于、等于、介于等常用的各种条件选项，选择所需的条件选项进行具体条件和格式的设置，以突出显示满足条件的数据。例如选择子菜单中的“重复值”选项，打开图 9-2 所示的“重复值”对话框，在此对话框中设置选定区域重复值的格式。

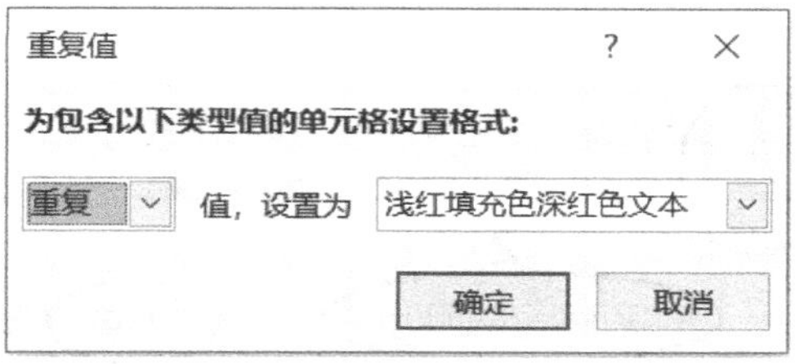

图 9-2 “重复值”对话框

最前/最后规则：其子菜单包含了“前 10 项…”“前 10%项…”“最后 10 项…”等 6 个选项。当选择某一选项时，自动打开相应的对话框，在此对话框中进行设置即可。例如选择“最后 10 项…”，打开图 9-3 所示的“最后 10 项”对话框，在左侧的微调框中输入数字“5”，在右侧的下拉列表中选择“红色文本”，单击“确定”按钮，将所选区域的前 5 个最小值以红色字体突出显示。

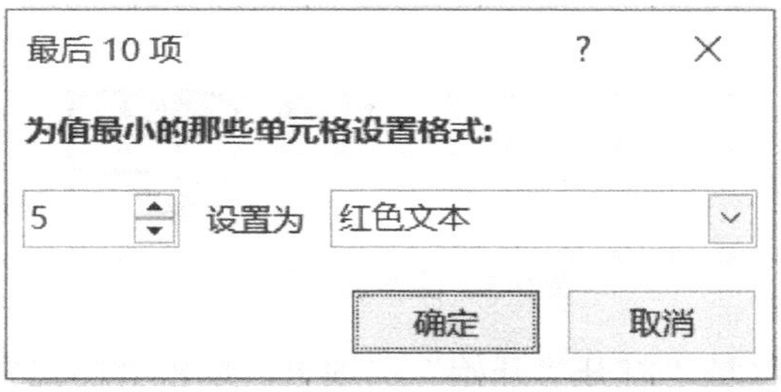

图 9-3 “最后 10 项”对话框

数据条：根据单元格数值的大小，填充长度不等的数据条，以便直观地显示所选区域数据间的相对关系。数据条的长度代表了单元格中数值的大小，数据条越长，值就越大。该项主要包含了“渐变填充”和“实心填充”，两组各含 6 种数据条样式，根据需要选择相应的样式即可。

色阶：为单元格区域添加颜色渐变，颜色指明每个单元格值在该区域内的位置。根据单元格数值的大小，填充不同的底纹颜色以反映数值的大小。例如，“红-白-绿”色阶的 3 种颜色分别代表数值的大（红色）、中（白色）、小（绿色），每一部分又以颜色的深浅进一步区分数值的大小。该项包含了“三色渐变”和“双色渐变”，两类各含 6 种选项。

图标集：选择一组图表以代表所选单元格内的值，根据单元格数值的大小，自动在每个单元格之前显示不同的图标，以反映各单元格数据在所选区域中所处的区段。例如，在“三色交通灯”形状图标中，绿色代表较大值，黄色代表中间值，红色代表较小值。

新建规则：用于创建自定义的条件格式规则。

清除规则：删除已设置的条件规则。

管理规则：用于创建、删除、编辑和查看工作簿中的条件格式规则。

【例 9-1】利用“条件格式”功能，在工作表“期末成绩”中将“计算机”分数大于 95

的数据所在单元格以浅红色填充突出显示；同时将总成绩的前 5 名用橙色填充。

操作步骤如下。

（1）选择 E2:E19 区域，打开“开始”选项卡，单击“样式”组中的“条件格式”下拉按钮，在弹出的下拉列表中单击“突出显示单元格规则”|“大于”命令，如图 9-4 所示，弹出“大于”对话框。

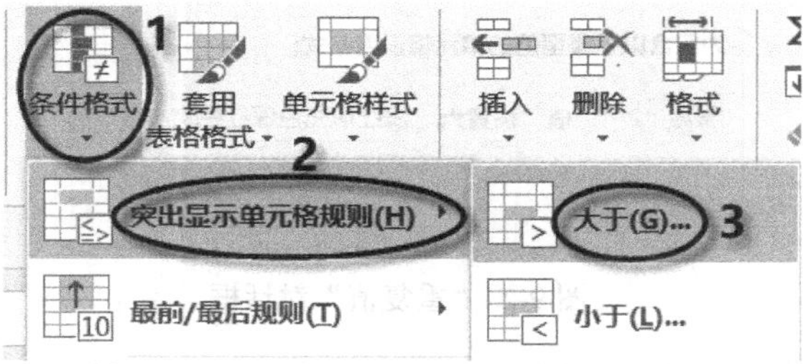

图 9-4　选择条件

（2）在“为大于以下值的单元格设置格式”文本框中输入“95”，单击“设置为”下拉按钮，在弹出的下拉列表中选择“浅红色填充”，单击“确定”按钮，如图 9-5 所示。

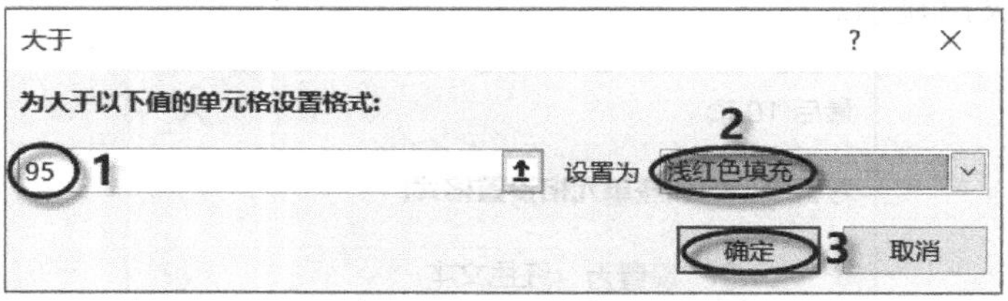

图 9-5　设置条件和格式

（3）选定 H2:H19 区域，打开“开始”选项卡，单击“样式”组中的“条件格式”下拉按钮，在弹出的下拉列表中单击“最前/最后规则”|“其他规则”命令，如图 9-6 所示，弹出“新建格式规则”对话框。

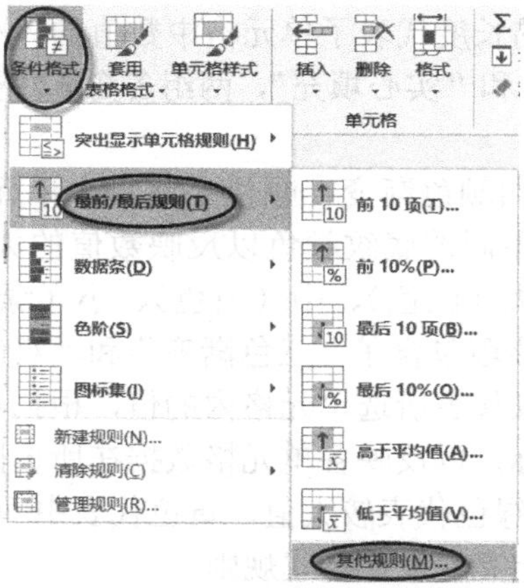

图 9-6　选择条件规则

（4）在对话框中将“选择规则类型”设置为“仅对排名靠前或靠后的数值设置格式”；

“对以下排列的数值设置格式”设置为：最高，5，单击“格式”按钮，如图 9-7 所示，弹出“设置单元格格式”对话框，打开“填充”选项卡，选择“橙色”，如图 9-8 所示，单击两次“确定”按钮，完成条件格式的设置，效果如图 9-9 所示。

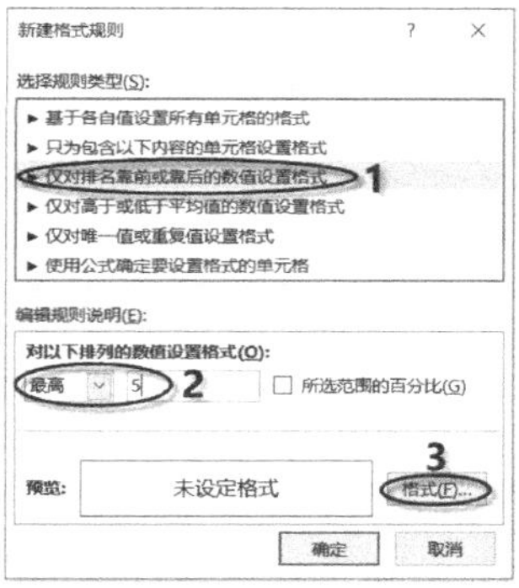

图 9-7 设置条件规则

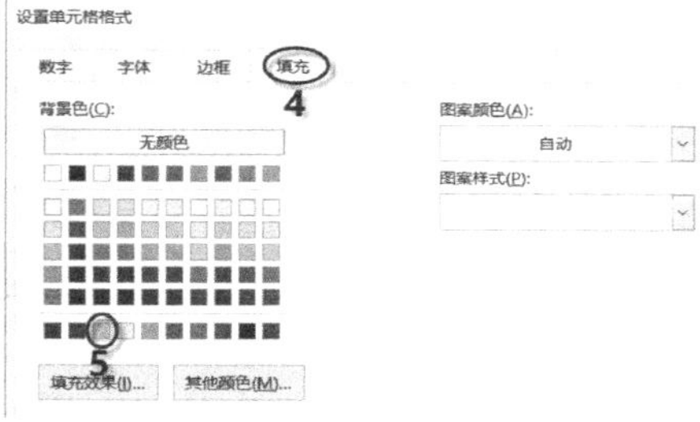

图 9-8 设置条件格式

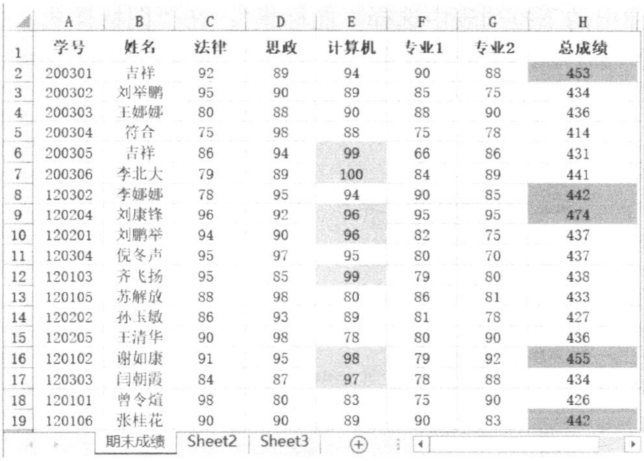

	A	B	C	D	E	F	G	H
1	学号	姓名	法律	思政	计算机	专业1	专业2	总成绩
2	200301	吉祥	92	89	94	90	88	453
3	200302	刘举鹏	95	90	89	85	75	434
4	200303	王娜娜	80	88	90	88	90	436
5	200304	符合	75	98	88	75	78	414
6	200305	吉祥	86	94	99	66	86	431
7	200306	李北大	79	89	100	84	89	441
8	120302	李娜娜	78	95	94	90	85	442
9	120204	刘康锋	96	92	96	95	95	474
10	120201	刘鹏举	94	90	96	82	75	437
11	120304	倪冬声	95	97	95	80	70	437
12	120103	齐飞扬	95	85	99	79	80	438
13	120105	苏解放	88	98	80	86	81	433
14	120202	孙玉敏	86	93	89	81	78	427
15	120205	王清华	90	98	78	80	90	436
16	120102	谢如康	91	95	98	79	92	455
17	120303	闫朝霞	84	87	97	78	88	434
18	120101	曾令煊	98	80	83	75	90	426
19	120106	张桂花	90	90	89	90	83	442

图 9-9 设置条件格式的效果

9.1.2 自定义条件格式

在实际的工作中，如果用户想用某种颜色或样式来突出显示想要的某种结果，需要使用 Excel 的自定义条件格式功能实现。

1. 设置自定义条件格式的显示样式

系统提供了 3 种条件格式的显示样式，分别是色阶、图标集、数据集。这些样式可以根据用户的喜好和实际需要重新设置，设置方法如下。

（1）选定需要设置显示样式的数据区域。单击“条件格式”下拉按钮，在弹出的下拉列表中单击“新建规则”，如图 9-10 所示。弹出“新建格式规则”对话框。

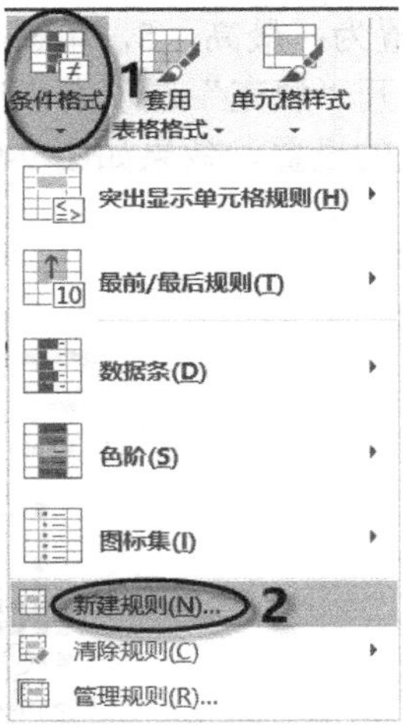

图 9-10　新建规则

（2）将“选择规则类型”设置为“基于各自值设置所有单元格的格式”；单击“格式样式”下拉按钮，在弹出的下拉列表中选择“图标集”；在“图标样式”中设置图标的样式，本例选择默认样式；将图标的值分别设置为：75，25，如图 9-11 所示，单击“确定”按钮，自定义条件格式的显示样式即可应用到选定的数据区域。

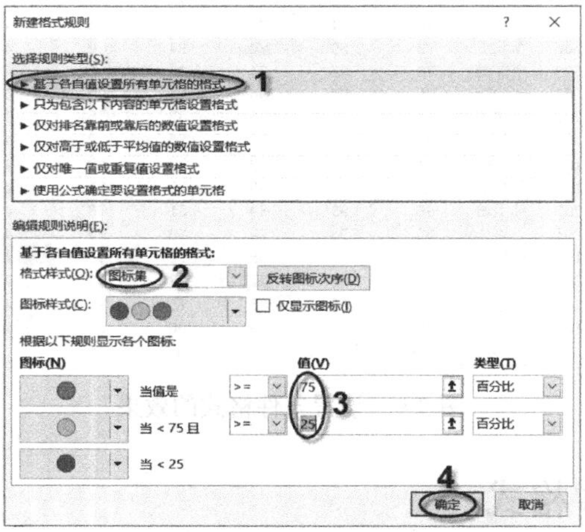

图 9-11　自定义条件格式的显示样式

2．设置自定义条件格式

选定要设置自定义条件格式的数据区域，弹出图 9-11 所示的对话框，将“选择规则类型”设置为除“基于各自值设置所有单元格的格式”之外的其他 5 种类型之一，本例选择“使用公式确定要设置格式的单元格”；在“为符合此公式的值设置格式”文本框中输入公式，本例输入“=$C$2*0.8”，单击“格式”按钮，如图 9-12 所示，在弹出的对话框中可以设置条件的数字格式、字体格式、边框和填充格式，单击两次“确定”按钮，将自定义的格式应用到选定的数据区域。

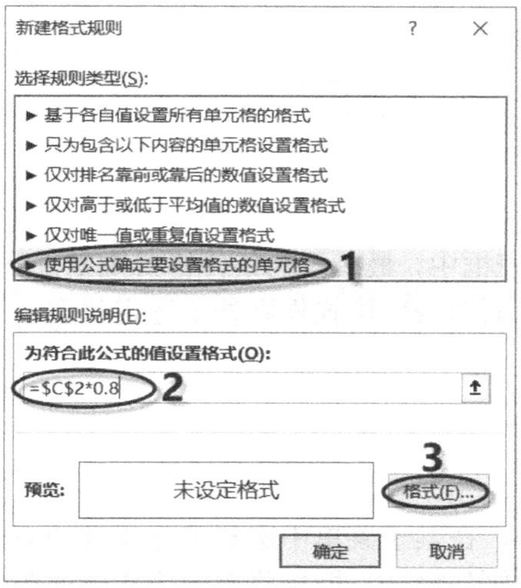

图 9-12　常用的条件格式

9.1.3　管理条件格式

“条件格式规则管理器”是 Excel 2016 对工作簿中的各条件格式进行管理的工具。在“开始”选项卡“样式”组中单击“条件格式”下拉按钮，在弹出的下拉列表中单击“管理规则”命令，弹出“条件格式规则管理器”对话框，如图 9-13 所示，各部分的含义如下。

图 9-13　“条件格式规则管理器”对话框

“显示其格式规则”位于对话框的最上方，其下拉列表用来选择管理规则的区域，默认“当前选择”，是指在打开“条件格式规则管理器”对话框前，当前工作表中选定的单元格或单元格区域。单击下拉按钮将其展开，第二项为“当前工作表”，之后是当前工作簿中的其他工作表。

“新建规则”按钮。单击该按钮，弹出“新建格式规则”对话框，可以设置针对当前选中的单元格区域的条件格式。单击“确定”按钮关闭“新建格式规则”对话框，返回“条件格式规则管理器”对话框，新建立的条件格式规则将出现在下方列表框最上面的位置。

“编辑规则”按钮。单击该按钮，弹出“编辑格式规则”对话框，可以编辑修改下方列表框中处于选定状态的条件格式规则。

“删除规则”按钮。单击该按钮，删除下方列表框中处于选定状态的条件格式规则。

“上移”按钮 。单击该按钮，下方列表框中处于选定状态的条件格式规则向上移动 1 行，即优先级提高 1 级。

“下移”按钮 。单击该按钮，下方列表框中处于选定状态的条件格式规则向下移动 1 行，即优先级降低 1 级。

如果列表框中无任何条件格式规则，则不可单击“编辑规则”、“删除规则”、“上移”和“下移”按钮。如果在列表框中，最上面的条件格式规则处于选定状态，则不可单击“上移”按钮，如果列表框最下面的条件格式规则处于选定状态，则不可单击“下移”按钮。

9.1.4 清除条件格式

打开“开始”选项卡，单击“样式”组中的“条件格式”下拉按钮，在弹出的下拉列表中单击“清除规则”命令，在其子菜单中选择清除规则的方式，如图 9-14 所示。例如，单击“清除整个工作表的规则”命令，即可将整个工作表的条件格式删除。

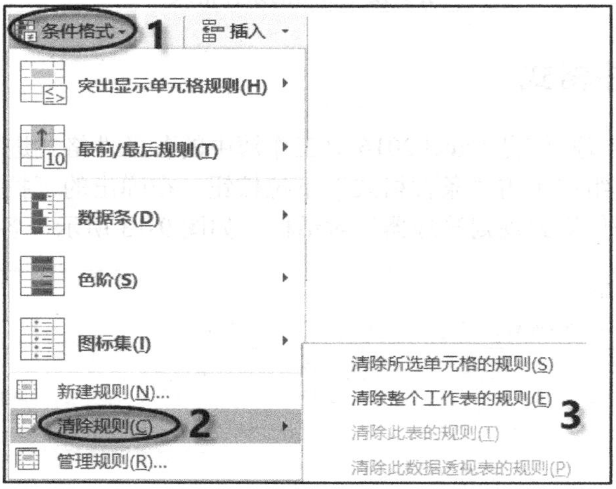

图 9-14 “清除规则”子菜单

9.2 数据排序

排序是将工作表中的某个或某几个字段按一定顺序将数据排列，使无序数据变成有序数据。排序的字段名通常称为关键字，排序有升序和降序两种方式。表 9-1 列出了各类数据升序排序规则。

表 9-1 各类数据升序排序规则

数 据 类 型	排 序 规 则
数字	从小到大排序
日期	从较早的日期到较晚的日期排序
文本	按字符对应的 ASCII 码从小到大排序
逻辑	在逻辑值中，FALSE 在 TRUE 前
混合数据	数字>日期>文本>逻辑
空白单元格	无论是按升序排序还是按降序排序，空白单元格都放在最后

9.2.1　单个字段排序

单个字段排序是对工作表中的某一列数据排序，方法有两种。

方法 1：选定该列数据中的任意一个单元格，单击“数据”选项卡“排序和筛选”组中的升序或降序按钮，该列数据自动完成升序或降序排序。

方法 2：选定该列数据中的任意一个单元格，单击“开始”选项卡“编辑”组中的“排序和筛选”下拉按钮，打开图 9-15 所示的下拉列表，从中选择“升序”或“降序”，自动完成升序或降序排序。

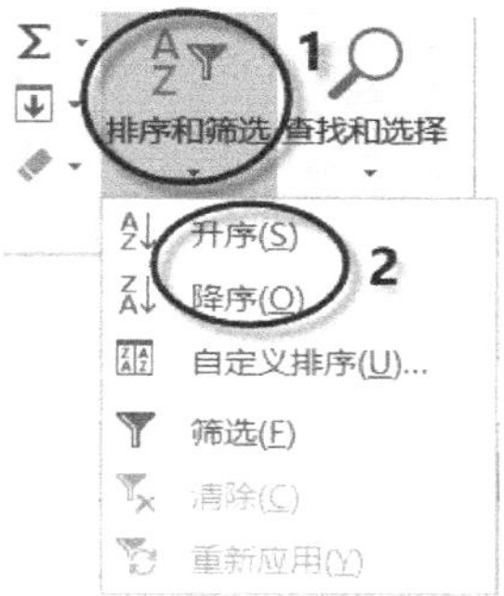

图 9-15　“排序和筛选”下拉列表

9.2.2　多个字段排序

多个字段排序是指对多列数据同时设置多个排序条件，当排序值相同时，参考下一个排序条件进行排序。与 Word 表格排序类似，Excel 也可以对多列数据按“主要关键字”“次要关键字”同时进行排序。

【例 9-2】 对图 9-16 所示的数据列表按“基本工资”升序排序，“基本工资”有相同数据时，按“岗位津贴”升序排序，若前两项数据都相同，再按“工龄津贴”升序排序。

	A	B	C	D	E	F	G	H	I
1	工资表（5月份）								
2	编号	姓名	基本工资	岗位津贴	工龄津贴	奖励工资	应发工资	扣税	实发工资
3	001	张东	540.00	210.00	68.00	244.00	1062.00	25.00	1037.00
4	002	王杭	480.00	200.00	64.00	300.00	1044.00	12.00	1032.00
5	003	李扬	500.00	230.00	52.00	310.00	1092.00	0.00	1092.00
6	004	钱明	520.00	200.00	42.00	250.00	1012.00	0.00	1012.00
7	005	程强	515.00	215.00	20.00	280.00	1030.00	15.00	1015.00
8	006	叶明明	540.00	240.00	16.00	280.00	1076.00	18.00	1058.00
9	007	周学军	550.00	220.00	42.00	180.00	992.00	20.00	972.00
10	008	赵军祥	520.00	250.00	40.00	248.00	1058.00	0.00	1058.00
11	009	黄水	540.00	210.00	34.00	380.00	1164.00	10.00	1154.00
12	010	梁水冉	500.00	210.00	12.00	220.00	942.00	18.00	924.00

工资表 | Sheet2 | Sheet3 | 题目

图 9-16　排序前的“工资表”

操作步骤如下。

（1）单击数据区域中的任意一个单元格。

（2）打开“数据”选项卡，单击“排序和筛选”组中“排序”按钮，弹出“排序”对话框。

（3）在“主要关键字”下拉列表中选择“基本工资”，在“次序”下拉列表中选择“升序”，单击“添加条件”按钮，添加新的排序条件。

（4）在“次要关键字”下拉列表中选择“岗位津贴”，在“次序”下拉列表中选择“升序”。

（5）同理，再次单击“添加条件”按钮，在新条件的“次要关键字”下拉列表中选择“工龄津贴”，在“次序”下拉列表中选择“升序”，如图 9-17 所示。

（6）单击“确定”按钮，其效果如图 9-18 所示。

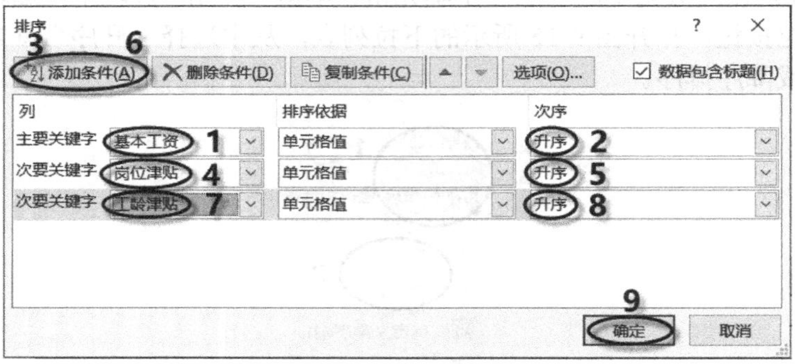

图 9-17 “排序”对话框

工资表（5月份）

编号	姓名	基本工资	岗位津贴	工龄津贴	奖励工资	应发工资	扣税	实发工资
002	王杭	480.00	200.00	64.00	300.00	1044.00	12.00	1032.00
010	梁水冉	500.00	210.00	12.00	220.00	942.00	18.00	924.00
003	李扬	500.00	230.00	52.00	310.00	1092.00	0.00	1092.00
005	程强	515.00	215.00	20.00	280.00	1030.00	15.00	1015.00
004	钱明	520.00	200.00	42.00	250.00	1012.00	0.00	1012.00
008	赵军祥	520.00	250.00	40.00	248.00	1058.00	0.00	1058.00
009	黄永	540.00	210.00	34.00	380.00	1164.00	10.00	1154.00
001	张东	540.00	210.00	68.00	244.00	1062.00	25.00	1037.00
006	叶明明	540.00	240.00	16.00	280.00	1076.00	18.00	1058.00
007	周学军	550.00	220.00	42.00	180.00	992.00	20.00	972.00

工资表 Sheet2 Sheet3 题目

图 9-18 排序后的“工资表”

从图 9-18 排序后的结果可以看出，对多列数据进行排序时，先按照主要关键字升序排序，主要关键字中有相同的数据时，对相同的数据按第一次要关键字升序排序，若前两者的数据都相同，再按照第二次要关键字升序排序，以此类推。

若要撤销排序，将数据恢复到排序前的顺序，方法如下。

（1）在排序前，先插入一个空列，输入该列的字段名“编号”，然后在每行输入 1、2、3……编号。

（2）排序后，若要撤销排序，则对“编号”字段升序排列即可。

9.2.3 自定义排序

在默认情况下，Excel 对数值型数据（数字或日期）的大小、文本型数据的笔画大小和字母顺序进行排序，如果超出这些排序的范围，例如，某个公司设置了若干个职位，包括经理、职员、主任、科长等，要按照职位的高低顺序排序，Excel 默认的排序规则无法完成，需要使用自定义序列进行排序，即首先按照职位高低定义一个序列，然后按照定义的序列进行排序。

【例 9-3】在图 9-19 所示的工作表中，按照“职位”高低的顺序排序表格。

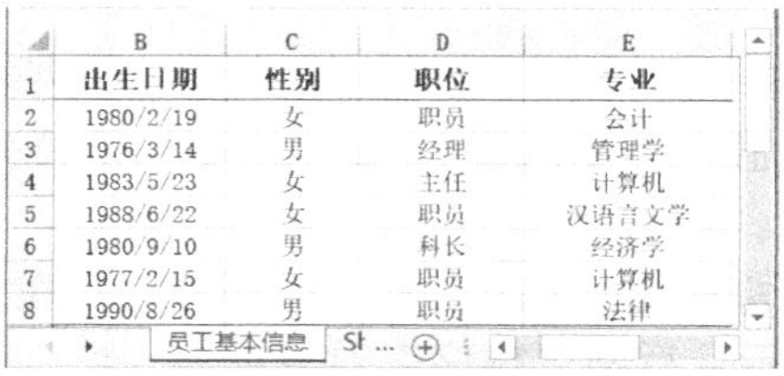

	B	C	D	E
1	出生日期	性别	职位	专业
2	1980/2/19	女	职员	会计
3	1976/3/14	男	经理	管理学
4	1983/5/23	女	主任	计算机
5	1988/6/22	女	职员	汉语言文学
6	1980/9/10	男	科长	经济学
7	1977/2/15	女	职员	计算机
8	1990/8/26	男	职员	法律

员工基本信息

图 9-19　员工基本信息表

操作步骤如下。

（1）按照职位高低自定义一个序列。职位高低的顺序为：经理、主任、科长、职员。操作方法：单击“文件”|“选项”|“高级”|“编辑自定义列表”，如图 9-20 所示。打开“自定义序列”对话框，按照图 9-21 所示，在“输入序列”列表框中依次输入“经理、主任、科长、职员”，按 Enter 键分隔各字段，输入结束后，单击“添加”按钮，将序列添加到左侧“自定义序列”列表框中，再单击“确定”按钮，返回“Excel 选项”窗口，单击“确定”按钮，退出“Excel 选项”窗口。

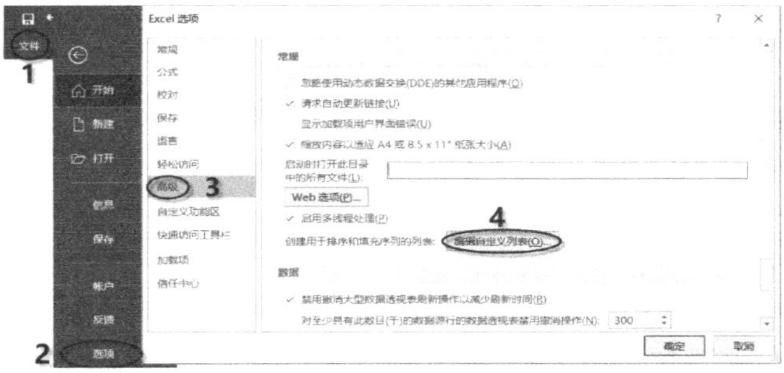

图 9-20　打开“编辑自定义列表”

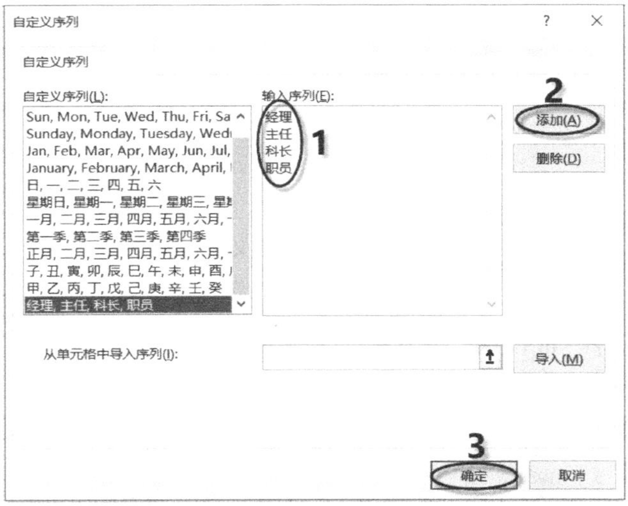

图 9-21　添加自定义序列

（2）单击图 9-19 所示工作表中的任意一个单元格，如 D1。

（3）打开“数据”选项卡，单击“排序和筛选”组中的“排序”按钮，弹出“排序”对话框。

（4）按照图 9-22 所示的设置，在“主要关键字”下拉列表中选择“职位”，在“排序依据”下拉列表中选择默认值“单元格值”，在“次序”下拉列表中选择“自定义序列”，弹出“自定义序列”对话框。

（5）在“自定义序列”列表框中选定自定义的序列“经理、主任、科长、职员”，单击“确定”按钮，如图 9-23 所示，返回“排序”对话框。

（6）单击“确定”按钮，关闭“排序”对话框，完成自定义序列排序，工作表中的数据按照“职位”从高到低的顺序排列，结果如图 9-24 所示。

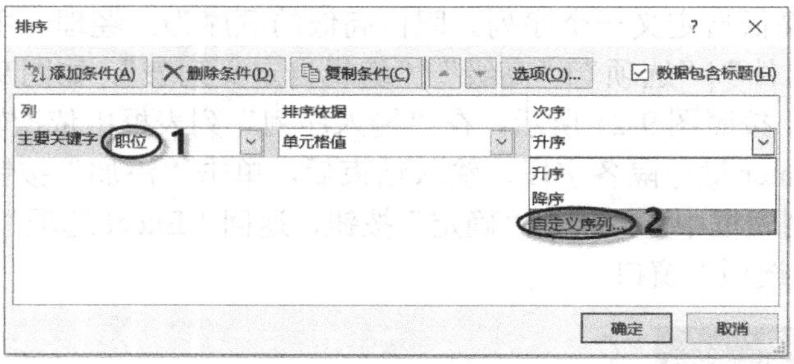

图 9-22　设置自定义序列排序示例

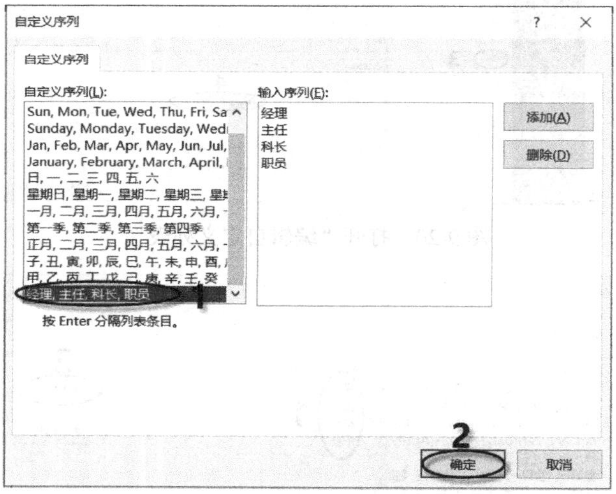

图 9-23　选择自定义序列

	B	C	D	E
1	出生日期	性别	职位	专业
2	1976/3/14	男	经理	管理学
3	1983/5/23	女	主任	计算机
4	1980/9/10	男	科长	经济学
5	1980/2/19	女	职员	会计
6	1988/6/22	女	职员	汉语言文学
7	1977/2/15	女	职员	计算机
8	1990/8/26	男	职员	法律

员工基本信息　Sł ...

图 9-24　按照“职位”从高到低进行自定义序列排序的结果

9.3 数据筛选

数据筛选是从数据清单中查找和分析符合特定条件的数据记录。数据清单经过筛选后，只显示符合条件的记录（行），而将不符合条件的记录（行）暂时隐藏起来。取消筛选后，隐藏的数据显示出来。筛选分为“自动筛选”、“自定义筛选”和“高级筛选”。

9.3.1 自动筛选

自动筛选是筛选中最简单的方式，可以快速地显示出满足条件的记录，操作方法如下。

（1）单击要筛选数据清单中的任一单元格。

（2）打开“数据”选项卡，单击“排序和筛选”组中的“筛选”按钮，此时在每个字段名右侧出现一个下拉按钮，如图 9-25 所示。

	A	B	C	D	E	F	G
1	手机销售统计						
2	商品编号	商品类别	品牌	数量	售价	金额	销售日期
3	PH-SX-001	手机	三星	2	6500	13000	4月30日
4	PH-HW-001	手机	华为	3	2800	8400	5月2日
5	PC-SX-001	电脑	三星	1	6299	6299	5月2日
6	PH-SX-003	手机	三星	2	4500	9000	5月11日
7	PH-HW-002	手机	华为	2	3499	6998	5月11日
8	PC-HW-001	电脑	华为	1	6990	6990	5月12日
9	PH-HW-003	手机	华为	3	2799	8397	5月13日
10	PH-MI-001	手机	小米	1	1499	1499	5月13日
11	PH-HW-004	手机	华为	1	5990	5990	5月13日
12	PC-MI-001	电脑	小米	1	4999	4999	5月14日
13	PH-MI-002	手机	小米	1	2499	2499	5月18日
14	PC-HW-002	电脑	华为	1	5699	5699	5月21日
15	PC-MI-002	电脑	小米	1	4399	4399	5月23日
16	PC-SX-002	电脑	三星	1	7299	7299	5月31日
17	PH-SX-002	手机	三星	1	4599	4599	6月1日
18	PH-HW-005	手机	华为	2	4499	8998	6月3日
19	PC-HW-003	电脑	华为	1	6990	6990	6月5日

销售清单 | Sheet2 | Sheet3

图 9-25 “销售清单”工作表

（3）单击任意一个下拉按钮，弹出其下拉列表，数据类型不同，其下拉列表的内容也不同，如图 9-26 所示，其中各项的含义如下。

按颜色排序：根据所选列的现有格式，筛选出可选项。

数字（或文本）筛选：筛选的条件不是一个固定的值而是一个范围。单击该项弹出其子菜单，选择某一项会弹出“自定义自动筛选方式”对话框，在对话框中设置筛选条件。

数据值列表：筛选出数据清单中含有某一精确值的记录。

（4）在上述下拉列表中设定筛选条件。筛选结束后，只显示符合条件的记录，同时，被筛选列的字段名右侧下拉按钮变为，表示此列已被筛选。当光标指向此符号时，即时显示应用于该列的筛选条件。

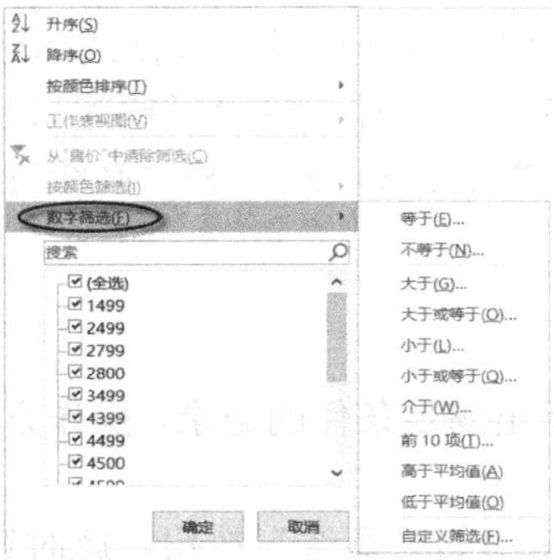

（a） 数值型数据的筛选下拉列表

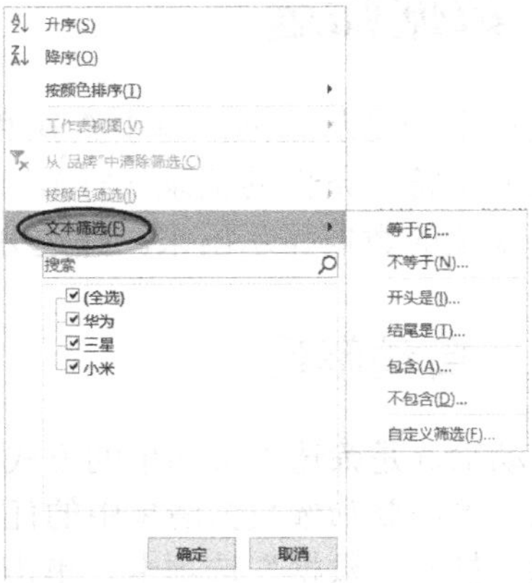

（b） 文本型数据的筛选下拉列表

图 9-26 “筛选”下拉列表

【例 9-4】在图 9-25“销售清单”工作表中，筛选出 5 月手机类商品中的华为品牌销售记录。

本例需要对“销售日期”“商品类别”“品牌”进行 3 步筛选，具体操作步骤如下。

（1）打开“销售清单”工作表，单击数据清单中的任意一个单元格，如 B5。

（2）单击“数据”选项卡“排序和筛选”组中的“筛选”按钮，此时在每一个列标题的右侧都出现一个下拉按钮。

（3）单击“销售日期”右侧的下拉按钮，在弹出的下拉列表中，分别单击“☑ 4 月”“☑ 6 月”复选框，取消选中“4 月”“6 月”复选框，再单击“确定”按钮，如图 9-27 所示。

（4）单击“商品类别”右侧的下拉按钮，在弹出的下拉列表中，单击列表框中的“电脑”复选框，取消选中“电脑”复选框，再单击“确定”按钮，如图 9-28 所示。

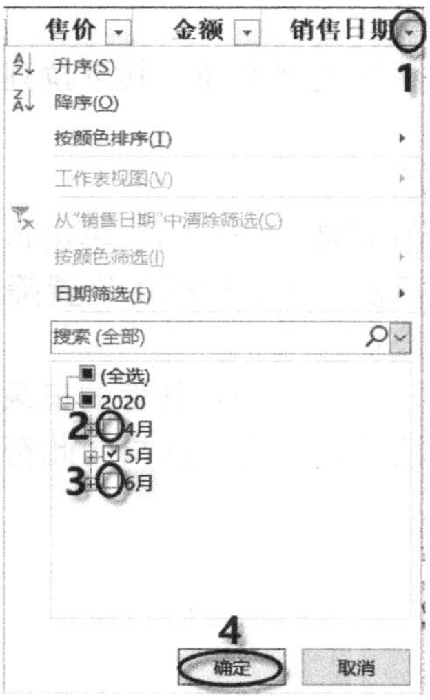

图 9-27 筛选“销售日期”是“5 月”的记录

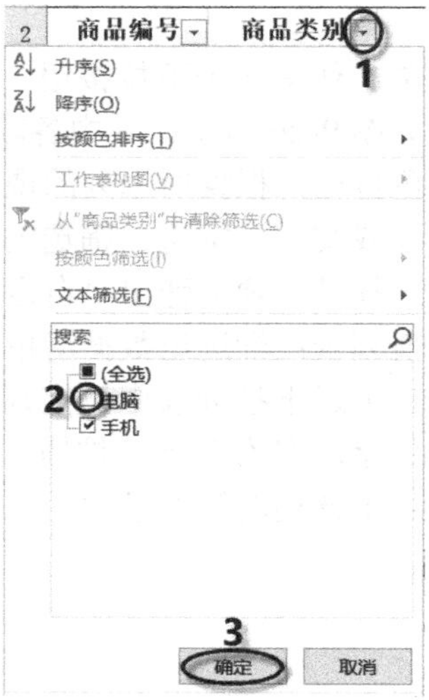

图 9-28 筛选“商品类别”是“手机”的记录

（5）单击“品牌”右侧的下拉按钮，在弹出的下拉列表中，分别单击列表框中的“三星”“小米”复选框，取消选中“三星”“小米”复选框，再单击“确定”按钮，如图 9-29 所示。

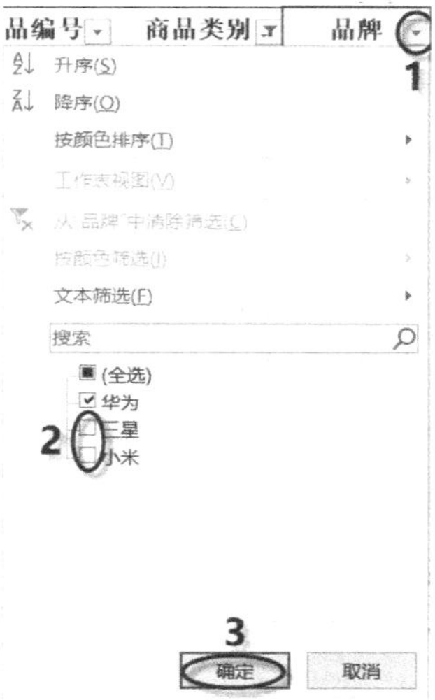

图 9-29　筛选“品牌”是“华为”的记录

（6）完成上述筛选，得到了最终筛选的结果，如图 9-30 所示。

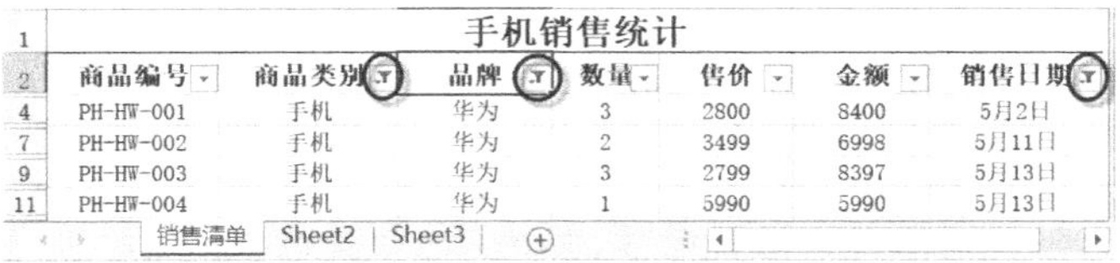

手机销售统计
商品编号　商品类别　品牌　数量　售价　金额　销售日期
PH-HW-001　手机　华为　3　2800　8400　5月2日
PH-HW-002　手机　华为　2　3499　6998　5月11日
PH-HW-003　手机　华为　3　2799　8397　5月13日
PH-HW-004　手机　华为　1　5990　5990　5月13日
销售清单　Sheet2　Sheet3

图 9-30　自动筛选“5 月”“手机”“华为”的销售记录

自动筛选每次只能对一列数据筛选，若要利用自动筛选对多列数据筛选，每个追加的筛选都基于之前的筛选结果，从而逐次减少了所显示的记录。

若取消筛选，单击“数据”选项卡“排序和筛选”组中的“筛选”按钮。

9.3.2　自定义筛选

如果筛选的条件比较复杂，可以使用自定义筛选功能筛选出所需的数据。

【例 9-5】 在图 9-31“工资表”中，筛选出“实发工资”在 1050～1200 的记录。

操作步骤如下。

（1）选定数据清单中的任意一个单元格。

（2）单击“数据”选项卡“排序和筛选”组中的“筛选”按钮，此时在每一个列标题的右侧都出现一个下拉按钮。

（3）单击“实发工资”右侧的下拉按钮，在弹出的下拉列表中单击“数字筛选”中的“自定义筛选”命令，如图 9-32 所示，弹出“自定义自动筛选方式”对话框，填入筛选条件，即实发工资大于或等于 1050 且小于或等于 1200，如图 9-33 所示。

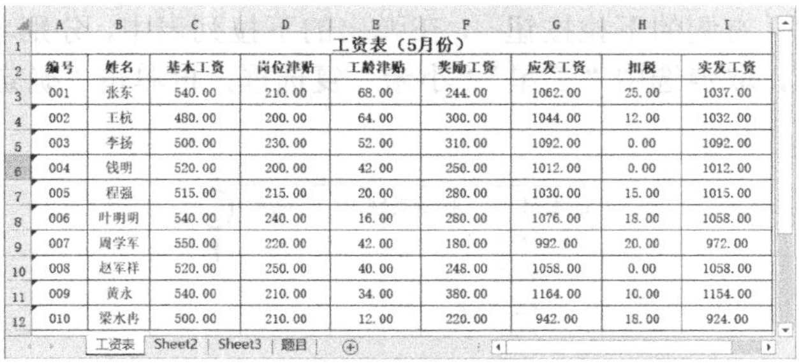

编号	姓名	基本工资	岗位津贴	工龄津贴	奖励工资	应发工资	扣税	实发工资
001	张东	540.00	210.00	68.00	244.00	1062.00	25.00	1037.00
002	王杭	480.00	200.00	64.00	300.00	1044.00	12.00	1032.00
003	李扬	500.00	230.00	52.00	310.00	1092.00	0.00	1092.00
004	钱明	520.00	200.00	42.00	250.00	1012.00	0.00	1012.00
005	程强	515.00	215.00	20.00	280.00	1030.00	15.00	1015.00
006	叶明明	540.00	240.00	16.00	280.00	1076.00	18.00	1058.00
007	周学军	550.00	220.00	42.00	180.00	992.00	20.00	972.00
008	赵军祥	520.00	250.00	40.00	248.00	1058.00	0.00	1058.00
009	黄永	540.00	210.00	34.00	380.00	1164.00	10.00	1154.00
010	梁水冉	500.00	210.00	12.00	220.00	942.00	18.00	924.00

图 9-31　工资表

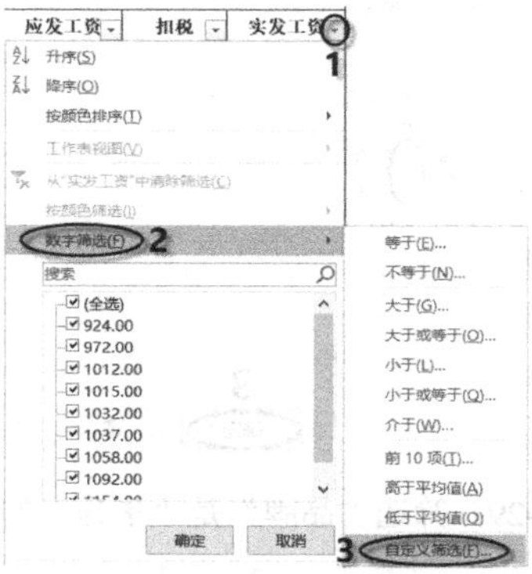

图 9-32　单击“自定义筛选”命令

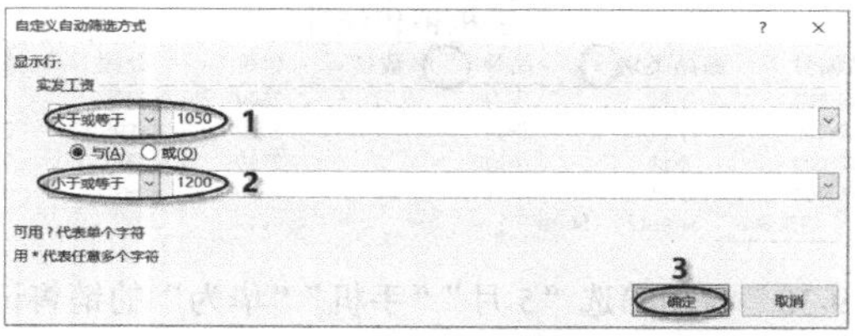

图 9-33　设置“自定义筛选”条件

（4）单击“确定”按钮，筛选出满足条件的记录，此时“实发工资”右侧的下拉按钮▾变为▾，完成筛选，如图 9-34 所示。

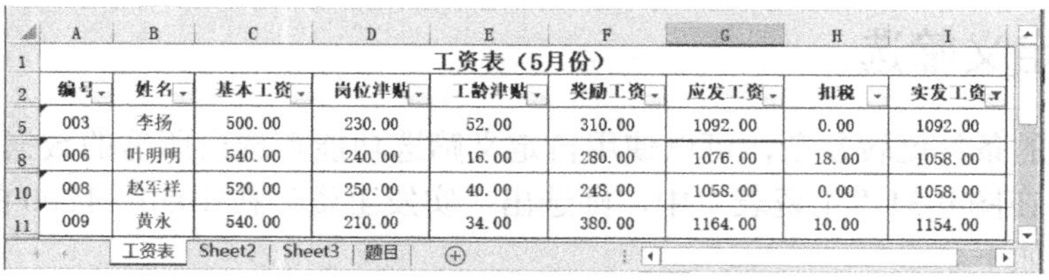

编号	姓名	基本工资	岗位津贴	工龄津贴	奖励工资	应发工资	扣税	实发工资
003	李扬	500.00	230.00	52.00	310.00	1092.00	0.00	1092.00
006	叶明明	540.00	240.00	16.00	280.00	1076.00	18.00	1058.00
008	赵军祥	520.00	250.00	40.00	248.00	1058.00	0.00	1058.00
009	黄永	540.00	210.00	34.00	380.00	1164.00	10.00	1154.00

图 9-34　筛选出满足条件的记录

9.3.3　高级筛选

高级筛选是指筛选出满足多个字段条件的记录，既可以实现字段条件之间“或”关系的筛选，又可以实现“与”关系的筛选，是一种较复杂的筛选方式。通常分 3 步进行：建立条件区域、确定筛选的数据区域和条件区域、设置存放筛选结果的区域。

【例 9-6】在图 9-35 所示的“期末成绩单”表中，筛选出“操作系统”分数大于 85 且“软件工程”分数大于 80 的记录。

（1）建立条件区域。

条件区域一般建立在数据清单的前后，但与数据清单最少要留出一个空行。在数据清单的任意空白处选择一个位置，输入筛选条件的字段名（输入时必须与数据清单字段名一致），在条件字段名下面的行中输入筛选条件，如图 9-35 所示。

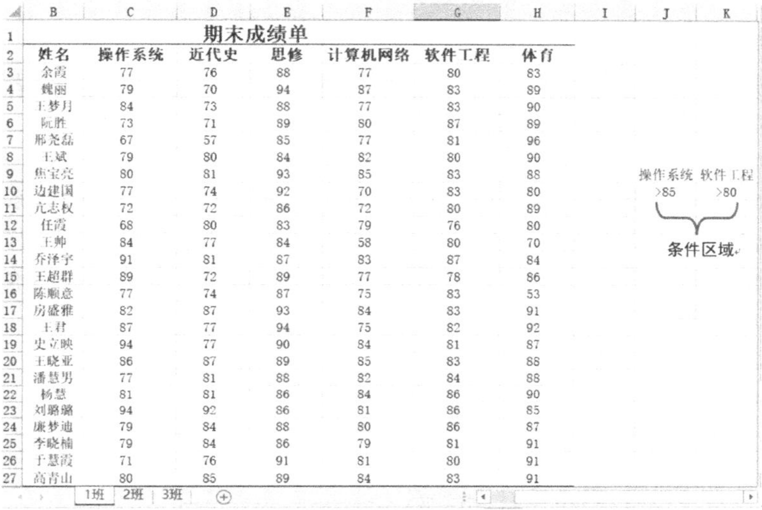

	B	C	D	E	F	G	H
1	期末成绩单						
2	姓名	操作系统	近代史	思修	计算机网络	软件工程	体育
3	余霞	77	76	88	77	80	83
4	魏丽	79	70	94	87	83	89
5	王梦月	84	73	88	77	83	90
6	阮胜	73	71	89	80	87	89
7	邢尧磊	67	57	85	77	81	96
8	王斌	79	80	84	82	80	90
9	焦宝亮	80	81	93	85	83	88
10	边建国	77	74	92	70	83	80
11	亢志权	72	72	86	72	80	89
12	任霞	68	80	83	79	76	80
13	王帅	84	77	84	58	80	70
14	乔泽宇	91	81	87	83	87	84
15	王超群	89	72	89	77	78	86
16	陈顺意	77	74	87	75	83	53
17	房盛雅	82	87	93	84	83	91
18	王君	87	77	94	75	82	92
19	史立映	94	77	90	84	81	87
20	王晓亚	86	87	89	85	83	88
21	潘慧男	77	81	88	82	84	88
22	杨慧	81	81	86	84	86	90
23	刘璐璐	94	92	86	81	86	85
24	康梦迪	79	84	88	80	86	87
25	李晓楠	79	84	86	79	81	91
26	于慧霞	71	76	91	81	80	91
27	高青山	80	85	89	84	83	91

图 9-35　建立“高级筛选”的条件区域

（2）确定筛选的数据区域和条件区域。

单击数据区域的任意一个单元格，打开“数据”选项卡，单击“排序和筛选”组中的“高级”按钮 高级，弹出“高级筛选”对话框，如图 9-36 所示。在此对话框中将光标依次定位在“列表区域”和“条件区域”框中，拖动鼠标依次选定数据清单中的 A2:H27 和 J9:K10 这两个区域。

图 9-36　“高级筛选”对话框

（3）设置存放筛选结果的区域。

在对话框的“方式”栏中选择筛选结果的保存方式，默认是“在原有区域显示筛选结果”。若选择“将筛选结果复制到其他位置”，则将光标定位在“复制到”框中，单击数据清单中存放筛选结果的单元格。本例将筛选结果存放到以$A$29 单元格开始的区域。

（4）单击“确定”按钮，筛选结果如图 9-37 所示。

	A	B	C	D	E	F	G	H
29	学号	姓名	操作系统	近代史	思修	计算机网络	软件工程	体育
30	200112	乔泽宇	91	81	87	83	87	84
31	200116	王君	87	77	94	75	82	92
32	200117	史立映	94	77	90	84	81	87
33	200118	王晓亚	86	87	89	85	83	88
34	200121	刘璐璐	94	92	86	81	86	85

1班 | 2班 | 3班

图 9-37　高级筛选后的数据

高级筛选和自动筛选的区别在于：前者需要建立筛选的条件区域，后者是对单一字段建立筛选条件，不需要建立筛选的条件区域。

注意：

如果条件区域的多个条件值在同一行上，表示条件之间是“与”的关系，筛选结果是几个条件同时成立时符合条件的记录；如果条件区域的多个条件值在不同行上，表示条件之间是“或”的关系，筛选时只要某个记录满足其中任何一个条件，该记录就会出现在筛选结果中，如图 9-38 所示。

操作系统	软件工程
>85	>80

筛选的多个条件值在同一行上，表示条件之间是“与”的关系

操作系统	软件工程
>85	
	>80

筛选的多个条件值在不同行上，表示条件之间是“或”的关系

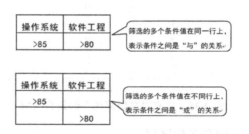

图 9-38　建立“逻辑与”和“逻辑或”的条件区域

9.4　数据分类汇总

分类汇总是指将数据清单先按某个字段进行分类（排序），把字段值相同的记录归为一类，然后再对分类后的数据按类别进行求和、求平均值、计数等汇总运算。使用分类汇总功能，可快速有效地分析数据。

9.4.1　创建分类汇总

创建分类汇总分 2 步进行：第 1 步，对指定字段分类；第 2 步，按分类结果汇总，并且把汇总的结果以“分类汇总”和“总计”的形式显示出来。

【例 9-7】在图 9-39 所示的数据清单中，按“产品名称”计算每一种产品的总“销售量”和总“销售额”。

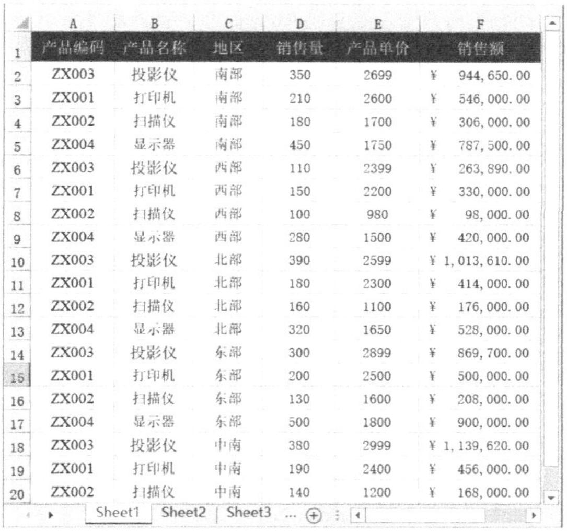

	A	B	C	D	E	F
1	产品编码	产品名称	地区	销售量	产品单价	销售额
2	ZX003	投影仪	南部	350	2699	¥ 944,650.00
3	ZX001	打印机	南部	210	2600	¥ 546,000.00
4	ZX002	扫描仪	南部	180	1700	¥ 306,000.00
5	ZX004	显示器	南部	450	1750	¥ 787,500.00
6	ZX003	投影仪	西部	110	2399	¥ 263,890.00
7	ZX001	打印机	西部	150	2200	¥ 330,000.00
8	ZX002	扫描仪	西部	100	980	¥ 98,000.00
9	ZX004	显示器	西部	280	1500	¥ 420,000.00
10	ZX003	投影仪	北部	390	2599	¥ 1,013,610.00
11	ZX001	打印机	北部	180	2300	¥ 414,000.00
12	ZX002	扫描仪	北部	160	1100	¥ 176,000.00
13	ZX004	显示器	北部	320	1650	¥ 528,000.00
14	ZX003	投影仪	东部	300	2899	¥ 869,700.00
15	ZX001	打印机	东部	200	2500	¥ 500,000.00
16	ZX002	扫描仪	东部	130	1600	¥ 208,000.00
17	ZX004	显示器	东部	500	1800	¥ 900,000.00
18	ZX003	投影仪	中南	380	2999	¥ 1,139,620.00
19	ZX001	打印机	中南	190	2400	¥ 456,000.00
20	ZX002	扫描仪	中南	140	1200	¥ 168,000.00

图 9-39　分类汇总前的数据

操作步骤如下。

（1）选定“产品名称”数据列的任意一个单元格，打开“数据”选项卡，单击“排序和筛选”组中的“升序”按钮或“降序”按钮，先对“产品名称”进行排序。本例以升序方式排序，结果如图 9-40 所示。

（2）选定数据清单中的任意一个单元格，打开“数据”选项卡，单击“分级显示”组中的“分类汇总”按钮，弹出“分类汇总”对话框，如图 9-41 所示。

（3）在此对话框的“分类字段”下拉列表中选择分类的字段名“产品名称”；在“汇总方式”下拉列表中选择汇总的方式“求和”；在“选定汇总项”列表框中选中“销售量”和“销售额”复选框；选中“替换当前分类汇总”和“汇总结果显示在数据下方”复选框。

（4）单击“确定”按钮。分类汇总后的结果如图 9-42 所示。

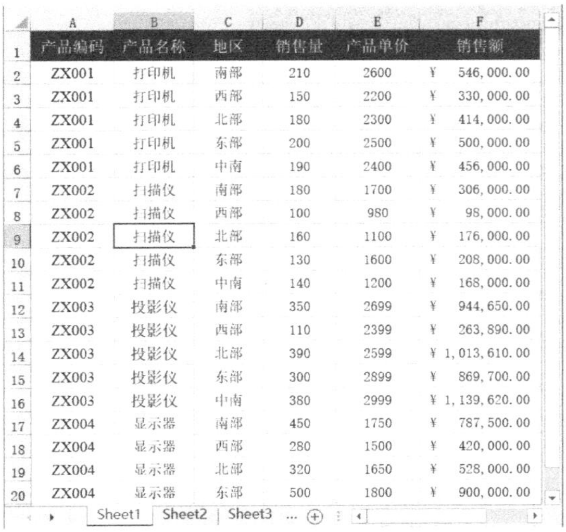

	A	B	C	D	E	F
1	产品编码	产品名称	地区	销售量	产品单价	销售额
2	ZX001	打印机	南部	210	2600	¥ 546,000.00
3	ZX001	打印机	西部	150	2200	¥ 330,000.00
4	ZX001	打印机	北部	180	2300	¥ 414,000.00
5	ZX001	打印机	东部	200	2500	¥ 500,000.00
6	ZX001	打印机	中南	190	2400	¥ 456,000.00
7	ZX002	扫描仪	南部	180	1700	¥ 306,000.00
8	ZX002	扫描仪	西部	100	980	¥ 98,000.00
9	ZX002	扫描仪	北部	160	1100	¥ 176,000.00
10	ZX002	扫描仪	东部	130	1600	¥ 208,000.00
11	ZX002	扫描仪	中南	140	1200	¥ 168,000.00
12	ZX003	投影仪	南部	350	2699	¥ 944,650.00
13	ZX003	投影仪	西部	110	2399	¥ 263,890.00
14	ZX003	投影仪	北部	390	2599	¥ 1,013,610.00
15	ZX003	投影仪	东部	300	2899	¥ 869,700.00
16	ZX003	投影仪	中南	380	2999	¥ 1,139,620.00
17	ZX004	显示器	南部	450	1750	¥ 787,500.00
18	ZX004	显示器	西部	280	1500	¥ 420,000.00
19	ZX004	显示器	北部	320	1650	¥ 528,000.00
20	ZX004	显示器	东部	500	1800	¥ 900,000.00

图 9-40　对“产品名称”排序后的结果

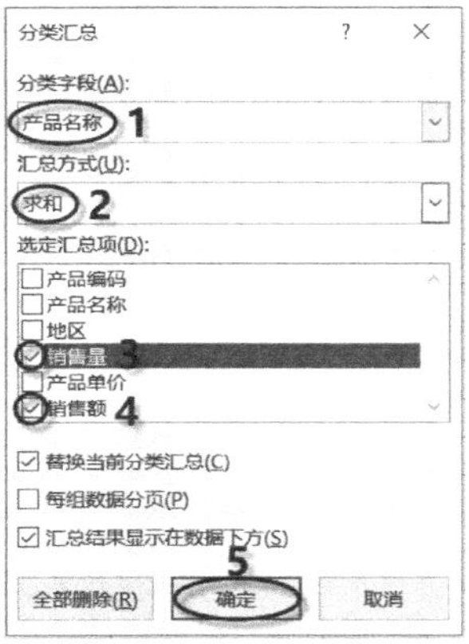

图 9-41　“分类汇总”对话框

	A	B	C	D	E	F
1	产品编码	产品名称	地区	销售量	产品单价	销售额
2	ZX001	打印机	南部	210	2600	¥ 546,000.00
3	ZX001	打印机	西部	150	2200	¥ 330,000.00
4	ZX001	打印机	北部	180	2300	¥ 414,000.00
5	ZX001	打印机	东部	200	2500	¥ 500,000.00
6	ZX001	打印机	中南	190	2400	¥ 456,000.00
7		打印机 汇总		930		¥ 2,246,000.00
8	ZX002	扫描仪	南部	180	1700	¥ 306,000.00
9	ZX002	扫描仪	西部	100	980	¥ 98,000.00
10	ZX002	扫描仪	北部	160	1100	¥ 176,000.00
11	ZX002	扫描仪	东部	130	1600	¥ 208,000.00
12	ZX002	扫描仪	中南	140	1200	¥ 168,000.00
13		扫描仪 汇总		710		¥ 956,000.00
14	ZX003	投影仪	南部	350	2699	¥ 944,650.00
15	ZX003	投影仪	西部	110	2399	¥ 263,890.00
16	ZX003	投影仪	北部	390	2599	¥ 1,013,610.00
17	ZX003	投影仪	东部	300	2899	¥ 869,700.00
18	ZX003	投影仪	中南	380	2999	¥ 1,139,620.00
19		投影仪 汇总		1530		¥ 4,231,470.00
20	ZX004	显示器	南部	450	1750	¥ 787,500.00
21	ZX004	显示器	西部	280	1500	¥ 420,000.00
22	ZX004	显示器	北部	320	1650	¥ 528,000.00
23	ZX004	显示器	东部	500	1800	¥ 900,000.00
24		显示器 汇总		1550		¥ 2,635,500.00
25		总计		4720		¥10,068,970.00

Sheet1 | Sheet2 | Sheet3

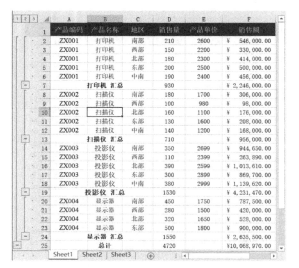

图 9-42　分类汇总后的结果

9.4.2　创建嵌套分类汇总

嵌套分类汇总是指在已经建立的一个分类汇总工作表中再创建一个分类汇总，两次分类汇总的字段不同，其他项可以相同或不同。

在建立嵌套分类汇总前先对工作表中需要进行分类汇总的字段进行多关键字排序，排序的关键字按照多级分类汇总的级别分为主要关键字、次要关键字。

若嵌套 *n* 次分类汇总，则需要进行 *n* 次分类汇总操作，第 2 次分类汇总操作在第 1 次分类汇总的结果上进行，第 3 次分类汇总操作在第 2 次分类汇总的结果上进行，依次类推。

【例 9-8】在图 9-43 所示的工作表中，分别按“产品名称”和“销售方式”对“销售量”和“销售额”求和。

	A	B	C	D	E	F	G
1	产品编码	产品名称	地区	销售方式	销售量	产品单价	销售额
2	ZX003	投影仪	南部	线上	350	2699	¥ 944,650.00
3	ZX001	打印机	南部	线上	210	2600	¥ 546,000.00
4	ZX002	扫描仪	南部	线下	180	1700	¥ 306,000.00
5	ZX004	显示器	南部	线上	450	1750	¥ 787,500.00
6	ZX003	投影仪	西部	线上	110	2399	¥ 263,890.00
7	ZX001	打印机	西部	线下	150	2200	¥ 330,000.00
8	ZX002	扫描仪	西部	线上	100	980	¥ 98,000.00
9	ZX004	显示器	西部	线下	280	1500	¥ 420,000.00
10	ZX003	投影仪	北部	线下	390	2599	¥ 1,013,610.00
11	ZX001	打印机	北部	线上	180	2300	¥ 414,000.00
12	ZX002	扫描仪	北部	线下	160	1100	¥ 176,000.00
13	ZX004	显示器	北部	线上	320	1650	¥ 528,000.00
14	ZX003	投影仪	东部	线下	300	2899	¥ 869,700.00
15	ZX001	打印机	东部	线下	200	2500	¥ 500,000.00
16	ZX002	扫描仪	东部	线上	130	1600	¥ 208,000.00
17	ZX004	显示器	东部	线下	500	1800	¥ 900,000.00
18	ZX003	投影仪	中南	线上	380	2999	¥ 1,139,620.00
19	ZX001	打印机	中南	线下	190	2400	¥ 456,000.00
20	ZX002	扫描仪	中南	线下	140	1200	¥ 168,000.00

Sheet1 | Sheet2 | Sheet3

图 9-43　嵌套分类汇总前的数据

本例需要进行 2 次分类汇总，第 1 次分类汇总按照“产品名称”对“销售量”和“销售额”求和；第 2 次分类汇总按照“销售方式”对“销售量”和“销售额”求和。操作步骤如下。

（1）首先对“产品名称”和“销售方式”两列数据进行排序。打开“数据”选项卡，单击“排序和筛选”组中的“排序”按钮，在弹出的对话框中按照主要关键字“产品名称”升序排序，次要关键字“销售方式”升序排序，如图 9-44 所示，单击“确定”按钮。

图 9-44　嵌套分类汇总的数据排序

（2）按照“产品名称”对“销售量”和“销售额”进行汇总求和。打开“数据”选项卡，单击“分级显示”组中的“分类汇总”按钮，弹出“分类汇总”对话框，“分类字段”设置为“产品名称”，“汇总方式”设置为“求和”，“选定汇总项”选中“销售量”和“销售额”复选框，如图 9-41 所示。

（3）按照“销售方式”对“销售量”和“销售额”进行汇总求和。单击“分级显示”组中的“分类汇总”按钮，在“分类汇总”对话框的“分类字段”下拉列表中选择分类的字段名“销售方式”；在“汇总方式”下拉列表中选择汇总的方式“求和”；在“选定汇总项”列表框选中“销售量”和“销售额”复选框，如果想保留上一次分类汇总的结果，单击“替换当前分类汇总”前的复选框，将复选框☑变为□，本例保留上次的汇总结果，如图 9-45 所示。

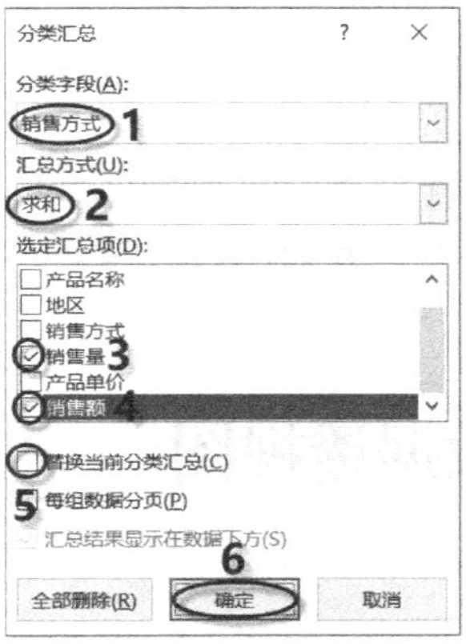

图 9-45　按“销售方式”分类汇总

（4）单击“确定”按钮。嵌套分类汇总的效果如图 9-46 所示。

	A	B	C	D	E	F	G
1	产品编码	产品名称	地区	销售方式	销售量	产品单价	销售额
2	ZX001	打印机	南部	线上	210	2600	¥ 546,000.00
3	ZX001	打印机	北部	线上	180	2300	¥ 414,000.00
4				**线上 汇总**	390		¥ 960,000.00
5	ZX001	打印机	西部	线下	150	2200	¥ 330,000.00
6	ZX001	打印机	东部	线下	200	2500	¥ 500,000.00
7	ZX001	打印机	中南	线下	190	2400	¥ 456,000.00
8				**线下 汇总**	540		¥ 1,286,000.00
9		**打印机 汇总**			930		¥ 2,246,000.00
10	ZX002	扫描仪	西部	线上	100	980	¥ 98,000.00
11	ZX002	扫描仪	东部	线上	130	1600	¥ 208,000.00
12				**线上 汇总**	230		¥ 306,000.00
13	ZX002	扫描仪	南部	线下	180	1700	¥ 306,000.00
14	ZX002	扫描仪	北部	线下	160	1100	¥ 176,000.00
15	ZX002	扫描仪	中南	线下	140	1200	¥ 168,000.00
16				**线下 汇总**	480		¥ 650,000.00
17		**扫描仪 汇总**			710		¥ 956,000.00
18	ZX003	投影仪	南部	线上	350	2699	¥ 944,650.00
19	ZX003	投影仪	西部	线上	110	2399	¥ 263,890.00
20	ZX003	投影仪	中南	线上	380	2999	¥ 1,139,620.00
21				**线上 汇总**	840		¥ 2,348,160.00
22	ZX003	投影仪	北部	线下	390	2599	¥ 1,013,610.00
23	ZX003	投影仪	东部	线下	300	2899	¥ 869,700.00
24				**线下 汇总**	690		¥ 1,883,310.00
25		**投影仪 汇总**			1530		¥ 4,231,470.00
26	ZX004	显示器	南部	线上	450	1750	¥ 787,500.00
27	ZX004	显示器	北部	线上	320	1650	¥ 528,000.00
28				**线上 汇总**	770		¥ 1,315,500.00
29	ZX004	显示器	西部	线下	280	1500	¥ 420,000.00
30	ZX004	显示器	东部	线下	500	1800	¥ 900,000.00
31				**线下 汇总**	780		¥ 1,320,000.00
32		**显示器 汇总**			1550		¥ 2,635,500.00
33		**总计**			4720		¥ 10,068,970.00

Sheet1 | Sheet2 | Sheet3

图 9-46 嵌套分类汇总的效果

对于多级分类汇总，需要考虑“级别”。在上例中，“产品名称”这一级高于“销售方式”这一级，即“产品名称”是一个大类，而“销售方式”是一个小类。多级分类汇总进行嵌套时，应该是“先大类，再小类”。所以第 1 次分类汇总操作应该按“产品名称”汇总，第 2 次分类汇总操作才按“销售方式”汇总。同时，在“分类汇总”对话框中取消选中“替换当前分类汇总”复选框，否则新创建的分类汇总将替换已存在的分类汇总。此外，选择“每组数据分页”复选框，可使每个分类汇总自动分页。

9.4.3 删除分类汇总

若删除分类汇总，单击已进行分类汇总数据区域的任意一个单元格，打开“数据”选项卡，单击“分级显示”组中的“分类汇总”按钮，在弹出的对话框中单击“全部删除”按钮。

9.5 数据透视表和数据透视图

9.5.1 创建数据透视表

数据透视表是一种交互式的表格，可以动态地改变版面布置，以便按照不同方式分析数据，也可以重新排列行号、列标和页字段。每次改变版面布置时，数据透视表会按照新的布置重新组织和计算数据。利用数据透视表，可以方便地排列和汇总复杂数据，并进一步查看详细信息。下面通过实例说明如何创建数据透视表。

【例 9-9】 根据图 9-47 所示的“图书销售表”内的数据建立数据透视表，设置“日期”字段为列标签，“书店名称”字段为行标签，“销量（本）”字段为求和汇总项，并在数据透视表中显示各书店第一季度各月的销量情况。将创建完成的数据透视表放置在新工作表中，将工作表重命名为“透视表”。

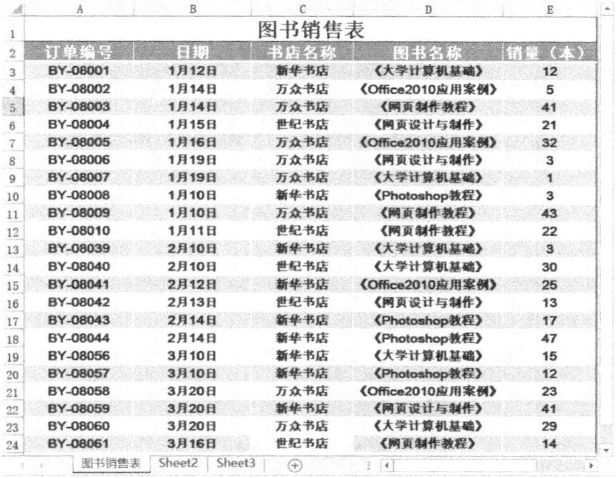

图书销售表

订单编号	日期	书店名称	图书名称	销量（本）
BY-08001	1月12日	新华书店	《大学计算机基础》	12
BY-08002	1月14日	万众书店	《Office2010应用案例》	5
BY-08003	1月14日	万众书店	《网页制作教程》	41
BY-08004	1月15日	世纪书店	《网页设计与制作》	21
BY-08005	1月16日	万众书店	《Office2010应用案例》	32
BY-08006	1月19日	万众书店	《网页设计与制作》	3
BY-08007	1月19日	万众书店	《大学计算机基础》	1
BY-08008	1月10日	新华书店	《Photoshop教程》	3
BY-08009	1月10日	万众书店	《网页制作教程》	43
BY-08010	1月11日	世纪书店	《网页制作教程》	22
BY-08039	2月10日	新华书店	《大学计算机基础》	3
BY-08040	2月10日	世纪书店	《大学计算机基础》	30
BY-08041	2月12日	新华书店	《Office2010应用案例》	25
BY-08042	2月13日	世纪书店	《网页设计与制作》	13
BY-08043	2月14日	新华书店	《Photoshop教程》	17
BY-08044	2月14日	新华书店	《Photoshop教程》	47
BY-08056	3月10日	新华书店	《大学计算机基础》	15
BY-08057	3月10日	新华书店	《Photoshop教程》	12
BY-08058	3月20日	万众书店	《Office2010应用案例》	23
BY-08059	3月20日	新华书店	《网页设计与制作》	41
BY-08060	3月20日	万众书店	《大学计算机基础》	29
BY-08061	3月16日	世纪书店	《网页制作教程》	14

图 9-47　图书销售表

操作步骤如下。

（1）单击图书销售表 A2:E24 区域的任意一个单元格。

（2）打开“插入”选项卡，单击“表格”组中的“数据透视表”按钮，弹出“创建数据透视表”对话框，如图 9-48 所示。

（3）在“请选择要分析的数据”区域选中“选择一个表或区域”单选按钮，在“表/区域”框中自动输入要分析的数据区域（如果系统给出的区域选择不正确，用户可拖动鼠标重新选择区域）。如果选中“使用外部数据源”单选按钮，需要单击“选择连接”按钮，可将外部的数据库、文件等作为创建透视表的源数据。

在“选择放置数据透视表的位置”区域选中“新工作表”单选按钮，如图 9-48 所示。单击“确定”按钮，进入图 9-49 所示的数据透视表设计环境。

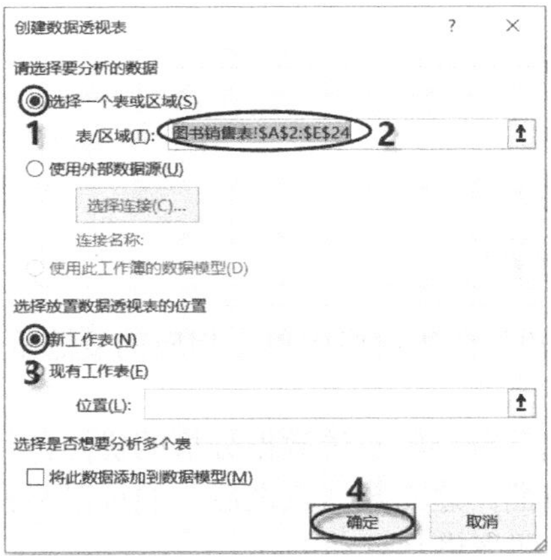

图 9-48　“创建数据透视表”对话框

图 9-49　数据透视表设计环境

（4）在“数据透视表字段”任务窗格中，拖动“日期”到“列”区域，拖动“书店名称”到“行”区域，拖动“销量（本）”到“Σ值”区域，如图 9-50 所示。添加字段结束后，创建的数据透视表，如图 9-51 所示。

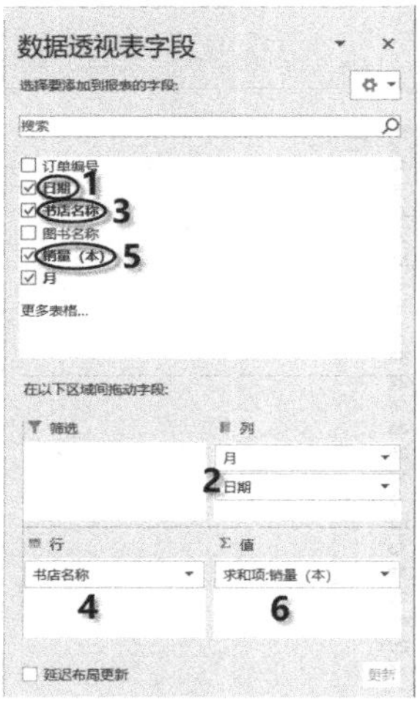

图 9-50 “数据透视表字段”任务窗格

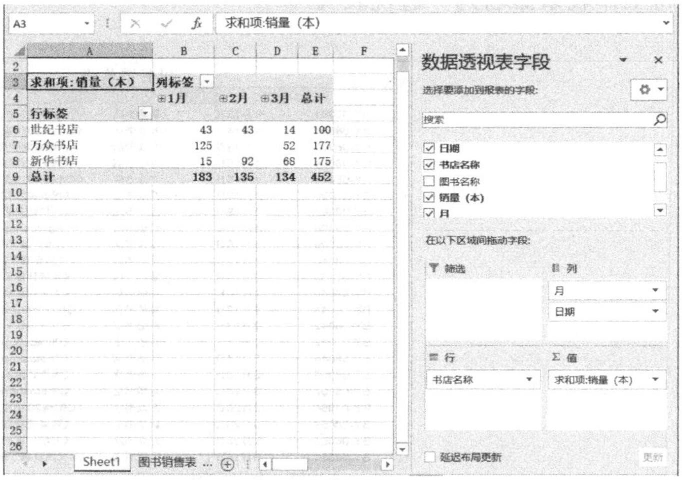

图 9-51 “图书销售表”的数据透视表

（5）在工作表 Sheet1 标签名上右击，在弹出的快捷菜单中单击“重命名”命令，输入“透视表”，如图 9-52 所示，将 Sheet1 更名为“透视表”。

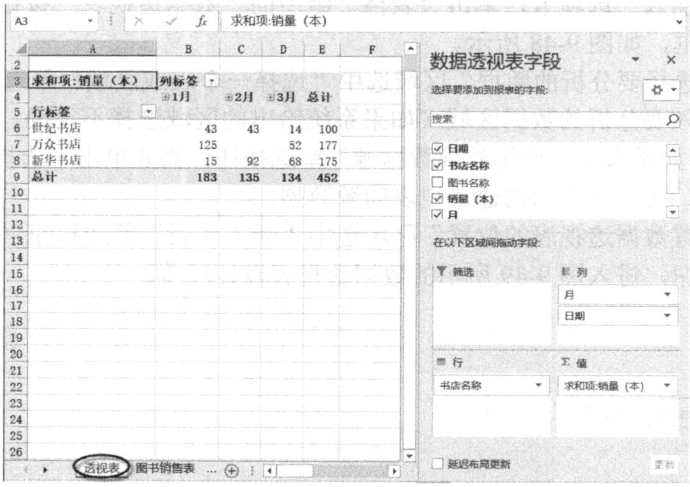

图 9-52 Sheet1 更名为“透视表”

如果要删除某个数据透视字段，在“数据透视表字段”任务窗格中单击相应的复选框，取消其前面的“√”即可。

Excel 2016 中的数据透视表综合了数据排序、筛选、分类汇总等数据分析的优点，可灵活地改变分类汇总的方式，以多种方式展示数据的特征。建立数据表之后，通过鼠标拖动来调节字段的位置，可以快速获取不同的统计结果，即表格具有动态性。

9.5.2　筛选数据透视表

与数据的筛选方式相似，在数据透视表中通过在“行标签”和“列标签”下拉列表中设置筛选条件，可对数据进行筛选。下面以“图书销售”工作簿为例，筛选出“新华书店”3 月 20 日的销量，操作步骤如下。

（1）筛选出名称为“新华书店”的书店。打开“图书销售”工作簿，单击“行标签”下拉按钮，在弹出的下拉列表中依次选中“全选”和“新华书店”复选框，如图 9-53 所示，单击“确定”按钮。

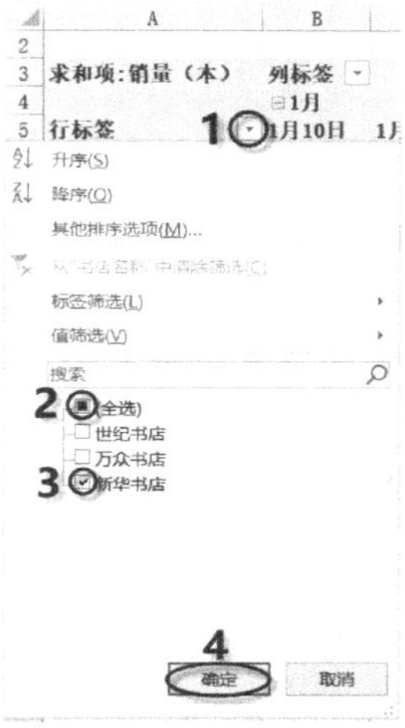

图 9-53　筛选出“新华书店”

（2）打开“日期筛选（月）”对话框。单击“列标签”下拉按钮，在弹出的下拉列表中依次单击“日期筛选”和“等于”命令，如图 9-54 所示，打开“日期筛选（月）”对话框。

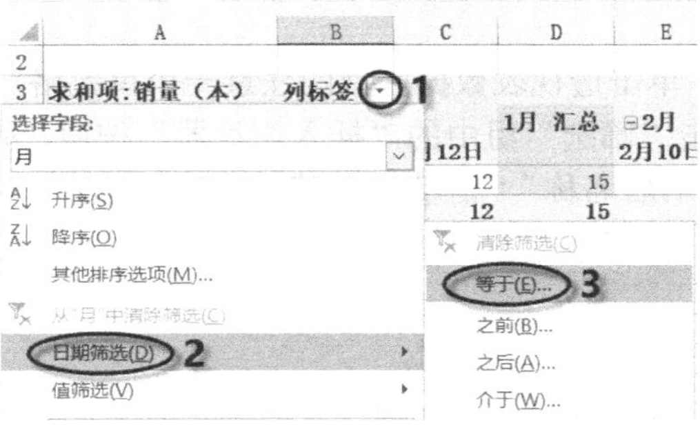

图 9-54　打开“日期筛选（月）”对话框

（3）设置筛选值。在“日期筛选（月）”对话框中，将日期设置为 3 月 20 日，如图 9-55 所示，单击“确定”按钮，即可看到数据透视表中筛选出的“新华书店”3 月 20 日的销量，如图 9-56 所示。

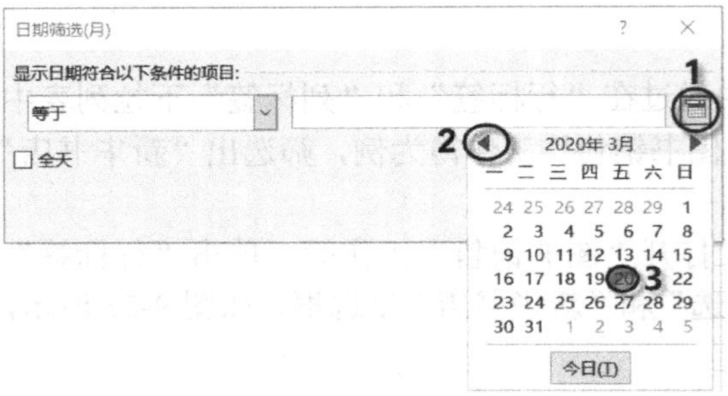

图 9-55　设置筛选日期值

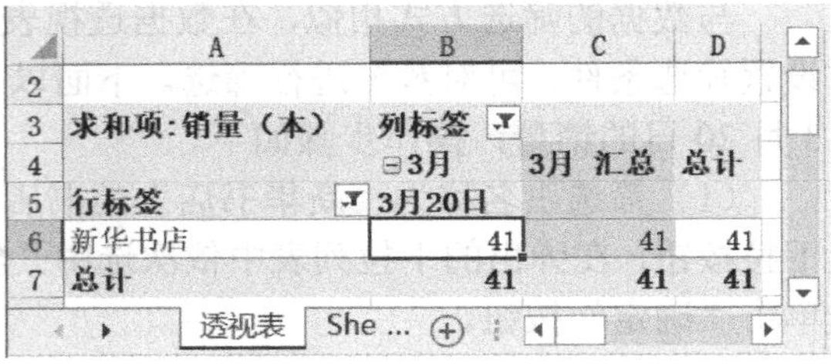

图 9-56　筛选出符合条件的数据

9.5.3　使用切片器筛选数据

Excel 表格中的切片器是一个常用的筛选工具，可以帮助用户快速筛选数据。切片器不能在普通表格中使用，只在智能表格和数据透视表中才可以使用。下面以数据透视表为例，说明使用切片器进行数据筛选的方法。

【例 9-10】 利用切片器对图 9-57 所示的透视表中的数据进行筛选，以便直观地显示各书店在不同日期的销售统计情况。

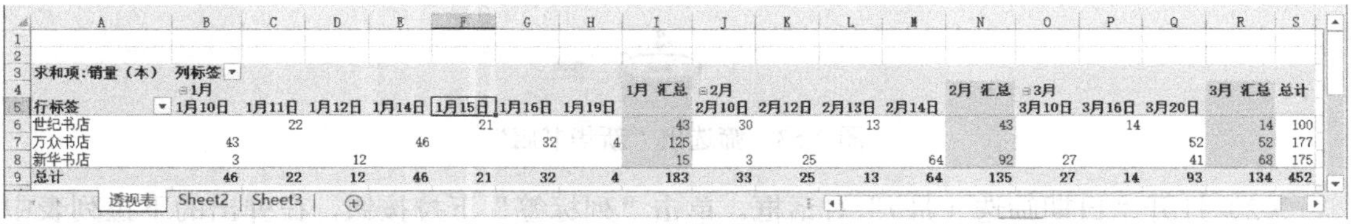

图 9-57　透视表源数据

操作步骤如下。

（1）插入切片字段。单击透视表数据区域的任意一个单元格，打开“数据透视表工具”的“分析”选项卡，单击“筛选”组中的“插入切片器”按钮，弹出“插入切片器”对话框，分别选中“日期”“书店名称”“销量（本）”复选框，如图 9-58 所示，单击“确定”按钮，生成 3 个筛选器，完成切片器的插入，如图 9-59 所示。

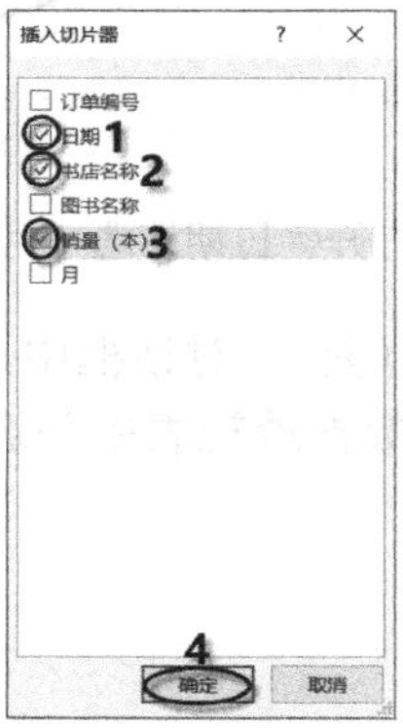

图 9-58　“插入切片器”对话框

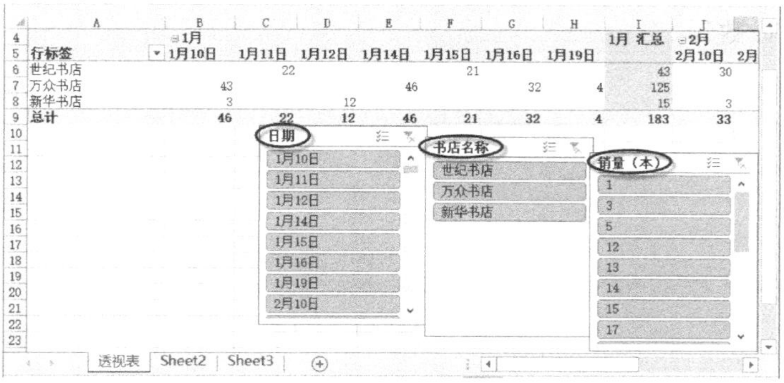

图 9-59　插入的 3 个切片器

（2）筛选字段。在“日期”切片器中，选择“2 月 10 日”选项，在“书店名称”切片器中选择“世纪书店”选项，此时数据透视表中仅显示书店名称为“世纪书店”、销量为 30 的数据，如图 9-60 所示。

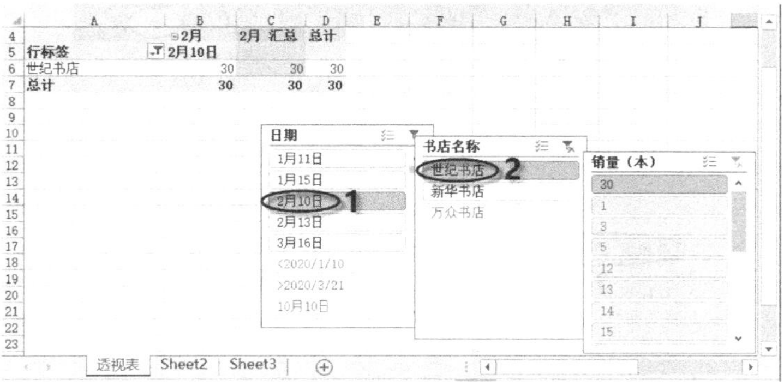

图 9-60　切片器筛选结果

如果想清除筛选，单击切片器右上角的清除筛选器按钮，或者按 Alt+C 组合键。

选定切片器，在“切片器工具”的“选项”选项卡中可设置切片器的样式、排列、高度、列宽、大小等，如图 9-61 所示。

若要删除切片器，选定切片器按 Delete 键。

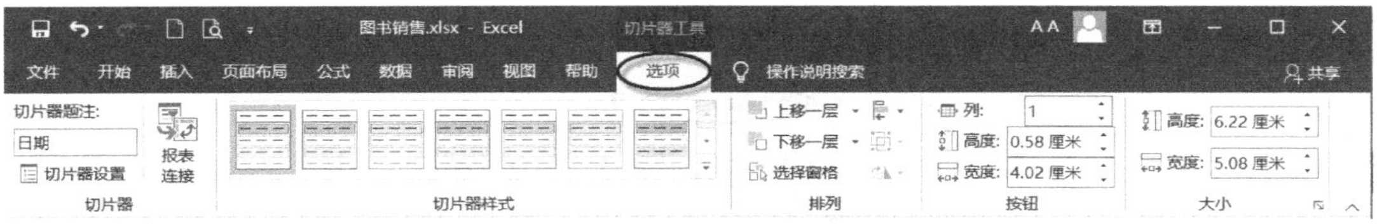

图 9-61　“切片器工具”的“选项”选项卡

9.5.4　设置字段名称及值

创建的数据透视表若要更换字段名或改变汇总方式显示其他数据信息，可通过“字段设置”命令来实现。

【例 9-11】在图 9-62 所示的“透视表”工作表中，将“求和项：销量（本）”更改为“计数项：书店销量计数”。

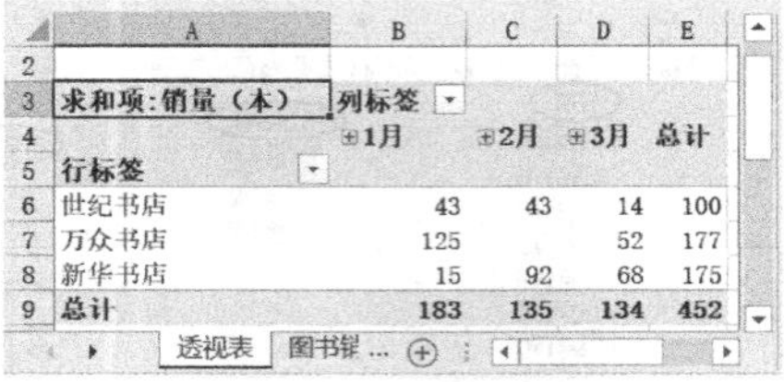

图 9-62 “透视表”工作表

操作步骤如下。

（1）打开“值字段设置”对话框。单击选定数据透视表中的 A3 单元格，打开“分析”选项卡，单击“活动字段”组中的“字段设置”按钮，如图 9-63 所示，弹出“值字段设置”对话框。

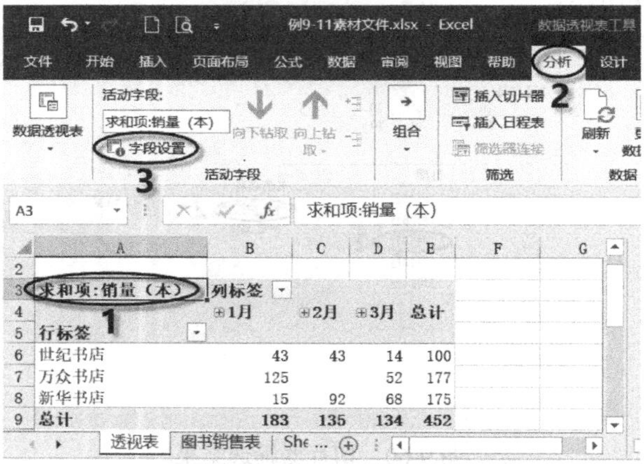

图 9-63 打开“值字段设置”对话框

（2）设置字段名称和值。如图 9-64 所示，单击“值汇总方式”选项卡，在“计算类型”列表框中选择“计数”选项；在“自定义名称”文本框中输入“计数项：书店销量计数”文本，单击“确定”按钮，完成值字段设置。

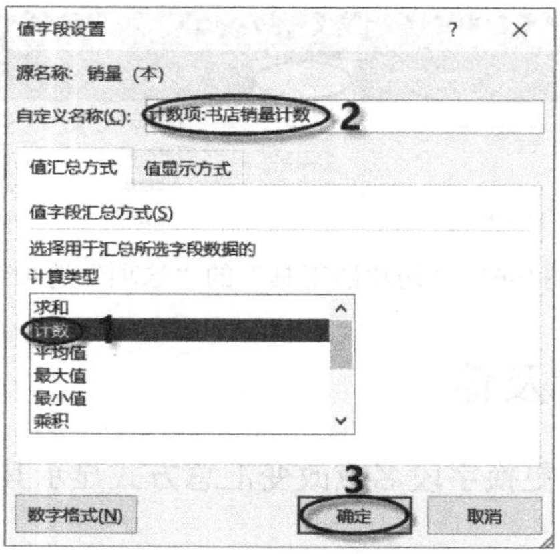

图 9-64 设置字段名称和值

（3）查看字段设置效果。在数据透视表中可看到“求和项：销量（本）”更改为“计数项：书店销量计数”，汇总方式更改为“计数”，如图 9-65 所示。

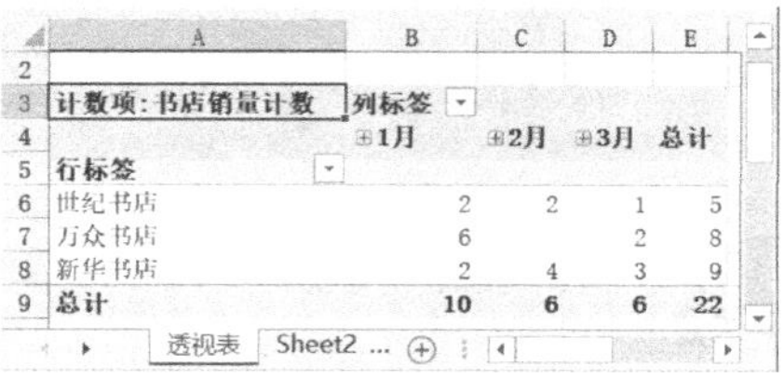

图 9-65　字段设置效果

9.5.5　设置透视表样式

创建数据透视表后，为了使数据透视表美观易读，可为其设置样式。下面以“减免税政”工作簿为例说明使用数据透视表样式及布局的方法。操作步骤如下。

（1）设置数据透视表样式选项。打开“减免税政”工作簿，在“透视表”工作表中，单击“设计”选项卡，在“数据透视表样式选项”组中，选中“镶边行”复选框，如图 9-66 所示。

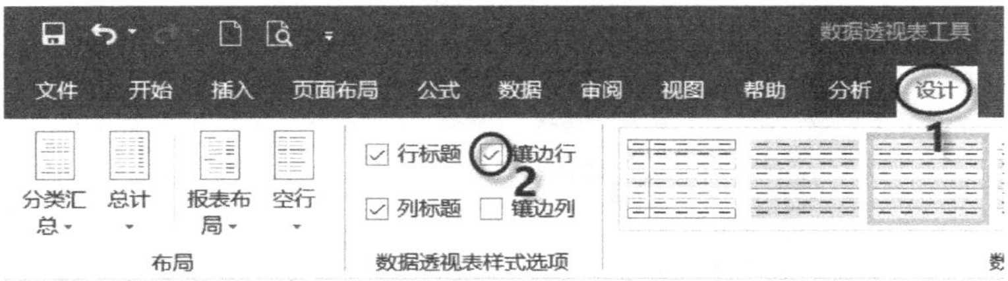

图 9-66　设置数据透视表样式选项

（2）设置数据透视表样式。在“设计”选项卡“数据透视表样式”组中，单击列表框右下角的“其他”下拉按钮，在打开的下拉列表中选择“浅橙色，数据透视表样式中等深浅 10”选项，如图 9-67 所示。

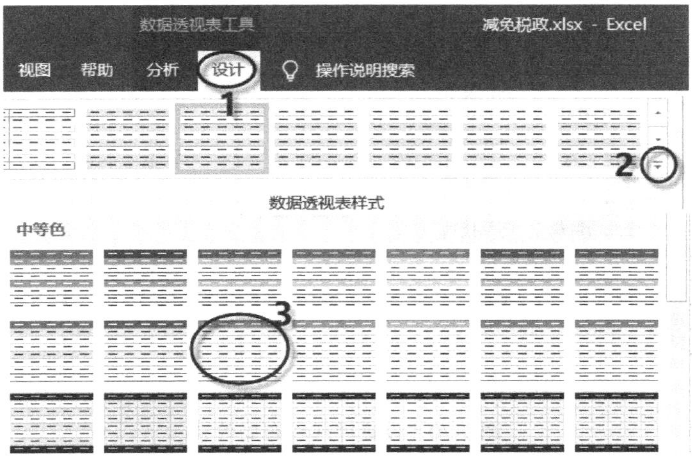

图 9-67　设置数据透视表样式

（3）设置数据透视表布局。在“设计”选项卡“布局”组中，选择“报表布局”下拉按钮，在打开的下拉列表中选择“以表格形式显示”选项，如图 9-68 所示。

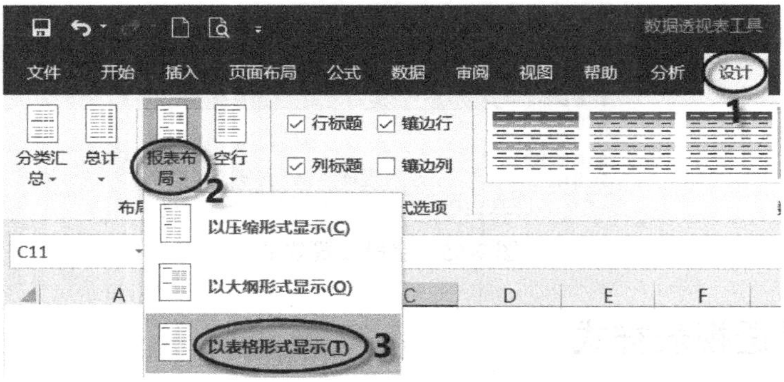

图 9-68　设置数据透视表布局

（4）设置行和列禁用总计。在“设计”选项卡“布局”组中，选择“总计”下拉按钮，在打开的下拉列表中选择“对行和列禁用”选项，如图 9-69 所示。

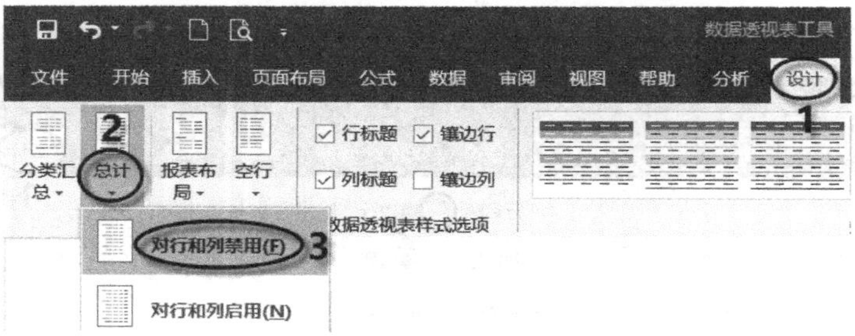

图 9-69　对行和列禁用总计

（5）查看设置效果。在数据透视表中可看到设置的样式和布局，如图 9-70 所示。

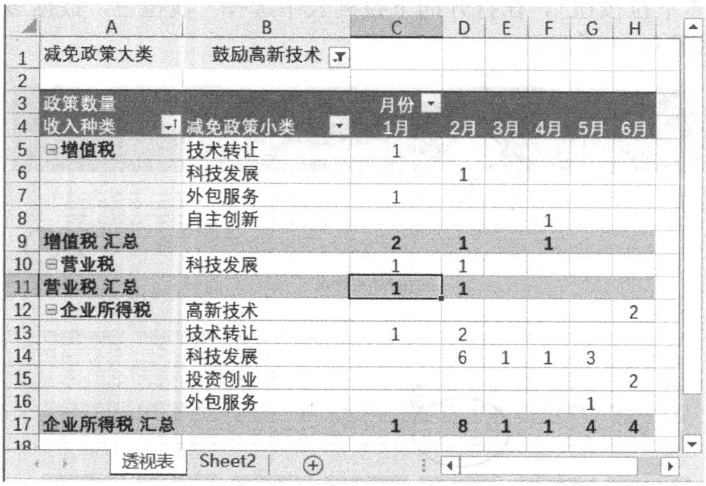

	A	B	C	D	E	F	G	H
1	减免政策大类	鼓励高新技术						
2								
3	政策数量		月份					
4	收入种类	减免政策小类	1月	2月	3月	4月	5月	6月
5	⊟增值税	技术转让	1					
6		科技发展		1				
7		外包服务	1					
8		自主创新				1		
9	增值税 汇总		2	1		1		
10	⊟营业税	科技发展	1	1				
11	营业税 汇总		1	1				
12	⊟企业所得税	高新技术						2
13		技术转让	1	2				
14		科技发展		6	1	1	3	
15		投资创业						2
16		外包服务					1	
17	企业所得税 汇总		1	8	1	1	4	4

图 9-70　设置样式和布局效果

若单击“布局”组中的“空行”下拉按钮，在打开的下拉列表中选择“在每个项目后插入空行”选项，可在每个分组项之间添加一个空行，从而突出显示分组项。

9.5.6　创建数据透视图

数据透视图是利用数据透视表中的数据制作的动态图表，其图表类型与前面的一般图表类型相似，主要有柱形图、条形图、折线图、饼图、面积图等。数据透视图可以看作是数据透视表和图表的结合，它以图形的形式表示数据透视表中的数据。下面以“减免税政”工作簿为例，说明创建数据透视图的方法。

（1）打开“插入图表”对话框。在“减免税政”工作簿中，单击数据透视表数据区域的任意单元格，在“分析”选项卡的“工具”组中，单击“数据透视图”按钮，如图 9-71 所示，弹出“插入图表”对话框。

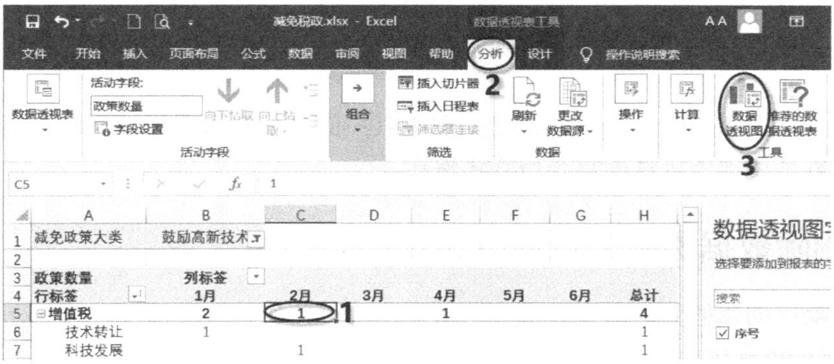

图 9-71　选择“数据透视图”

（2）选择图表的类型。在对话框中选择“柱形图”中的“簇状柱形图”，如图 9-72 所示，单击“确定”按钮，创建图 9-73 所示的数据透视图。

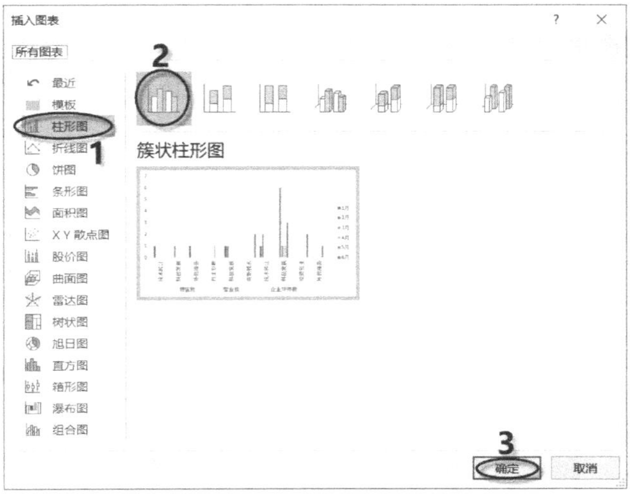

图 9-72　选择图表类型

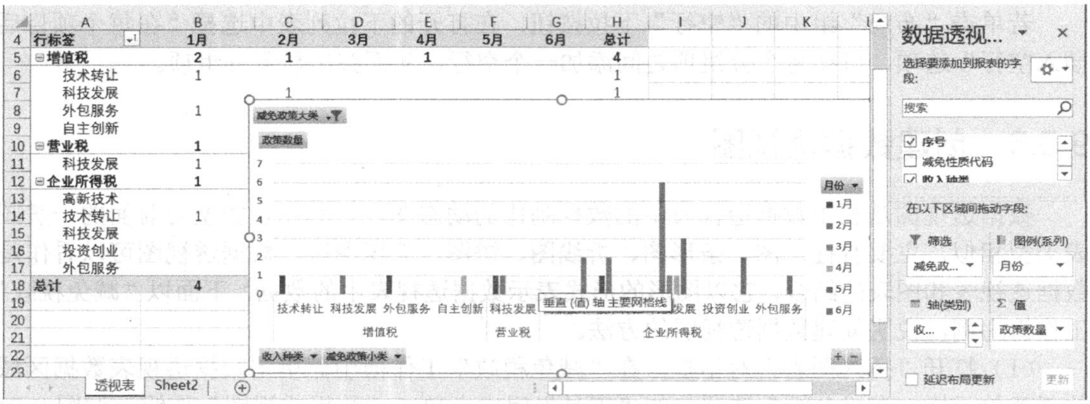

图 9-73　创建的数据透视图

（3）透视图中字段的增删。在“数据透视表字段”任务窗格中，单击某一字段的复选框，可显示或取消在数据透视图中的字段，此时数据透视表和数据透视图的数据将同时变化。

创建数据透视图后，利用“数据透视图工具”的“分析”、“设计”和“格式”3 个选项卡，可对数据透视图进行编辑和格式化操作。

9.5.7　删除数据透视表或数据透视图

若要删除已创建的数据透视表或数据透视图，可按如下方法进行。

1. 删除数据透视表

（1）单击数据透视表数据区域的任意一个单元格。

（2）打开“数据透视表工具”的“分析”选项卡，单击“操作”组中的“选择”下拉按钮，在打开的下拉列表中单击“整个数据透视表”命令。

（3）按 Delete 键。

2. 删除数据透视图

单击数据透视图中的任意位置，按 Delete 键。删除数据透视图并不会删除与其相关联的数据透视表。

第四篇

PowerPoint 2016 应用

PowerPoint 2016 编辑界面更为人性化，利用 PowerPoint 2016 新增和改进的工具，创建的演示文稿更具感染力。PowerPoint 2016 新增的功能主要有：屏幕录制功能、墨迹书法功能、共享按钮、反馈功能等。

第 10 章

创建演示文稿

10.1 创建演示文稿的途径

10.1.1 创建空白演示文稿

空白演示文稿是一种十分简单的演示文稿，其幻灯片中不包含任何背景和内容，用户可自由地添加对象、应用主题、配色方案及动画方案。创建空白演示文稿的方法有 3 种。

- 启动 PowerPoint 2016 后，自动创建一个空白演示文稿，默认名称为“演示文稿 1”。
- 在 PowerPoint 2016 窗口中，按 Ctrl+N 组合键。
- 在 PowerPoint 2016 窗口中，单击“文件”按钮，选择“新建”选项，在“新建”区域单击“空白演示文稿”，如图 10-1 所示。

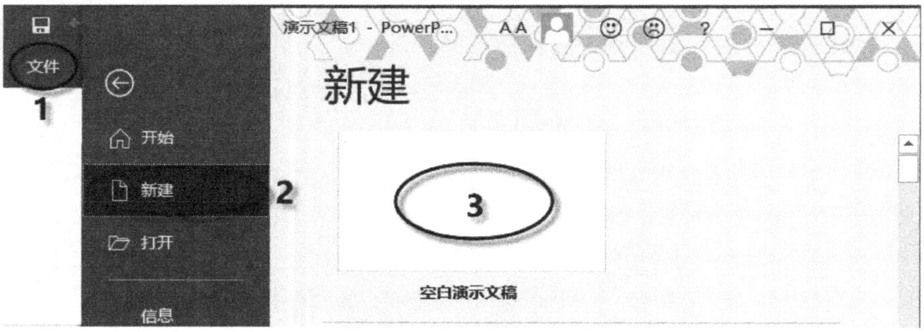

图 10-1 创建空白演示文稿

10.1.2 利用模板创建演示文稿

模板是 PowerPoint 中预先定义好内容和格式的一种演示文稿，它决定了演示文稿的基本结构和设置，PowerPoint 2016 提供了许多精美的模板。利用模板创建演示文稿的方法如下。

1. 使用内置模板创建演示文稿

（1）单击“文件”按钮，选择“新建”选项。在“搜索联机模板和主题”文本框的下方有很多模板，单击某一模板，如“麦迪逊”模板，如图 10-2 所示。

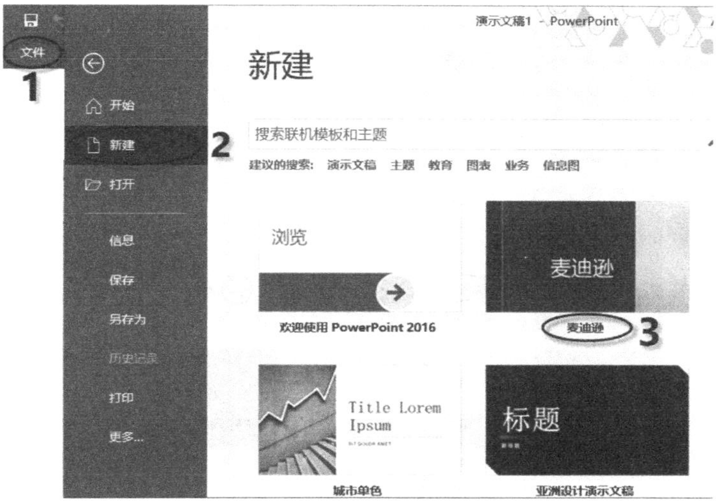

图 10-2　选择现有模板

（2）在打开的窗口中单击“创建”按钮，如图 10-3 所示，则创建了基于模板“麦迪逊”的演示文稿。

图 10-3　基于“麦迪逊”模板创建演示文稿

2．使用联机模板创建演示文稿

除了使用内置的模板创建演示文稿，也可以从网上下载模板来创建演示文稿。

【例 10-1】 利用联机模板，创建一个名为“零售整体设计”的演示文稿。

（1）单击“文件”按钮，选择“新建”选项。

（2）在“搜索联机模板和主题”文本框中输入要创建的演示文稿名称“零售整体设计”，然后单击文本框右侧的“开始搜索”按钮，此时系统按照文本框中的内容自动搜索联机模板和主题，如图 10-4 所示。

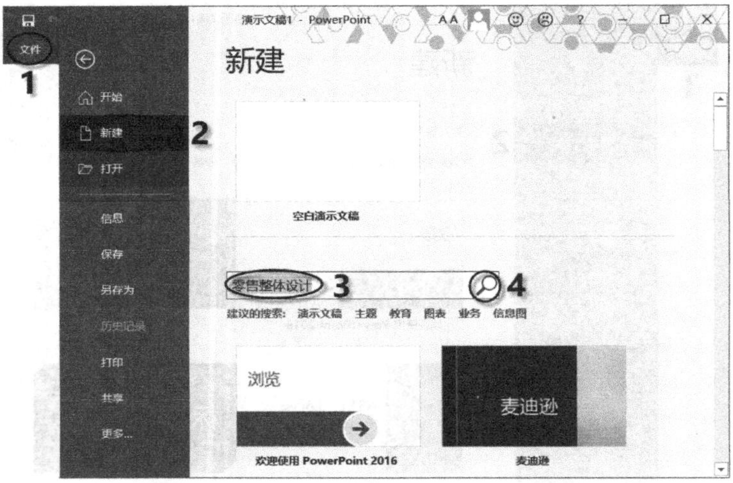

图 10-4 搜索“零售整体设计”模板

（3）搜索结果显示在“新建”窗口中，如图 10-5 所示。单击“零售整体设计”，在弹出的窗口中单击“创建”按钮，则创建了基于模板“零售整体设计”的演示文稿。

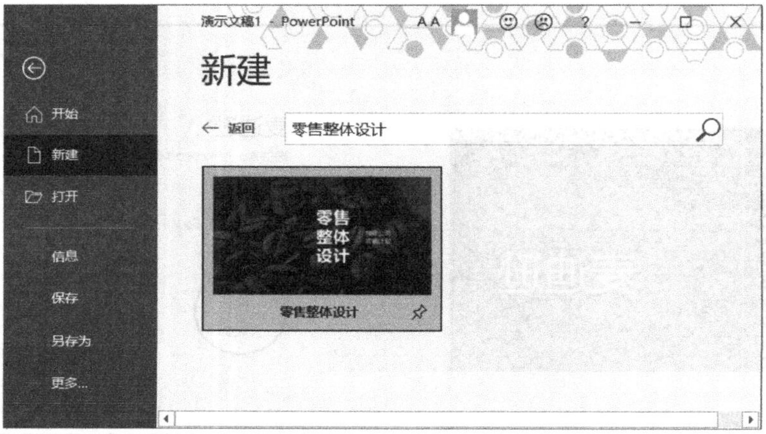

图 10-5 搜索到的“零售整体设计”模板

10.2 幻灯片的基本操作

10.2.1 插入和删除幻灯片

在默认情况下，新建的演示文稿只有一张幻灯片，如果要增加新的幻灯片或删除多余的幻灯片，需要通过插入和删除操作来实现。

1．插入幻灯片

在演示文稿中插入幻灯片，首先确定插入的位置，一般在幻灯片之间的空白区域或当前幻灯片之后。其次选择幻灯片的版式。操作方法如下。

（1）在幻灯片缩略图窗格或幻灯片浏览视图中，单击某张幻灯片的缩略图，或者在两张幻灯片的空白处单击，确定插入幻灯片的位置。

（2）打开“开始”选项卡，单击“幻灯片”组中的“新建幻灯片”按钮，或者按 Ctrl+M 组合键，在当前幻灯片之后或两张幻灯片之间插入一张与原版式相同的幻灯片。

若插入不同版式的幻灯片，单击“新建幻灯片”下拉按钮，弹出图 10-6 所示的下拉列表，从中选择一种版式，例如选择“两栏内容”版式，即在选定幻灯片之后或两张幻灯片之间插入该版式的幻灯片。

图 10-6 “新建幻灯片”下拉列表

2. 删除幻灯片

在幻灯片缩略图窗格或幻灯片浏览视图中，选定要删除的一张或多张幻灯片的缩略图，按 Delete 键或 Backspace 键或单击快捷菜单中的“删除幻灯片”命令即可。若撤销删除操作，按 Ctrl+Z 组合键。

10.2.2 复制或移动幻灯片

在幻灯片缩略图窗格或幻灯片浏览视图中，选定要复制或移动的一张或多张幻灯片的缩略图，执行“复制”或“剪切”操作，在目标位置再执行“粘贴”操作即可。

移动幻灯片更快捷的方法是通过鼠标拖动实现，选定要移动幻灯片的缩略图，按住鼠标左键拖动，此时，有一条长横线或竖线出现，在目标位置释放鼠标左键，将幻灯片移动到新位置。

10.2.3 幻灯片的隐藏和显示

演示文稿的播放中，若不播放某些幻灯片，可将这些幻灯片隐藏。隐藏后的幻灯片并没有删除，只是在播放时不显示。

1．幻灯片的隐藏

（1）在幻灯片缩略图窗格中，选定要隐藏的幻灯片缩略图。

（2）打开“幻灯片放映”选项卡，单击“设置”组中的“隐藏幻灯片”按钮，如图 10-7 所示，选定的幻灯片序号上出现一条灰色的对角线，如图 10-8 所示，表示该幻灯片被隐藏。隐藏的幻灯片不会在演示文稿时播放，但其仍然存在此演示文稿中。

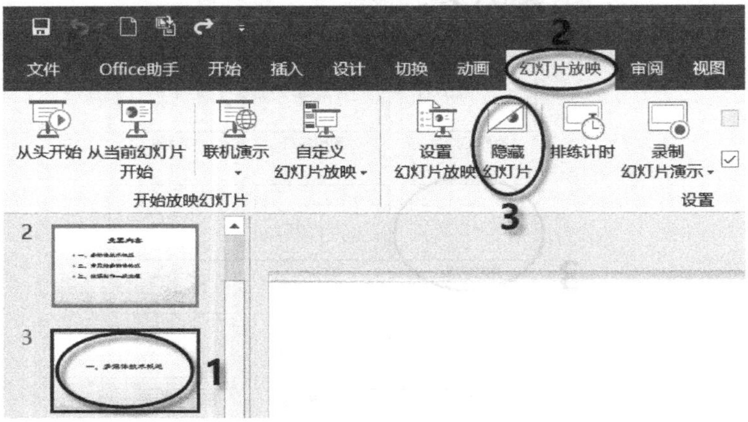

图 10-7 隐藏幻灯片

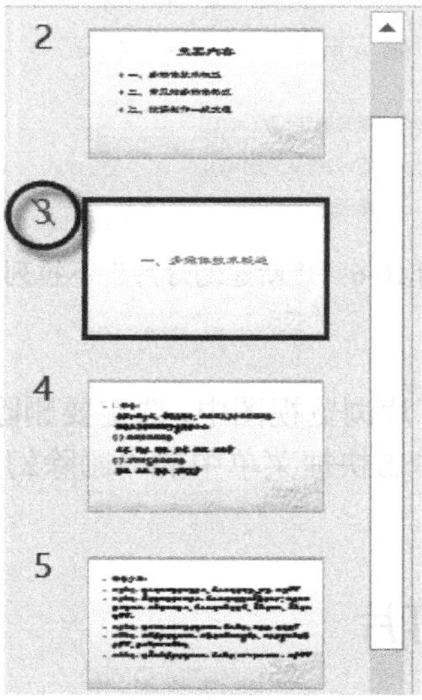

图 10-8 隐藏的幻灯片序号

2．幻灯片的显示

在幻灯片缩略图窗格中选定需要显示的幻灯片右击，在弹出的快捷菜单中单击 “隐藏幻灯片”命令，如图 10-9 所示，隐藏的幻灯片显示出来。

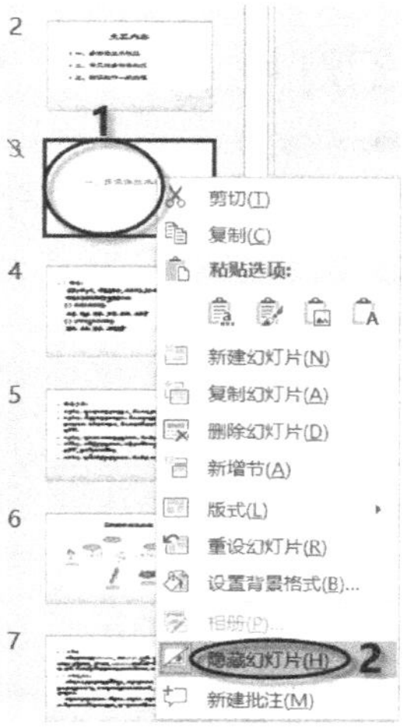

图 10-9　隐藏幻灯片的显示

10.2.4　重用幻灯片

重用幻灯片是将其他演示文稿中的部分幻灯片或全部幻灯片插入当前演示文稿。重用幻灯片的设置方法如下。

（1）确定插入点的位置。在当前演示文稿幻灯片缩略图窗格中，单击某张幻灯片，表示在该幻灯片的后面插入其他演示文稿的幻灯片。

（2）打开“重用幻灯片”窗格。单击“开始”选项卡“幻灯片”组中的“新建幻灯片”下拉按钮，在弹出的下拉列表中选择“重用幻灯片”选项，打开“重用幻灯片”窗格，在此窗格中单击“打开 PowerPoint 文件”超链接，如图 10-10 所示。

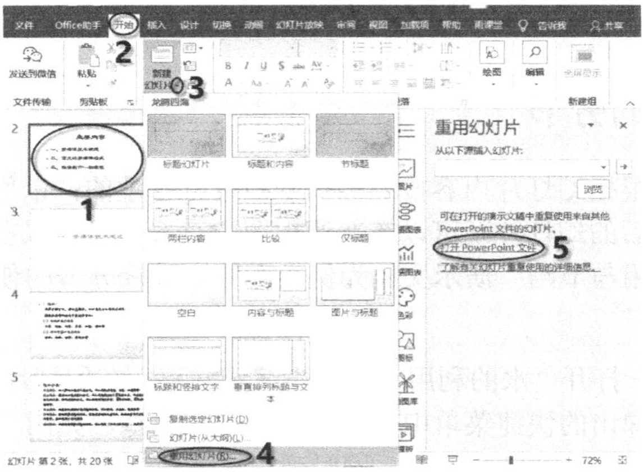

图 10-10　打开“重用幻灯片”任务窗格

（3）插入某张幻灯片。在弹出的对话框中，找到需要插入的演示文稿，单击“打开”按钮，该演示文稿的幻灯片以缩略图的形式显示在“重用幻灯片”任务窗格中，如图 10-11 所示。单击某张幻灯片缩略图，即可将该幻灯片插入当前演示文稿插入点的位置。

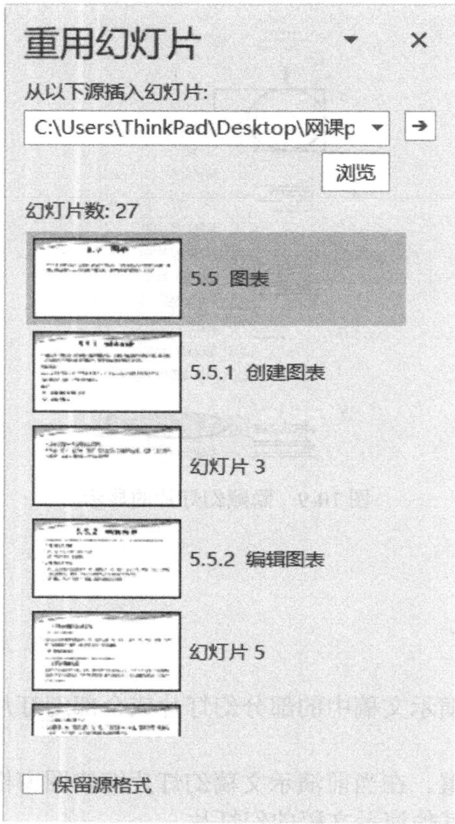

图 10-11　插入幻灯片的缩略图

（4）插入全部幻灯片。若将所有幻灯片插入当前演示文稿中，则在任一幻灯片缩略图上右击，在弹出的快捷菜单中单击“插入所有幻灯片”命令，则将该演示文稿的所有幻灯片插入当前演示文稿。

10.2.5　幻灯片的分节

幻灯片的分节是根据幻灯片内容按照类别分组进行管理的，以便对不同类型的幻灯片进行组织管理。分节后的幻灯片既可以在普通视图中查看，又可以在幻灯片浏览视图中查看。下面以“水的利用与节约”演示文稿为例，介绍幻灯片分节的使用方法。

1．新增节

（1）插入新增节。打开“水的利用与节约”演示文稿，在幻灯片缩略图窗格第 2、3 页幻灯片之间右击，在弹出的快捷菜单中单击“新增节”命令，如图 10-12 所示，则在指定位置插入一个名称为“无标题节”的节，同时弹出“重命名节”对话框，如图 10-13 所示。

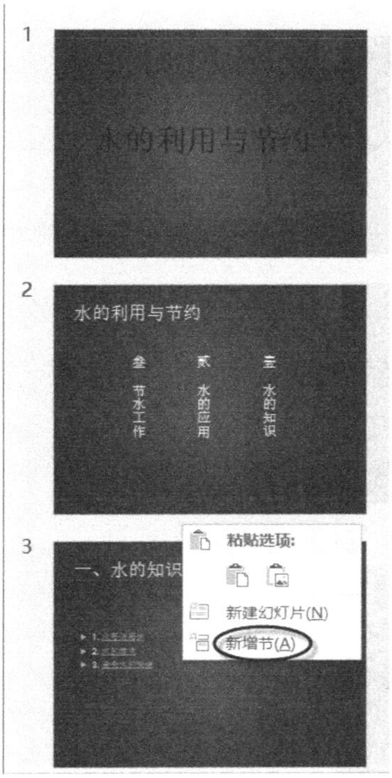

图 10-12　“新增节”命令

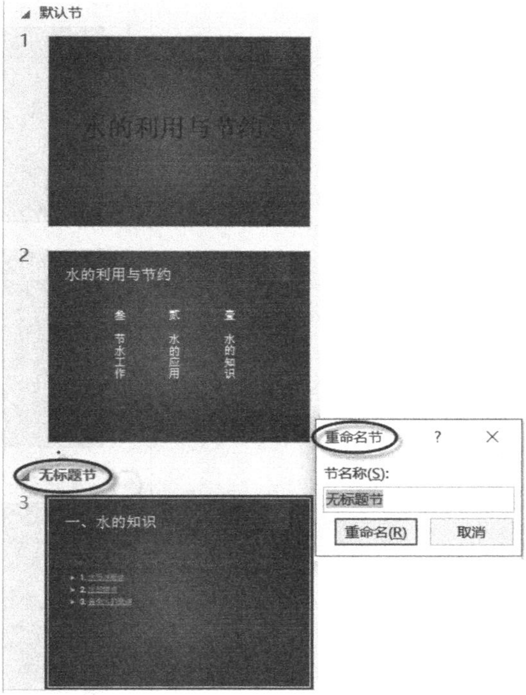

图 10-13　插入新增节

（2）对新节进行重命名。在“节名称”文本框中输入新节的名字“一. 水的知识”，如图 10-14 所示，然后单击“重命名”按钮，对现有的节进行重命名。

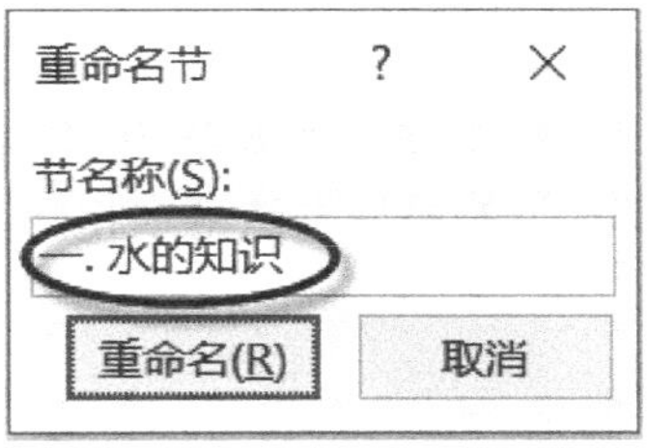

图 10-14　重命名节

（3）再次插入新节。按照上述方法在第 6、7 页之间新增“二. 水的应用”节，在第 10、11 页之间新增“三. 节水工作”节。

（4）对默认节重命名。在第 1 页幻灯片前的“默认节”上右击，在弹出的快捷菜单中单击“重命名节”命令，弹出“重命名节”对话框，在“节名称”文本框中输入“水的利用与节约”，单击“重命名”按钮，完成对默认节的命名。

2. 节的基本操作

折叠/展开节：单击节名称左侧的三角号按钮◢，如图 10-15 所示，幻灯片被折叠，以节的名称显示。单击节名称左侧的三角号按钮▸，展开节中所包含的幻灯片。

选定节：单击选定节的名称，即可选定该节中的所有幻灯片。

删除节：在要删除的节名称上右击，在弹出的快捷菜单中单击“删除节”命令。

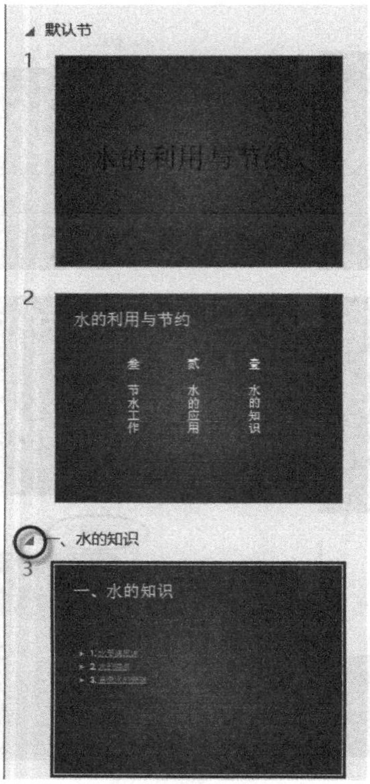

图 10-15　折叠按钮

10.3　为幻灯片添加内容

演示文稿的内容主要由幻灯片中的文本、图形、声音、视频等组成，因此插入幻灯片后，需要向幻灯片中添加文本、图形、声音、视频等内容。在 PowerPoint 2016 中添加文本、图形等内容的方法与在 Word 2016 中的添加方法基本相同，下面介绍一些常用对象的添加方法。

10.3.1　添加文本

文本是演示文稿中最基本的内容要素。为幻灯片添加文本主要通过 2 种途径实现，即占位符和文本框。添加方法如下。

1．占位符

在普通视图下，占位符是指由虚线构成的长方形。在幻灯片版式中选择含有文本占位符的版式，然后单击幻灯片中的占位符，便可输入文本，如图 10-16 所示。标题占位符用于输入标题，文本占位符既可输入文本，又可单击 8 个插入按钮，在占位符中插入对应的表格、图表、SmartArt 图形、图片、剪贴画和多媒体等不同类型的内容。

占位符也可以调整大小、移动位置、设置边框和填充颜色、添加阴影、三维效果等，操作方法与图形的操作方法相同。

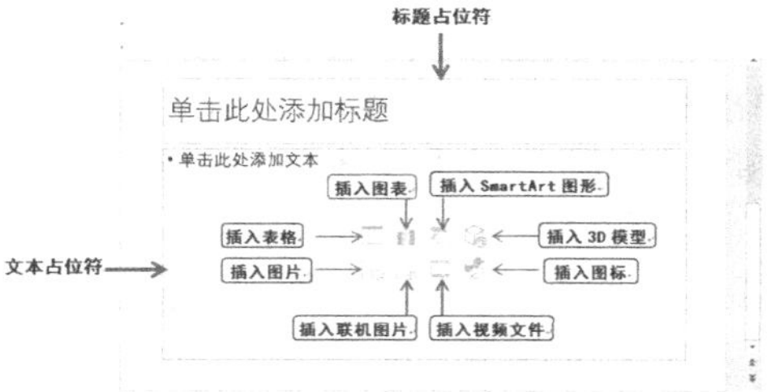

图 10-16　占位符

2. 文本框

若在占位符之外添加文本，可利用“文本框”命令实现。操作方法为：打开“插入”选项卡，单击“文本”组中的“文本框”下拉按钮，在弹出的下拉列表中选择绘制横排文本框或竖排文本框，在幻灯片的任意位置拖动鼠标，创建文本框，在其中输入文本即可。

【例 10-2】 利用文本框，在目录页幻灯片中输入图 10-17 所示的内容，并进行相应格式的设置。

图 10-17　目录页幻灯片

操作步骤如下。

（1）插入空白版式幻灯片。双击桌面上的 PowerPoint 图标，在打开的窗口中单击“空白演示文稿”按钮，创建一个新的演示文稿。在该演示文稿中打开“开始”选项卡，单击“幻灯片”组中的“新建幻灯片”按钮，在弹出的下拉列表中单击“空白”版式，如图 10-18 所示，插入一张空白幻灯片。

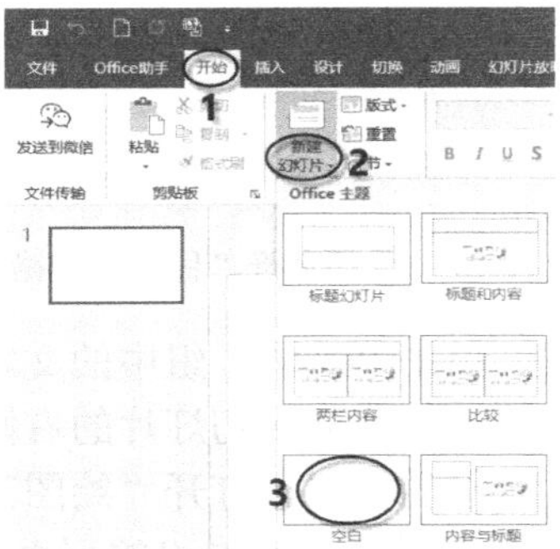

图 10-18　插入“空白”版式幻灯片

（2）插入文本框，输入内容并设置格式。打开“插入”选项卡，单击“文本”组中的“文本框”下拉按钮，在弹出的下拉列表中选择“绘制横排文本框”，如图 10-19 所示。然后在幻灯片上按住鼠标左键进行拖动，绘制文本框，输入“目录 contents”，如图 10-20 所示。选定字符“contents”，将其设置为华文楷体、字号 44。选定字符“目录”，将其设置为华文楷体、字号 80，字符间距为加宽 30 磅，如图 10-21 所示。

图 10-19　插入横排文本框

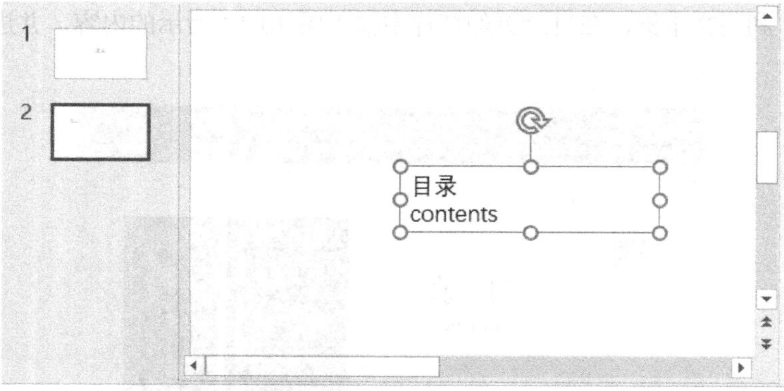

图 10-20　绘制文本框并输入内容

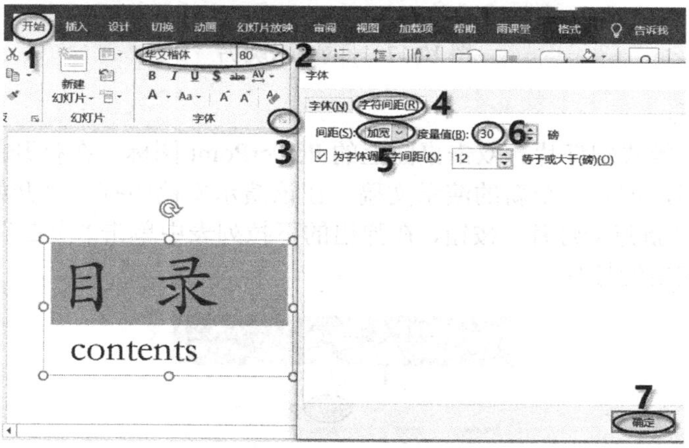

图 10-21　设置字符“目录”的格式

（3）插入文本框并设置格式。单击“文本”组中的文本框按钮，在弹出的下拉列表中单击“绘制横排文本框”命令，将光标移动到幻灯片的右侧，按住鼠标左键进行拖动，绘制文本框。绘制结束后，设置文本框的格式。打开“绘图工具”的“格式”选项卡，单击“形状样式”组中的“形状填充”下拉按钮，在弹出的列表中单击“深蓝”按钮，将文本框设置为深蓝色，如图 10-22 所示。

图 10-22　将文本框设置为深蓝色

（4）输入内容并设置格式。在深蓝色文本框中输入图 10-17 所示的内容“选题的背景及意义～论文总结及展望”，并设置其字体为楷体、字号 36、字体颜色为“白色，背景 1”。

（5）插入项目符号。选定“选题的背景及意义～论文总结及展望”内容，打开“开始”选项卡，单击“段落”组中的“编号”下拉按钮，在弹出的下拉列表中单击“带圆圈编号”选项，如图 10-23 所示。

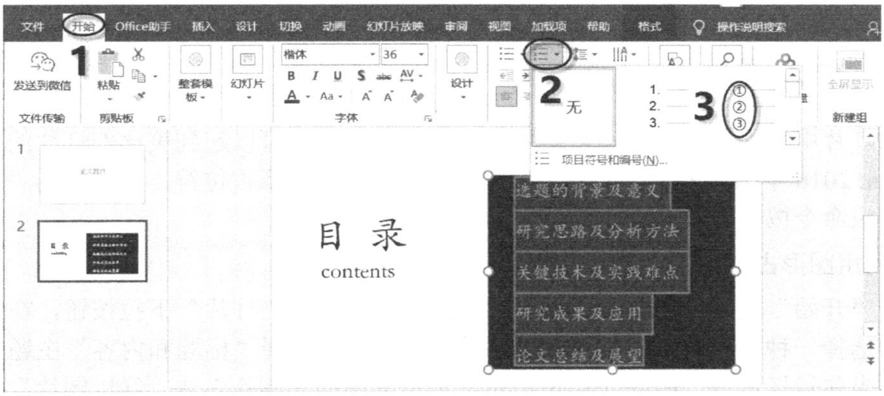

图 10-23　插入项目符号

（6）设置段落缩进和间距。在选定的文本上右击，在弹出的快捷菜单中单击“段落”命令，弹出“段落”对话框，进行图 10-24 所示的设置。

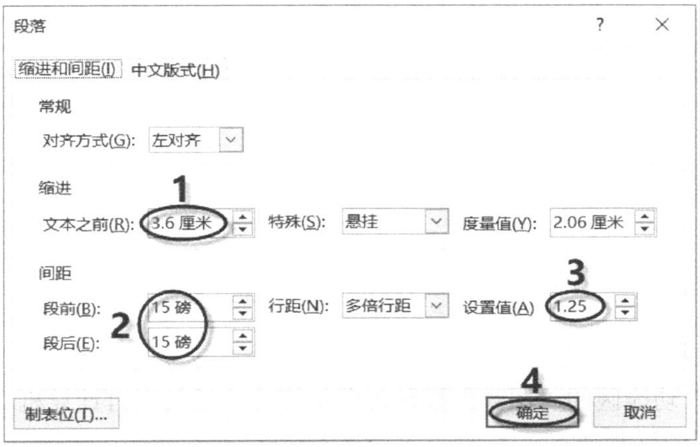

图 10-24　设置段落缩进和间距

（7）设置文本框的大小。选定深蓝色文本框，打开“绘图工具”的“格式”选项卡，在“大小”组中，将高度、宽度分别设置为 16 厘米、17 厘米，如图 10-25 所示。

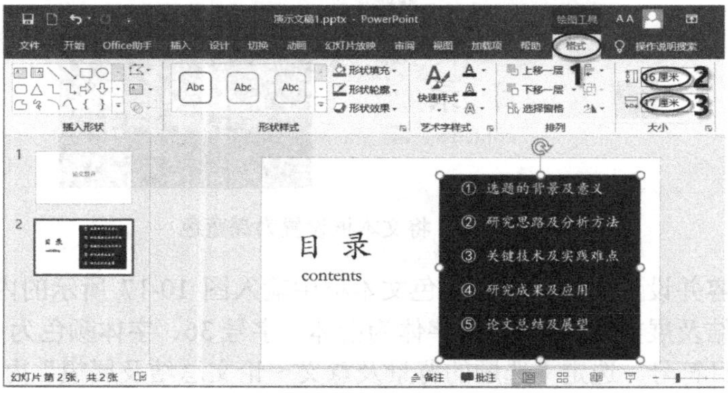

图 10-25 设置文本框的大小

（8）完成上述设置，制作了图 10-17 所示的目录页幻灯片。

10.3.2 插入图片

在幻灯片中插入图片不仅可以增强文字的易读性，还可以起到美化幻灯片的效果。在 PowerPoint 2016 中插入图片主要有 2 种方法：一是利用图形占位符，二是利用“插入”功能区的对应命令按钮。

1. 利用图形占位符

打开“开始”选项卡，单击“幻灯片”组中的“新建幻灯片”下拉按钮，在弹出的下拉列表中选择一种带有图形占位符的主题并单击，这里选择“标题和内容”主题，该主题被应用到当前幻灯片中，如图 10-26 所示。单击其中的“图片”或“联机图片”图标，即可在占位符中插入此设备中的图片或联机图片。

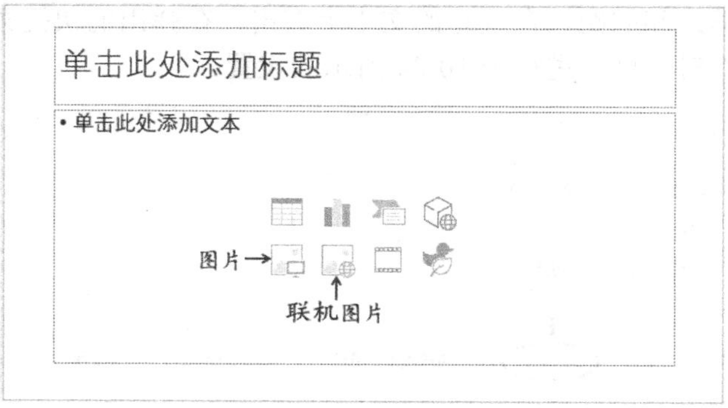

图 10-26 “标题和内容”主题中的图符

2. 利用“插入”功能区

利用“插入”功能区的“图片”按钮可向幻灯片中插入来自计算机、图像集库或联机源的图片，如图 10-27 所示。

图 10-27　“插入”功能区

（1）插入此设备中的图片。

步骤 1：在幻灯片缩略图窗格中单击要插入图片的幻灯片，打开“插入”选项卡，单击“图像”组中的“图片”下拉按钮，在弹出的下拉列表中单击“此设备”选项，如图 10-28 所示。

步骤 2：打开“插入图片”对话框，在该对话框中选择插入图片的保存位置，在右侧窗口中选择要插入的图片，这里选择“图片 1.jpg”，单击“插入”按钮，如图 10-29 所示。

步骤 3：在选定的幻灯片中插入了选择的图片，调整图片的位置，效果如图 10-30 所示。

步骤 4：使用相同的方法，为第 3 张幻灯片插入“图片”文件夹中的图片，效果如图 10-31 所示。

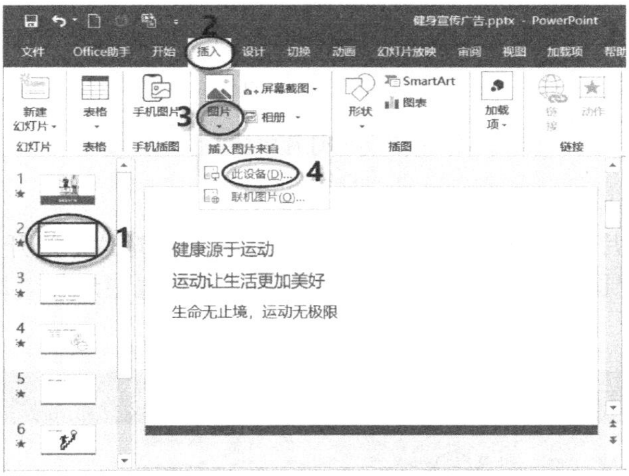

图 10-28　插入“此设备”中的图片

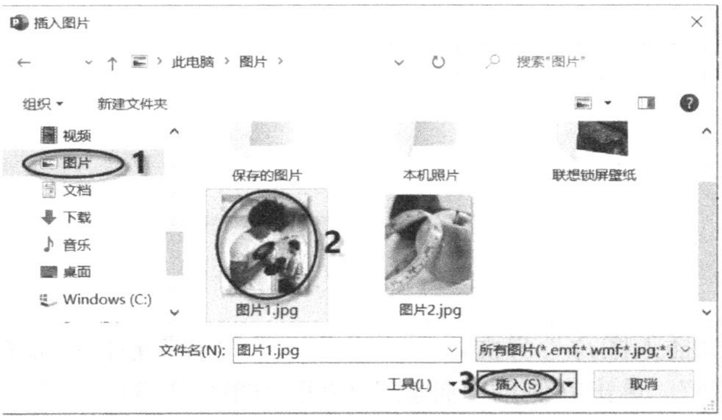

图 10-29　“插入图片”对话框

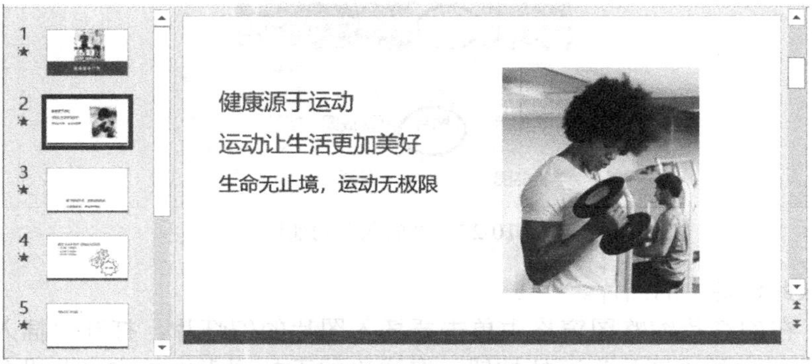

图 10-30　在幻灯片中插入图片的效果

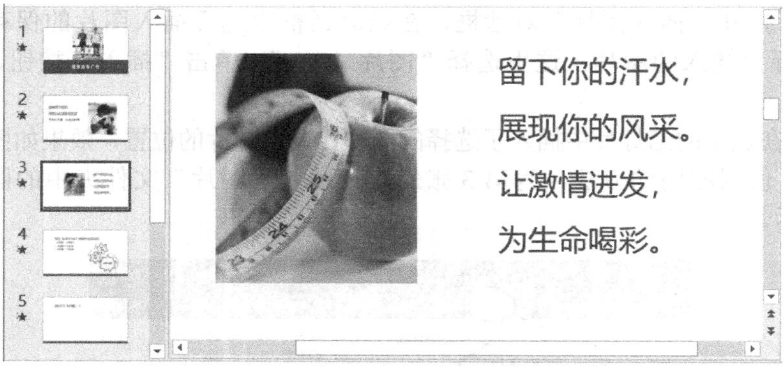

图 10-31　在其他幻灯片中插入图片的效果

（2）插入联机图片。

步骤 1：在幻灯片缩略图窗格中单击要插入图片的幻灯片，打开“插入”选项卡，单击“图像”组中的“图片”下拉按钮，在弹出的下拉列表中选择“联机图片”选项，如图 10-32 所示。

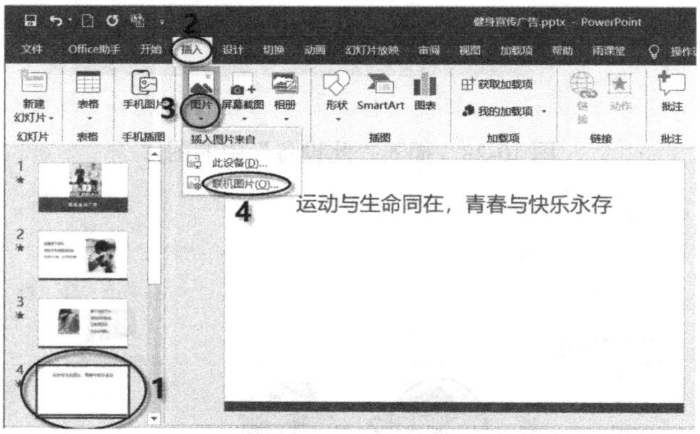

图 10-32　插入“联机图片”

步骤 2：打开“插入图片”界面，在“必应图像搜索”栏的搜索框中输入要搜索的内容，例如输入“运动”，单击右侧的“搜索”按钮，如图 10-33 所示。

图 10-33　“插入图片”界面

步骤 3：打开“联机图片”窗口，取消选中“仅限 Creative Commons”复选框，选择需要插入的联机图片，单击“插入”按钮，如图 10-34 所示，插入联机图片。

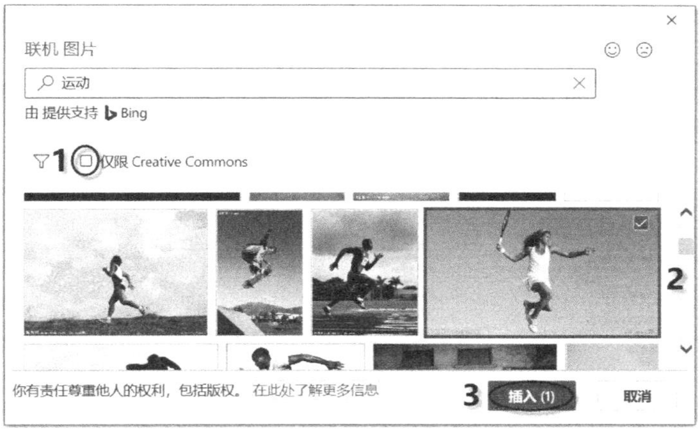

图 10-34　“联机图片”窗口

步骤 4：调整插入联机图片的大小和位置，效果如图 10-35 所示。

图 10-35　插入联机图片的效果

（3）创建相册。

利用 PowerPoint 2016 提供的相册功能，可将用户喜爱的照片集制作成演示完稿，通过电子相册的主题和图片的排版方式，使制作的演示完稿美观且富有个性化。创建相册的方法如下。

步骤 1：启动 PowerPoint 2016，新建一个空白的演示文稿。打开“插入”选项卡，单击“图像”组中的“相册”下拉按钮，在弹出的下拉列表中选择“新建相册”选项，如图 10-36 所示。

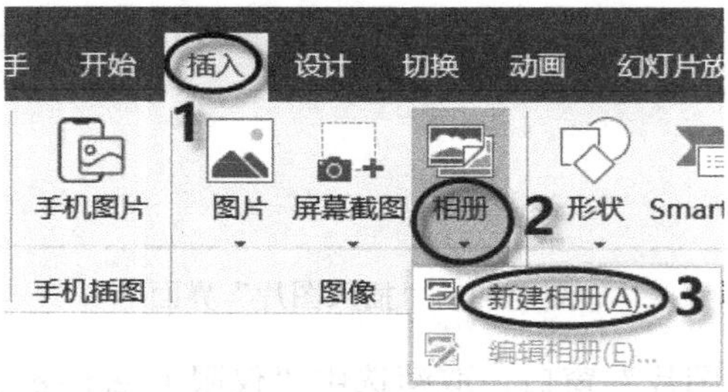

图 10-36　插入新建相册

步骤 2：打开“相册”对话框，在“相册内容”栏中单击“文件/磁盘”按钮，如图 10-37 所示，打开“插入新图片”对话框，在该对话框中选择要插入图片的保存位置，选择要插入的图片，单击“插入”按钮，返回“相册”对话框，单击“创建”按钮，此时创建了一个标题为“相册”的演示文稿。

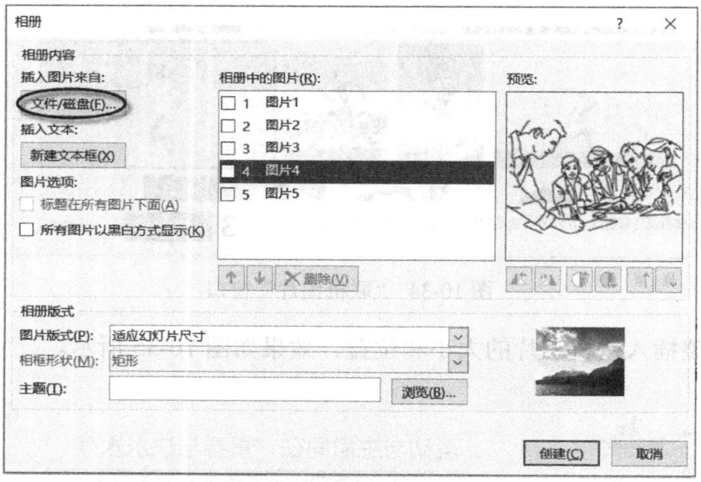

图 10-37　选择插入相册的图片

步骤 3：在创建的相册演示文稿中，打开“插入”选项卡，单击“图像”组中的“相册”下拉按钮，在弹出的下拉列表中选择“编辑相册”选项。打开“编辑相册”对话框，在“相册版式”栏中设置相册的“图片版式”“相框形状”和“主题”，在右侧预览区中预览效果，如图 10-38 所示。

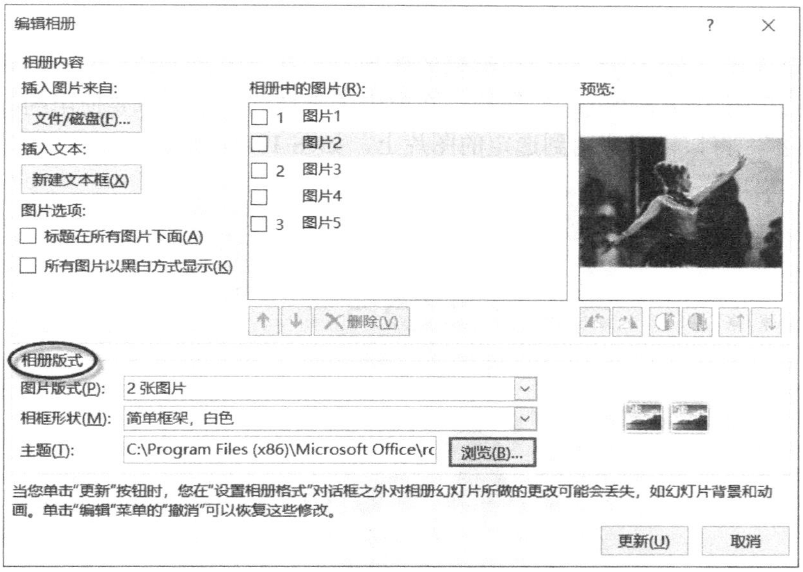

图 10-38　编辑相册版式

步骤 4：在“编辑相册”对话框中，选中“相册中的图片”列表框中的图片复选框，如图 10-39 所示，在列表框的下方可以对图片进行移动和删除。

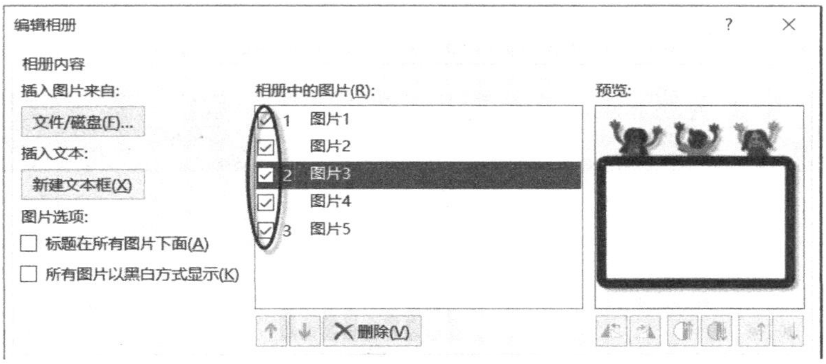

图 10-39　编辑相册图片

3. 编辑图片

选定幻灯片中插入的图片，自动出现“图片工具”的“格式”选项卡，如图 10-40 所示，可对选定的图片进行颜色、艺术效果等调整，或者设置图片的样式、排列方式、大小等。其设置方法与 Word 中的操作方法相同，可仿照 Word 中图片的编辑对幻灯片中的图片进行编辑。下面以设置图片样式和排列方式为例，介绍编辑图片的方法。

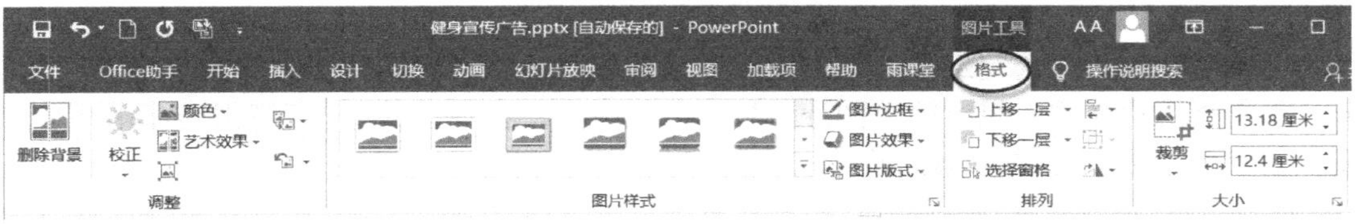

图 10-40　“图片工具”的“格式”选项卡

（1）设置图片样式。

使用内置样式：选定幻灯片中要编辑的图片，打开“图片工具”的“格式”选项卡，在“图片样式”组中单击“其他”按钮，在弹出的下拉列表中选择要使用的样式，如“映像棱台，白色”，将该样式应用到选定的图片上，如图 10-41 所示。

图 10-41　设置图片样式

设置图片边框：选定幻灯片中要设置边框的图片，打开“图片工具”的“格式”选项卡，单击“图片样式”组中的“图片边框”下拉按钮，在弹出的下拉列表中选择图片边框的颜色，如“绿色”，边框粗细设置为 2.25 磅，如图 10-42 所示。

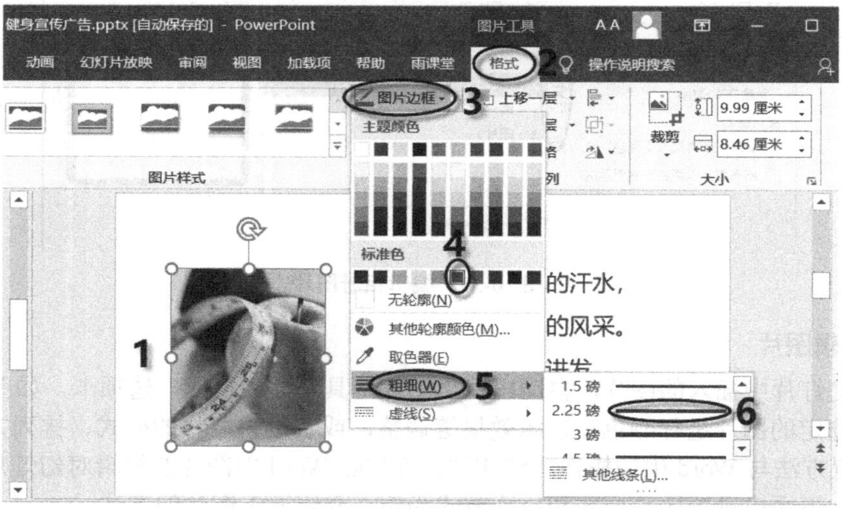

图 10-42　设置图片边框

设置图片效果：选定幻灯片中要设置效果的图片，打开“图片工具”的“格式”选项卡，单击“图片样式”组中的“图片效果”下拉按钮，在弹出的下拉列表中选择图片的效果，如“预设 2”，如图 10-43 所示。

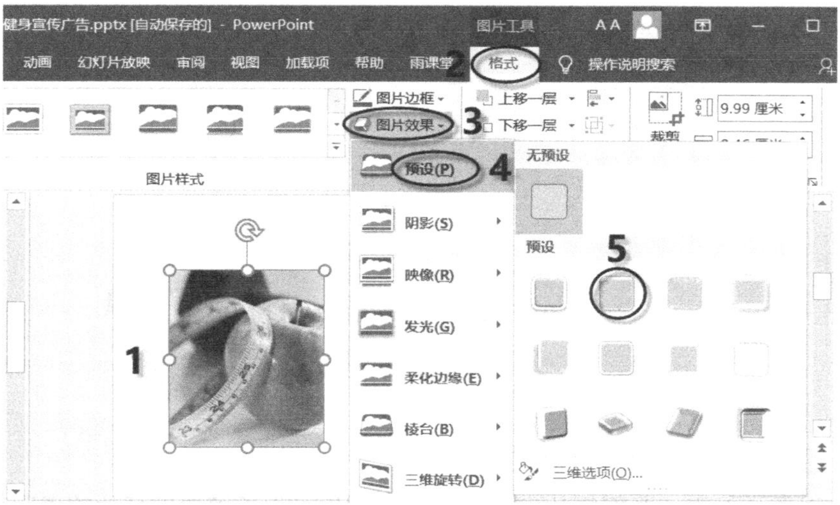

图 10-43　设置图片效果

（2）设置图片排列。

移动图片：将光标移动到图片上，当光标变为形状时，按住鼠标左键进行拖动，在目标位置释放鼠标左键，可将图片移动到新的位置。

旋转图片：将光标移动到图片上方的控点上，当光标变为形状时，按住鼠标左键进行拖动，可旋转图片。

设置图片的顺序：如果插入的多张图片重叠在一起，就需要调整图片的显示顺序。调整图片显示顺序的方法为：选定需要调整显示顺序的图片，打开“图片工具”的“格式”选项卡，单击“排列”组中的“上移一层”按钮，可将选定的图片上移一层；单击“下移一层”按钮，可将选定的图片下移一层，如图 10-44 所示。本例单击“下移一层”按钮，效果如图 10-45 所示。

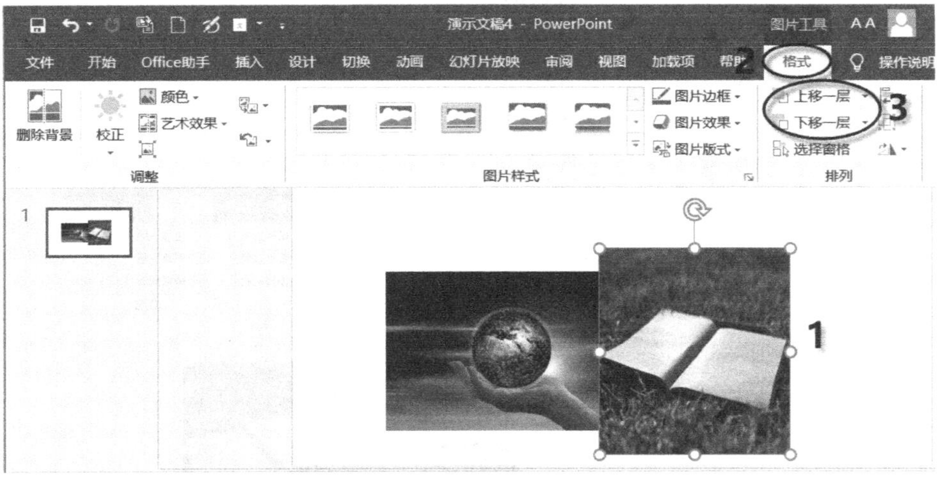

图 10-44　设置图片顺序命令按钮

图 10-45　图片下移一层的效果

图片的对齐：如果一张幻灯片中插入了多张图片，为了增加幻灯片的美观效果，需要设置这些图片的对齐方式。设置图片对齐的方法为：选定要设置对齐的图片，打开“图片工具”的“格式”选项卡，单击“排列”组中的“对齐”下拉按钮，在弹出的下拉列表中选择对齐的方式，例如选择“顶端对齐”，如图 10-46 所示，选定的图片以幻灯片的顶端边缘为对齐点进行对齐，效果如图 10-47 所示。

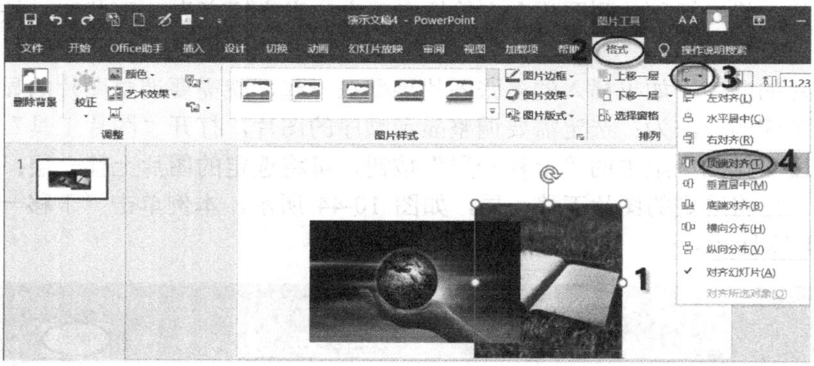

图 10-46　图片对齐方式的设置

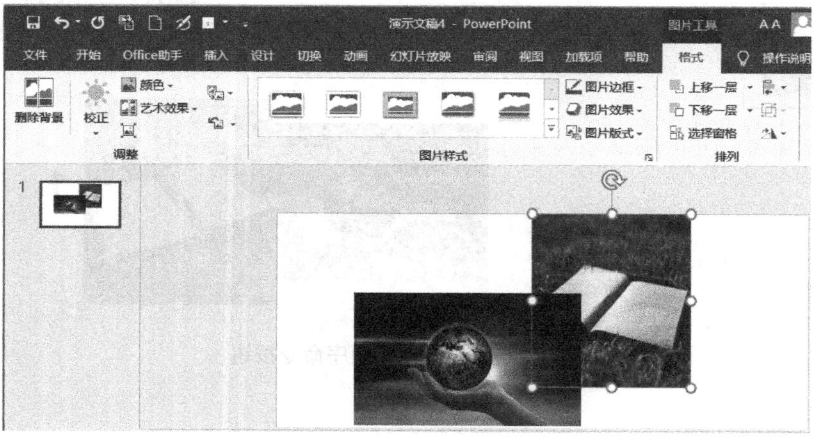

图 10-47　相对于幻灯片边缘对齐效果

若同时选定幻灯片中的多张图片，可以设置图片相对于彼此的对齐。例如选择对齐中的“右对齐”，如图 10-48 所示，则选定的图片以最右边为对齐点进行对齐，效果如图 10-49 所示。

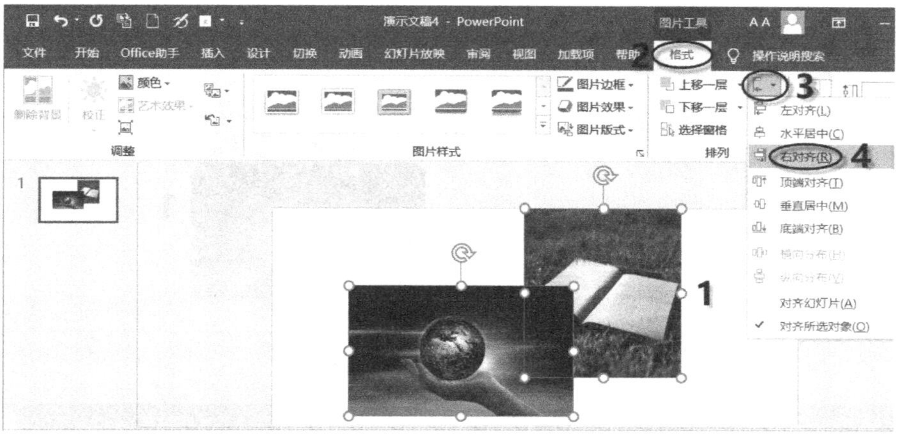

图 10-48　设置多张图片的对齐

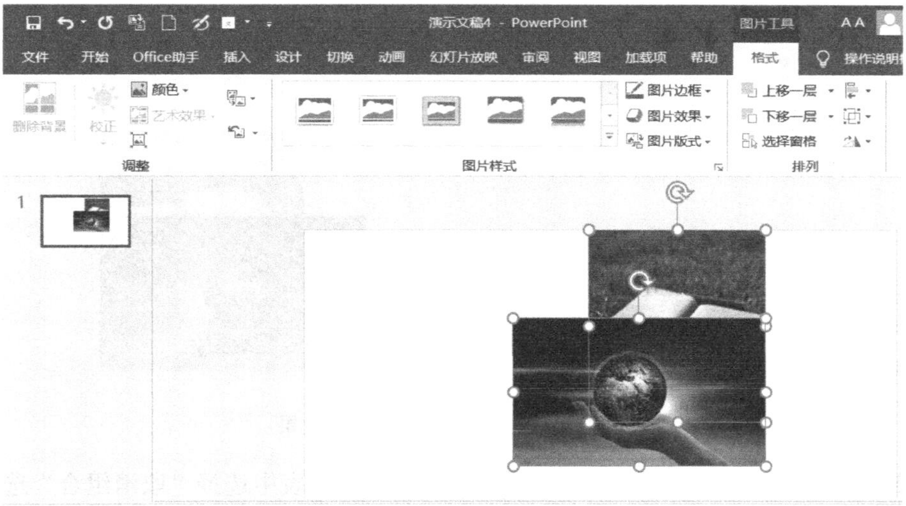

图 10-49　相对于图片间对齐效果

图片的组合：如果一张幻灯片中插入了多张图片，可以将这些图片组合成一个整体，组合后的图片既可作为整体统一调整，又可以单独编辑单张图片。设置图片的组合方法为：按 Ctrl 键，选定要组合的多张图片，打开“图片工具”的“格式”选项卡，单击“排列”组中的“组合”下拉按钮，在弹出的下拉列表中选择“组合”选项，如图 10-50 所示，即可将选定的多张图片组合为一个整体，如图 10-51 所示。

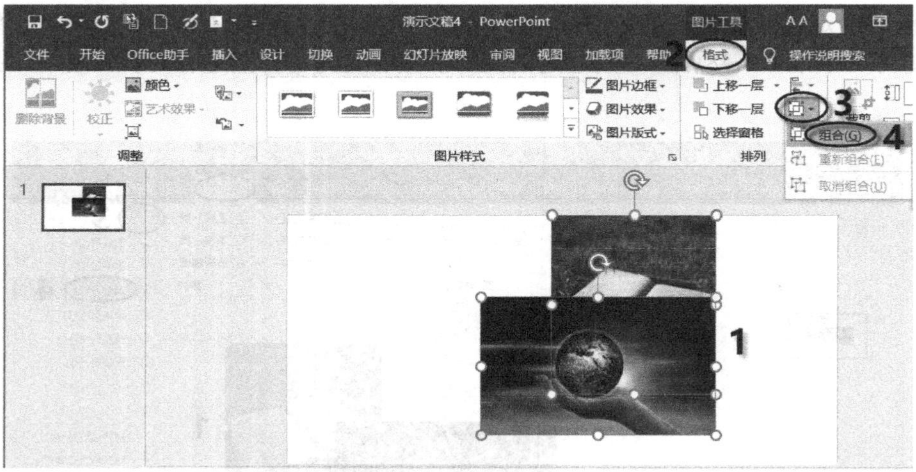

图 10-50　设置多张图片的组合

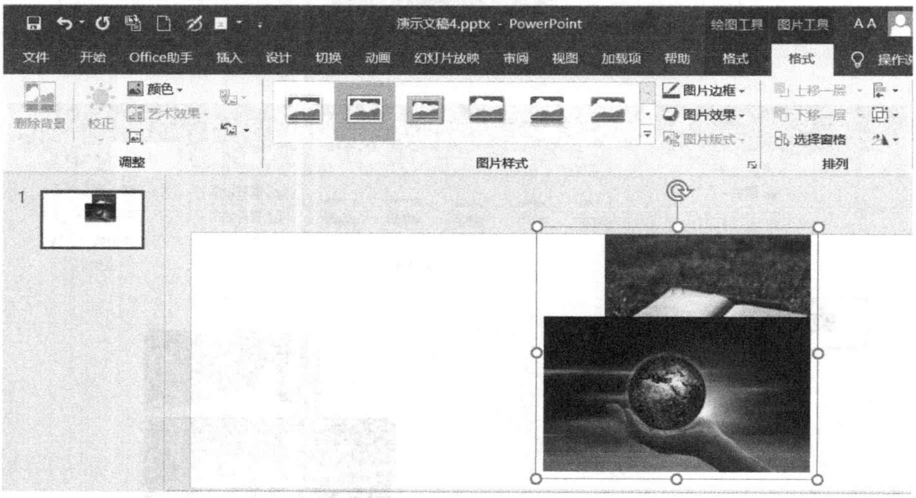

图 10-51　多张图片组合后的效果

若要取消图片的组合，在图 10-50 的“组合”下拉列表中选择“取消组合”选项即可。

10.3.3　插入 SmartArt 图形

SmartArt 图形是信息和观点的视觉表现形式，它可以表明一个循环过程、一个操作流程或一种层次关系，用简单、直观的方式表现复杂的内容，使幻灯片内容更加生动形象。在幻灯片中插入 SmartArt 图形主要有 2 种方法，一是利用幻灯片中的 SmartArt 图形占位符，二是利用功能区中的“插入”命令。

1．利用占位符插入 SmartArt 图形

单击幻灯片占位符中的“插入 SmartArt 图形”按钮，打开“选择 SmartArt 图形”对话框，如图 10-52 所示。在该对话框的左侧窗格中选择 SmartArt 图形的类型；在中间列表框中选择所需的 SmartArt 图形样式；在右侧窗格中显示所选样式预览效果及其说明信

息；单击“确定”按钮，完成 SmartArt 图形的插入。

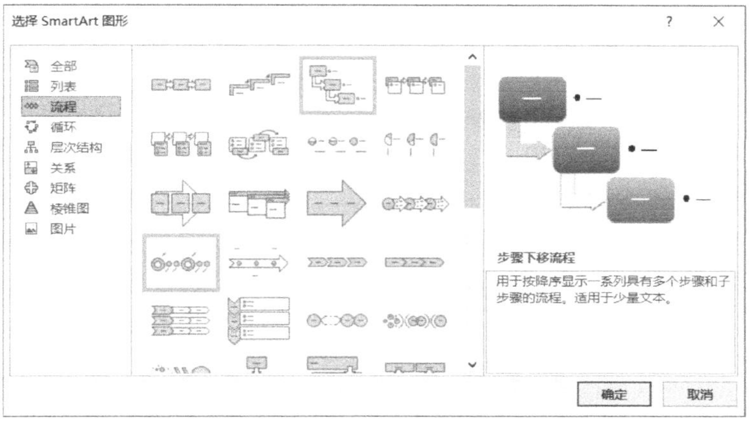

图 10-52 “选择 SmartArt 图形”对话框

2. 利用功能区插入 SmartArt 图形

打开“插入”选项卡，单击“插图”组中的“SmartArt”按钮，打开“选择 SmartArt 图形”对话框，在该对话框中选择需要的 SmartArt 图形，单击“确定”按钮，即可插入一个 SmartArt 图形。

3. 编辑 SmartArt 图形

（1）输入文本。

插入 SmartArt 图形后，需要在各种形状中添加文本。添加文本的方法主要有以下 2 种。

直接输入：单击 SmartArt 图形中的任意一个形状，此时在该形状中出现文本插入点，直接输入文本即可，如图 10-53 所示。

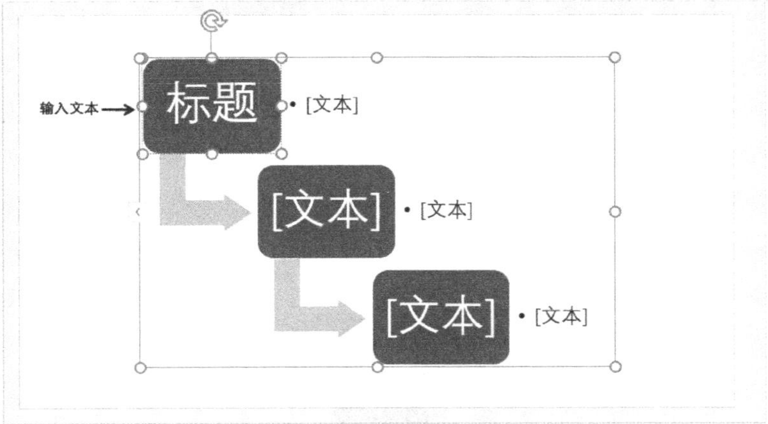

图 10-53 利用 SmartArt 形状输入文本

利用“文本窗格”输入：选定 SmartArt 图形，单击“文本窗格”控件按钮‹，打开“文本窗格”，或者单击“设计”选项卡“创建图形”组中的“文本窗格”按钮，打开“文本窗格”，如图 10-54 所示。在打开的“在此处键入文字”窗格中输入所需的文本。

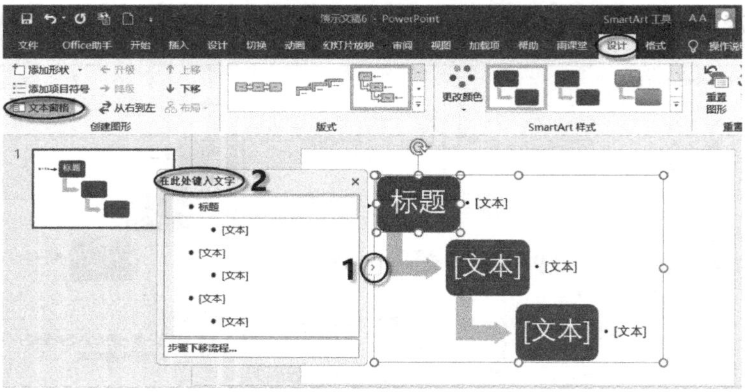

图 10-54　利用“文本窗格”输入文本

（2）添加形状。

选定需要添加形状最近位置的现有形状，打开“SmartArt 工具”的“设计”选项卡，单击“创建图形”组中的“添加形状”下拉按钮，在弹出的下拉列表中选择需要的选项，本例选择“在前面添加形状”选项，如图 10-55 所示，在所选形状之前添加了形状，如图 10-56 所示。

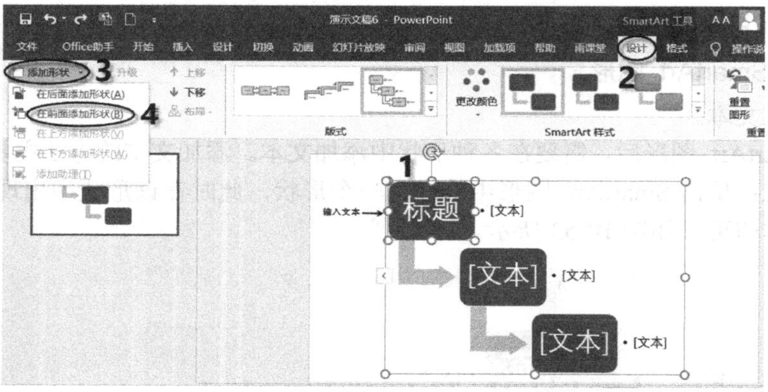

图 10-55　在所选形状前添加形状

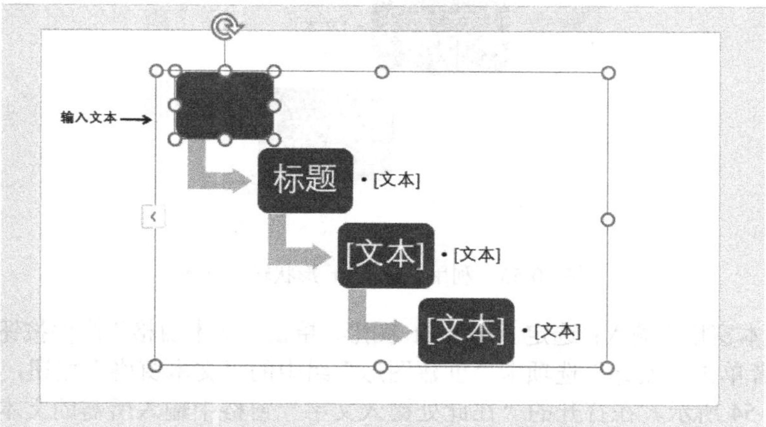

图 10-56　在所选形状前添加形状的效果

（3）删除形状。

选定 SmartArt 图形中需要删除的形状，按 Delete 键即可将其删除。如果删除的是 SmartArt 图形中的 1 级形状，则第一个 2 级形状自动提升为 1 级。

（4）调整形状级别。

上升或下降一级：选定需要上升一级或下降一级的形状，打开“SmartArt 工具”的“设计”选项卡，单击“创建图形”组中的“升级”或“降级”按钮，如图 10-57 所示，将选定的形状上升一级或下降一级。本例单击“升级”按钮，效果如图 10-58 所示。

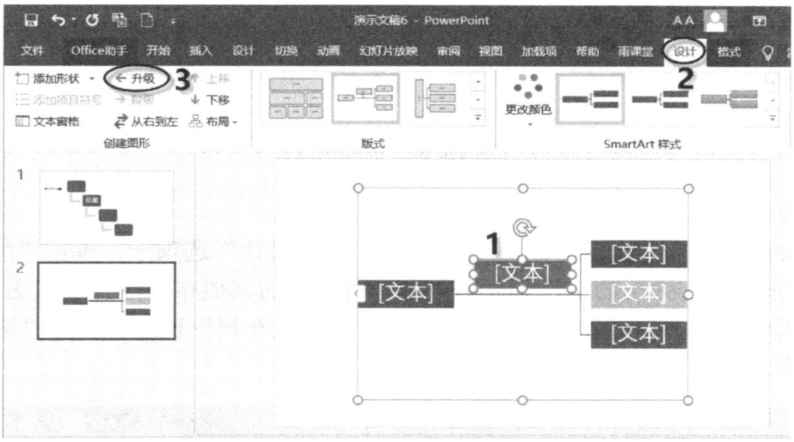

图 10-57　设置所选形状上升一级

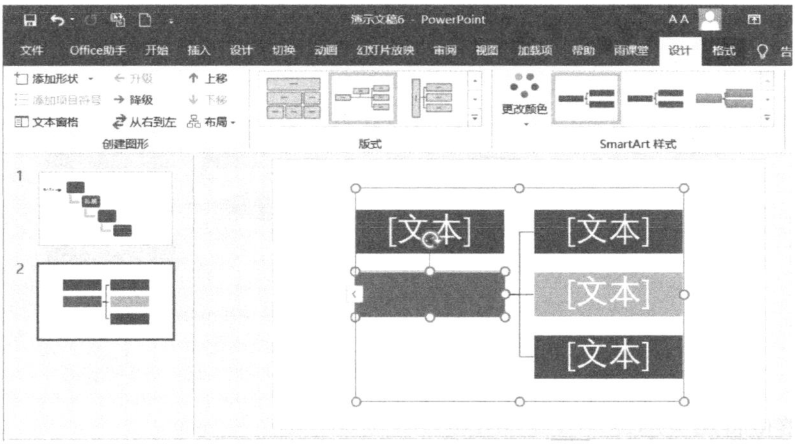

图 10-58　所选形状上升一级的效果

上移或下移一级：选定需要上移或下移一级的形状，打开“SmartArt 工具”的“设计”选项卡，单击“创建图形”组中的“上移”或“下移”按钮，将选定形状上移一级或下移一级。

（5）更改形状。

在 SmartArt 图形中选定需要更改的形状，打开“SmartArt 工具”的“格式”选项卡，单击“形状”组中的“更改形状”下拉按钮，在弹出的下拉列表中选择需要的形状，本例选择“流程图”中的“决策”选项，如图 10-59 所示。

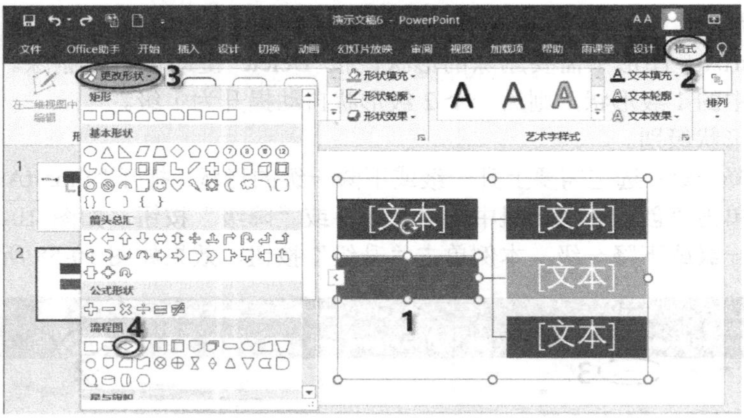

图 10-59　更改形状

（6）调整布局。

选定 SmartArt 图形，打开“SmartArt 工具”的“设计”选项卡，单击“版式”组中的“其他”下拉按钮，在弹出的下拉列表中可选择该类型的其他布局方式，如图 10-60 所示。若要更改为其他类型的布局，则单击列表框中的“其他布局”选项，打开“选择 SmartArt 图形”对话框，选择其他类型的布局。

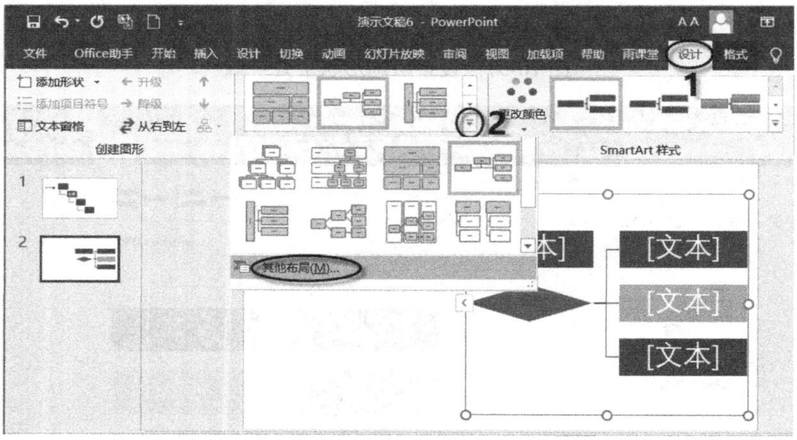

图 10-60　调整布局

（7）调整位置和大小。

调整 SmartArt 图形的位置：选定 SmartArt 图形，将光标移动到 SmartArt 图形四周的边框线上，当光标变为形状时，按住鼠标左键进行拖动，在目标位置释放鼠标左键，即可将其移动到新的位置。

调整 SmartArt 图形的大小：选定 SmartArt 图形，图形的周围会出现 8 个控点○，将光标指向任意一个控点，按住鼠标左键进行拖动，可调整 SmartArt 图形的大小。

精确调整 SmartArt 图形的大小：选定 SmartArt 图形，打开“SmartArt 工具”的“格式”选项卡，在“大小”组的“高度”和“宽度”数值框中输入具体的数值，可精确调整其大小。

调整形状的大小：选定 SmartArt 图形中需要调整大小的形状，将光标指向任意一个控点，按住鼠标左键进行拖动，可调整其大小。

调整形状的位置：选定要调整的形状，将光标移动到该形状上，当光标变为✥形状时，按住鼠标左键进行拖动，可将其在 SmartArt 图形边框内进行移动。

4．美化 SmartArt 图形

（1）更改颜色。

选定要更改颜色的 SmartArt 图形，打开“SmartArt 工具”的“设计”选项卡，单击“SmartArt 样式”组中的“更改颜色”下拉按钮，在弹出的下拉列表中选择要更改的颜色，本例选择“彩色填充-个性色 2”，如图 10-61 所示。

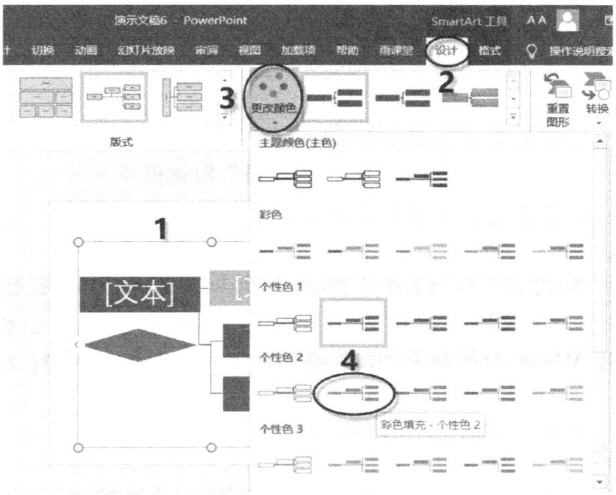

图 10-61　更改 SmartArt 图形的颜色

（2）设置样式。

选定要设置样式的 SmartArt 图形，单击“SmartArt 样式”组中的“其他”下拉按钮，在弹出的下拉列表中选择要更改的样式，本例选择“三维”栏中的“优雅”样式，如图 10-62 所示。

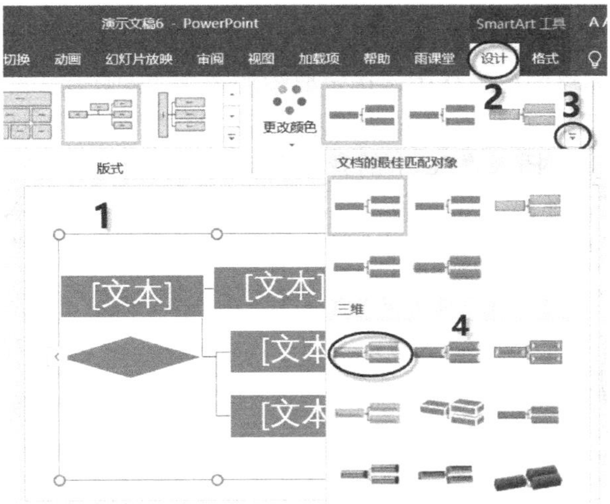

图 10-62　设置 SmartArt 图形的样式

10.3.4　添加表格

在 PowerPoint 2016 中添加表格主要有 2 种方法，一是利用“表格”占位符，二是利用“插入”选项卡。

1．利用占位符添加表格

在幻灯片的内容框中，单击占位符中的“插入表格”按钮，打开“插入表格”对话框，在该对话框的列数和行数数值框中输入表格的列数和行数，如图 10-63 所示，单击“确定”按钮，在当前幻灯片中插入一个 6 列 4 行的表格。

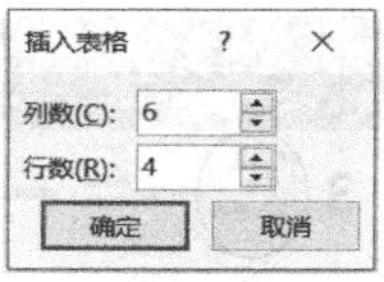

图 10-63　“插入表格”对话框

2．利用“插入”选项卡添加表格

在需要插入表格的幻灯片中，打开“插入”选项卡，单击“表格”组中的“表格”下拉按钮，在弹出的下拉列表中可以利用表格列表、“插入表格”命令和“绘制表格”命令插入表格，其插入方法和 Word 中的操作方法相同，可按照 Word 中插入表格的方法在幻灯片中添加表格。

3．表格的编辑和美化

在幻灯片中插入表格后，选项卡中会出现“表格工具”的“设计”和“布局”选项卡，利用这 2 个选项卡，可对表格进行编辑和美化，其操作方法与 Word 中的操作方法相同，在此不再赘述。

10.3.5　添加音频

在幻灯片中添加音频，丰富了演示文稿的内容，使演示文稿更加生动形象富有感染力。

1．插入音频

（1）在“幻灯片缩略图”窗格中，选定要添加音频的幻灯片。

（2）打开“插入”选项卡，单击“媒体”组中的“音频”下拉按钮，在弹出的下拉列表中选择音频的来源，插入“PC 上的音频”或“录制音频”，如图 10-64 所示。例如，选择“PC 上的音频”，弹出“插入音频”对话框，从中选择要插入的音频文件，再单击“插入”按钮，此时幻灯片中出现小喇叭图标和“声音”工具栏，如图 10-65 所示，表明已插入音频文件。

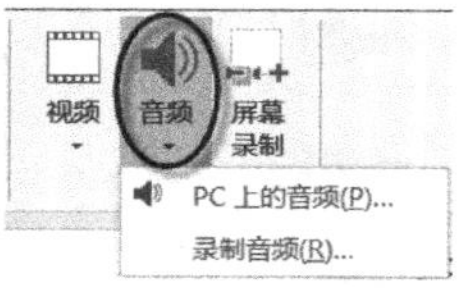

图 10-64　“音频”下拉列表

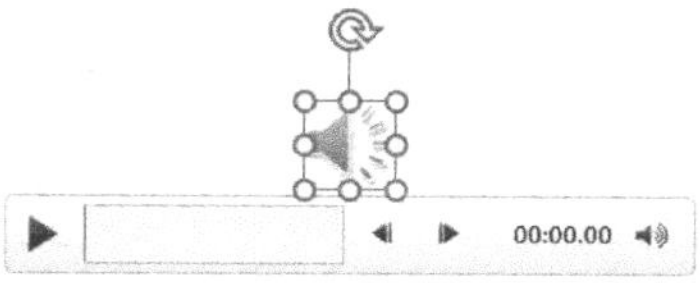

图 10-65　小喇叭图标和“声音”工具栏

（3）若要删除插入的音频，只需在幻灯片中选定，按 Delete 键或 Backspace 键，将其删除即可。

2. 编辑音频

（1）剪裁音频。

为了获取所需的音频文件，有时需要对音频文件进行剪裁。选定小喇叭图标，打开“音频工具”的“播放”选项卡，单击“编辑”组中的“剪裁音频”按钮，如图 10-66 所示，弹出“剪裁音频”对话框，拖动中间滚动条两端的绿色或红色滑块剪裁音频文件的开头或结尾处，或者在“开始时间”数值框中输入音频播放开始的时间，在“结束时间”数值框中输入音频播放结束的时间，如图 10-67 所示。

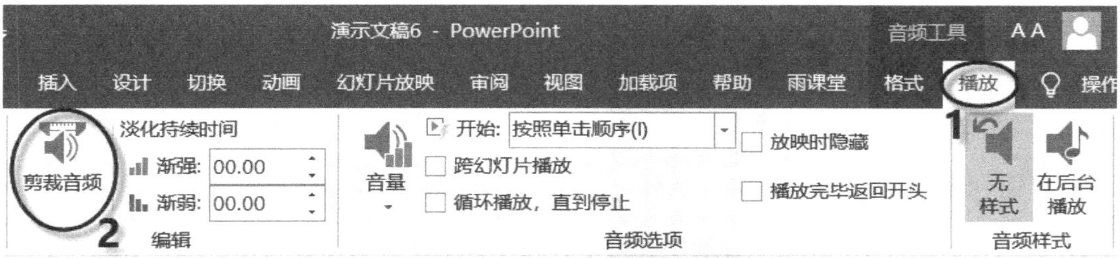

图 10-66 “播放”选项卡中的“剪裁音频”按钮

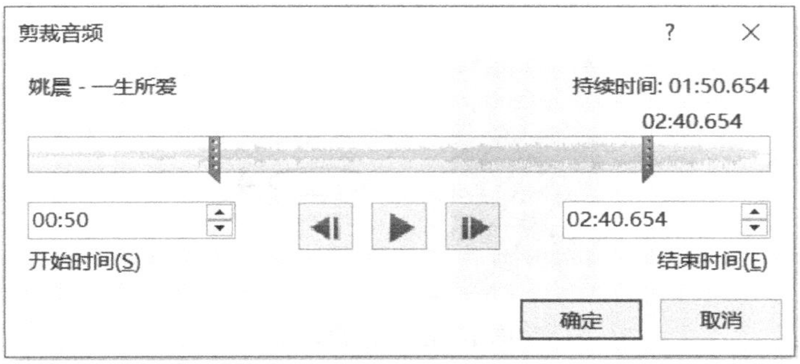

图 10-67 “剪裁音频”对话框

（2）设置音频选项。

打开“音频工具”的“播放”选项卡，在“音频选项”组中可设置音频播放的不同方式，如图 10-68 所示，各项含义如下。

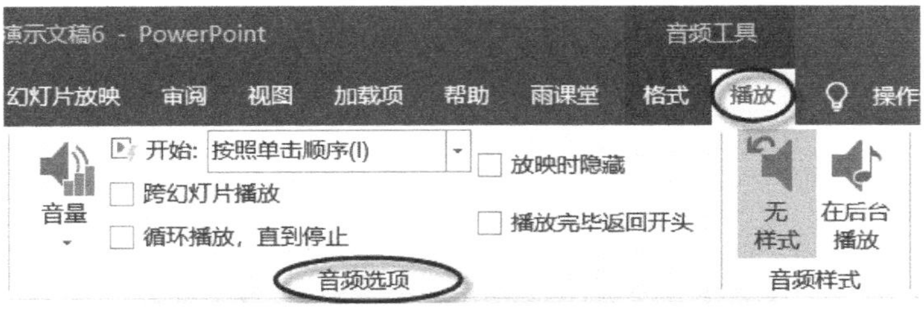

图 10-68 “音频选项”组

单击“开始”列表框下拉按钮，在弹出的下拉列表中选择音频播放的开始方式：自动播放、单击播放或按照单击顺序播放。

选中“跨幻灯片播放”复选框，表示切换幻灯片后继续播放音频。

选中“循环播放，直到停止”复选框，表示循环播放音频直到放映结束。

选中“放映时隐藏”复选框，表示放映时隐藏小喇叭图标。

选中“播放完毕返回开头”复选框，表示音频播放结束后返回开头位置。

（3）压缩音频。

插入音频文件后，通过压缩音频能够减小演示文稿文件的大小，节省存储空间。压缩音频的方法如下。

步骤 1：在演示文稿窗口中，单击“文件”|“信息”选项，在打开的“信息”界面中单击“压缩媒体”下拉按钮，在弹出的下拉列表中选择“演示文稿质量”选项，本例选择“标准(480p)”选项，如图 10-69 所示。

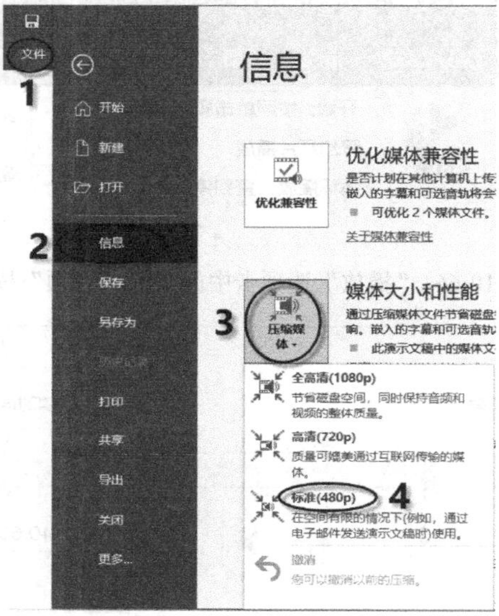

图 10-69　压缩媒体

步骤 2：打开“压缩媒体”对话框，在该对话框中显示了压缩的音频名称及压缩进度，如图 10-70 所示，压缩结束后，单击“关闭”按钮。

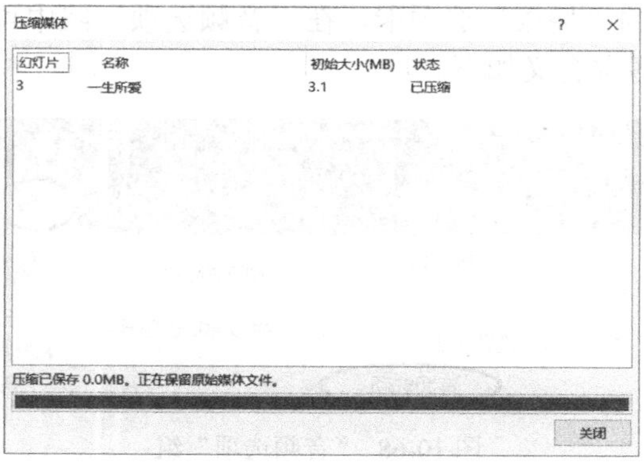

图 10-70　“压缩媒体”对话框

步骤 3：单击“文件”列表中的“保存”选项，将压缩后的音频进行保存。

10.3.6　添加视频

在 PowerPoint 2016 中可以插入 MP4 格式、AVI 格式、WMV 格式、ASF 等格式的视频文件，插入视频的方法与插入音频的方法类似，分为插入 PC 上的视频和联机视频。

1. 插入 PC 上的视频

在幻灯片中插入 PC 上的视频有 2 种方法，一是利用“插入”选项卡，二是利用幻灯片中的“插入视频文件”占位符。

(1) 利用“插入”选项卡插入视频。

打开“插入”选项卡，单击“媒体”组中的“视频”下拉按钮，在弹出的下拉列表中选择“PC 上的视频”选项，如图 10-71 所示。打开“插入视频文件”窗口，从中选择要插入的视频文件，再单击“插入”按钮，此时幻灯片中出现一张默认的视频缩略图和视频播放工具栏，如图 10-72 所示，表明已插入视频文件。

图 10-71　插入“PC 上的视频”

图 10-72　插入的视频文件

(2) 利用“插入视频文件”占位符插入视频。

单击幻灯片占位符中的“插入视频文件”按钮，如图 10-73 所示，打开“插入视频文件”窗口，在该窗口中选择要插入的视频文件，再单击“插入”按钮。

图 10-73　幻灯片占位符中的“插入视频文件”按钮

2. 插入联机视频

插入联机视频是指插入网络中的视频资源。在 PowerPoint 2016 中，可以使用嵌入代码插入联机视频，或者按名称搜索视频，在演示过程中播放视频。因为视频位于网站上而不是在演示文稿中，所以为了顺利播放需要把播放的设备连接到互联网。

（1）使用“嵌入”代码插入联机视频。

步骤 1：在 YouTube 或 Vimeo 中，查找要插入的视频。在视频帧下方，单击“共享”按钮和“嵌入”命令，如图 10-74 所示。

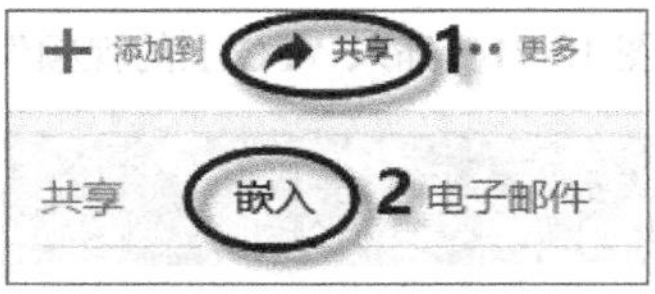

图 10-74　“共享”按钮和“嵌入”命令

步骤 2：右击 iframe 嵌入代码，在弹出的快捷菜单中单击“复制”命令，如图 10-75 所示。复制的文本是选择以 <iframe 开头的文本部分。

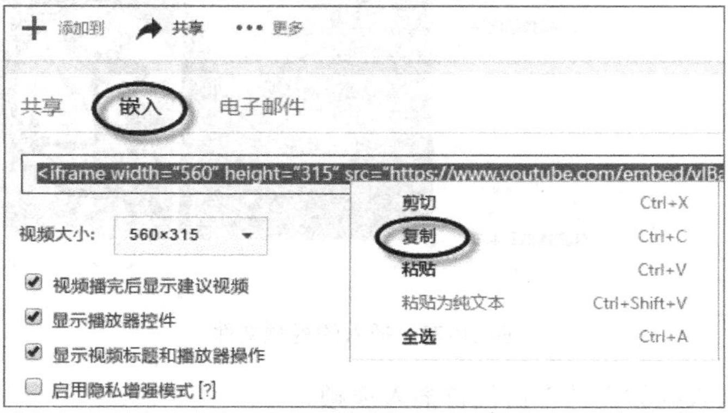

图 10-75　复制 iframe 嵌入代码

步骤 3：在 PowerPoint 中，单击要添加视频的幻灯片。打开“插入”选项卡，单击“媒体”组中的“视频”下拉按钮，在弹出的下拉列表中选择“联机视频”选项，打开“插入视频”对话框，在“来自视频嵌入代码”框中，粘贴嵌入代码，再单击右侧的“箭头”按钮进行搜索，如图 10-76 所示。幻灯片上出现一个视频框，可移动或设置其大小。若要在幻灯片上预览视频，则右击视频框，在弹出的快捷菜单中单击“预览”命令，再单击视频上的“播放”按钮。

图 10-76 “插入视频”对话框

（2）按名称搜索 YouTube 视频。

步骤 1：单击要添加视频的幻灯片，打开“插入”选项卡，选择“媒体”组中的“视频”|“联机视频”选项，在“搜索 YouTube”框中输入要插入的视频名称，按 Enter 键。

步骤 2：从搜索结果中选择视频，然后单击“插入”按钮，幻灯片上出现一个视频框。右击视频框，在弹出的快捷菜单中单击“预览”命令，再单击视频上的“播放”按钮，可在幻灯片上预览视频。

3. 编辑视频

在幻灯片中插入视频后，会出现“视频工具”的“格式”和“播放”2 个选项卡，利用这 2 个选项卡可对插入的视频进行编辑。

（1）设置视频样式。

打开“视频工具”的“格式”选项卡，在“视频样式”组中单击“其他”按钮，如图 10-77 所示，在弹出的下拉列表中选择所需的视频样式。

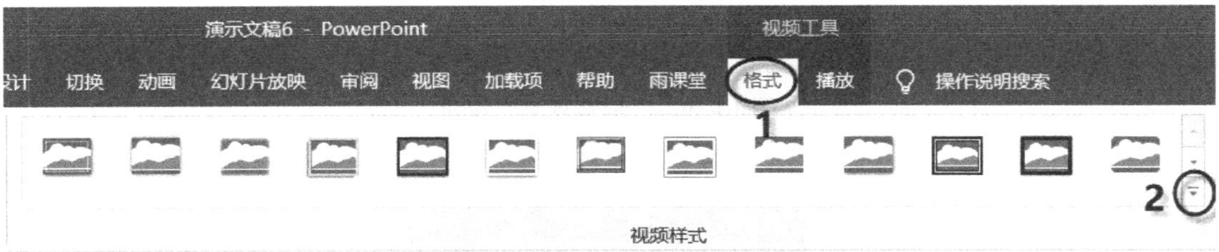

图 10-77 “视频样式”组

（2）设置海报框架。

插入视频后，幻灯片中将出现一张默认的视频缩略图。为了增加吸引力，可将默认的缩略图更改为视频中精彩的一幕。操作方法：单击视频播放工具栏中的“播放”按钮播放视频，在精彩的一幕单击“暂停”按钮，打开“视频工具”的“格式”选项卡，单击“调整”组中的“海报框架”下拉按钮，在弹出的下拉列表中选择“当前帧”选项，此时视频播放工具栏中出现“标牌框架已设定”字样，如图 10-78 所示，将“当前框架”设置为插入视频的缩略图。

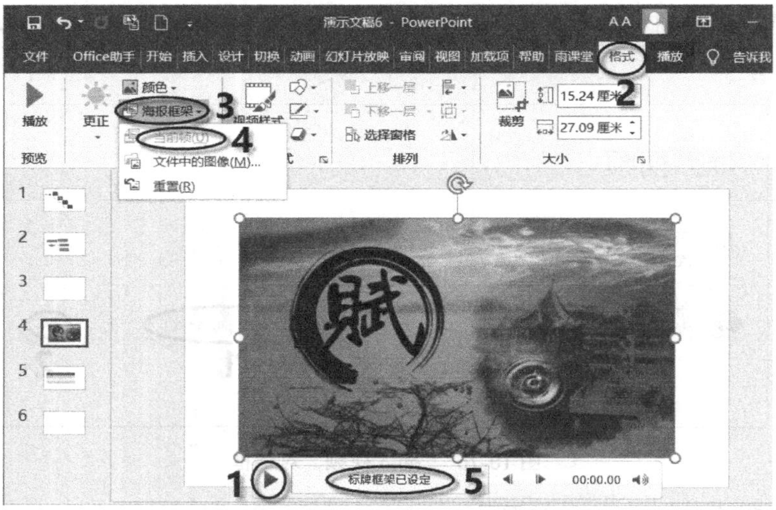

图 10-78　海报框架效果

（3）设置视频的播放。

剪裁视频：打开“视频工具”的“播放”选项卡，单击“编辑”组中的“剪裁视频”按钮，如图 10-79 所示，打开“剪裁视频”对话框，拖动中间滚动条两端的绿色或红色滑块剪裁视频文件的开头或结尾处，或者在“开始时间”数值框中输入视频播放的开始时间，在“结束时间”数值框中输入视频播放的结束时间，本例在“开始时间”数值框中输入 01:13.047，如图 10-80 所示，单击“确定”按钮。

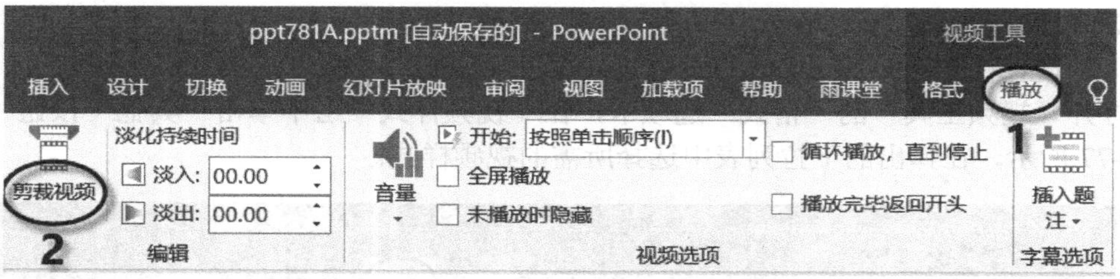

图 10-79　“剪裁视频”按钮

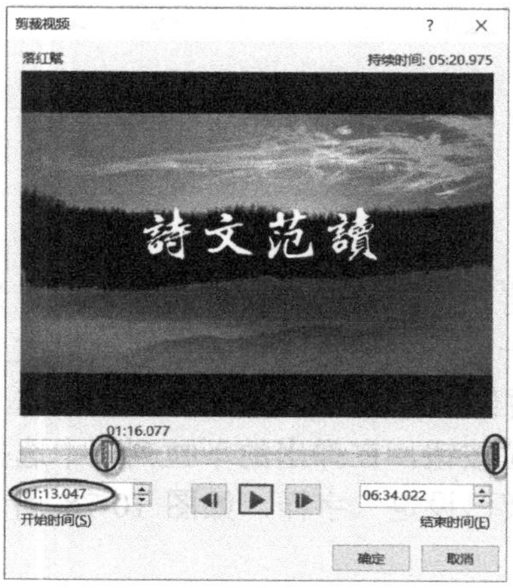

图 10-80　剪裁视频

设置音量：单击“视频选项”组中的“音量”下拉按钮，在弹出的下拉列表中可调整音量的大小。

设置视频选项：单击“视频选项”组中的“开始”下拉按钮，在弹出的下拉列表中选择视频播放的开始方式。若单击选中“全屏播放”“未播放时隐藏”和“循环播放，直到停止”复选框，分别表示全屏播放视频、不播放时隐藏视频和重复播放视频直到停止。

10.4　美化演示文稿

若使创建的演示文稿具有良好的视觉体验，需要对演示文稿进行美化，既包括对幻灯片中各种对象的美化，又包括对幻灯片外观效果的美化。

10.4.1　幻灯片中各种对象的美化

幻灯片中的文本、图片、表格等对象的美化主要通过对其进行格式设置实现，与 Word 中的操作基本相同，用户可仿照 Word 中各对象的格式设置，对幻灯片中的各对象进行美化。

10.4.2　利用主题美化演示文稿

主题用一组颜色、字体和效果来创建幻灯片的整体外观，PowerPoint 2016 提供了多种主题，可适应不同任务的需要。利用主题美化演示文稿的方法如下。

1. 选择主题样式

（1）选定要使用主题的幻灯片，单击“设计”选项卡“主题”组中的“其他”按钮，如图 10-81 所示，在弹出的下拉列表中单击所需的主题样式，将该主题应用到整个演示文稿的所有幻灯片中。

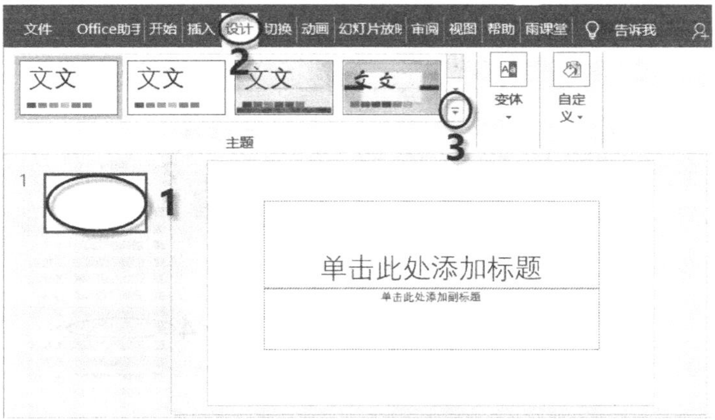

图 10-81　主题列表

（2）若希望主题只应用于当前幻灯片，右击某一主题样式，在弹出的快捷菜单中单击“应用于选定幻灯片”命令即可，如图 10-82 所示。按照此方法可在一个演示文稿中应用多个主题，图 10-83 应用了 3 个主题效果图。添加幻灯片时，所添加的幻灯片会自动应用与其相邻的前一张幻灯片的主题。

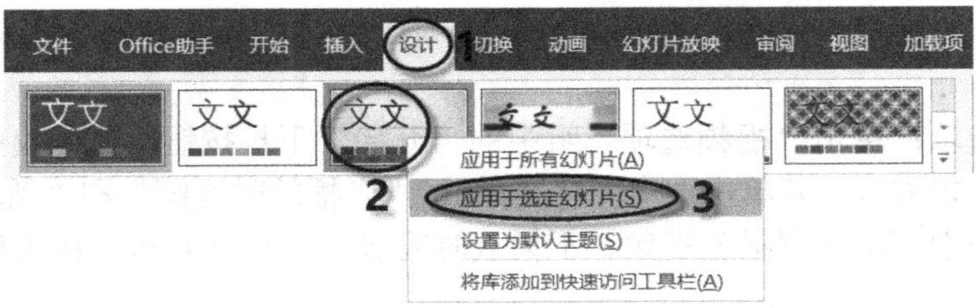

图 10-82　主题应用于选定幻灯片

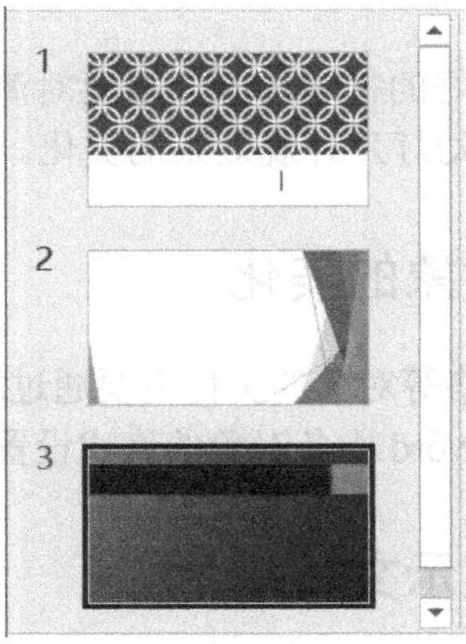

图 10-83　应用 3 个主题

2. 设置主题颜色

为幻灯片添加某一主题后，若配色方案不能满足用户需求，可通过“变体”组自定义当前主题的颜色。操作方法如下。

打开“设计”选项卡，单击“变体”组中的“其他”按钮，在弹出的下拉列表中选择“颜色”选项，在其子列表中选择所需的颜色，本例选择“黄色”选项，如图 10-84 所示。

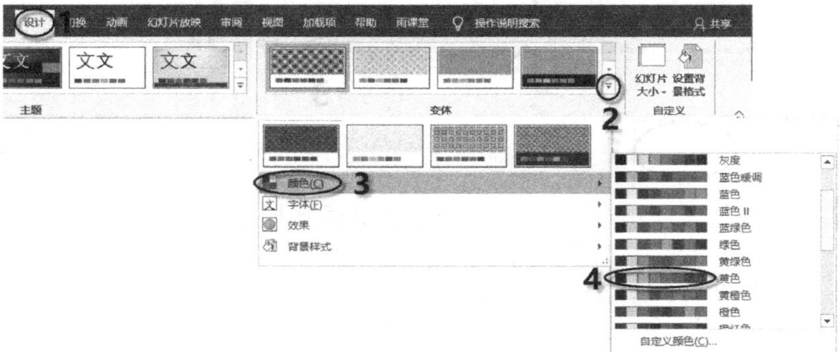

图 10-84　设置主题颜色

3. 设置主题字体

打开“设计”选项卡，单击“变体”组中的“其他”按钮，在弹出的下拉列表中选择“颜色”选项，在其子列表中选择所需的字体，本例选择“Office 等线”选项，如图 10-85 所示。

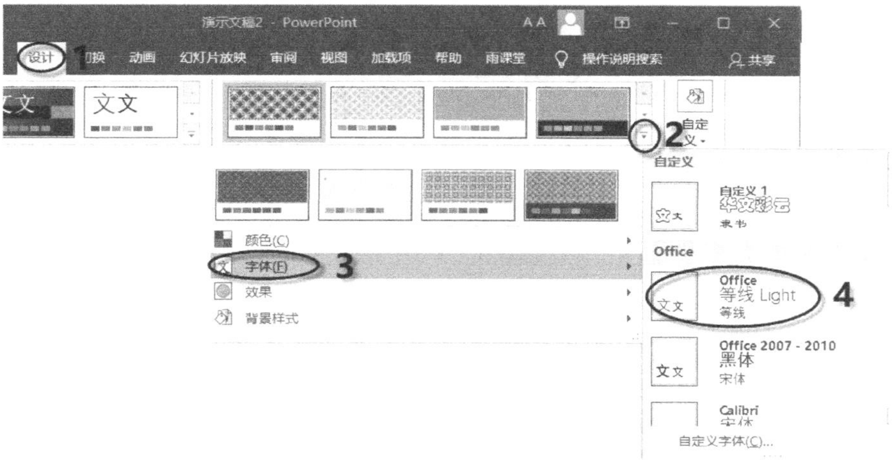

图 10-85 设置主题字体

10.4.3 利用背景美化演示文稿

在 PowerPoint 2016 中，每个主题都有 12 种背景样式供选用。用户不仅可以使用内置的背景样式，还可以自定义背景样式。

1. 使用内置背景

（1）单击选定要设置背景的幻灯片。

（2）打开“设计”选项卡，单击“变体”组中的“其他”按钮，在弹出的下拉列表中选择“背景样式”选项，在其子菜单中选择一种背景样式即可，如图 10-86 所示。

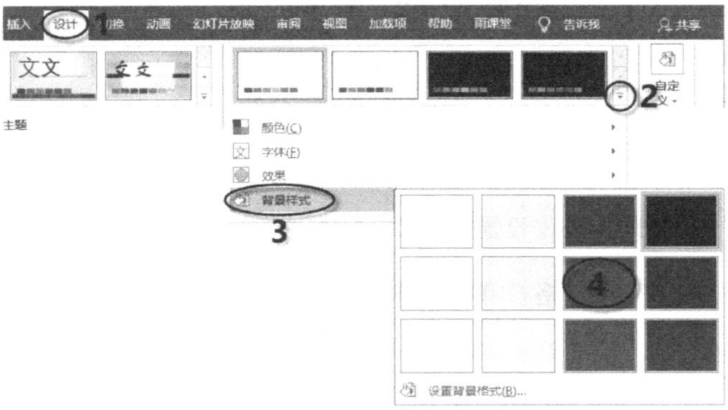

图 10-86 设置背景样式

2. 自定义背景

若系统内置的背景样式不能满足用户的需求，用户可自定义背景样式，方法如下。

（1）单击选定要设置背景的幻灯片。

（2）打开“设计”选项卡，单击“自定义”组中的“设置背景格式”按钮，打开“设置背景格式”任务窗格，在“填充”区域通过选中不同的单选按钮，如“纯色填充”、“渐变填充”“图片或纹理填充”“图案填充”，并进行相应的设置，即为幻灯片设置不同的背景效果，本例选择“图片或纹理填充”单选按钮，如图 10-87 所示。

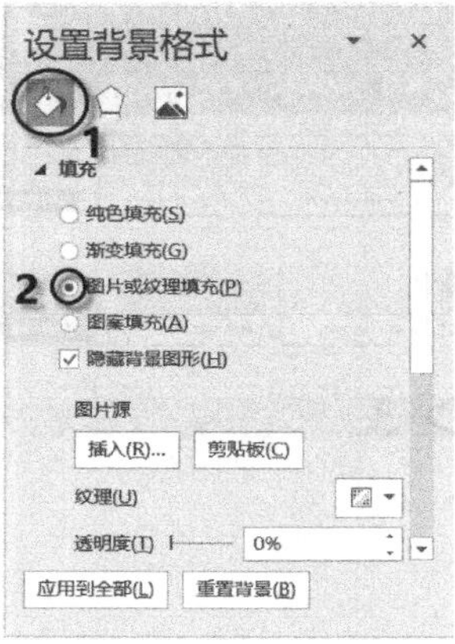

图 10-87　设置背景填充效果

（3）在“设置背景格式”任务窗格中选择“效果”选项，在艺术效果栏中单击“艺术效果”按钮，在弹出的下拉列表中选择所需的效果选项，例如选择“水彩海绵”效果，如图 10-88 所示。

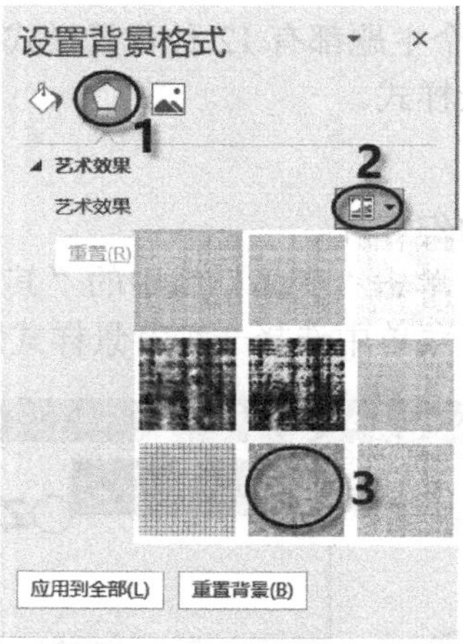

图 10-88　设置背景艺术效果

（4）返回“设置背景格式”任务窗格，单击窗格下方的“应用到全部”按钮，将设置的背景格式应用到所有幻灯片。

10.4.4　利用母版美化演示文稿

母版幻灯片控制整个演示文稿的外观，包括颜色、字体、背景、效果和其他所有内容。通常在编辑演示文稿前，先设计好幻灯片母版，之后添加的所有幻灯片都会应用该母版的格式，从而快速地实现全局设置，提高工作效率。

PowerPoint 2016 提供了 3 种类型的母版：“幻灯片母版”“讲义母版”及“备注母版”，分别用于控制幻灯片、讲义、备注的外观整体格式，使创建的演示文稿有统一的外观。由于“讲义母版”和“备注母版”的操作方法比较简单，且不常用，本节主要介绍“幻灯片母版”的使用方法。

打开“视图”选项卡，单击“母版视图”组中的“幻灯片母版”，进入幻灯片母版的编辑状态，如图 10-89 所示，左上角有数字标识的幻灯片就是母版，下面是与母版相关的幻灯片版式。一个演示文稿可以包括多个幻灯片母版，系统会根据母版的个数自动以数字对新插入的幻灯片母版进行命名，如 1、2、3、4，如图 10-90 所示。

图 10-89　幻灯片母版

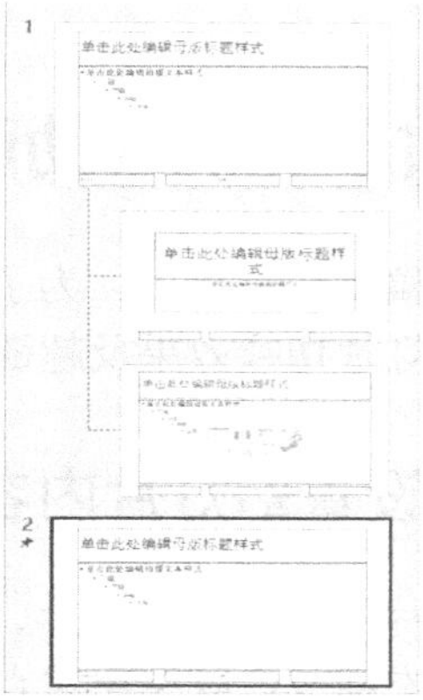

图 10-90　插入新幻灯片母版

在幻灯片母版中，可以设置幻灯片的主题、字体、颜色、效果、背景样式等格式，如图 10-91 所示。每个区域中的文字只起提示作用，并不真正显示，不必在各区域输入具体文字，只需设置其格式即可。例如设置标题格式，选定“单击此处编辑母版标题样式”占位符，在“开始”选项卡“字体”组中设置标题格式为隶书、红色、字号 28，关闭幻灯片母版后，幻灯片中的标题自动应用该格式。即使在母版上输入了文字也不会出现在幻灯片中，只有图形、图片、日期/时间、页脚等对象才会出现在幻灯片中。

图 10-91　“幻灯片母版”选项卡

在幻灯片母版视图中，可以修改每一张幻灯片中要出现的字体格式、项目符号、背景及图片等，其修改方法与修改一般幻灯片的方法相同，只是母版幻灯片的修改影响所有幻灯片。若只改变正文区某一层次的文本格式，在母版的正文区先选定该层次，再进行格式设置。例如，要改变第三层次的文本格式，先选定母版文本“第三级”，然后进行格式设置。

母版格式设置结束后，需要将母版保存为 PowerPoint 模版(*.potx)，在新建演示文稿时就可以使用该模板。

虽然在幻灯片母版上进行的修改将自动套用到同一演示文稿的所有幻灯片上，但也可以创建与母版不同的幻灯片，使之不受母版的影响。

若要使某张幻灯片标题或文本与母版不同，先选定要更改的幻灯片，再根据需要更改该幻灯片的标题或文本格式，其改变不会影响其他幻灯片或母版。

若要使某张幻灯片的背景与母版背景不同，先选定该幻灯片，再单击“幻灯片母版”选项卡“背景”组中的“背景样式”按钮，在弹出的下拉列表中选择背景色或设置背景格式。在某一背景样式上右击，选择“应用于所选幻灯片”，此幻灯片具有与其他幻灯片不同的背景。

10.5 演示文稿的动画效果设置

演示文稿制作完成后，为了增强播放效果的生动性和趣味性，需设置幻灯片内容的动画效果、幻灯片切换效果及超链接等。

10.5.1 设置幻灯片内容的动画效果

为幻灯片中的文本、图片、表格等内容添加动画效果，可以使这些对象按照一定的顺序和规则动态播放，既突出重点，又使播放过程生动形象。

1. 添加单个动画效果

PowerPoint 2016 中提供了 4 种类型的动画效果，分别是“进入”“退出”“强调”和“动作路径”，用户可根据需要为幻灯片中的文本、图形、图片等内容设置不同的动画效果。

选定要设置动画的内容，打开“动画”选项卡，单击“动画”组中的“其他”按钮，或者单击“高级动画”组中的“添加动画”按钮，弹出如图 10-92 所示的下拉列表，从中选择一种动画效果，即为选定内容添加该动画效果。

该列表框除了包含“进入”“强调”“退出”和“动作路径”4 类内置的动画，底部还包含了 4 个命令项。单击某一命令项可打开相应的对话框，其中包含了更多类型的动画效果可供选择。例如，单击“更多进入效果”命令项时，弹出如图 10-93 所示的对话框，在其中可以选择更多进入动画效果。

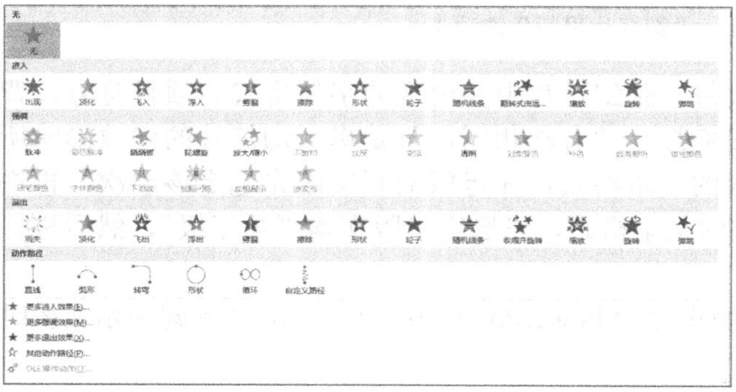

图 10-92 动画列表框

图 10-93 “更改进入效果”对话框

【例 10-3】为“课程改革”演示文稿中的内容添加动画效果。

（1）打开“课程改革”演示文稿，在第二张幻灯片中选定 SmartArt 图形，打开“动画”选项卡，单击“动画”组中的“其他”按钮▾，打开如图 10-92 所示的下拉列表，选择“进入”中的“擦除”动画效果，即为选定的 SmartArt 图形添加了该动画效果。为 SmartArt 图形添加动画效果后，在 SmartArt 图形的左上方显示动画序号 1。

（2）选定椭圆，单击图 10-92 下拉列表中的“更多强调效果”命令，在弹出的对话框中选择“温和”区域的“跷跷板”，如图 10-94 所示，单击“确定”按钮，为椭圆添加跷跷板动画效果，并在椭圆的左上方显示动画序号 2。

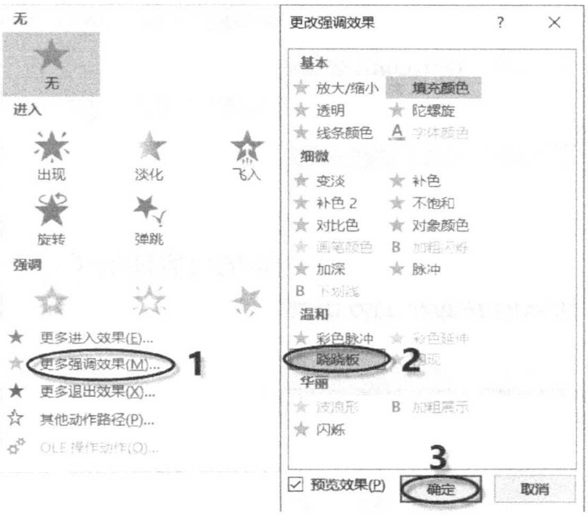

图 10-94　设置强调动画效果

（3）选定矩形，单击图 10-92 列表框中的“其他动作路径”命令，打开“更改动作路径”对话框，在“基本”区域选择“圆形扩展”，单击“确定”按钮，如图 10-95 所示。

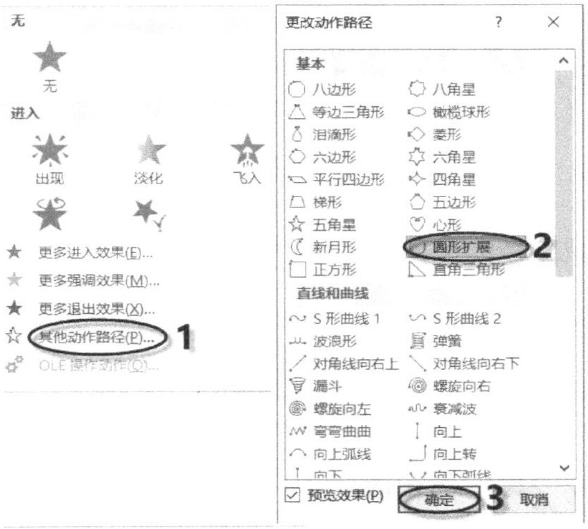

图 10-95　设置动作路径动画效果

（4）单击“动画”选项卡“预览”组中的“预览”按钮，可在幻灯片中预览添加的动画效果，最终效果如图 10-96 所示。

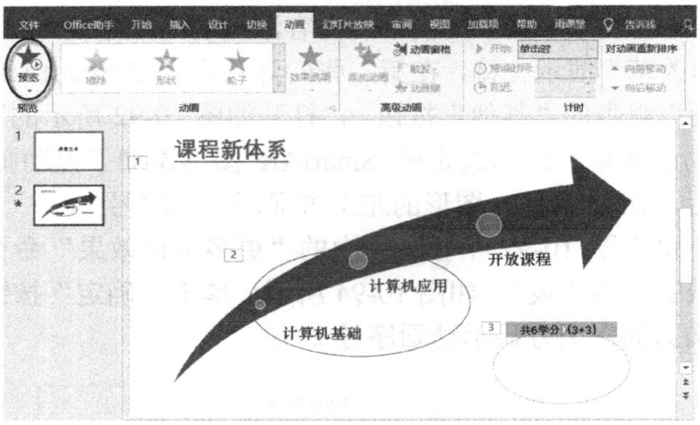

图 10-96　设置动画最终效果图

2. 添加多个动画效果

为某一内容添加单个动画效果后，若为该内容再添加动画效果，可选定该内容，打开“动画”选项卡，单击“高级动画”组中的“添加动画”按钮，在弹出的下拉列表中，选择要添加的动画效果，如图 10-97 所示，即为选定的内容添加了另一个动画效果。一个内容添加多个动画效果后，在该内容的左上方出现多个动画序号，该序号表示动画播放的顺序，如图 10-98 所示。

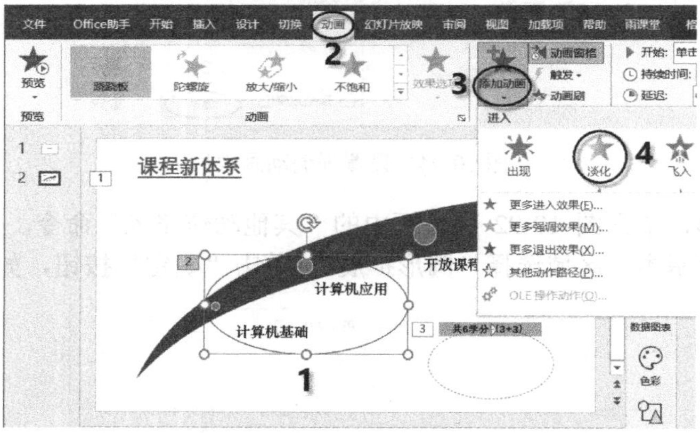

图 10-97　添加多个动画效果

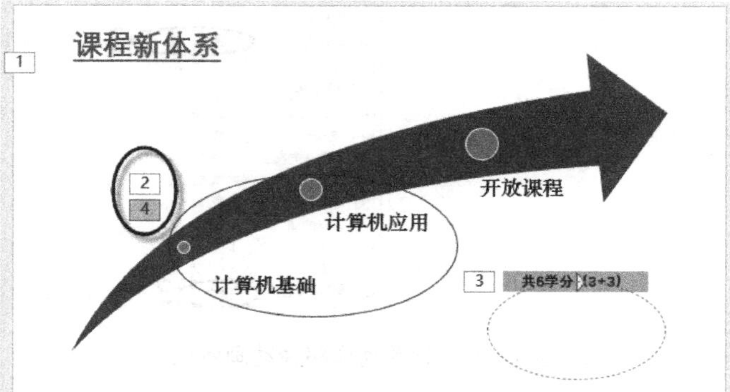

图 10-98　多个动画序号

3．复制动画效果

单击“动画”选项卡“高级动画”组中的“动画刷”按钮★动画刷，可快速地将动画效果从一个对象复制到另一个对象上，使用方法与 Word 中的格式刷相同。

4．编辑动画效果

在普通视图中，为幻灯片中的内容添加动画效果后，在每个内容的左侧和动画窗格中会出现相应的动画序号，表示动画设置和播放的顺序，如图 10-99 所示。

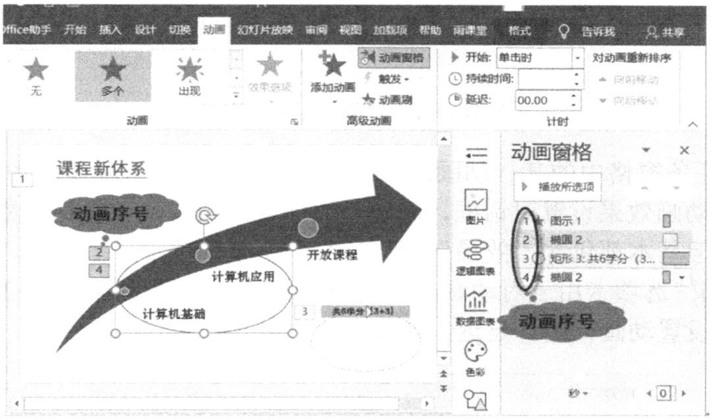

图 10-99　幻灯片中内容的动画序号

（1）设置动画效果选项。

- 利用功能区设置。

在幻灯片中选定已添加动画效果的某一内容，打开“动画”选项卡，单击“动画”组中的“效果选项”按钮，在弹出的下拉列表中可对选定内容的动画进行效果设置。

下拉列表中的效果选项与选定的内容及添加的动画类型有关。内容类型不同，动画类型不同，其效果选项下拉列表中的内容也有所不同，如图 10-100 所示，有的动画类型没有效果选项。

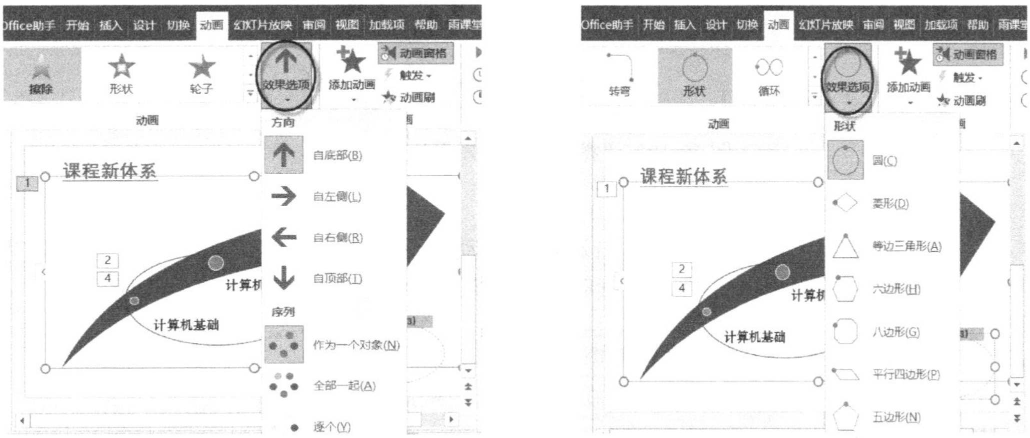

（a）为图形添加“擦除”进入动画的效果选项　　（b）为图形添加“圆形扩展”动画的效果选项

图 10-100　不同动画的效果选项

● 利用对话框设置。

步骤 1：单击“动画”选项卡“高级动画”组中的“动画窗格”按钮，如图 10-101 所示，在窗口的右侧弹出“动画窗格”任务窗格，此窗格列出了已添加的动画效果。

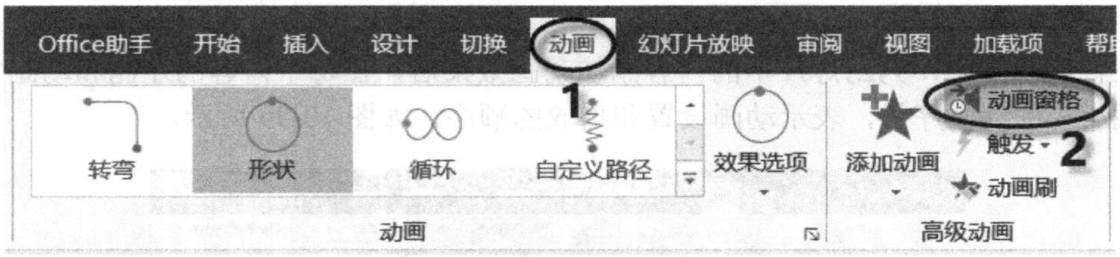

图 10-101　打开“动画窗格”

步骤 2：在任务窗格中的某一动画选项上右击，在弹出的快捷菜单中单击“效果选项”命令，进入选定动画效果设置对话框，对于不同的动画效果，此对话框中选项卡的名称和内容不尽相同，但基本都包含“效果”和“计时”两个选项卡。

步骤 3：“效果”选项卡用于对动画出现的方向及声音进行设置，如图 10-102 所示。“计时”选项卡用于设置动画开始、延迟、速度等内容。

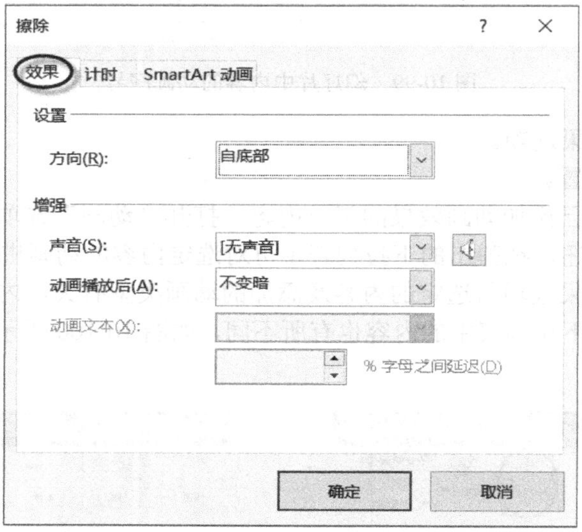

图 10-102　“擦除”动画效果的选项设置

（2）为动画设置计时。

在“动画窗格”任务窗格中，单击选定某一动画选项，打开“动画”选项卡，在“计时”组中可设置动画的开始方式、持续时间、延迟和播放顺序，如图 10-103 所示。

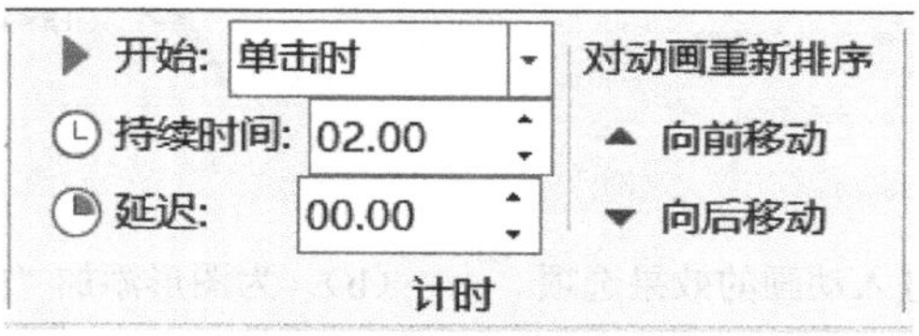

图 10-103　“计时”组中的设置选项

5. 更改幻灯片中动画的出现顺序

为幻灯片中的多个对象设置动画效果后，各个动画播放时出现的顺序与设置顺序相同，根据需要可更改幻灯片中动画的出现顺序。操作步骤如下。

（1）在“动画窗格”任务窗格中，选定要更改顺序的动画选项。

（2）单击窗格上方 播放自 右侧的 ▲ 和 ▼ 按钮，如图 10-104 所示，可调整选定动画效果的出现顺序。

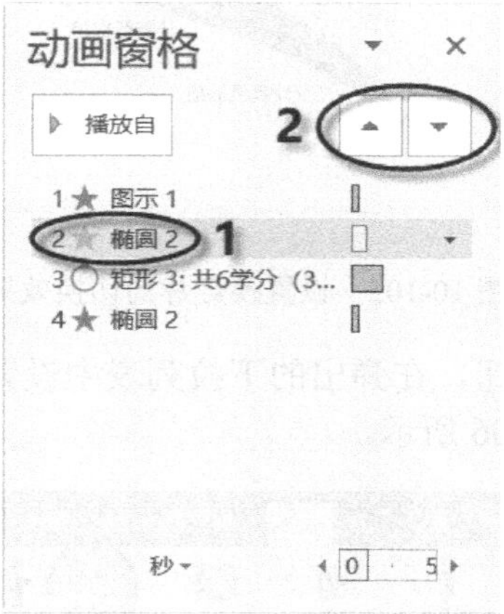

图 10-104　调整动画效果的出现顺序

如果要删除某一个内容的动画效果，在“动画窗格”中右击该动画效果，在弹出的快捷菜单中单击“删除”命令。

注意：

（1）适当使用动画效果，可突出演示文稿的重点，并提高演示文稿的趣味性和感染性。但过多地使用动画效果，会将使用者的的注意力集中到动画特技的欣赏中，从而忽略了对演示文稿内容的注意。因此，在同一个演示文稿中不宜过多地使用动画效果。

（2）在一张幻灯片中，可以对同一个内容设置多项动画效果，其效果按照设置的顺序依次播放。

10.5.2　设置幻灯片切换的动画效果

幻灯片切换的动画效果是指在演示文稿放映过程中，幻灯片进入和离开屏幕时所产生的动画效果。PowerPoint 2016 内置了 3 种类型共 47 种切换效果，可为部分或所有幻灯片设置切换的动画效果。设置方法如下。

（1）在“幻灯片缩略图”窗格中，选定需设置切换效果的一张或多张幻灯片，打开“切换”选项卡，单击“切换到此幻灯片”组中的“其他”按钮，在弹出的下拉列表中选择一种切换效果，这里选择“细微”栏中的“揭开”选项，如图 10-105 所示，该效果被应用到选定的幻灯片。

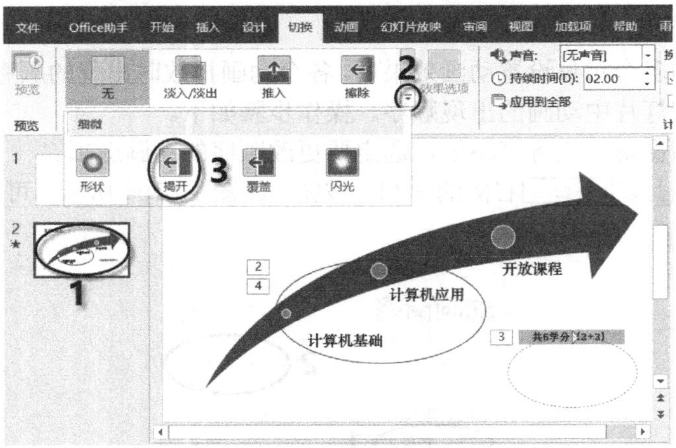

图 10-105 设置换灯片的切换效果

（2）单击“效果选项”按钮，在弹出的下拉列表中设置切换效果的进入方向，这里选择“自左侧”选项，如图 10-106 所示。

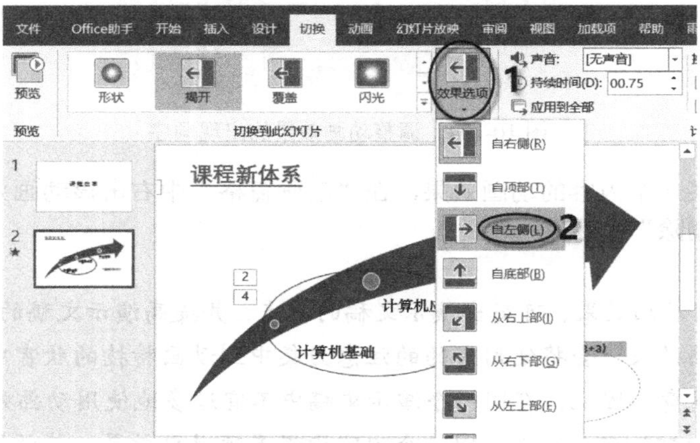

图 10-106 设置换灯片切换效果选项

（3）在“计时”组中设置幻灯片切换时的声音、持续时间、换片方式，如图 10-107 所示。

在“声音”下拉列表中设置切换时是否伴随着声音；在“持续时间”数值框中，设置幻灯片切换的时间。

在“换片方式”区域中，设置幻灯片切换的方式，包括“单击鼠标时”和“设置自动换片时间”。如果选择了“设置自动换片时间”，单击其后的⁚按钮，设定一个时间，如 00:03.00 表示每隔 3 秒自动进行切换。若☑单击鼠标时和☑设置自动换片时间两个复选框都被选中，表示只要一种切换方式发生就可以换片。

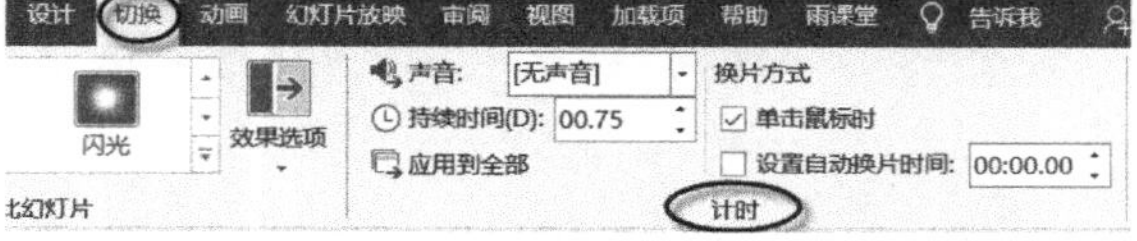

图 10-107 “计时”组中的命令

（4）若将上述设置应用到所有幻灯片，则单击“应用到全部”按钮，否则只应用到当前选定的幻灯片。

（5）若取消切换效果，单击“切换到此幻灯片”组中的“其他”按钮 ，在弹出的下拉列表中选择“无”。

10.5.3　超链接

PowerPoint 中的超链接与网页中的超链接类似，超链接可以链接到同一演示文稿的某张幻灯片，或者链接到其他 Word 文档、电子邮件地址、网页等。播放时，单击某个超链接，即可跳转到指定的目标位置。利用超链接，不仅可以快速地跳转到指定的位置，还可以改变幻灯片放映的顺序，增强演示文稿放映时的灵活性。

设置超链接的对象可以是文本、形状、表格或图片等。如果文本位于某个图形中，还可以为文本和图形分别设置超链接。

【例 10-4】如图 10-108 所示，将演示文稿第 2 张幻灯片中的文本“贰　水的应用”超链接到第 7 张幻灯片，并在第 7 张幻灯片上设置一个返回第 2 张幻灯片的动作按钮。

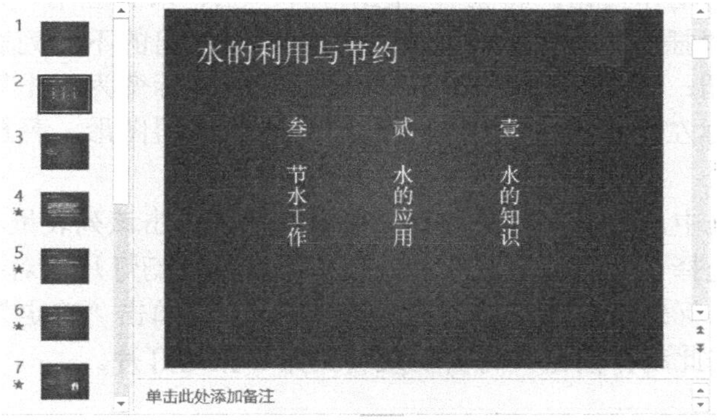

图 10-108　超链接演示文稿原型结构

设置步骤如下。

（1）在第 2 张幻灯片中，选定要设置超链接的文本“贰　水的应用”，打开“插入”选项卡，单击“链接”组中的“链接”按钮，如图 10-109 所示，弹出“插入超链接”对话框。

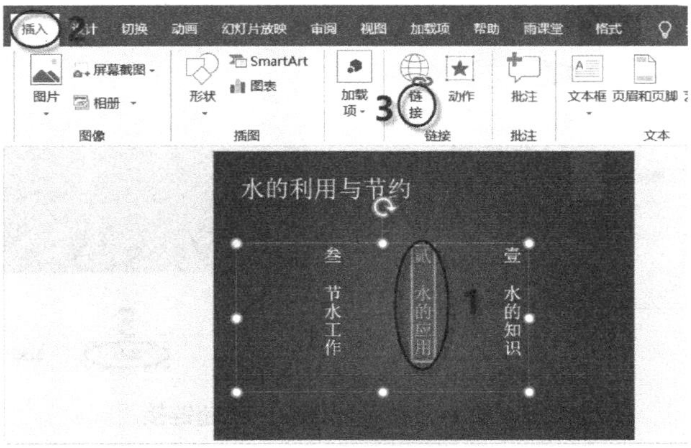

图 10-109　插入链接

（2）在此对话框“链接到”列表框中单击“本文档中的位置”，在“请选择文档中的位置”列表框中单击目标幻灯片“7.二、水的应用”，单击“确定”按钮，如图 10-110 所示。

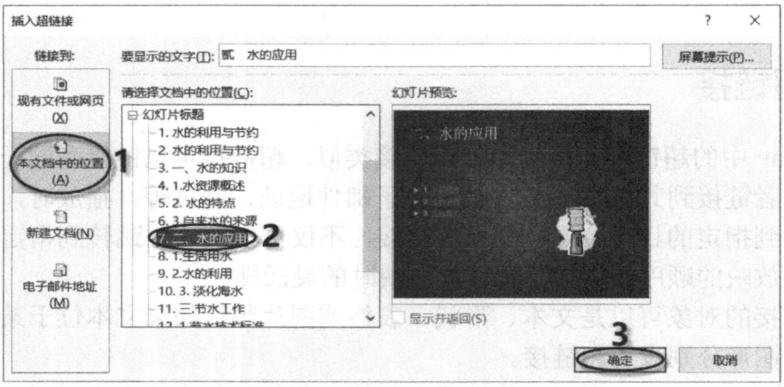

图 10-110　设置超链接

（3）设置返回的动作按钮。将第 7 张幻灯片“二、水的应用”作为当前幻灯片，单击“插入”选项卡“插图”组中的“形状”按钮，在弹出的下拉列表的“动作按钮”区域中单击“动作按钮：转到开头”按钮，此时鼠标的光标变为“＋”形状，在当前幻灯片的右下角按住鼠标左键拖动，绘制一个适当大小的按钮图形，释放鼠标，弹出“操作设置”对话框。

（4）在该对话框中，选择“超链接到”单选按钮，单击该列表框右侧的下拉按钮，在弹出的下拉列表中选择“幻灯片”选项，弹出“超链接到幻灯片”对话框，在“幻灯片标题”列表框中单击目标幻灯片“2. 水的利用与节约”，再单击“确定”按钮，如图 10-111 所示。放映时，单击此动作按钮，将自动跳转到第 2 张幻灯片。

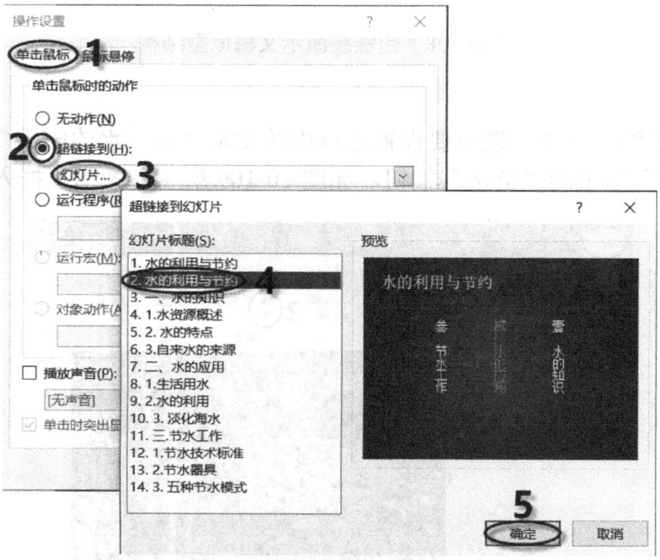

图 10-111　设置动作按钮的超链接

若要删除已设置的超链接，则在要删除超链接的内容上右击，在弹出的快捷菜单中单击“取消超链接”命令。

若将超链接及其对象一并删除，选定后按 Delete 键或 Backspace 键。

10.6　演示文稿的放映设置

演示文稿的放映是指幻灯片以全屏或窗口的形式展示其中的内容，便于观众了解和认识其中的内容。本节主要介绍演示文稿放映的相关设置。

10.6.1　排练计时和录制幻灯片演示

排练计时是指通过实际放映幻灯片，自动记录幻灯片之间切换的时间间隔，以便在放映时能够以最佳的时间间隔自动放映。录制幻灯片是指录制旁白、墨迹、激光笔手势及幻灯片和动画计时回放。

1．排练计时

幻灯片放映时，若不想人工放映，可利用“排练计时”命令设置每张幻灯片的放映时间，实现演示文稿的自动放映。设置过程如下。

（1）在“幻灯片缩略图”窗格中，单击选定要设置计时的幻灯片，打开“幻灯片放映”选项卡，单击“设置”组中的“排练计时”按钮，如图 10-112 所示，幻灯片开始放映，屏幕的左上角出现“录制”工具栏，如图 10-113 所示，计时开始。

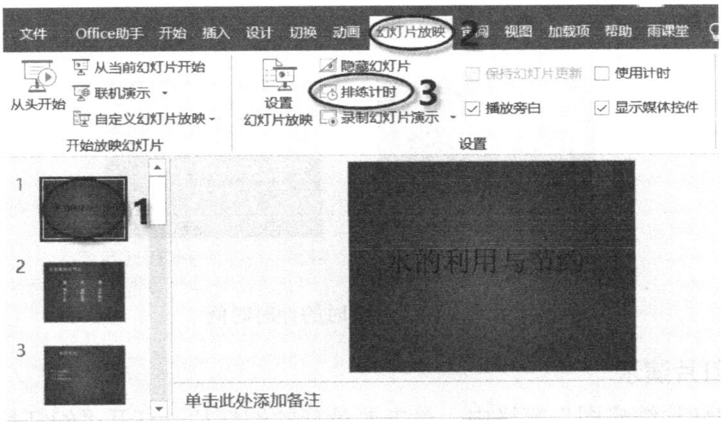

图 10-112　“排练计时”按钮

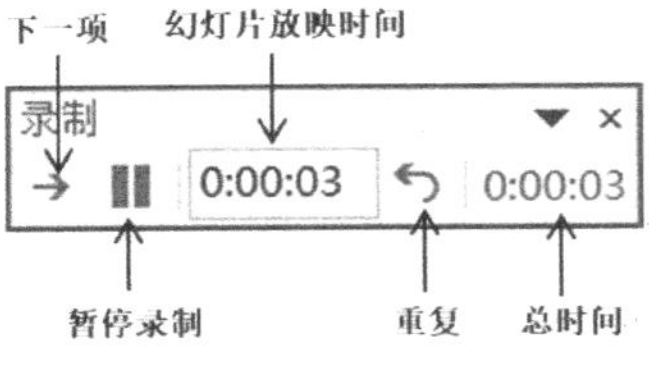

图 10-113　“录制”工具栏

（2）单击鼠标左键或单击“录制”工具栏中的“下一项”按钮，开始放映下一张幻灯片并重新进行计时。如果对当前幻灯片放映的计时不满意，单击“重复”按钮重新计时，或者直接在“幻灯片放映时间”文本框中输入该幻灯片的放映时间值。若需暂停，则单击“暂停录制”按钮。

（3）重复步骤（2），直到最后一张幻灯片在“总时间”区域显示当前整个演示文稿的放映时间。若要终止排练计时，在幻灯片上右击，在弹出的快捷菜单中单击“结束放映”命令，弹出如图 10-114 所示的提示框。单击“是”按钮，接受本次各幻灯片的放映时间，单击“否”按钮，取消本次排练计时。这里单击“是”按钮，返回幻灯片的普通视图窗口。

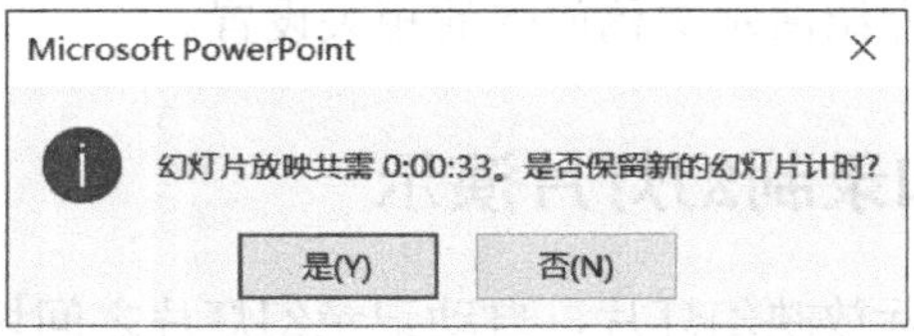

图 10-114　排练计时结束提示框

（4）单击窗口右下角的“幻灯片浏览”按钮，打开“幻灯片浏览”视图，在排练计时的幻灯片右下角显示播放时需要的时间，如图 10-115 所示。

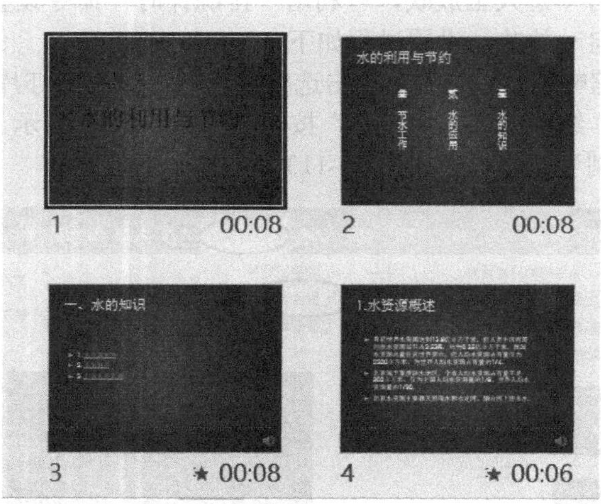

图 10-115　播放时的计时时间

2. 录制幻灯片演示

（1）在“幻灯片缩略图”窗格中，单击要录制的幻灯片，打开“幻灯片放映”选项卡，单击“设置”组中的“录制幻灯片演示”按钮，在弹出的下拉列表中选择“从头开始录制”或“从当前幻灯片开始录制”。例如选择“从头开始录制”，打开“录制幻灯片演示”对话框，如图 10-116 所示。

（2）单击“开始录制”按钮，进入幻灯片放映状态并开始录制幻灯片演示，单击屏幕左上角“录制”工具栏中的“下一项”按钮，如图 10-117 所示，切换到下一张幻灯片进行录制。

（3）录制完毕，在当前幻灯片上右击，在弹出的快捷菜单中单击“结束放映”命令，此时录制的每张幻灯片右下角都会显示一个声音图标。将演示文稿切换到“幻灯片浏览”视图，录制幻灯片右下角显示录制的时间。

（4）若要删除某张幻灯片的录制，选定幻灯片中的声音图标，按 Delete 键删除即可。

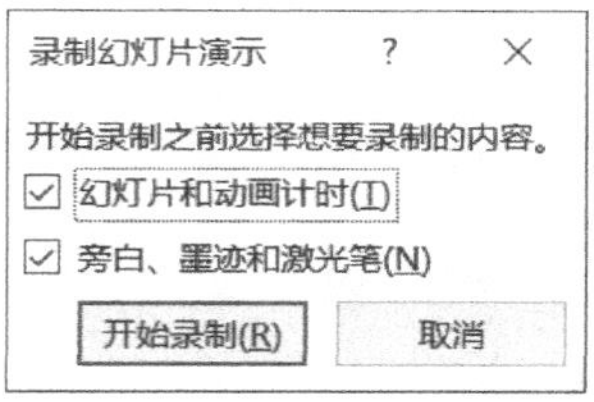

图 10-116　“录制幻灯片演示”对话框

图 10-117　“录制”工具栏

10.6.2　放映幻灯片

完成对演示文稿的编辑、动画设置后，为了查看真实的效果，需要对其进行放映。

1．启动幻灯片放映

（1）从头开始放映。

打开“幻灯片放映”选项卡，单击“开始放映幻灯片”组中的“从头开始”按钮，或者按 F5 键，从第一张幻灯片开始放映。

（2）从当前幻灯片开始放映。

单击演示文稿窗口右下角的“幻灯片放映”按钮，或者按 Shift+F5 组合键，从当前幻灯片开始放映。

打开“幻灯片放映”选项卡，单击“开始放映幻灯片”组中的“从当前幻灯片开始”按钮，即可从当前幻灯片开始放映。

2．自定义放映

若使同一演示文稿随着应用对象的不同，播放的内容也有所不同，可利用 PowerPoint 提供的自定义放映功能，将同一演示文稿的内容进行不同组合，以满足不同演示要求。设置自定义放映的方法如下。

（1）打开“幻灯片放映”选项卡，单击“开始放映幻灯片”组中的“自定义幻灯片放映”下拉按钮，在弹出的下拉列表中选择“自定义放映”选项，如图 10-118 所示，打开 “自定义放映”对话框。

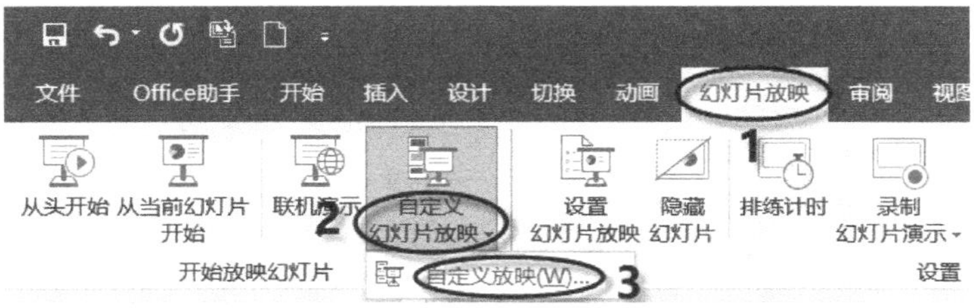

图 10-118　“自定义放映”选项

（2）单击“新建”按钮，打开“定义自定义放映”对话框，在“幻灯片放映名称”文本框中输入自定义放映的名称（如输入“学生”）；“在演示文稿中的幻灯片”列表框中选择自定义放映的幻灯片，单击“添加”按钮，如图 10-119 所示，将其添加到“在自定义放映中的幻灯片”列表框中。

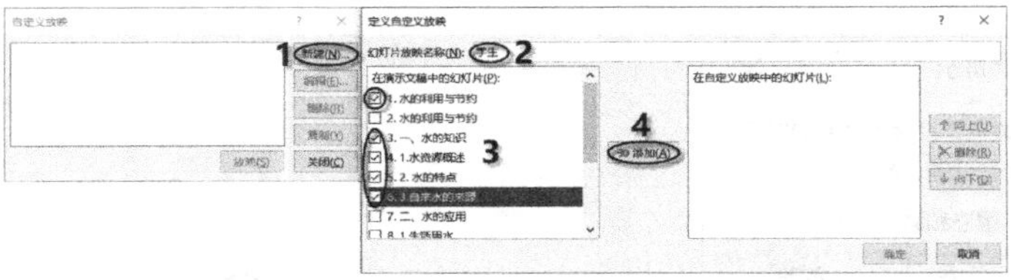

图 10-119　设置自定义放映

（3）单击“在自定义放映中的幻灯片”列表框右侧的“向上”按钮和“向下”按钮，改变自定义放映中的幻灯片播放顺序。

（4）设置完毕，单击“确定”按钮，返回“自定义放映”对话框，新创建的自定义放映名称自动显示在“自定义放映”列表框中。

（5）若要创建多个“自定义放映”，重复步骤（2）～（4）。所有“自定义放映”创建完成后，单击“自定义放映”对话框中的“关闭”按钮。

（6）放映时，单击“开始放映幻灯片”组中的“自定义幻灯片放映”下拉按钮，在弹出的下拉列表中选择需要放映的名称，演示文稿将按自定义的名称进行放映。

在幻灯片放映过程中，可通过多种操作控制幻灯片的进程。

单击当前幻灯片或快捷菜单中的“下一张”命令，或者按空格键、Enter 键、PgDn 键，切换到下一张幻灯片。

按 Backspace 键、PgUp 键，或者单击快捷菜单中的“上一张”命令，切换到上一张幻灯片。

单击快捷菜单中的“结束放映”命令，或者按 Esc 键，退出放映。

3．放映方式的选择

打开“幻灯片放映”选项卡，单击“设置”组中的“设置幻灯片放映”按钮，弹出“设置放映方式”对话框，如图 10-120 所示。

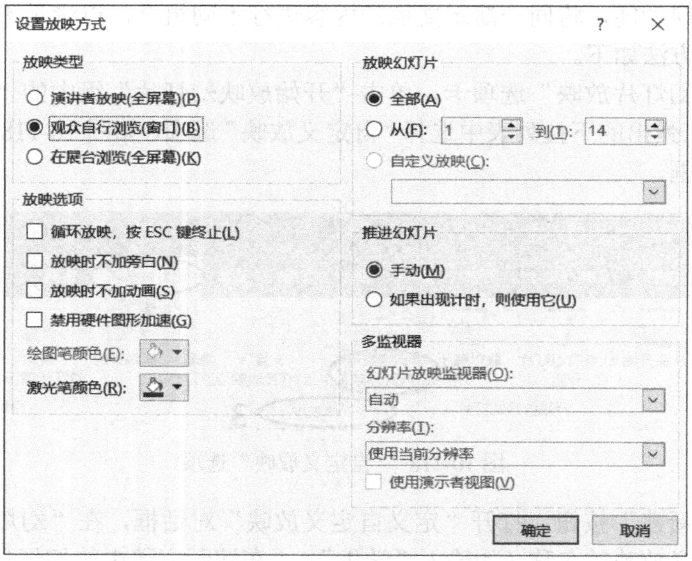

图 10-120　“设置放映方式”对话框

（1）在此对话框“放映类型”区域选择放映的方式，共有 3 种方式。

“演讲者放映（全屏幕）”是常用的方式，此方式以全屏形式显示演示文稿。放映时演讲者可以控制放映的进程、动画的出现、幻灯片的切换，也可以录下旁白，用绘图笔进行勾画等。

“观众自行浏览（窗口）”以窗口形式显示演示文稿。放映中可使用滚动条、鼠标的滚动轮对幻灯片进行换页，或者使用窗口中的“浏览”菜单显示所需的幻灯片，这个放映方式适合人数较少的场合。

“在展台浏览（全屏幕）”以全屏形式显示演示文稿。一般先利用“排练计时”命令将每张幻灯片的放映时间设置好，在放映过程中，除了保留光标，其余功能基本失效，按 Esc 键结束放映，这个放映方式适合无人看管的展台、摊位等。

（2）在“放映选项”区域设置幻灯片在放映时是否加旁白、动画及是否循环放映等。

（3）在“放映幻灯片”区域设置放映的范围，系统默认的是放映演示文稿中的全部幻灯片，也可以放映部分幻灯片，或者调用一个已经设置好的自定义放映。

（4）在“推进幻灯片”区域设置手动换片或按照已经设定好的排练时间进行换片。“多监视器”区域支持演示文稿在多个显示器上显示，便于从不同的角度浏览演示文稿。

10.6.3　放映时编辑幻灯片

1．切换与定位幻灯片

放映幻灯片时若要快速切换到某一页幻灯片，除了使用超链接定位，还可通过以下 3 种方法实现快速切换。

（1）放映时输入页码定位。

放映时输入幻灯片页码数字并按 Enter 键，可直接切换到指定页码数字的幻灯片。例如放映时输入数字 5，按 Enter 键，切换到第 5 张幻灯片进行放映。

（2）放映时利用快捷菜单定位。

在放映的幻灯片上右击，在弹出的快捷菜单中单击“定位至幻灯片”命令，在其子菜单中单击要放映的幻灯片，则切换到定位的幻灯片进行放映。

（3）“幻灯片缩略图”窗格定位。

在幻灯片放映过程中，按下键盘的减号键（-）进入“幻灯片缩略图”窗格，单击需要切换的幻灯片，再单击放映按钮，将指定的幻灯片进行放映。

2．使用墨迹标记幻灯片

在幻灯片放映时，若要强调某些内容，或者临时需要向幻灯片中添加说明，这时可以利用 PowerPoint 所提供的墨迹功能，在屏幕上直接进行涂写。操作方法如下。

（1）在放映的幻灯片上右击，在弹出的快捷菜单中单击“指针选项”命令，在其子菜单中选择一种笔型，如图 10-121 所示，按下鼠标左键在屏幕上拖动，即可进行涂写。

（2）利用快捷菜单中的“橡皮擦”和“擦除幻灯片上的所有墨迹”命令，擦除部分墨迹或全部墨迹，按字母 E 键可清除全部墨迹。

（3）若要保存涂写墨迹，在结束放映时会弹出如图 10-122 所示的提示框，单击“保留”按钮，涂写墨迹被保存，否则取消涂写墨迹。

绘图笔的颜色可以更改，有以下 2 种更改方法。

在幻灯片放映过程中更改。在幻灯片上右击，在弹出的快捷菜单中单击“指针选项”命令，在其子菜单中选择“墨迹颜色”，再选择所需的颜色即可。

在幻灯片放映前更改。打开“幻灯片放映”选项卡，单击“设置”组中的“设置幻灯片放映”按钮，在弹出的对话框中单击“绘图笔颜色”右侧的按钮，从弹出的下拉列表中选择所需的颜色。

在放映的幻灯片上右击，在弹出的快捷菜单中单击“指针选项”|“箭头选项”|“永远隐藏”命令，可在幻灯片放映过程中隐藏绘图笔或指针。

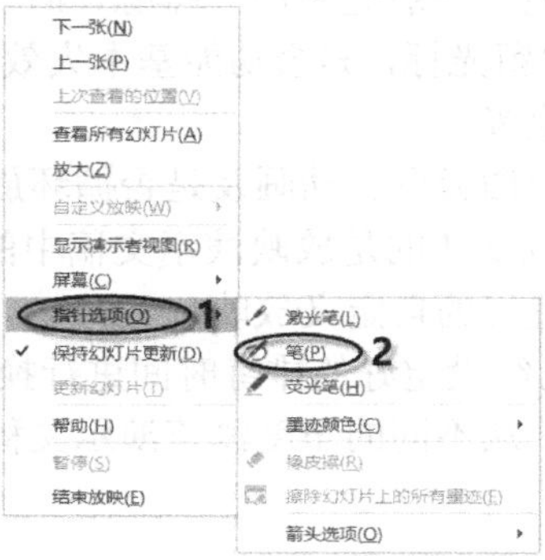

图 10-121 “指针选项”子菜单

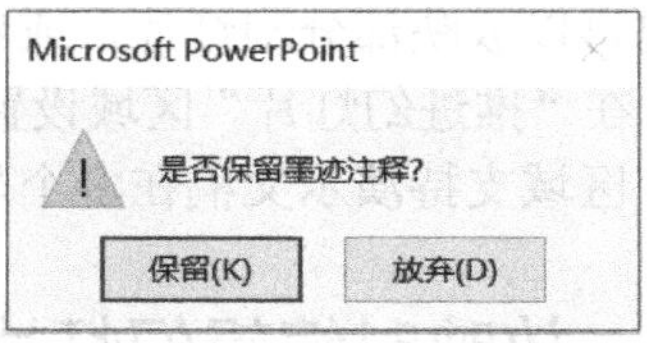

图 10-122 “是否保留墨迹注释”提示框

第 11 章

演示文稿的打印与输出

11.1 演示文稿的打印

在 PowerPoint 2016 中，为了便于交流与宣传，可改变幻灯片的显示大小使其符合实际需要，或者将制作完成的演示文稿打印输出。

1．设置幻灯片大小

打开“设计”选项卡，单击“自定义”组中的“幻灯片大小”下拉按钮，在弹出的下拉列表中选择“自定义幻灯片大小”选项，如图 11-1 所示。弹出“幻灯片大小”对话框，在此对话框中单击“幻灯片大小”文本框右侧的下拉按钮☑，在弹出的列表框中选择幻灯片显示的方式；在“宽度”和“高度”微调框中自定义幻灯片的大小；在“方向”区域设置幻灯片纵向或横向显示，如图 11-2 所示。

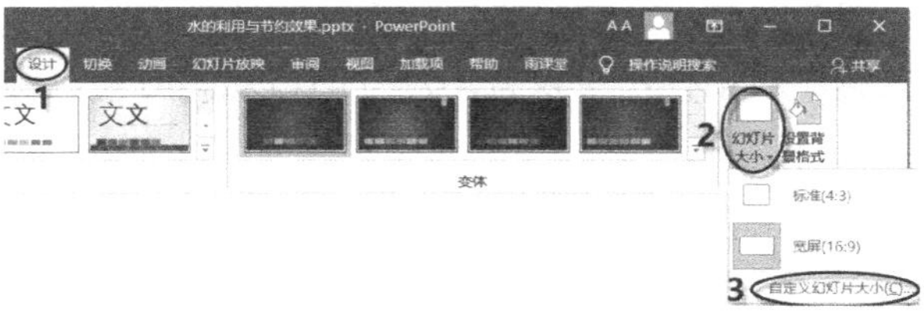

图 11-1　选择“自定义幻灯片大小”选项

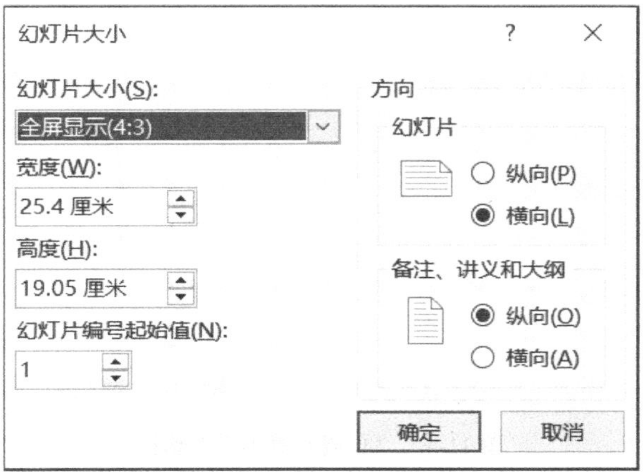

图 11-2　“幻灯片大小”对话框

2. 打印幻灯片或讲义

单击“文件”按钮，选择“打印”选项，在中间的“打印”窗格中设置打印的份数、打印机的类型、打印的范围等。例如，在如图 11-3 所示的打印设置中，表示打印第 1、3、5、7 页幻灯片，每页打印 2 张幻灯片，选择纯黑白打印。

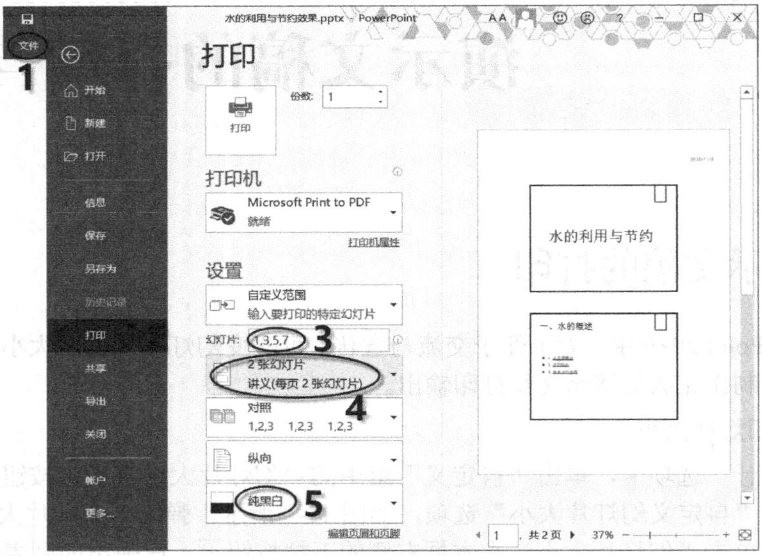

图 11-3 设置打印选项

在图 11-3 中，拖动右下角“显示比例”进度条滑块，可放大或缩小幻灯片的预览效果；单击预览页中的“下一页”按钮▶，可预览每一页打印效果；单击“编辑页眉和页脚”超链接，打开“页眉和页脚”对话框，可设置幻灯片的日期和时间、幻灯片编号、页脚等内容，如图 11-4 所示。

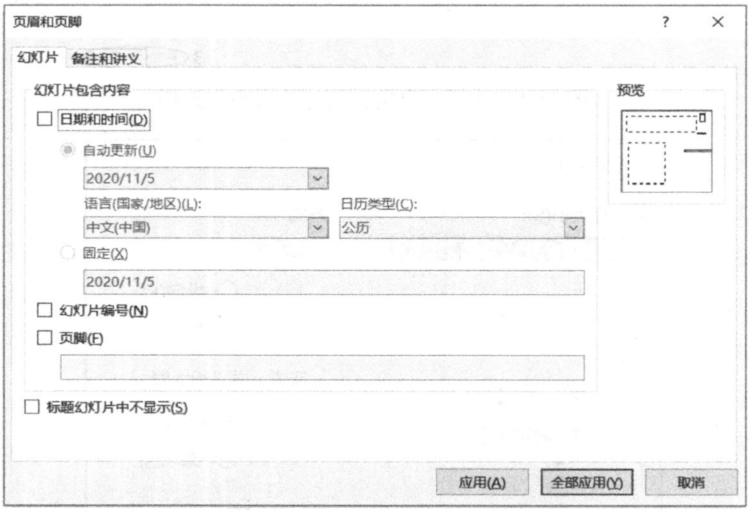

图 11-4 “页眉和页脚”对话框

11.2　演示文稿的导出

11.2.1　导出为 PDF 文档

PDF 是当前流行的一种文件格式，将演示文稿发布为 PDF 文档，能够保留源文件的字体、格式和图像等，使演示文稿的播放不再局限于应用程序的限制。将演示文稿导出为 PDF 文档的方法如下。

（1）打开要导出为 PDF 的演示文稿，单击"文件"|"导出"命令，在"导出"列表中单击"创建 PDF/XPS 文档"，在右侧窗格中单击"创建 PDF/XPS"按钮，如图 11-5 所示。

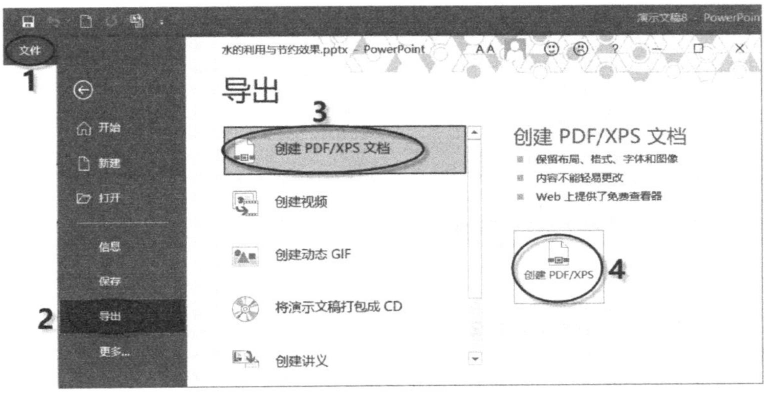

图 11-5　创建 PDF/XPS 文档

（2）弹出"发布为 PDF 或 XPS"对话框，选择文件的保存位置，这里选择文件保存位置为"桌面"，输入文件名，在"保存类型"中选择"PDF"选项，如图 11-6 所示。

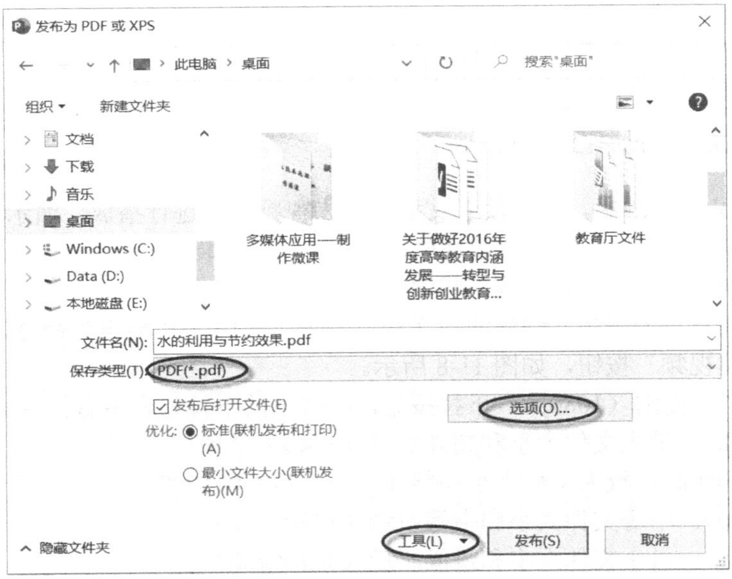

图 11-6　"发布为 PDF 或 XPS"对话框

（3）单击“选项”按钮，弹出“选项”对话框，如图 11-7 所示，在该对话框中设置幻灯片范围、发布选项等，设置结束后，单击“确定”按钮。

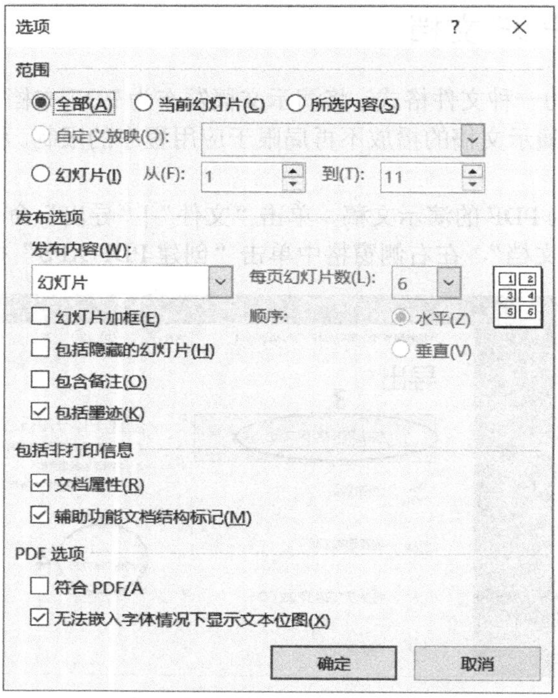

图 11-7　PDF 文件“选项”对话框

（4）在“另存为”对话框中单击“工具”下拉按钮，在弹出的下拉列表中选择“常规选项”，弹出“常规选项”对话框，在该对话框中可以设置 PDF 文件的打开或修改权限密码，单击“确定”按钮，返回“发布为 PDF 或 XPS”对话框。

（5）在该对话框中单击“发布”按钮，完成将演示文稿转换为 PDF 文档。

11.2.2　导出为视频文件

在 PowerPoint 2016 中，可将演示文稿转换为视频文件进行播放，演示文稿中的动画、多媒体、旁白等内容能够随视频一起播放，这样在没有安装 PowerPoint 的计算机上通过视频播放也可以观看演示文稿的内容。将演示文稿发布为视频文件的方法如下。

（1）打开要发布为视频文件的演示文稿。单击“文件”|“导出”命令，在“导出”列表中单击“创建视频”按钮，如图 11-8 所示。

（2）单击“全高清（1080p）”下拉按钮，在弹出的下拉列表中有如下 4 种显示方式。

超高清（4k）：最大文件大小和超高质量（3840×2160）。

全高清（1080p）：较大文件大小和整体优质（1440×1080）。

高清（720p）：中等文件大小和中等质量（1280×720）。

标准（480p）：最小文件大小和最低质量（852×480）。

（3）单击“不要使用录制的计时和旁白”下拉按钮，在弹出的下拉列表中选择是否使用录制的计时和旁白、是否录制计时和旁白、是否浏览计时和旁白。

（4）如果不使用录制的计时和旁白，可在“放映每张幻灯片的秒数”微调框中设置每张幻灯片放映的时间，默认的时间是 5 秒。

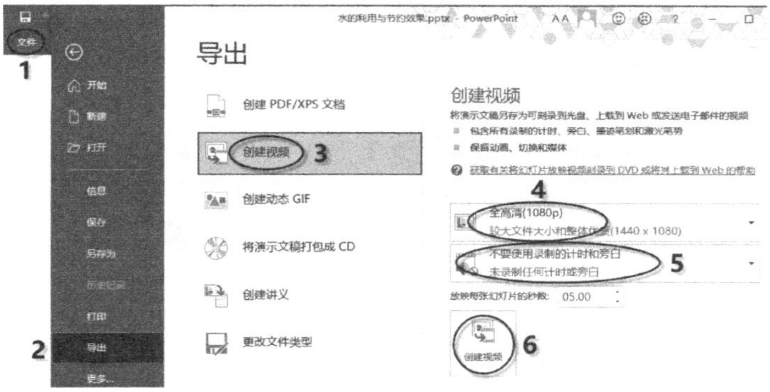

图 11-8　将演示文稿发布为视频文件示例图

（5）单击下方的“创建视频”按钮，弹出“另存为”对话框，选择视频的保存位置，输入文件名，单击“保存”按钮，开始创建视频。在演示文稿窗口底部的状态栏可以看到当前的文件转换进度，这里会显示“正在制作视频”信息，如图 11-9 所示，通过观看进度条查看创建完成的情况。创建视频的时间长短由演示文稿的复杂程度决定，一般需要几分钟甚至更长时间。

图 11-9　“正在制作视频”提示信息

（6）转换结束后，在桌面上可以看到转换后的视频文件图标，双击该图标，演示文稿以视频方式播放。

11.2.3　打包成 CD

PowerPoint 2016 提供了 CD 打包功能，可将一组演示文稿复制到计算机上的文件夹或 CD 中，实现演示文稿的发布。操作方法如下。

（1）打开要打包的演示文稿，单击“文件”|“导出”命令，在“导出”列表中选择“将演示文稿打包成 CD”选项，在右侧窗格中单击“打包成 CD”按钮，如图 11-10 所示。

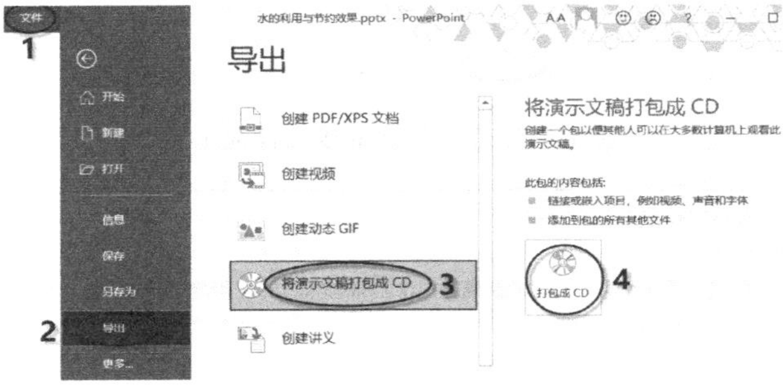

图 11-10　将演示文稿打包成 CD

（2）弹出“打包成 CD”对话框，如图 11-11 所示。在“将 CD 命名为”文本框中输入演示文稿打包后的名称，这里输入“水的利用与节约”。在默认情况下，PowerPoint 只将当前演示文稿打包到 CD，单击“添加”按钮，可将多个演示文稿同时打包到一张 CD 中。

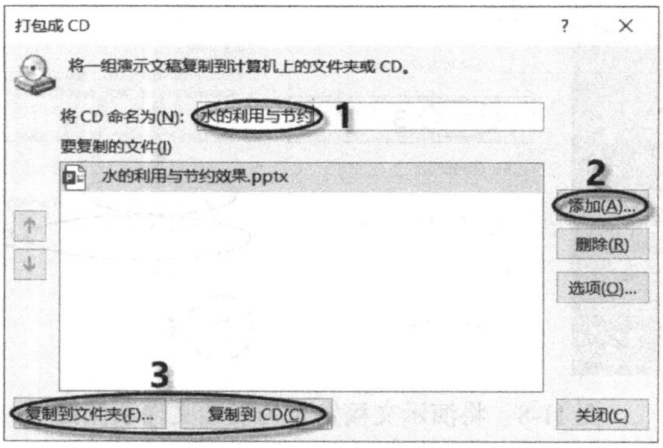

图 11-11 “打包成 CD”对话框

（3）单击“复制到文件夹”按钮，将演示文稿打包到计算机指定的文件夹；单击“复制到 CD”按钮，将演示文稿打包到 CD。本例单击“复制到文件夹”按钮，弹出如图 11-12 所示的“复制到文件夹”对话框，在此对话框中选择文件复制到的文件夹名称及位置，单击“确定”按钮。

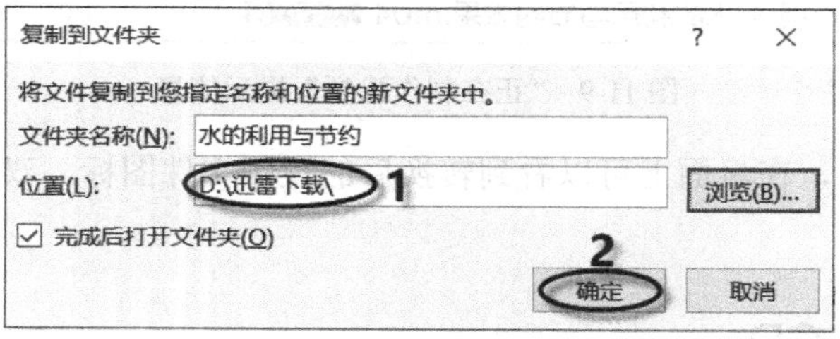

图 11-12 “复制到文件夹”对话框

（4）弹出提示框，提示是否要包含链接的文件，单击“是”按钮，如图 11-13 所示。弹出“正在将文件复制到文件夹”提示框，提示复制的进度，如图 11-14 所示。

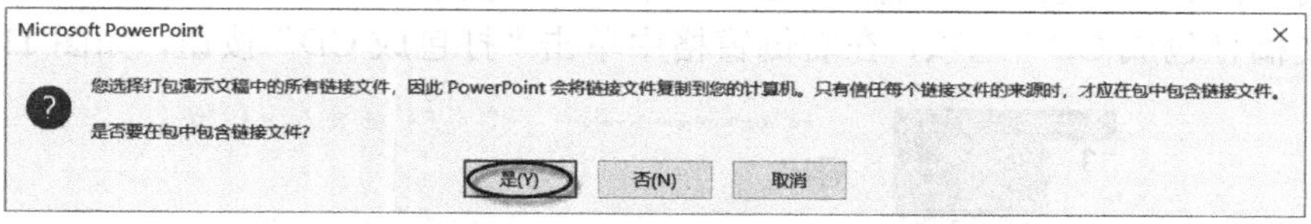

图 11-13 是否包含链接文件提示框

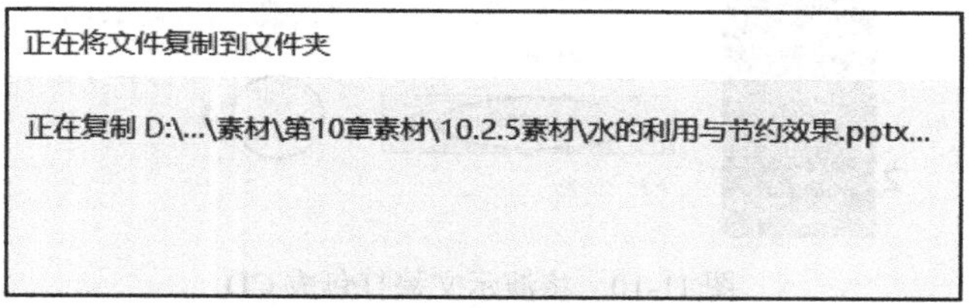

图 11-14 “正在将文件复制到文件夹”提示框

（5）打包结束后，自动弹出打包成 CD 的文件夹窗口，如图 11-15 所示，在该对话框中显示打包后的所有文件。

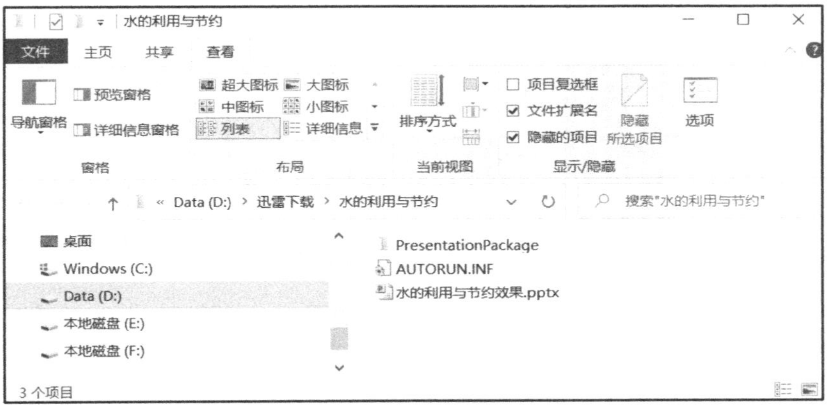

图 11-15　打包成 CD 的窗口

（6）复制结束后，返回“打包成 CD”对话框，单击“关闭”按钮，如图 11-16 所示，完成将演示文稿打包成 CD 的操作。

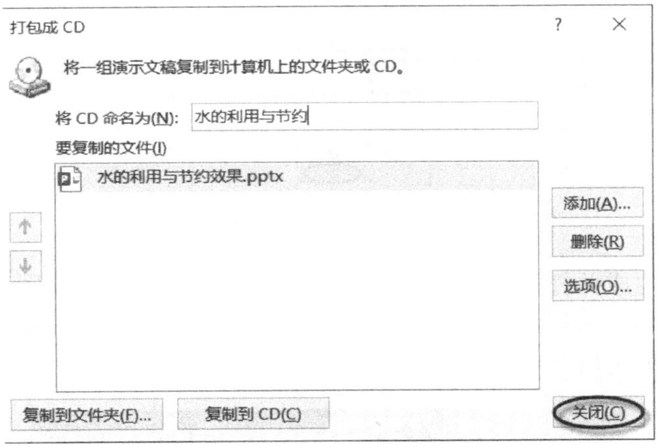

图 11-16　关闭“打包成 CD”对话框

若将演示文稿刻录到 CD，则在“打包成 CD”对话框中单击“复制到 CD”按钮，可将演示文稿及其链接的多媒体文件打包成 CD。将演示文稿打包成 CD 格式，观看 PPT 的人不能对幻灯片进行修改，保证了幻灯片的安全。

11.2.4　导出为讲义

PowerPoint 2016 中的“创建讲义”的功能，能够将幻灯片和备注等信息转换成 Word 文档，在 Word 中编辑内容和设置内容格式，当演示文稿发生更改时，自动更新讲义中的幻灯片。将演示文稿创建讲义的方法如下。

（1）打开需要创建讲义的演示文稿，单击“文件”|“导出”命令，在“导出”列表中单击“创建讲义”选项，在右侧窗口中单击“创建讲义”按钮，如图 11-17 所示。

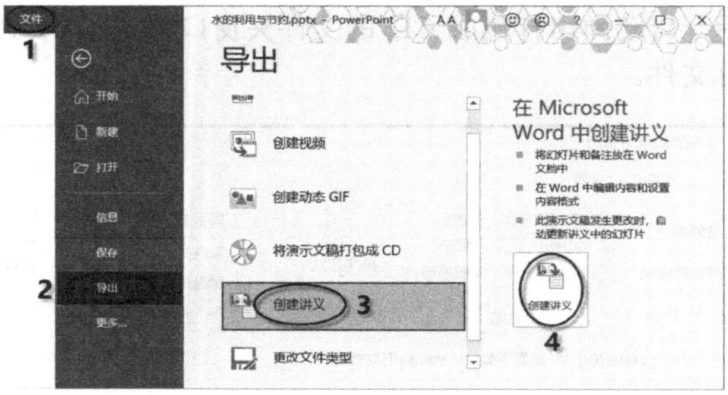

图 11-17　将演示文稿创建讲义

（2）弹出“发送到 Microsoft Word”对话框，如图 11-18 所示，在该对话框中选择一种使用的版式，本例选择“只使用大纲”版式，然后单击“确定”按钮。

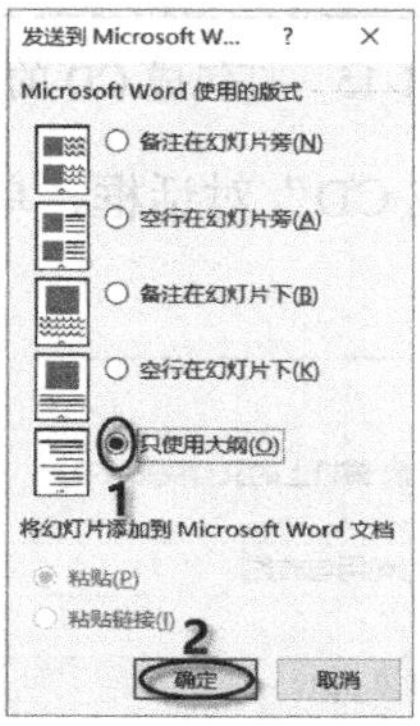

图 11-18　“发送到 Microsoft Word”对话框

（3）此时自动生成并打开一个名为“文档 1”的 Word 文件，如图 11-19 所示，其内容即为该演示文稿文件中所有幻灯片的文字信息，包括字体和字号基本一致。如果要对讲义进行修改，修改完成之后保存即可。

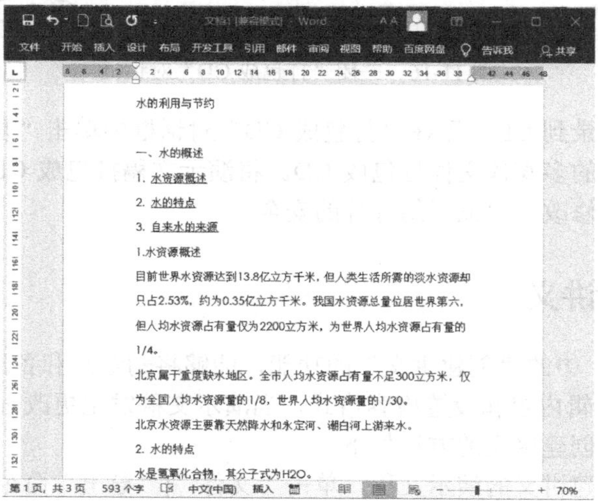

图 11-19　演示文稿创建的 Word 讲义

第 12 章

实例——制作答辩演示文稿

小李同学参加全国计算机设计大赛，经过专家和网络评审，该同学进入决赛。根据比赛规则，进入决赛的同学需要提交用于现场答辩的演示文稿。于是，小李同学根据参赛作品内容制作了图 12-1 所示的答辩演示文稿。本实例涉及的知识点主要有：母版、插入形状、图片、SmartArt 图形、动画效果、切换效果、交互的设置。

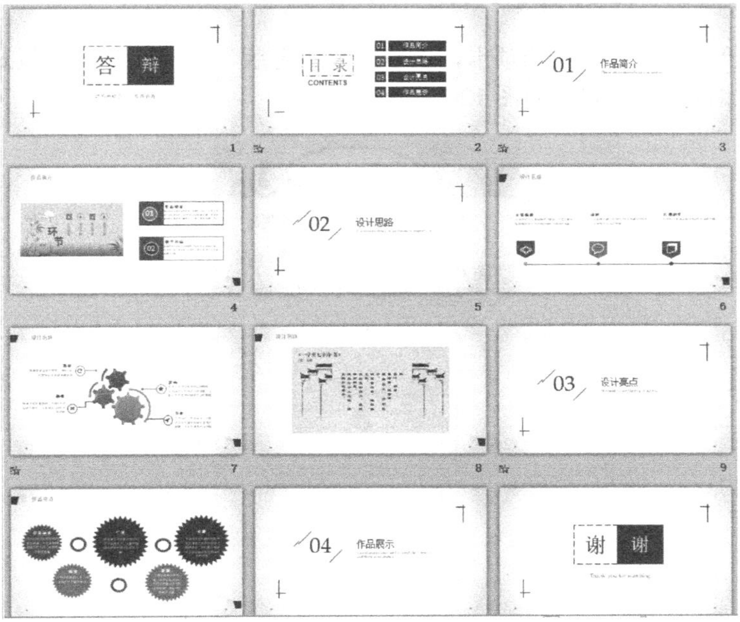

图 12-1 答辩演示文稿

12.1 利用母版统一答辩文稿的外观

12.1.1 统一答辩文稿的外观

（1）启动 PowerPoint 2016，新建一个空白演示文稿。在演示文稿窗口中，打开“视图”选项卡，单击“母版视图”组中的“幻灯片母版”按钮，进入“幻灯片母版”视图。

（2）在“幻灯片母版”选项卡“编辑主题”组中，单击“主题”下拉按钮，在弹出的下拉列表中选择“丝状”主题，如图 12-2 所示，为演示文稿统一外观。

图 12-2　选择主题统一外观

12.1.2　统一答辩文稿的字体

（1）打开“幻灯片母版”选项卡，单击“编辑母版”组中的“插入版式”按钮，在幻灯片母版中添加自定义版式，如图 12-3 所示。

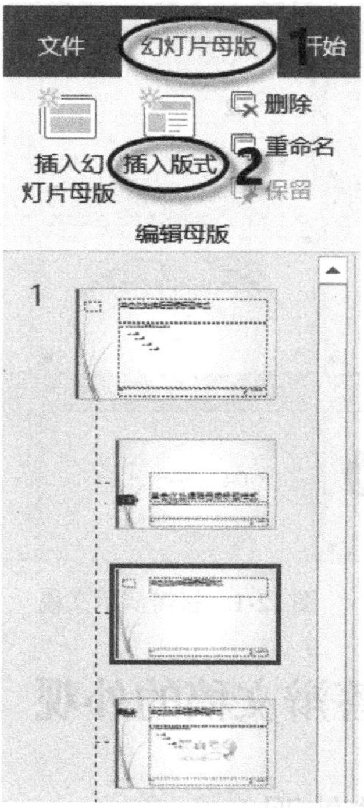

图 12-3　添加自定义版式

（2）在幻灯片中选定“单击此处编辑母版标题样式”占位符，打开“开始”选项卡，在“字体”组中设置字体为“黑体”，字号为 24。在“段落”组中设置对齐方式为“左对齐”，如图 12-4 所示。

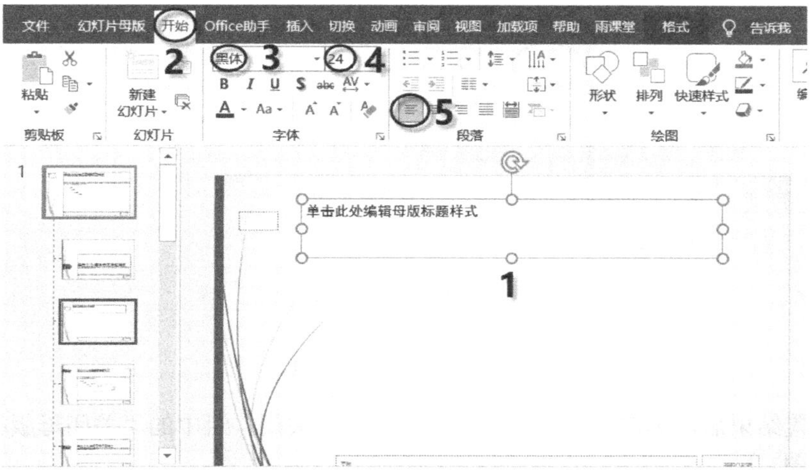

图 12-4　设置母版标题字体格式

12.1.3　添加幻灯片编号

（1）在幻灯片母版编辑窗口中，打开“插入”选项卡，单击“文本”组中的“幻灯片编号”按钮，打开“页眉和页脚”对话框，选定“幻灯片编号”和“标题幻灯片中不显示”复选框，再单击“全部应用”按钮，如图 12-5 所示，为幻灯片添加编号。

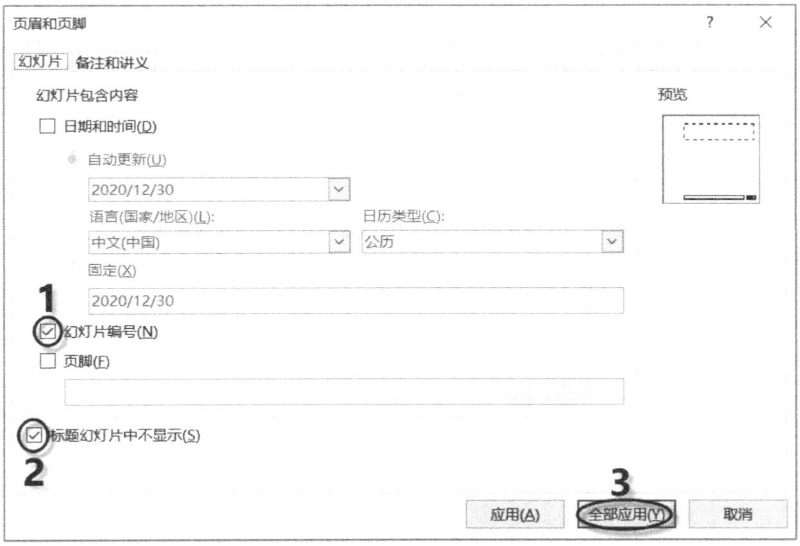

图 12-5　添加幻灯片编号

（2）幻灯片编号通常位于右下角，因此单击选定幻灯片左上角的编号框，如图 12-6 所示，将其移动到幻灯片的右下角，并设置字体颜色为黑色。

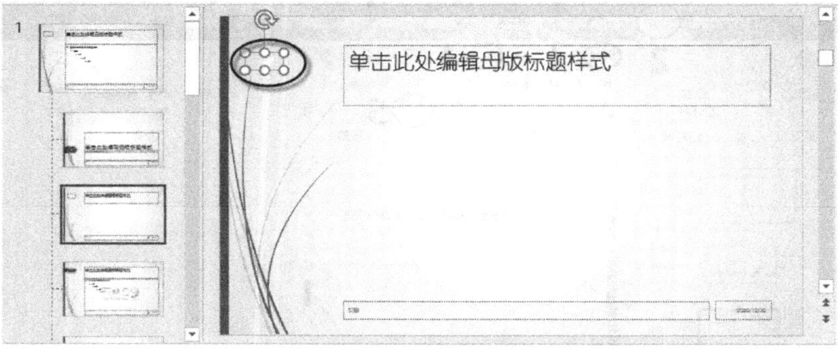

图 12-6　幻灯片编号框

（3）设置结束后，单击“幻灯片母版”选项卡“关闭”组中的“关闭母版视图”按钮，返回普通视图。

12.2　输入答辩文稿的内容

12.2.1　输入标题和目录

1. 输入标题

（1）在第一张幻灯片中选定“单击此处添加标题”占位符，按 Delete 键将其删除。

（2）打开“插入”选项卡，单击“文本”组中的“文本框”按钮，在弹出的下拉列表中选择“绘制横排文本框”选项，将光标移动到幻灯片中，按住鼠标左键进行拖动绘制正方形，如图 12-7 所示。

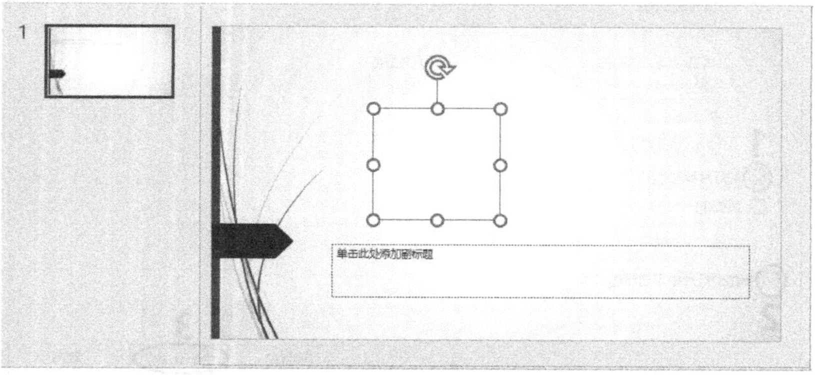

图 12-7　在幻灯片中绘制正方形

（3）在正方形中输入文字“答”，将其字体设置为“幼圆”，字号为 80，居中。打开“绘图工具”的“格式”选项卡，单击“形状样式”组中的“形状轮廓”下拉按钮，在弹出的下拉列表中选择“虚线”，将轮廓设置为虚线，如图 12-8 所示。

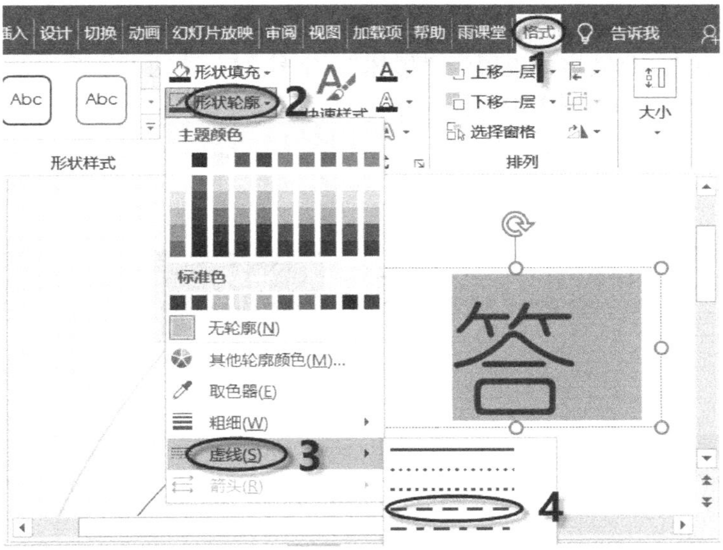

图 12-8 设置形状轮廓

（4）选定正方形，按 Ctrl+C 组合键再按 Ctrl+V 组合键，将其复制，并将复制后的正方形移动到与第一个正方形并排显示的位置，如图 12-9 所示。在“格式”选项卡中单击“形状样式”组中的“形状填充”下拉按钮，在弹出的下拉列表中选择“黑色，文字 1”，如图 12-10 所示。将文字“答”改为“辩”字，字体颜色设置为“白色，背景 1”。

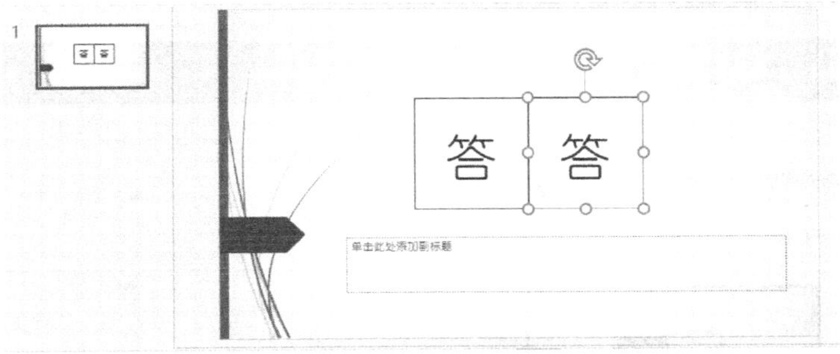

图 12-9 复制与排列正方形

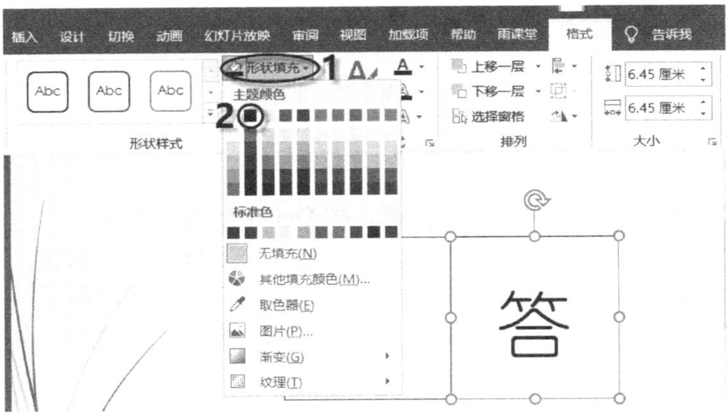

图 12-10 设置形状填充“黑色，文字 1”

（5）选定“单击此处添加副标题”占位符，按 Delete 键将其删除，输入文字“诗茶两相会，一卷得真趣”，将其字体设置为“黑体”，字号 24，移动占位符位置，使副标题位于“答辩”下方中间位置，如图 12-11 所示。

图 12-11　输入副标题

2. 输入目录

（1）打开“开始”选项卡，单击“幻灯片”组中的“新建幻灯片”下拉按钮，在弹出的下拉列表中选择“自定义版式”选项，如图 12-12 所示。

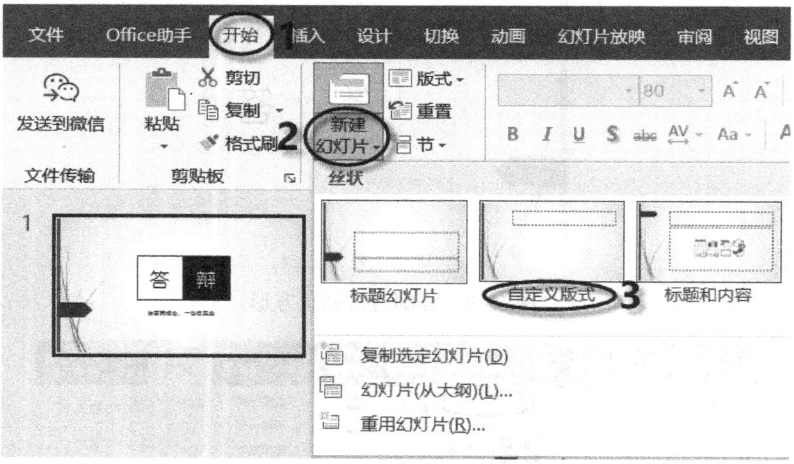

图 12-12　新建幻灯片

（2）选定“单击此处添加标题”占位符，按 Delete 键将其删除。

（3）打开“插入”选项卡，单击“文本”组中“文本框”下拉按钮，在弹出的下拉列表中选择“绘制横排文本框”选项，按住鼠标左键在幻灯片中绘制图形，并输入文字“目录”，设置字体为“黑体”，字号为 66。将文本框的边框线设置为虚线，如图 12-13 所示。

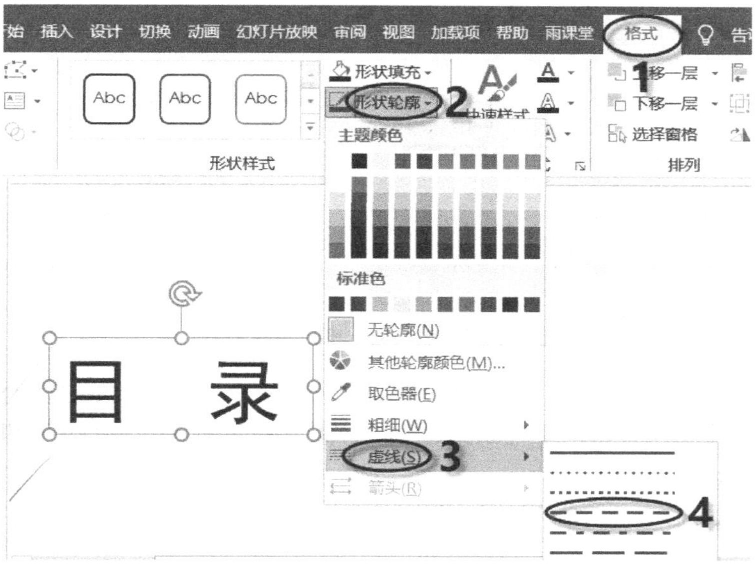

图 12-13　设置文本框的形状轮廓

（4）在“目录”的下面插入文本框，输入字符“CONTENTS”，字体设置为“Arial”，字号为 28。

（5）插入文本框，输入字符“01”，字体为“黑体”，字号 32，字体颜色为“白色，背景 1，深色 15%”，居中。将文本框填充为“黑色，文字 1”，如图 12-14 所示。

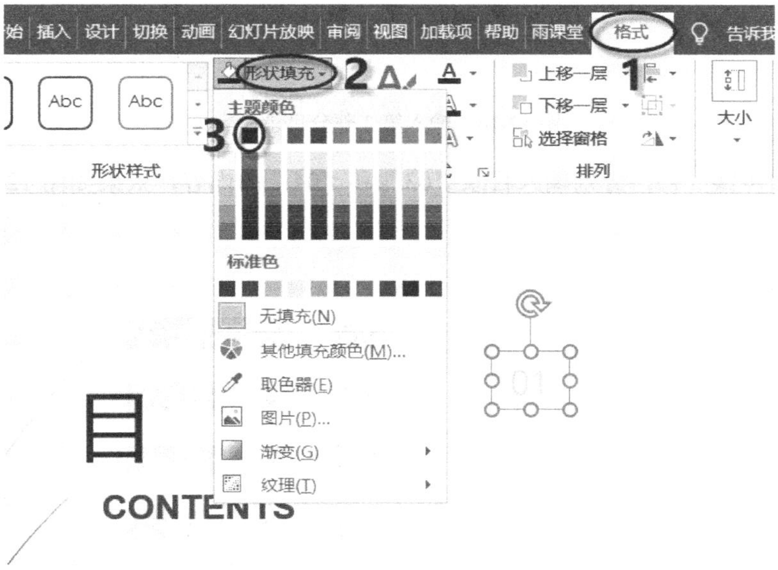

图 12-14　设置文本框的形状填充

（6）在“01”文本框上右击，在弹出的快捷菜单中单击“复制”命令，然后按 Ctrl+V 组合键，复制 1 个01，将其移动到01的右侧，调整文本框的大小，并输入文字“作品简介”，如图 12-15 所示。

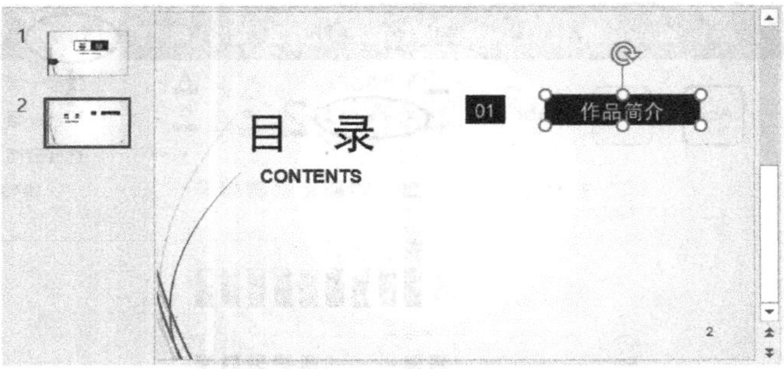

图 12-15　输入第 1 部分目录内容

（7）按 Ctrl 键，选定“01”文本框和“作品简介”文本框，按 Ctrl+C 组合键再按 Ctrl+V 组合键，复制 2 个文本框，向下拖动到适当的位置，将其内容改为“02”和“设计思路”，如图 12-16 所示。

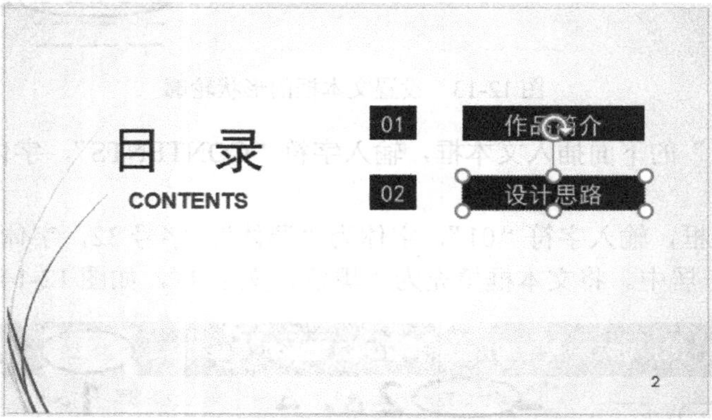

图 12-16　输入第 2 部分目录内容

（8）按照步骤（7），分别输入目录“03”和“04”的内容，效果如图 12-17 所示。

图 12-17　目录页内容

12.2.2　插入图片

（1）打开“开始”选项卡，单击“幻灯片”组中的“新建幻灯片”下拉按钮，在弹出的下拉列表中单击“自定义版式”选项，添加第 3 张幻灯片。按照相同的方法，添加第 4 张幻灯片。

（2）在第 4 张幻灯片中，打开“插入”选项卡，单击“图像”组中的“图片”下拉按钮，在弹出的下拉列表中选择“此设备”选项，在弹出的对话框中找到“图片 1”保存位置，插入“图片 1”，将图片调整为适当大小。

12.2.3　插入形状

（1）在第 4 张幻灯片中，打开“插入”选项卡，单击“插图”组中的“形状”下拉按钮，在弹出的下拉列表中选择“矩形”选项，将光标移动到幻灯片中图片的右侧，此时光标变为“＋”形状，按住鼠标左键进行拖动，绘制矩形，如图 12-18 所示。

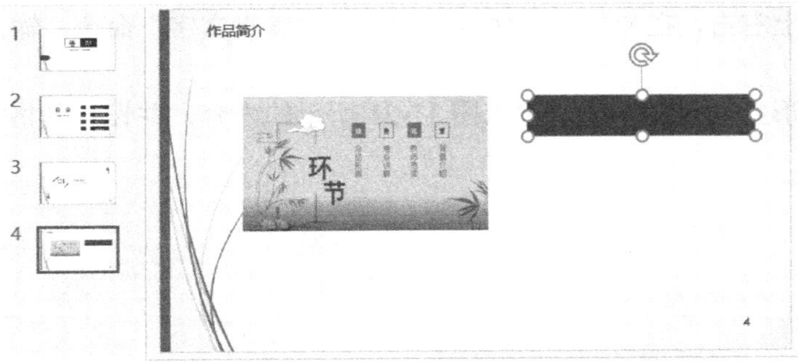

图 12-18　插入“矩形”形状

（2）打开“绘图工具”的“格式”选项卡，单击“形状样式”组中的“形状填充”下拉按钮，在弹出的下拉列表中选择“无填充”选项。

（3）再次选择“形状”下拉列表中的“矩形”选项，在已有的“矩形”形状上绘制一个短矩形，如图 12-19 所示，单击“形状填充”按钮，选择的填充方式为“黑色，文字 1，淡色 25%”。

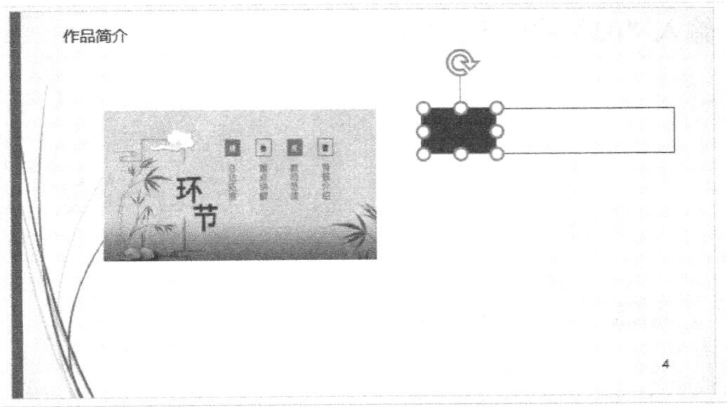

图 12-19　绘制短“矩形”形状

（4）选择“形状”下拉列表中的“椭圆”选项，按住 Shift 键，在短矩形上绘制圆形，将其填充为“白色，背景 1，深色 35%”。将形状轮廓设置为“白色，背景 1”，粗细为 2.25 磅，如图 12-20 所示。

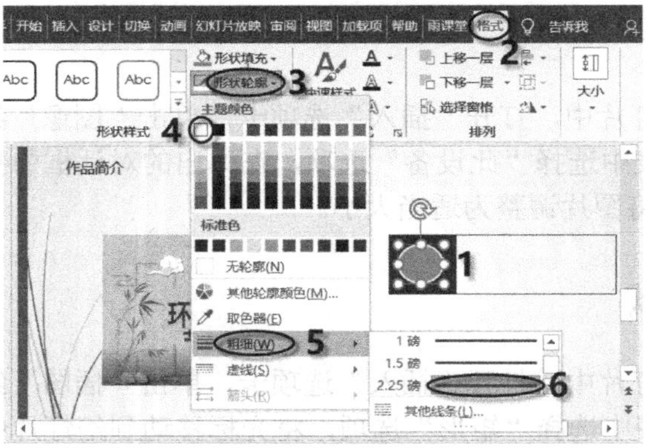

图 12-20　绘制圆形并设置格式

（5）在圆形上右击，在弹出的快捷菜单中单击“编辑文字”命令，输入文字“01”，并设置适当格式。

（6）在长矩形上插入文本框，输入图 12-21 所示的内容，并设置其格式。

图 12-21　在长矩形中输入内容

（7）按住 Ctrl 键，分别单击矩形、圆形、文本框，将它们同时选定，打开“格式”选项卡，单击“排列”组中的“组合”下拉按钮，在弹出的下拉列表中选择“组合”选项，将选定的对象组合为一个图形。

（8）选定组合后的图形，按 Ctrl+C 组合键再按 Ctrl+V 组合键，并将复制的图形向下移动到合适的位置，输入“02”的内容，如图 12-22 所示。

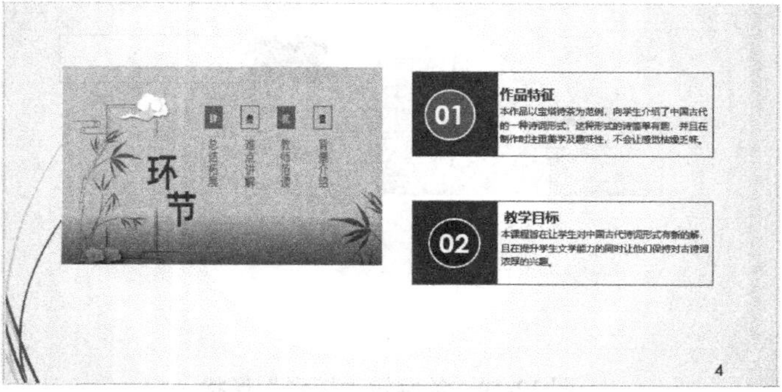

图 12-22　插入形状后的效果

（9）按照插入形状的方法，插入第 8 张幻灯片中的形状并输入内容，设置适当的格式，如图 12-23 所示。

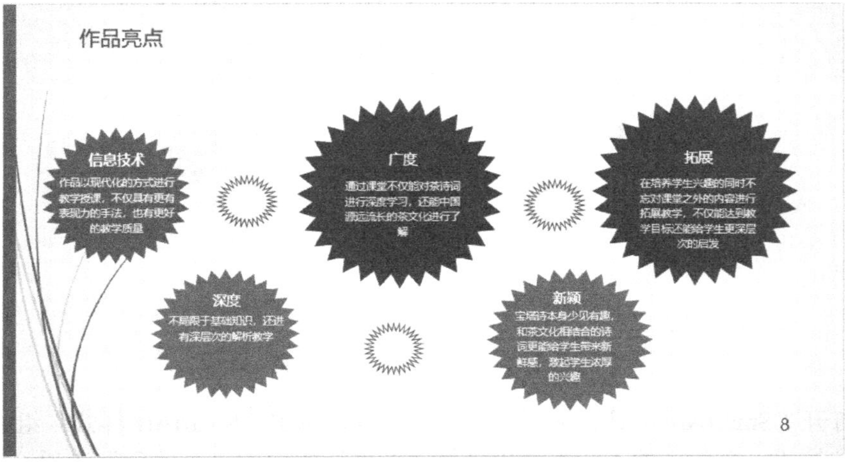

图 12-23　第 8 张幻灯片中的形状及内容

（10）利用插入形状、文本框的方法，输入第 3 张幻灯片、第 5 张幻灯片、第 7 张幻灯片、第 9 张幻灯片中的内容，如图 12-24 所示。

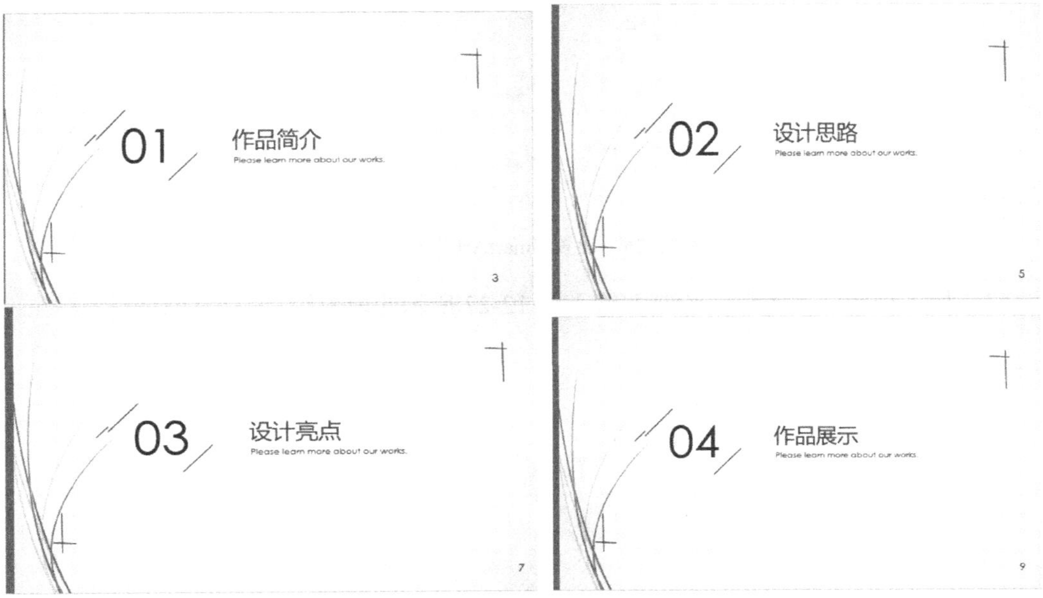

图 12-24　第 3 张、第 5 张、第 7 张、第 9 张幻灯片中的形状及内容

12.2.4　插入 SmartArt 图形

（1）在第 6 张幻灯片中，打开“插入”选项卡，单击“插图”组中的“SmartArt”按钮，弹出“选择 SmartArt 图形”对话框，在列表框中选择“关系”类中的“齿轮”选项，如图 12-25 所示，插入 SmartArt 图形。

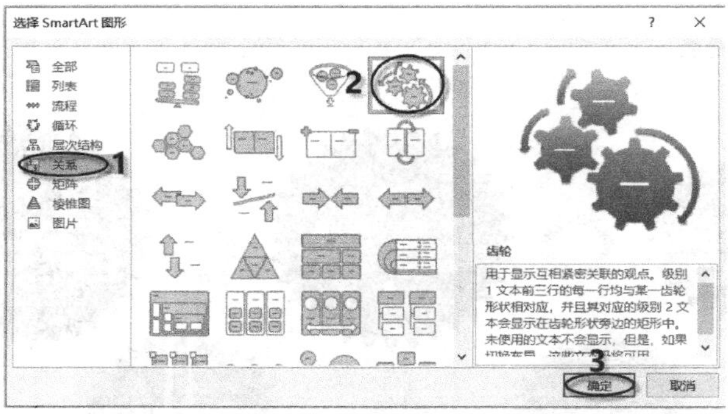

图 12-25　插入 SmartArt 图形

（2）打开“SmartArt 工具”的“设计”选项卡，单击“SmartArt 样式”组中的“更改颜色”下拉按钮，在弹出的下拉列表中选择“彩色”栏中的“个性色”选项，如图 12-26 所示。

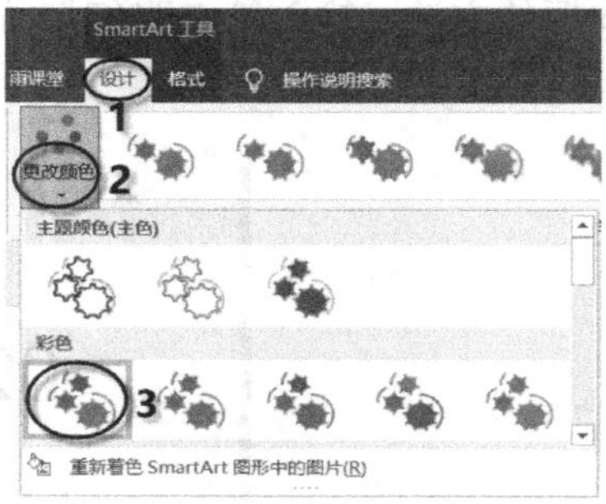

图 12-26　设置 SmartArt 图形的样式

（3）插入形状、文本框，绘制并输入图 12-27 所示的内容。

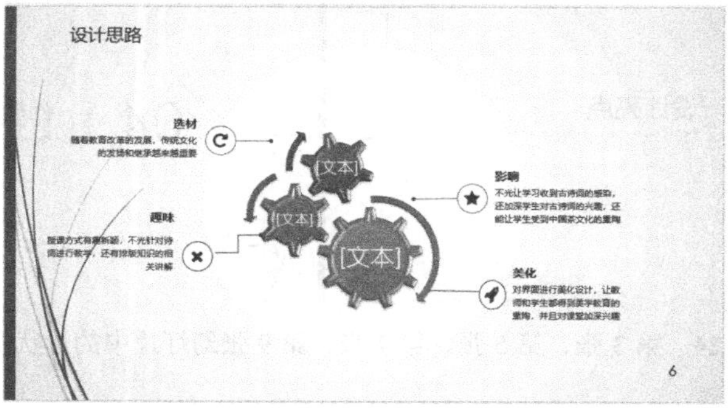

图 12-27　插入形状、文本框并输入内容

12.3　为答辩文稿添加动画效果

12.3.1　为形状和文本框添加进入效果

（1）在第 4 张幻灯片中，单击选定 01 区域的形状和文本框，如图 12-28 所示。

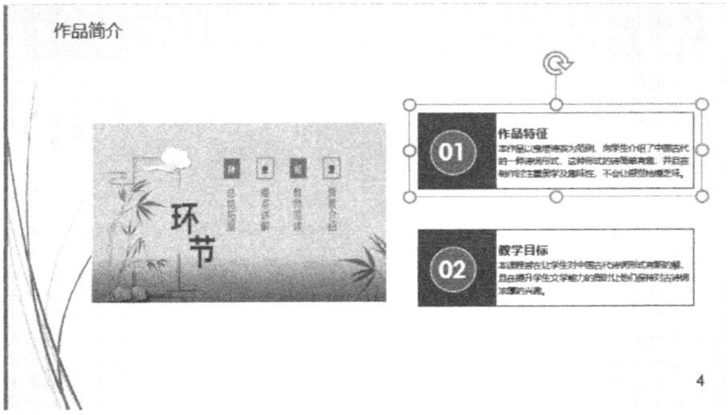

图 12-28　选定形状和文本框

（2）打开“动画”选项卡，单击“动画”组中的“擦除”选项，此时选定的形状和文本框的左上方出现1，表明该对象添加了动画效果。

（3）按照上述步骤（1）~（2），为 02 区域的形状和文本框添加“擦除”动画效果，如图 12-29 所示。

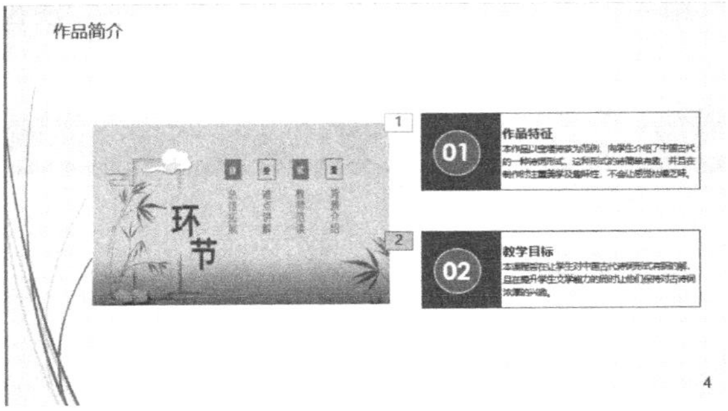

图 12-29　添加动画后的效果

12.3.2　为文本添加强调效果

（1）在第 7 张幻灯片中，按住 Ctrl 键，单击选定所有文本，如图 12-30 所示。

图 12-30　选定文本

（2）打开“动画”选项卡，单击“动画”组中的“其他”按钮，在弹出的下拉列表中选择“强调”列表框中的“字体颜色”选项，如图 12-31 所示。此时在选定文本的左上方分别出现数字1，表明这些对象添加了动画效果。

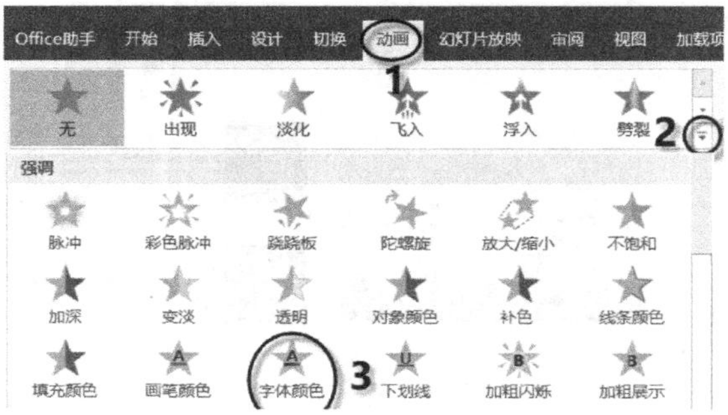

图 12-31　添加“强调”动画效果

12.4　为答辩文稿添加切换效果

（1）在第 7 张幻灯片中，打开“切换”选项卡，选择“切换到此幻灯片”组中的“淡入/淡出”选项，如图 12-32 所示。

（2）单击“计时”组中的“应用到全部”按钮，将“淡入/淡出”效果应用到所有幻灯片。

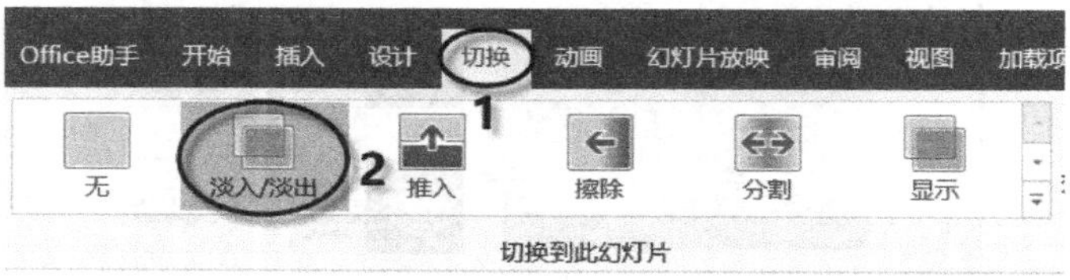

图 12-32　添加切换效果

12.5　为答辩文稿添加交互设置

12.5.1　为目录设置超链接

（1）在第 2 张幻灯片的目录页中，单击选定“作品简介”文本框，打开“插入”选项卡，单击“链接”组中的“链接”按钮，打开“插入超链接”对话框。

（2）在该对话框中，单击“链接到”列表框中的“本文档中的位置”，在“请选择文档中的位置”列表框中单击“3. 幻灯片 3”，单击“确定”按钮，如图 12-33 所示。

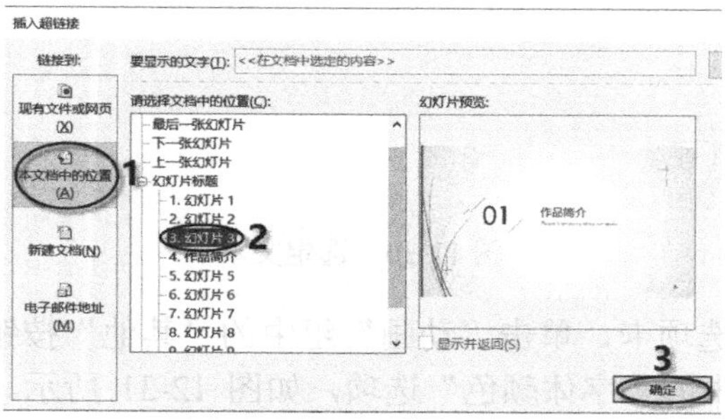

图 12-33　设置超链接

（3）按照上述步骤（1）~（2），分别将目录页中的“设计思路”链接到第 5 张幻灯片、“设计亮点”链接到第 7 张幻灯片、“作品展示”链接到第 9 张幻灯片。

12.5.2 添加返回目录动作按钮

（1）在第 3 张幻灯片中，打开“插入”选项卡，单击“插图”组中的“形状”下拉按钮，在弹出的下拉列表中选择“动作按钮”中的“转到开头”按钮，如图 12-34 所示。

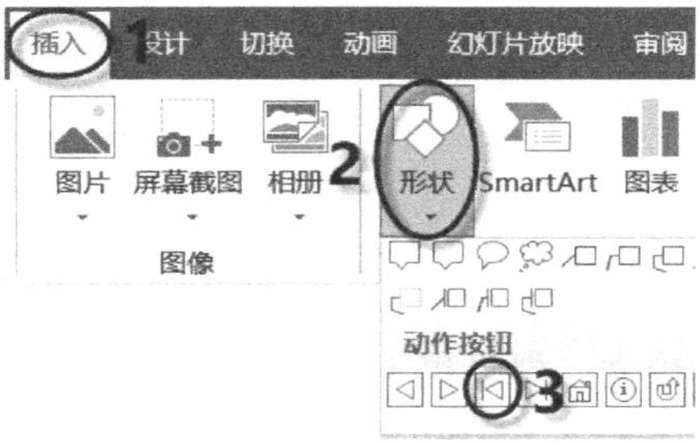

图 12-34 插入动作按钮

（2）按住鼠标左键在幻灯片右下角进行拖动绘制动作按钮，绘制结束后释放鼠标左键，弹出“操作设置”对话框。选择“超链接到”单选按钮，单击列表框右侧的下拉按钮，在弹出的下拉列表中选择“幻灯片”，弹出“超链接到幻灯片”对话框，在“幻灯片标题”列表框中单击“2. 幻灯片 2”，如图 12-35 所示，单击“确定”按钮，返回“操作设置”对话框，再单击“确定”按钮。

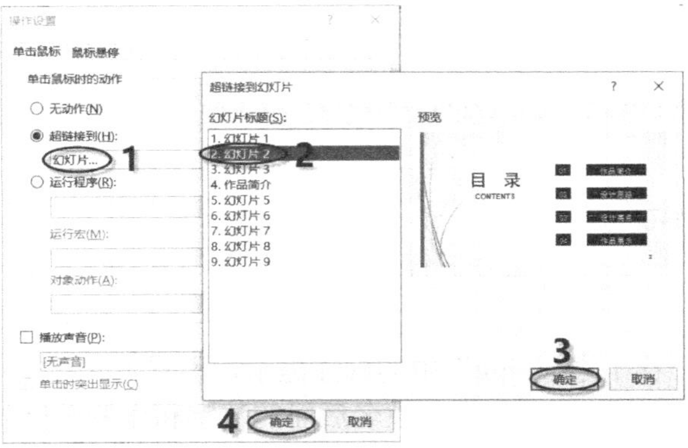

图 12-35 设置动作按钮的超链接

（3）按照上述步骤（1）~（2），分别在第 5 张、第 7 张、第 9 张幻灯片中插入“转到开头”动作按钮，并将动作按钮设置返回第 2 张幻灯片的目录页中。

附录 A

全国计算机等级考试二级 MS Office 试题

一、Word 操作

张老师撰写了一篇学术论文，拟投稿于大学学报，在发表之前需要根据学报要求完成论文样式排版。根据考生文件夹下“Word 素材.docx”完成排版工作，具体要求如下。

1．在考生文件夹下，将“Word 素材.docx”另存为“Word.docx”（“.docx”为扩展名），后续操作均基于此文件，否则不得分。

2．设置论文页面为 A4 幅面，页面上、下边距分别为 3.5 厘米和 2.2 厘米，左、右边距为 2.5 厘米。论文页面只指定行网格（每页 42 行），页脚距边界 1.4 厘米，在页脚居中位置设置论文页码。该论文最终排版不超过 5 页，可参考考生文件夹下的“论文正样 1.jpg”～“论文正样 5.jpg”示例。

3．将论文中不同颜色的文字设置为标题格式，要求如下表。设置完成后，需将最后一页的“参考文献”段落设置为无多级编号。

文字颜色	样式	字号	字体颜色	字体	对齐方式	段落行距	段落间距	大纲级别	多级项目编号格式
红色文字	标题1	三号	黑色	黑体	居中			1级	
黄色文字	标题2	四号			左对齐	最小值30磅		2级	1、2、3、…
蓝色文字	标题3	五号			左对齐	最小值18磅	段前3磅 段后3磅	3级	2.1、2.2、…、3.1、3.2、…

4．依据“论文正样 1_格式.jpg”中的标注提示，设置论文正文前的段落和文字格式。并参考“论文正样 1.jpg”示例，将作者姓名后面的数字和作者单位前面的数字（含中文、英文）设置正确的格式。

5．设置论文正文部分的页面布局为对称 2 栏，并设置正文段落（不含图、表、独立成行的公式）字号为五号，中文字体为宋体，西文字体为 Times New Roman，段落首行缩进 2 字符，行距为单倍行距。

6．设置正文中的“表 1”、“表 2”与对应表格标题的交叉引用关系（注意：“表 1”、“表 2”的“表”字与数字之间没有空格），并设置表注字号为小五号，中文字体为黑体，西文字体为 Times New Roman，段落居中。

7．设置正文部分中的图注字号为小五号，中文字体为宋体，西文字体为 Times New Roman，段落居中。

8．设置参考文献列表文字的字号为小五号，中文字体为宋体，西文字体为 Times New

Roman；并为其设置项目编号，编号格式为“[序号]”。

二、Excel 操作

李东阳是某家用电器企业的战略规划人员，正在参与制订本年度的生产与营销计划。为此，他需要对上一年度不同产品的销售情况进行汇总和分析，从中提炼出有价值的信息。根据下列要求，帮助李东阳运用已有的原始数据完成上述分析工作。

1．在考生文件夹下，将文档“Excel 素材.xlsx”另存为“Excel.xlsx”（“.xlsx”为扩展名），之后所有操作均基于此文档，否则不得分。

2．在工作表“sheet1”中，从 B3 单元格开始，导入“数据源.txt”中的数据，并将工作表名称修改为“销售记录”。

3．在“销售记录”工作表的 A3 单元格中输入文字“序号”，从 A4 单元格开始，为每笔销售记录插入“001、002、003……”格式的序号；将 B 列（日期）中数据的数字格式修改为只包含月和日的格式（3/14)；在 E3 和 F3 单元格中，分别输入文字“价格”和“金额”；对标题行区域 A3:F3 应用单元格的上框线和下框线，对数据区域的最后一行 A891:F891 应用单元格的下框线；其他单元格无边框线；不显示工作表的网格线。

4．在“销售记录”工作表的 A1 单元格中输入文字“2012 年销售数据”，并使其显示在 A1:F1 单元格区域的正中间（注意：不要合并上述单元格区域）；将“标题”单元格样式的字体修改为“微软雅黑”，并应用于 A1 单元格中的文字内容；隐藏第 2 行。

5．在“销售记录”工作表的 E4:E891 中，应用函数输入 C 列（类型）所对应的产品价格，价格信息可以在“价格表”工作表中进行查询；然后将填入的产品价格设为货币格式，并保留零位小数。

6．在“销售记录”工作表的 F4:F891 中，计算每笔订单记录的金额，并应用货币格式，保留零位小数，计算规则为：金额=价格×数量×（1−折扣百分比），折扣百分比由订单中的订货数量和产品类型决定，可以在“折扣表”工作表中进行查询，例如某个订单中产品 A 的订货量为 1510，则折扣百分比为 2%（提示：为便于计算，可对“折扣表”工作表中表格的结构进行调整）。

7．将“销售记录”工作表的单元格区域 A3:F891 中的所有记录居中对齐，并将发生在周六或周日的销售记录的单元格的填充颜色设置为黄色。

8．在名为“销售量汇总”的新工作表中自 A3 单元格开始创建数据透视表，按照月份和季度对“销售记录”工作表中的三种产品的销售数量进行汇总；在数据透视表右侧创建数据透视图，图表类型为“带数据标记的折线图”，并为“产品 B”系列添加线性趋势线，显示“公式”和“R2 值”（数据透视表和数据透视图的样式可参考考生文件夹中的“数据透视表和数据透视图.png”示例文件）；将“销售量汇总”工作表移动到“销售记录”工作表的右侧。

9．在“销售量汇总”工作表右侧创建一个新的工作表，名称为“大额订单”；在这个工作表中使用高级筛选功能，筛选出“销售记录”工作表中产品 A 数量在 1550 以上、产品 B 数量在 1900 以上及产品 C 数量在 1500 以上的记录（请将条件区域放置在 1～4 行，筛选结果放置在从 A6 单元格开始的区域）。

三、PPT 操作

李老师希望制作一个关于“天河二号”超级计算机的演示文档，用于拓展学生课堂知识。根据考生文件夹下“PPT 素材.docx”及相关图片文件素材，帮助李老师完成此项工作，具体要求如下。

1. 在考生文件夹下，创建一个名为“PPT.pptx”的演示文稿（“.pptx”为扩展名），并应用一个色彩合理、美观大方的设计主题，后续操作均基于此文件，否则不得分。

2. 第 1 张幻灯片为标题幻灯片，标题为“天河二号超级计算机”，副标题为“--2014 年再登世界超算榜首”。

3. 第 2 张幻灯片应用“两栏内容”版式，左边一栏为文字，右边一栏为图片，图片为素材文件“Image1.jpg”。

4. 第 3～7 张幻灯片均为“标题和内容”版式，“PPT 素材.docx”文件中的黄底文字即为相应幻灯片的标题文字。将第 4 张幻灯片的内容设为“垂直块列表”SmartArt 图形对象，“PPT 素材.docx”文件中的红色文字为 SmartArt 图形对象一级内容，蓝色文字为 SmartArt 图形对象二级内容。为该 SmartArt 图形设置组合图形“逐个”播放动画效果，并将动画的开始时间设置为“上一动画之后”。

5. 利用相册功能为考生文件夹下的“Image2.jpg”～“Image9.jpg”8 张图片创建相册幻灯片，要求每张幻灯片包含 4 张图片，相框的形状为“居中矩形阴影”，相册标题为“六、图片欣赏”。将该相册中的所有幻灯片复制到“PPT.pptx”文档的第 8～10 张。

6. 将演示文稿分为 4 节，节名依次为“标题”（该节包含第 1 张幻灯片）、“概况”（该节包含第 2～3 张幻灯片）、“特点、参数等”（该节包含第 4～7 张幻灯片）、“图片欣赏”（该节包含第 8～10 张幻灯片）。每节内的幻灯片均为同一种切换方式，节与节的幻灯片切换方式不同。

7. 除标题幻灯片外，其他幻灯片均包含页脚且显示幻灯片编号。所有幻灯片中除了标题和副标题，其他文字字体均设置为“微软雅黑”。

8. 设置该演示文档为循环放映方式，如果不单击，则每页幻灯片放映 10 秒后自动切换至下一张。

附录 B

全国计算机等级考试二级 MS Office 试题答案

一、Word 操作“解题步骤”

第 1 小题：

步骤：打开考生文件夹下的“Word 素材.docx”文件，单击“文件”|“另存为”，单击“浏览”，定位在考生文件夹下，修改文件名为“Word.docx”，单击“保存”按钮。

第 2 小题：

步骤 1：打开“布局”选项卡，单击“页面设置”组中右侧的对话框启动按钮，打开“页面设置”对话框，切换到“纸张”选项卡，将“纸张大小”设置为 A4。

步骤 2：切换到“页边距”选项卡，设置页边距的“上”和“下”分别为 3.5 厘米、2.2 厘米，“左”和“右”均为 2.5 厘米。

步骤 3：切换到“文档网格”选项卡，选中“只指定行网格”单选按钮，在“行”一栏中将“每页”设为“42”行。

步骤 4： 切换到“布局”选项卡，设置页脚距边界 1.4 厘米，单击“确定”按钮。

步骤 5：选择“插入”选项卡，在“页眉和页脚”组中单击“页码”下拉按钮，在“页面底端”选择“普通数字 2”。

步骤 6：打开“页眉和页脚工具”的“设计”选项卡，在“页眉和页脚”组中单击“页码”下拉按钮，在弹出的下拉列表中选择“设置页码格式”，弹出“页码格式”对话框，在“编号格式”中选择“-1-,-2-,-3-,...”，单击“确定”按钮。设置完成后，单击“关闭页眉和页脚”按钮。

第 3 小题：

步骤 1：选中一行红色文字，在“开始”选项卡下单击“样式”组的对话框启动按钮，在弹出的对话框中单击“标题 1,章标题”的下拉按钮，选择“修改”。在“修改样式”对话框中，修改名称为“标题 1”。在“格式”组中，单击“格式”下拉按钮，选择“字体”，设置字号为三号，颜色为“黑色，文字 1”，单击“确定”按钮。单击“格式”下拉按钮，选择“段落”，设置“对齐方式”为“居中”，“大纲级别”为“1 级”，单击两次“确定”按钮，回到“样式”对话框，选择“标题 1”，即可应用该样式。选中其他红色文字，选择“标题 1”，应用该样式。

步骤 2：选中一行黄色文字，在样式对话框中单击“标题 2”的下拉按钮，选择“修改”。单击“格式”下拉按钮，选择“字体”，设置字号为四号，颜色为“黑色，文字 1”，单击确定按钮。单击“格式”下拉按钮，选择“段落”，设置“对齐方式”为“左对齐”，“大纲级别”为“2 级”，“行距”为“最小值”，设置值为 30 磅。单击两次“确定”按钮，回到“样式”对话框，单击“标题 2”，即可应用该样式。选中其他黄色文字，单击“标题 2”，应用该样式。或者可以选中一行黄色文字，单击“编辑”组中的“选择”下拉按钮，选择“选择格式相似的文本”，再统一应用标题 2 样式。

步骤 3：按照同样的方法，修改标题 3 的格式，并为蓝色文字应用标题 3 样式。设置完成后，关闭样式对话框。

步骤 4：将光标定位到在标题 1 的位置，在“开始”选项卡的“段落”组中，单击“多级列表”下拉按钮，选择“定义新的多级列表”。

步骤 5：在弹出的对话框中单击“更多”按钮。在“单击要修改的级别”中选择“1”，删除“输入此编号格式”文本框中的内容。

步骤 6：在“单击要修改的级别”中选择“2”，在“将级别链接到样式”中选择“标题 2”，在“输入此编号格式”文本框中删除左侧小数点。在“单击要修改的级别”中选择“3”，在“将级别链接到样式”中选择“标题 3”，在“输入此编号格式”文本框中删除左侧小数点，单击“确定”按钮。

步骤 7：将光标定位在最后一页的“参考文献”段落，取消选中“开始”选项卡“段落”组中的“编号”按钮。

第 4 小题：

步骤 1：选中第一段“文章编号：BJDXXB-2010-06-003”，在“开始”选项卡的“字体”组中，将其设置为黑体，小五号字。在“段落”组中单击“两端对齐”按钮。

步骤 2：选中作者姓名的中文部分，设置为仿宋，小四号字，居中对齐。

步骤 3：选中作者单位的中文部分，设置为宋体，小五号字，居中对齐。

步骤 4：将“关键字：”、“中图分类号：”、“文献标志码：”和“摘要：”文字设置为黑体、小五号字。

步骤 5：根据“论文正样 1_格式.jpg”，选择中文部分的其他文字，单击“字体”组中的扩展按钮，在弹出的对话框中设置中文字体为宋体，西文字体为 Times New Roman，字号设置为小五号字，单击“确定”按钮。

步骤 6：根据“论文正样 1_格式.jpg”，设置其余部分的段落和字体格式。

步骤 7：选中作者姓名后面的数字，在“字体”组中单击上标按钮，按照同样的方法设置其他数字。

步骤 8：选中正文前的所有文字，单击“段落”组右侧对话框启动按钮，在弹出的对话框中单击“特殊”下拉按钮，选择“无”，单击确定按钮。

第 5 小题：

步骤 1：选中正文开始“轮廓描述”到整个文档的末尾部分，单击“布局”选项卡下“页面设置”组中的“分栏”下拉按钮，选择“更多分栏”，单击“两栏”，设置栏间距为 1.5 字符，单击“确定”按钮。

步骤 2：选中正文第一段“轮廓描述……”，在“开始”选项卡的“编辑”组中，单击“选择”下拉按钮，选择“选择格式相似的文本”。在“开始”选项卡下单击“字体”组右侧的对话框启动按钮，设置中文字体为宋体，西文字体为 Times New Roman，字号为五号，单击“确定”按钮。

步骤 3：保持文字被选中的状态，单击“段落”组右侧的对话框启动按钮，单击“特殊”下拉按钮，选择“首行”，缩进值默认 2 字符。单击“行距”下拉按钮，选择“单倍行距”，单击“确定”按钮。

第 6 小题：

步骤 1：将光标定位到第一处表注，删除“表 1”文字，单击“引用”选项卡“题注”组中的“插入题注”按钮，在标签中选择“表”（如果没有“表”，则可单击“新建标签”按钮），单击“编号”按钮，取消勾选“包含章节号”，单击“确定”按钮，再次单击“确定”按钮，并删除“表”和“1”之间的空格。

步骤 2：删除表注上方“如表 1 所示”中的“表 1”文字，并将光标定位在该处，单击“引用”选项卡“题注”组中的“交叉引用”按钮，在弹出的对话框中单击“引用类型”下拉按钮，选择“表”，单击“引用内容”下拉按钮，选择“只有标签和编号”，在“引用哪一个题注”中选择表 1，单击“插入”按钮，单击“关闭”按钮。删除表格下方“表 1”文字，同样进行交叉引用。

步骤 3：用同样的方法设置表 2 中表注的交叉引用。

步骤 4：选中表注“表 1　FD 受轮廓变化的影响”，在“开始”选项卡下单击“字体”组右侧的对话框启动按钮，设置中文字体为黑体，西文字体为 Times New Roman，字号为小五，单击“确定”按钮，单击“段落”组中的“居中”按钮。

步骤 5：按照同样的方法设置表 2 的表注“表 2 WD 受轮廓变化的影响”。

第 7 小题：

步骤 1：选中图注文字“图 1　FD 不同系数截取对轮廓曲线的重建”，字号为小五，中文字体为宋体，西文字体为 Times New Roman，段落居中。

步骤 2：按照同样的方法设置其他图注。

第 8 小题：

步骤 1：选中参考文献列表，设置字号为小五号，中文字体为宋体，西文字体为 Times New Roman。

步骤 2：单击“段落”组中的“编号”下拉按钮，选择“定义新编号格式”，“编号样式”选择“1,2,3,…”，在“编号格式”文本框中“1”的左侧输入“[”，删除右侧的小数点，并输入“]”，单击“确定”按钮。

步骤 3：单击“保存”按钮，单击“关闭”按钮。

二、Excel 操作“解题步骤”

第 1 小题：

步骤 1：打开考生文件夹下的“Excel 素材.xlsx”，单击“文件”|“另存为”，单击“浏览”，定位到考生文件夹，输入文件名“Excel.xlsx”，单击“保存”按钮。

第 2 小题：

步骤 1：选中“sheet1”工作表，选定 B3 单元格，打开“数据”选项卡，在“获取外部数据”组中单击“自文本”按钮，弹出“导入文本文件”对话框，在该对话框中选择考生文件夹下的“数据源.txt”，然后单击“导入”按钮。

步骤 2：在文本导入向导中进行如下操作。

第一步：选择分隔符号，单击“下一步”按钮；

第二步：只勾选“分隔符”列表中的“Tab 键”复选框，然后单击“下一步”按钮；

第三步：单击“完成”按钮，在“导入数据”对话框中直接单击“确定”按钮。

步骤 3：双击 sheet1 工作表名，将其修改为“销售记录”。

第 3 小题：

步骤 1：选定 A3 单元格，输入序号。

步骤 2：选定 A 列，在“开始”选项卡“数字”组中，单击“数字格式”下拉按钮，选择“文本”。

步骤 3：在 A4 单元格中输入 001，将光标放在 A4 单元格右下角，当光标变成十字光标时，双击填充。

步骤 4：选定 B 列，单击“开始”选项卡“数字”组右侧的对话框启动按钮，在“数字”选项卡下分类选择日期，类型选择 3/14，单击“确定”按钮。

步骤 5：在 E3 单元格输入：价格，在 F3 单元格输入：金额。

步骤 6：选中 A3:F3 单元格，单击“开始”选项卡“字体”组的“框线”下拉按钮（随选择框线的名称而变化），在打开的下拉列表中依次单击“上框线”和“下框线”按钮。按照相同的方法，为数据区域的最后一行 A891:F891 设置下框线。

步骤 7：打开“视图”选项卡，在“显示”组单击“网格线”前的复选框，取消勾选。

第 4 小题：

步骤 1：选定 A1 单元格，输入文字“2012 年销售数据”。

步骤 2：选定 A1:F1 单元格，单击“开始”选项卡下“对齐方式”组右侧的对话框启动按钮，在打开的对话框中，选择“跨列居中”的水平对齐方式，单击“确定”按钮。

步骤 3：单击“开始”选项卡“样式”组中“单元格样式”下拉按钮，右击标题下的标题样式，选择“修改”，单击“格式”按钮，在设置单元格格式对话框中设置字体：微软雅黑，单击“确定”按钮，再单击“确定”按钮。

步骤 4：选定 A1 单元格，单击“开始”选项卡“样式”组中的“单元格样式”下拉按钮，单击标题下的标题样式。

步骤 5：选中第 2 行右击，在弹出的快捷菜单中单击“隐藏”命令。

第 5 小题：

步骤 1：选定 E4 单元格，在编辑栏中输入公式：=VLOOKUP(C4,价格表!$B$2:$C$5,2,0)，按 Enter 键完成操作。然后利用自动填充功能对其他单元格进行填充。

步骤 2：选定 E4:E891，单击“开始”选项卡“数字”组右侧的对话框启动按钮，在“数字”选项卡下分类选择“货币”，小数位数调整为 0，单击“确定”按钮。

第 6 小题：

步骤 1：选定 F4 单元格，在编辑栏中输入公式：=D4*E4*(1-HLOOKUP(C4,折扣表!$B$2:$E$6,IF(D4<1000,2,IF(D4<1500,3,IF(D4<2000,4,5)))))，按 Enter 键完成操作，然后利用自动填充功能对其他单元格进行填充。

步骤 2：选定 F4:F891，单击“开始”选项卡“数字”组右侧的对话框启动按钮，在“数字”选项卡下分类选择货币，小数位数调整为 0，单击“确定”按钮。

第 7 小题：

步骤 1：选定 A3:F891 单元格，单击“开始”选项卡“对齐方式”组中的“居中”按钮。

步骤 2：选定 A4:F891 单元格，打开“开始”选项卡，单击“样式”组中“条件格式”下拉按钮，选择“新建规则”，在打开的对话框中选择“使用公式确定要设置格式的单元格”，在“编辑规则说明”框中输入：=OR(WEEKDAY($B4)=1,WEEKDAY($B4)=7)，单击“格式”按钮，打开“设置单元格格式”对话框，在“填充”选项卡下选择黄色，单击“确定”按钮，再单击“确定”按钮（如果 weekday 中第二参数不写则默认是 1，从星期日=1 到星期六=7）。

第 8 小题：

步骤 1：选定 A3 单元格，打开“插入”选项卡，单击“表格”组中“数据透视表”按钮，在弹出的对话框中单击“确定”按钮。

步骤 2：在数据透视表字段列表中，将“日期”拖动到行，将“类型”拖动到列，将“数量”拖动到值。

步骤 3：右击 A5 单元格，选择“创建组”，在“步长”中选择“月”和“季度”，单击“确定”按钮。

步骤 4：双击 sheet1 工作表名，将其修改为：销售量汇总，然后将工作表拖动到销售记录后面。

步骤 5：在“销售量汇总”工作表中，选定 A6 单元格，在“插入”选项卡“图表”组中单击“插入折线图或面积图”下拉按钮，选择带数据标记的折线图。

步骤 6：选定产品 B 系列右击，选择添加趋势线，在弹出的快捷菜单中单击“添加趋势线”命令，打开“设置趋势线格式”任务窗格，选择“线性”，在该窗格的下方选择“显示公式”和“显示 R 平均值”复选框，然后单击任务窗格的“关闭”按钮，关闭任务窗格。

步骤 7：打开“数据透视图工具”的“设计”选项卡，在“图表布局”组中单击“添加图表元素”下拉按钮，在图例中选择“底部”。

步骤 8：打开“数据透视图工具”的“设计”选项卡，在“图表布局”组中单击“添加图表元素”下拉按钮，在网格线中选择“主轴主要水平网格线”。

步骤 9：右击垂直轴，选择设置坐标轴格式，设置最小值固定：20 000.0，最大值固定：50 000.0，单位“大”：10 000.0，单击“关闭”按钮。

步骤 10：手动调整公式的位置和数据透视图的大小。

第 9 小题：

步骤 1：在“价格表”工作表标签名上右击，在弹出的快捷菜单中单击“插入”命令，在打开的对话框中单击“确定”按钮，双击 sheet1 工作表名，将其修改为：大额订单。

步骤 2：在 A1:B4 单元格分别输入：类型,数量,产品 A,>1550 ,产品 B,>1900,产品 C,>1500。

步骤 3：选定 A6 单元格，打开“数据”选项卡，在“排序和筛选”组中单击“高级”按钮，打开“高级筛选”对话框，在“方式”区域设置“将筛选结果复制到其他位置”，“列表区域”设置为：销售记录!$A$3:$F$891，“条件区域”设置为：大额订单!$A$1:$B$4，“复制到”选择：大额订单!$A$6，单击“确定”按钮，调整金额列的列宽以适应数据的显示。

步骤 4：保存并关闭文件。

三、PPT 操作“解题步骤”

第 1 小题：

步骤 1：在考生文件夹下新建演示文稿，命名为“PPT.pptx”。

步骤 2：打开演示文稿，单击“开始”选项卡“幻灯片”组中的“新建幻灯片”按钮，重复操作，共新建 7 张幻灯片。

步骤 3：打开“设计”选项卡，在“主题”组中应用一个合适的主题，例如“环保”主题。

第 2 小题：

步骤 1：选择第 1 张幻灯片，打开“开始”选项卡，在“幻灯片”组中单击“版式”下拉按钮，在打开的下拉列表中选择“标题幻灯片”。

步骤 2：在幻灯片的标题文本框中输入“天河二号超级计算机”，在副标题文本框中输入“--2014 年再登世界超算榜首”（直接复制素材中的内容即可）。

第 3 小题：

步骤 1：选择第 2 张幻灯片，在“开始”选项卡，在“幻灯片”组中将单击“版式”下拉按钮，选择“两栏内容”。

步骤 2：复制粘贴“PPT 素材.docx”文件内容到幻灯片左边一栏，将素材中的黄底文字复制粘贴到标题中（注意：粘贴内容后，删除多余的空格）。

步骤 3：在右边文本框中单击“图片”按钮，在弹出的“插入图片”对话框中选择考生文件夹下的“mage1.jpg”，单击“插入”按钮。

第 4 小题：

步骤 1：按照第 2 小题中的步骤 1 将第 3、4、5、6、7 张幻灯片的版式均设置为“标题和内容”。

步骤 2：在每张幻灯片中复制粘贴素材中对应的文字，注意删除多余空格。

步骤 3：选定第 4 张幻灯片，按照题目要求分行，鼠标定位在“高性能”后删除逗号并按 Enter 键，删除“新的世界纪录”后的分号。选中内容文本框中的第 2 行文字，单击“开始”选项卡“段落”组中的“提高列表级别”按钮，将其设置为二级文本。

步骤 4：按照同样的方法将其余行文本分为两行并删除多余的符号。

步骤 5：选定整个内容文本框中的文字，打开“开始”选项卡，在“段落”组中单击“转换为 SmartArt 图形”下拉按钮，选择“其他 SmartArt 图形”，在打开的对话框中选择“列表”中的“垂直块列表”，单击“确定”按钮。

步骤 6：选中 SmartArt 图形，打开“动画”选项卡，在“动画”组中选择“飞入”，单击“效果选项”下拉按钮，选择“逐个”，在“计时”组中设置“开始”为“上一动画之后”。

第 5 小题：

步骤 1：打开“插入”选项卡，在“图像”组中单击“相册”下拉按钮，在弹出的下拉列表中选择“新建相册”选项，弹出相册对话框，单击“文件/磁盘”按钮，选择“Image2.jpg”～“Image9.jpg”素材文件，单击“插入”按钮，将“图片版式”设为“4 张图片”，“相框形状”设为“居中矩形阴影”，单击“创建”按钮。

步骤 2：将标题“相册”更改为“六、图片欣赏”，选中第 1 张幻灯片，按 Ctrl+A 组合键，选定所有幻灯片，按 Ctrl+C 组合键复制，切换到“PPT.pptx”文件中，在左侧幻灯片视图中，单击第七张幻灯片下方区域，按 Ctrl+V 组合键粘贴将其复制到“PPT.pptx”中（使用目标主题），成为第 8、9、10 张幻灯片。

第 6 小题：

步骤 1：在第 1 张幻灯片上方右击，在弹出的快捷菜单中单击“新增节”命令，弹出“重命名节”对话框，在“节名称”下方的框中输入“标题”，单击“重命名”按钮。

步骤 2：按照相同的方法设置其他节。

步骤 3：选中第一节，打开“切换”选项卡，在“切换到此幻灯片”组中选择一种切换方式，按照同样的方法为每一节设置不同的切换方式。

第 7 小题：

步骤 1：打开“插入”选项卡，单击“文本”选项组中的“页眉和页脚”按钮，弹出“页眉和页脚”对话框，在“幻灯片”选项卡中，单击选定“幻灯片编号”和“标题幻灯片中不显示”复选框，单击“全部应用”按钮。

步骤 2：打开“视图”选项卡，在“母版视图”组中单击“幻灯片母版”按钮，选择第 1 张幻灯片，选中内容文本框，在“开始”选项卡“字体”组中单击“字体”下拉按钮，选择“微软雅黑”。

步骤 3：选中第 2 张幻灯片，也就是母版视图中的幻灯片版式为标题幻灯片中的副标题文本框，单击“字体”组中的“字体”下拉按钮，选择字体，使其不是“微软雅黑”，例如，可设置为“方正舒体（标题）”。

步骤 4：打开“幻灯片母版”选项卡，在“关闭”组中单击“关闭母版视图”按钮。

第 8 小题：

步骤 1：打开“幻灯片放映”选项卡，在“设置”组中单击“设置幻灯片放映”按钮，在弹出的对话框中选中“循环放映，按 Esc 键终止”复选框，单击“确定”按钮。

步骤 2：选定第一节“标题”，打开“切换”选项卡，在“计时”组中，单击选定“设置自动换片时间”复选框，并将其持续时间设置为 10 秒（00:10.00），按同样的步骤设置其他节幻灯片（只需要选定节名，可为该节中的幻灯片设置统一的切换时间）。

步骤 3：保存并关闭文件。